W0262732

Thermodynamik – nicht nur für Nerds

Werner Stadlmayr

Thermodynamik – nicht nur für Nerds

Grundlagen der Thermodynamik mit Übungen und Beispielen

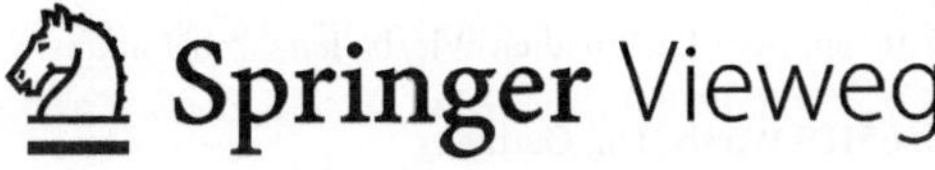

Werner Stadlmayr
Umwelt-, Verfahrens- & Energietechnik
Management Center Innsbruck
Innsbruck, Österreich

ISBN 978-3-658-23290-0   ISBN 978-3-658-23291-7   (eBook)
https://doi.org/10.1007/978-3-658-23291-7

Die Deutsche Nationalbibliothek verzeichnet diese Publikation in der Deutschen Nationalbibliografie; detaillierte bibliografische Daten sind im Internet über http://dnb.d-nb.de abrufbar.

Lektorat: Dr. Daniel Fröhlich

Springer Vieweg ist ein Imprint der eingetragenen Gesellschaft Springer Fachmedien Wiesbaden GmbH und ist ein Teil von Springer Nature
Die Anschrift der Gesellschaft ist: Abraham-Lincoln-Str. 46, 65189 Wiesbaden, Germany

„ALL THAT YOU TOUCH, ALL THAT YOU SEE
ALL THAT YOU TASTE, ALL YOU FEEL"

Inhaltsverzeichnis

Vorwort – Motivierende Worte zu Beginn[I]

D IE THERMODYNAMIK genießt bisweilen einen eher zweifelhaften Ruf – und das oft nicht ganz zu Unrecht. Meines Erachtens nach beruht dies unter anderem auf folgenden Tatsachen:

- Die Thermodynamik ist eine historisch gewachsene Theorie – es hat viele Jahrzehnte gedauert, sie zur vollen Reife zu entwickeln und viele erstklassige Geister haben an ihrer Ausformulierung mitgewirkt (um einige dieser Geister kennen zu lernen, siehe Seite ??). Das hat aber dazu geführt, dass die Thermodynamik stellenweise sehr uneinheitlich in ihrer Notation und Nomenklatur ist. So wird das Symbol ΔG wahlweise als „Gibbs-Energie", „Freie Enthalpie", „Gibbssche freie Energie" oder „Gibbs-Potential" bezeichnet. Das kann besonders am Anfang zu ziemlichen Verwirrungen führen. Auch gibt es sehr viele thermodynamische Größen, wobei manche rein formal „überflüssig" sind, da sie einfach durch andere ausgedrückt werden können. Die Autoren von Quelle [4] haben auch tatsächlich den Versuch gestartet, die Thermodynamik neu und entschlackt zu formulieren und dabei praktisch alle historischen Größen fallengelassen und nur mehr mit zwei Grundgrößen, dem chemischen Potential μ und der Entropie S gearbeitet. Auch wenn ihr Erfolg kontrovers diskutiert wird, ist ihr Entwurf sicher eine lesenswerte Lektüre für die interessierte Thermodynamikerin oder den interessierten Thermodynamiker.

- Die Thermodynamik verzichtet auf eine mikroskopische Deutung ihrer Aussagen – sie ist eine rein makroskopische Theorie. In diesem Buch werden wir trotzdem mikroskopische Deutungen geben, falls sie dem Verständnis eines Vorganges dienlich sind. Wir werden aber immer darauf achten, diese klar zu kennzeichnen und uns vergegenwärtigen, dass es *keine* thermodynamischen Aussagen sind.

- Die Thermodynamik verwendet teils sehr abstrakte Begriffe – ein Problem, dass andere Bereiche der Naturwissenschaften nicht notwendigerweise haben. So dürfen auch naturwissenschaftlich wenig beschlagene Menschen eine ungefähre Ahnung davon haben, was ein „Stoß" oder eine „Beschleunigung" ist. Eine verstehende Deutung von Begriffen wie „Enthalpie" oder „isochorer Wärmekapazität" geht aber oft selbst langjährigen Chemikerinnen und Chemikern oder Physikerinnen und Physikern ab.

- Zu dem vorherigen Punkt kommt noch erschwerend hinzu, dass die Thermodynamik netzartig aufgebaut ist. Viele Begriffe definieren sich am Besten über andere Begriffe – das kann am Anfang verwirrend sein, wird aber später zum Vorteil: wenn Ihnen die Bedeutung eines Begriffes nicht aufgeht, können Sie sie oft aus anderen Begriffen erschließen. Versuchen Sie also, von Anfang an, ein ungefähres Verständnis davon aufzubauen, was ein Begriff bedeutet und in welcher Verbindung er zu anderen steht, seien Sie aber nicht enttäuscht, wenn sich das volle Verständnis erst im Laufe der Zeit einstellt.

[I] Dieses Kapitel ist nicht inhaltlich relevant – wer bereits motiviert ist, kann es beruhigt überspringen.

- Mathematisch verlangt die Thermodynamik außer Grundrechenarten nur ein gewisses Verständnis des Infinitesimal-Kalküls (in seiner Anwendung Differentiation und Integration). Sie sollten also in der Lage sein, den Inhalt eines Ausdruckes wie (dV/dT) mathematisch zu deuten. Im Kapitel über Wärmetransport werden wir kurz die mathematische Theorie der Felder streifen, aber versuchen, dabei nicht mehr als notwendig in die Tiefe vorzustoßen.

Diese Punkte fassen einige Probleme zusammen, die man mit Thermodynamik haben kann, aber nicht muss. Diesen gegenüber steht der unüberschaubare Nutzen der Thermodynamik – sie hat als fundamentale Theorie massive Umwälzungen in unserer Umwelt hervorgerufen, von Dampfmaschinen über Verbrennungsmotoren bis zu Fernwärmeheizwerken. (Klassische) Thermodynamik zu verstehen, heißt, seine Umgebung zu verstehen. Während dieses Buch der interessierten Laien oder dem interessierten Laien sowie Studierenden von technischen Fächern einen ersten, formal fundierten Einstieg in die Thermodynamik ermöglicht, können manche Themen nur angerissen werden. Der Fokus liegt deutlich darauf, wichtige und grundlegende Ideen ausführlich zu diskutieren und weniger darauf, möglichst viele Partikulärprobleme zu lösen. Wir werden daher einen zweigleisigen Ansatz wählen. Erst werden wir ein rudimentäres Verständnis von den benutzten Begriffen aufbauen und dann werden wir erst einmal ein wenig formal-mathematisch mit ihnen operieren. Dadurch generieren wir uns selbst wichtige Aussagen der Thermodynamik, die wir im Anschluss gemeinsam ausdeuten. Idealerweise wächst dabei unser Verständnis und unsere Vertrautheit im Umgang mit den benutzten Größen und Begriffen parallel. Stecken Sie auf jeden Fall nicht auf, wenn sich der gewünschte Durchblick nicht gleich einstellt - der Ertrag, den eine gut verstandene Thermodynamik abzuwerfen vermag, ist sehr groß.

Falls Sie jetzt *noch* eine weitere Motivation brauchen, schlagen Sie die Kurzgeschichte „*Das erste Wort über den Ozean*" [14] nach – darin finden Sie eine ein wahre Apotheose aller naturwissenschaftlich-technischen Durchsetzungskraft und der allgemeinen Zähigkeit, die jenen Menschen eigen ist, die Großes erreichen.[I]

[I]   Wenn Sie schon dabei sind, können Sie auch gleich „*Georg Friedrich Händels Auferstehung*" oder (weniger eindrucksvoll, aber immer noch von ausreichend bewegender Kraft) „*Das Genie einer Nacht*" lesen – auch diese haben sehr erhebende und motivierende Wirkung.

Teil I.

Thermodynamik

1. Grundlagen

1.1. Was ist Thermodynamik?

DIE THERMODYNAMIK ist ein Teilgebiet der Physik. Sie wird oft auch *Wärmelehre* genannt und befasst sich mit der Möglichkeit von Systemen *Energie* (oft in Form von Wärme oder Arbeit) auszutauschen (griechisch ϑερμός, *thermos*, die Wärme und δύναμις, *dynamis*, die Kraft). Sie macht Aussagen darüber, unter welchen Bedingungen gewisse Prozesse oder Reaktionen ablaufen können. Dazu benutzt sie häufig *Zustandsgrößen* – eine Zustandsgröße hängt nur vom aktuellen Zustand des Systems ab, aber nicht vom Weg, auf dem das System dorthin gelangt ist. Die Thermodynamik ist damit eine mächtige Theorie, wenn es um den Betrieb von vielen Maschinen geht. Besonders wichtig ist in diesem Zusammenhang, dass die Thermodynamik eine makroskopische Theorie ist. Das bedeutet, Sie beschäftigt sich nur mit makroskopischen Messgrößen wie Temperatur, Druck, Masse, und so weiter. Das ist eine ganz große Stärke der Thermodynamik, aber auch eine starke Einschränkung, die man im Kopf behalten muss – die Thermodynamik macht keine Aussagen über mikroskopische Zustände. Sie spricht also über das *Schmelzen* eines Körpers, ohne zu verstehen, *was* dabei mikroskopisch geschieht. Es ist wichtig, sich zu vergegenwärtigen, dass wir oft im Laufe unserer Argumentation Erklärungen von Sachverhalten liefern werden, die nicht aus der Thermodynamik folgen, weil sie mikroskopische Argumente sind. Ich werde mich bemühen, dies stets klar hervor zu streichen. Außerdem macht die klassische Thermodynamik nie Aussagen über Geschwindigkeiten von Reaktionen oder Prozessen – das ist erst mit Weiterentwicklungen wie der *nichtlinearen Thermodynamik* oder gänzlich anderen Theorien möglich – wir werden im Kapitel 9 auf Seite 229 die Kinetik kennen lernen, die genau das liefert.

1.2. Formale Einführung in die Thermodynamik

Es ist erfahrungsgemäß stets schwer, einen Einstieg in ein völlig neues Stoffgebiet zu gestalten. Wir versuchen, am Anfang einem sehr *formalen* Pfad zu folgen, was bedeutet, dass wir erst einmal möglichst wenig auf physikalische Aussagen oder Merksätze zurückgreifen, sondern uns – mathematisch-formal – aus wenigen Grundannahmen viele thermodynamische Wahrheiten selbst herleiten. Die Hauptsätze der Thermodynamik stehen eher am Ende unserer Betrachtungen, weil wir uns unser Denksystem weitestgehend selbst errichten und dann erst den Vergleich mit der Geschichte suchen. Dazu ist allerdings die grundsätzliche Festlegung einiger Größen notwendig.

© Springer Fachmedien Wiesbaden GmbH, ein Teil von Springer Nature 2018
W. Stadlmayr, *Thermodynamik nicht nur für Nerds*,
https://doi.org/10.1007/978-3-658-23291-7_1

1.2.1. Grundsätzliche Größen und Begriffe

Als Erstes brauchen wir jene makroskopischen Größen, mit denen wir über unser System sprechen können.[I] Bei unserem Ansatz wollen wir möglichst wenige Größen voraussetzen – wir wollen lieber mit nur einer Hand voll beginnen und die anderen dann aus diesen ableiten. Es ist jedoch trotzdem unumgänglich, dass wir einige Größen definieren und als Ausgangspunkt wählen. In einer ersten Näherung wollen wir daher uns mit folgenden grundlegenden Begriffen befassen:

Name	Formelzeichen	SI-Einheit
Druck	p	Pascal (Pa)
Temperatur	T	Kelvin (K)
Chemisches Potential	μ	Joule pro Mol (J/mol)
Volumen	V	Kubikmeter (m^3)
Entropie	S	Joule pro Kelvin (J/K)
Stoffmenge[II]	n	Mol (mol)

Die oberen drei Größen sind *intensiv*, das bedeutet, sie ändern sich *nicht*, wenn die Systemgröße skaliert wird. Ist zum Beispiel die Temperatur T von einem Liter Wasser 300 K, so haben auch zwei Liter diese Temperatur und nicht 600 K. Die unteren drei Größen sind *extensiv*, sie ändern sich bei Skalierung des Systems. So ist etwa einleuchtend, dass die Stoffmenge sich verdoppelt, wenn man von einem auf zwei Liter Wasser wechselt.

Die Begriffe des Druckes, der Temperatur[III], des Volumens und der Stoffmenge sollten relativ selbsterklärend sein. Die beiden anderen, *Entropie* und *chemisches Potential* sind schon weniger geläufig. An dieser Stelle wird aber keine exakt-formale Definition vorgenommen, sondern versucht, ein instinktives Verständnis für die beiden Begriffe zu schaffen.

Chemisches Potential: Das chemische Potential ist – salopp gesprochen – die Energie, die einem Stoff innewohnt, einfach dadurch, dass er existiert. Nun ist es aber ein Grundgesetz der Natur, dass alle Systeme danach trachten, ihre Energie zu minimieren. Jeder Stoff hat also eine ihm innewohnende Tendenz, seine Existenz zu beenden, durch Zersetzung, Reaktion, oder sonst wie. Da aber Materie nicht einfach verschwinden kann, tritt an seiner Stelle ein anderer Stoff ins Sein. Nehmen wir ein konkretes Beispiel. Bei der Knallgasreaktion werden Wasserstoff, H_2, und Sauerstoff, O_2, zu Wasser, H_2O. Ein Grund für diese Reaktion liegt darin, dass dadurch

---

[I] Wobei *System* in der Thermodynamik alles bedeuten kann – das Innere eines Zylinders, ein Gas, und so weiter. Alles, was nicht zum System gehört, ist die *Umgebung*.

[II] Die Stoffmenge n ist der Teilchenzahl N nahe verwandt und kann mit der Avogadrokonstante N_A in sie umgerechnet werden ($6.022 \cdot 10^{23}$ Teilchen $= 1$ mol).

[III] Wobei etwa die Temperatur in Wirklichkeit eine extrem interessante und komplexe Größe ist, vor allem, wenn man sie mikroskopisch begreifen will. Wenn Sie dem Rätsel der Temperatur nachspüren wollen, so finden Sie in Abschnitt B.2 auf Seite 384 eine exhaustive Behandlung, die an Brillanz und Relevanz wenig Gleiches hat. Auch wenn die Herleitung der Maxwell-Boltzmann-Verteilung ein etwas schwierigeres Unterfangen ist, sollten Sie es sich auf keinen Fall nehmen lassen, wenigstens zu versuchen, so zu lernen, was Temperatur eigentlich ist.

H_2 und O_2 zu existieren aufhören. Dafür entsteht Wasser, H_2O. Nun hat dieses selbst wieder ein Bestreben, sich zu verändern, allerdings ist dieses viel kleiner. Da die Reaktion stark auf Seite des Wassers liegt, können wir daraus schließen, dass sich die chemischen Potentiale wie folgt verhalten: $\mu_{H_2} + \mu_{O_2} \gg \mu_{H_2O}$. Offenbar ist das Bestreben von Wasserstoff und Sauerstoff, sich zu verändern, größer, als jenes von Wasser. Tatsächlich zeigt die chemische Intuition, dass Wasser relativ unreaktiv ist (keine große Tendenz hat, sich zu verändern), wenn man es mit Sauerstoff (reagiert bei Verbrennung mit vielen Stoffen) oder Wasserstoff (reagiert teils explosiv) vergleicht. Tatsächlich kann man Analogien zwischen dem chemischen Potential und der potentiellen Energie von Gewichten auf einer Waage oder Wippe herstellen: der *schwere* Stoff (μ ist groß) hebt den leichten (μ ist klein) auf ein höheres (schlechteres) Niveau – obwohl beide Stoffe nach unten wollen.

Entropie: Die Entropie ist erfahrungsgemäß eine besonders schwer fassbare Größe. Oft wird sie als Unordnung übersetzt, was als Denkhilfe meist gut funktioniert, aber effektiv auch sehr problematisch ist. Ludwig Boltzmann hat der Entropie eine mikroskopische Deutung gegeben – obwohl diese nicht Inhalt der Thermodynamik sein kann, ist sie so hilfreich, dass wir sie hier nennen[I]:

$$S = k \ln w.$$

k ist hierbei die nach ihm benannte Boltzmannkonstante[II] und w die Anzahl der *Mikrozustände eines Systems*. Mikrozustände sind nun voneinander unterscheidbare, mikroskopische Konfigurationen eines Systems. Damit kann die Entropie von einem rein physikalischen zu einem informationstheoretischen Begriff erweitert werden.[III] Ein Beispiel: Wir haben ein System aus drei „*Behältern*":

$$|\ \ |\ \ |\ \ |$$

Wenn wir in unser System drei Teile A einfüllen, gibt es nur *eine* Möglichkeit, sie anzuordnen:

$$|A|A|A|$$

Tauschen wir zwei A's aus, so gibt dies keinen neuen Mikrozustand, wir können den neuen Zustand ja nicht vom alten unterscheiden. Da es nur einen Mikrozustand gibt ($w = 1$), können

---

[I]   Wenn man es ganz genau nimmt, ist die gegebene Gleichung nur für Systeme mit konstanter Energie (*abgeschlossene* Systeme) korrekt. Im vollkommen allgemeinen Fall gilt, dass

$$S = k \sum_i p_i \ln p_i.$$

Hierbei läuft die Summe über alle quantenmechanischen Zustände i und p_i ist die Wahrscheinlichkeit, das System im Zustand i zu finden. Für abgeschlossene Systeme sind alle Wahrscheinlichkeiten a priori gleich groß und die Formel vereinfacht sich zu

$$S = k \ln w.$$

[II] $k = 1{,}38 \cdot 10^{-23}$ J/K

[III]   Claude Shannon hat sich um diese Deutung der Entropie sehr verdient gemacht.

wir die Entropie des Systems berechnen: $S = k \ln w = k \ln 1 = 0$. Hätten wir ein A, ein B und ein C in unser System eingefüllt, stünde die Sache anders – jetzt gäbe es ja sechs verschiedene, unterscheidbare Mikrozustände:

$$|A|B|C|$$

$$|A|C|B|$$

$$|B|A|C|$$

$$|B|C|A|$$

$$|C|A|B|$$

$$|C|B|A|$$

Da wir sechs unterscheidbare Mikrozustände ausgemacht haben, können wir wieder die Entropie des Systems angeben: $S = k \ln w = k \ln 6 = k \cdot 1,7918 = 2,4726 \cdot 10^{-23} \, \text{J/K}$.[I] Diese – nicht thermodynamische! – Überlegung zeigt auch, dass die Entropie immer eine positive Zahl ist, weil es keine Systeme gibt, die weniger als einen Mikrozustand haben. Schließlich wollen wir noch kurz die typischen Verhaltensweisen der Entropie aufzählen – diese sind eher als Faustregeln zu verstehen, da es Systeme gibt (zum Beispiel Wasser), die diesen Regeln teilweise *nicht* folgen. Trotzdem ist es hilfreich, sie im Kopf zu haben, da sie eine Vielzahl an Fällen korrekt beschreiben:

- $S(T = \text{tief}) < S(T = \text{hoch})$

- $S(p = \text{hoch}) < S(p = \text{tief})$

- $S_{\text{Festkörper}} < S_{\text{Flüssigkeit}} < S_{\text{Gas}}$

- $S_{\text{Reinstoff}} < S_{\text{Mischung}}$

Die genannten sechs Größen p, T, μ, V, S und n sind auch deshalb von großer Bedeutung, weil sie ein System definieren. Sind irgendwelche drei der sechs Größen festgelegt, so ist das (thermodynamische) Verhalten des Systems auch vollkommen determiniert.

Von Bedeutung ist auch die Vorzeichenkonvention, die in der Thermodynamik verwendet wird: sie ist *systemozentrisch*, bezieht sich also immer auf das beobachtete System und *nicht* auf die Umgebung. Wenn ein System Arbeit *leistet* ist das Vorzeichen daher ein '−' (Arbeit geht *aus dem System hinaus*), wenn Arbeit am System verrichtet wird, ist das Vorzeichen ein '+' (man verrichtet Arbeit am System; steckt Arbeit *in das System hinein*). Das ist vollkommen analog zu Ihrem Konto – wenn Sie etwas herausnehmen (abheben), erscheint auf Ihrem Konto ein Minus.

[I]   Natürlich ist unser Buchstabenbeispiel kein *thermodynamisches* System, daher ist die Nutzung der Boltzmannkonstanten als Größe sicher nicht gültig – zur Illustration wollen wir es aber hier einfach so handhaben.

1.2.2. Die innere Energie und die Fundamentalgleichung der Thermodynamik

Wir nehmen an, dass jedes System einen Energieinhalt hat. Diesen nennen wir seine innere Energie U. Wir sprechen von einem *thermodynamischen Potential*, weil sich – für gegebene Parameter – diese Größe minimiert, ähnlich der potentiellen Energie, wo ein System auch versucht, in den gegebenen Rahmenparametern die niedrigste potentielle Energie einzunehmen.[I] Das nutzen wir später, wenn wir wissen, dass ein System dann im Gleichgewicht ist, wenn dU (oder ein anderes thermodynamisches Potential) Null wird.[II] Die Größe U selbst ist uns kaum zugänglich und wir können sie ohne mikroskopische Begriffe schwer verstehen.[III] Nun können wir die tatsächliche innere Energie U vielleicht nicht direkt messen, wir sind aber noch nicht am Ende. Wir nehmen an, dass Energie sich jeweils nur in einer gewissen *Form* von einem System in ein anderes bewegen kann (zum Beispiel als Wärme). Diesen Energiefluss können wir aber beobachten (zum Beispiel mit einem Bombenkalorimeter, siehe hierzu Seite 198.). Damit können nen wir zwar nicht die innere Energie bestimmen, allerdings die *Änderung der inneren Energie* ΔU (oder dU für infinitesimal kleine Änderungen). Der Gedanke ist sehr wichtig: Wenn Energie von einem System in ein anderes fließt, so tritt sie während dieser Zeit in einer spezifischen, prinzipiell beobachtbaren Form auf. Nun zeigt es sich, dass diese Energieänderung immer durch ein Produkt aus einer intensiven und einer extensiven Größe dargestellt werden kann:

Energieform	Produkt	intensive Größe	extensive Größe
Wärme	TdS	Temperatur	Entropie
Volumensarbeit	$-pdV$	Druck	Volumen
Chemische Energie	μdn	Chemisches Potential	Stoffmenge
Elektrische Energie	ϕdq	Elektrisches Potential	Ladung
Oberflächenenergie	σdA	Oberflächenspannung	Oberfläche
Rotationsenergie	$\omega d\mathbf{L}$	Winkelgeschwindigkeit	Drehimpuls
Bewegungsenergie	$vd\mathbf{p}$	Geschwindigkeit	Impuls
Verschiebungsenergie	$-Fd\mathbf{r}$	Kraft	Ortsvektor
...	...	...	...

Typischerweise sind wir in der Thermodynamik an den ersten drei Energieformen (Wärme, Arbeit, Chemische Energie) interessiert. Wenn diese auftreten, ändert sich der Energieinhalt eines Systems. Den Gesamtgehalt an innerer Energie nennen wir U. Es gilt daher, dass U für

---

[I] Für eine ausführliche Diskussion dieser Analogie schlagen Sie bitte im Appendix auf Seite 403 nach. Diesen zu lesen hilft unter Umständen auch beim Verständnis des Begriffes des thermodynamischen Potentials.

[II] Dieses Verfahren wird ja auch zur Bestimmung der Extrema von Kurven in der Kurvendiskussion benutzt. Die Kurve hat ein Maximum oder Minimum, wenn die erste Ableitung Null ist.

[III] So ist zum Beispiel der Energieinhalt eines Eisenblockes unter anderem in den Vibrationen der Atome in Form von kinetischer und potentieller Energie gespeichert. Diese Betrachtung ist aber mikroskopisch – in der Thermodynamik sehen wir bloß seine Temperatur.

Einstoffsysteme nur von drei Größen abhängt.[I] Wir können wählen, welche wir nehmen wollen und wählen die drei extensiven Größen als natürliche Variablen[II]:

$$\boxed{U = U(S, V, n).}$$ (1.1)

Diese Gleichung nennt man auch *„Fundamentalgleichung der Thermodynamik"*. Für Systeme mit mehreren Arten von Teilchen gibt es mehrere n-Terme:

$$\boxed{U = U(S, V, n_1, n_2, \ldots n_k).}$$ (1.2)

U kann sich nur ändern, wenn sich eine dieser Größen ändert und dann ist die Änderung von U (dU) davon abhängig, wie sich U als Funktion dieser Größen ändert. Differentiell gesprochen gilt[III]:

$$\boxed{dU = \left(\frac{\partial U}{\partial V}\right)_{S,n_1,\ldots n_k} dV + \left(\frac{\partial U}{\partial S}\right)_{V,n_1,\ldots n_k} dS + \sum_{i=1}^{k} \left(\frac{\partial U}{\partial n_i}\right)_{V,n_{j\neq i}} dn_i}$$ (1.3)

Man nennt diesen Ausdruck das *totale Differential* von U.[IV] Durch unser Wissen darüber, dass Energien als Produkte aus intensiven und extensiven Größen darstellbar sind, können wir schreiben[V]:

$$dU = -pdV + TdS + \mu dn.$$

Wir leiten das an dieser Stelle nicht genauer her, sondern arbeiten erst unter der Annahme, dass die Gleichung so stimmt. In vielen (aber nicht allen) Lehrbüchern wird der μdn-Term oft vernachlässigt, weil nur mit Systemen operiert wird, in denen die Stoffmenge konstant ist (dann ist $dn = 0$). In diesem Buch wird allerdings den Leserinnen und Lesern zugetraut, die allgemeinere Form zu verstehen und für den Fall konstanter Stoffmenge (dn ist dann 0) aus dieser die vereinfachte Form abzuleiten. Außerdem ist für jedes Verständnis von chemischen

---

[I]   Weil wir, wie vorher schon gesagt, feststellen, dass die Größen nicht untereinander unabhängig sind, wenn drei festliegen, liegen alle fest.

[II]   Man könnte auch andere wählen (was man teilweise getan hat), es zeigt sich aber, dass das für unsere Zwecke die handlichste Festlegung ist.

[III] Im *Atkins* (Quelle [6]) wird auf Seite 62 eine andere Definition von dU gegeben, bei der U eine Funktion von T, V und n ist. Jedoch wird im selben Buch auf Seite 110 die hier benutzte Version verwendet. Auch in den Lehrbüchern von Wedler (Quelle [3] auf Seite 276) und Engel und Reid (Quelle [2] auf Seite 144) werden diese Formulierung ausgewiesen, wobei das Lehrbuch von Wedler auch die alternative Formulierung angibt. Aus Gründen der Schlüssigkeit benutzen wir aber ausschließlich unsere Formulierung. Beispielsweise ist die Definition der Entropie hier schon natürlich enthalten: Der Wärme-Term lautet TdS und später werden wir $\Delta S = \frac{\Delta Q \text{ (Wärme)}}{T}$ benutzen. Wie oben schon angedeutet, gibt es Freiheiten bei der Wahl der Variablen und für manche Probleme eignen sich manche Konventionen eben besser, als andere.

[IV] Weil U nach allen natürlichen Variablen abgeleitet wird – eine *partielle Ableitung* beinhaltet nur die Ableitung nach einer Größe, zum Beispiel $\frac{\partial U}{\partial S}$.

[V]   Wir verwenden nun die Konvention, dass μdn für alle Teilchenarten steht: $\mu dn = \sum_{i=1}^{k} \mu_i dn_i$

Reaktionen gerade dieser letzte Term von überragender Bedeutung – ihn zu unterschlagen hieße, die explanative Kraft der Thermodynamik massiv zu vermindern.

1.2.3. Die Legendre-Transformationen von U

dU hängt von drei Variablen natürlich ab: V, S und n. Wollen wir ein thermodynamisches Potential erzeugen, das von anderen abhängt, können wir dies folgendermaßen bewerkstelligen: Sagen wir, wir wollen eine Funktion, welche von V, T und n abhängt. Es gilt, dass

$$d(TS) = TdS + SdT.$$

Das ist instinktiv klar: Die gesamte Änderung muss sich aus beiden Teiländerungen ergeben, also allgemein

$$\boxed{d(xy) = xdy + ydx.} \tag{1.4}$$

Das ist eine rein mathematische Regel – sie hat noch nichts mit Thermodynamik im Speziellen zu tun. Wir formen dieses zu

$$TdS = d(TS) - SdT$$

um und ergänzen in dU:

$$dU = -pdV + d(TS) - SdT + \mu dn.$$

Dann bringen wir das $d(TS)$ auf die andere Seite:

$$d(U) - d(TS) = -pdV - SdT + \mu dn.$$

Wir dürfen aber auch

$$d(U - TS) = -pdV - SdT + \mu dn.$$

schreiben, weil beides totale Differentiale sind. Damit sind wir schon am Ziel – wir haben ein neues thermodynamisches Potential, welches von V, T und n natürlich abhängt. Damit man nicht immer den länglichen Ausdruck „das Potential $(U-TS)$" benutzen muss, wird dieses neue Potential die *Freie Energie A* genannt:

$$dA = -pdV - SdT + \mu dn.$$

So können wir auch andere thermodynamische Potentiale entwickeln:

$$\boxed{dA = d(U - TS)} \tag{1.5}$$

$$\boxed{dH = d(U + pV)} \tag{1.6}$$

$$\boxed{dG = d(U - TS + pV) = d(H - TS)}^{(\mathrm{I})} \tag{1.7}$$

Damit haben wir vier Potentiale, die sich alle aufeinander beziehen:

$$
\begin{aligned}
\text{Die innere Energie:} \quad & U \\
\text{Die freie Energie:} \quad & A = U - TS \\
\text{Die Enthalpie:} \quad & H = U + pV \\
\text{Die Gibbs-Energie:} \quad & G = U - TS + pV = H - TS
\end{aligned}
$$

Wir werden in wenigen Augenblicken dazu kommen, was diese neuen thermodynamischen Potentiale *bedeuten*. Vorerst wollen wir sie noch zu einer expliziten Form entwickeln. Wissend, dass

$$d(xy) = x\,dy + y\,dx,$$

kann man so auch leicht aus diesen Formen wieder explizite Formen generieren: Nehmen wir zum Beispiel

$$dG = d(U + pV - TS).$$

Wir trennen die Differentiale auf

$$dG = dU + d(pV) - d(TS)$$

und setzen dU ein:

$$dG = -p\,dV + T\,dS + \mu\,dn + d(pV) - d(TS).$$

Da ja, wie schon erwähnt

$$d(pV) = p\,dV + V\,dp$$

(I)   Durch probeweises Wechseln auf endliche Abschnitte erhalten wir hier sofort die in der Chemie extrem wichtige Formel

$$\Delta G = \Delta H - T\Delta S,$$

auch, wenn wir sie so nicht sauber abgeleitet haben.

und

$$d(TS) = TdS + SdT$$

gilt, können wir nun schreiben:

$$dG = -pdV + TdS + \mu dn + pdV + Vdp - TdS - SdT,$$

was, wie schnell einzusehen ist, zu

$$dG = +Vdp - SdT + \mu dn$$

umformbar ist. Diese Umformungen nennt man *Legendre-Transformationen*.

1.2.4. Die thermodynamischen Potentiale

Es existieren acht solcher thermodynamischen Potentiale, von denen vier besonders wichtig sind: die innere Energie U, die freie Energie A, die Gibbs-Energie G und die Enthalpie H (vom griechischen ἐν θάλπειν, *en thalpein*, in etwas erwärmen).[I]

$$\boxed{dU = -pdV + TdS + \mu dn} \tag{1.8}$$

$$\boxed{dA = -pdV - SdT + \mu dn} \tag{1.9}$$

$$\boxed{dH = +Vdp + TdS + \mu dn} \tag{1.10}$$

$$\boxed{dG = +Vdp - SdT + \mu dn} \tag{1.11}$$

Es existieren vier weitere solche Potentiale, welche jeweils ein $-nd\mu$ aufweisen.[II] Diese sind aber momentan nicht von Bedeutung für uns. Wir haben durch die Herleitung auch anschau-

---

[I]   Wir wollen noch einmal wiederholen, warum diese Größen thermodynamische Potentiale genannt werden. Falls für ein System p, T und μ festgelegt sind, so stellen sich V, S und n in diesem System auf gewisse Werte ein (sie sind die *natürlichen Variablen*). Oft ist man daran interessiert, diese Werte zu finden (sie stellen das *Gleichgewicht* dar). Hier kommt das thermodynamische Potential ins Spiel – S, V und n werden sich so einstellen, dass U minimiert wird (ähnlich der potentiellen Energie). Wenn die entsprechende Größe ein Minimum erreicht (zum Beispiel $dU = \min$), so wird seine Ableitung Null ($dU = 0$) und das System steht *im Gleichgewicht*. Für eine ausführlichere Besprechung schlagen Sie bitte im Appendix auf Seite 403 nach.

[II]
$$dR = -pdV + TdS - nd\mu$$
$$d\Omega = -pdV - SdT - nd\mu$$
$$dJ = +Vdp + TdS - nd\mu$$

liche Begriffe von U, A, H und G erreicht: U ist die Fähigkeit eines Systems, Volumensarbeit zu verrichten, Wärme abzugeben oder chemische Umsetzung zu betreiben. Bei A haben wir den Term für die Wärme (TdS) weggebracht, daher enthält A nur mehr die Fähigkeit eines Systems, Volumensarbeit zu verrichten oder chemische Umsetzung zu betreiben, nicht jedoch mehr die Fähigkeit, Wärme abzugeben. H fehlt ganz entsprechend der Term, welcher die Volumensarbeit beschreibt ($-pdV$), daher ist H die Fähigkeit eines Systems, Wärme abzugeben oder eine chemische Umsetzung zu betreiben. Bei G schließlich fehlen sowohl der Term für die Volumensarbeit, als auch der für die Wärme, daher fällt darunter nur mehr die Fähigkeit eines Systems, chemische Umsetzung zu betreiben (G ist daher in der Chemie von besonderer Wichtigkeit).[I]

Thermodynamisches Potential		betrifft		
dU =	$-pdV + TdS + \mu dn$	Vol.-Arbeit	Wärme	Chem. Umwandlung
dA =	$-pdV - SdT + \mu dn$	Vol.-Arbeit		Chem. Umwandlung
dH =	$+Vdp + TdS + \mu dn$		Wärme	Chem. Umwandlung
dG =	$+Vdp - SdT + \mu dn$			Chem. Umwandlung

Die Größen TdS (Wärme) und $-pdV$ (Volumensarbeit) werden auch mit Q und W abgekürzt.[II] Daher kann man auch schreiben:

$$dU = W + Q + \mu dn.$$

Für Systeme, deren Stoffmenge konstant bleibt ($dn = 0$), gilt vereinfacht:

$$dU = W + Q.$$

$$dK = +Vdp - SdT - nd\mu$$

[I] Die neu auftauchenden Terme wie etwa Vdp nennt man *Ersatzgrößen* – es ist aber nicht so einfach, diesen direkt eine Deutung zuzuschreiben, so wie etwa die Deutung als ausgetauschte Wärme im TdS-Fall.

[II] Die Bezeichnung von Arbeit und Wärme ist *sehr* uneinheitlich. Wir werden sehen, dass Wärme und Arbeit *Prozessgrößen* sind, sie treten also nur *während* eines Prozesses auf. Es ist daher sinnlos, zu behaupten, ein System *enthalte* Arbeit oder Wärme. Es kann Wärme und Arbeit mit seiner Umgebung *austauschen*. Das System enthält aber zum Beispiel eine gewisse Menge an innerer Energie. Wenn wir also Q oder W schreiben, so meinen wir *nicht* dasselbe, wie wenn wir U oder S schreiben. Q oder W ist immer eine *umgesetzte* Wärme oder Arbeit *bei einem Vorgang*. Mit Q und W bezeichnen wir immer die differentielle Größe, wir meinen also implizit dQ und dW. Damit folgen wir der Empfehlung einiger Autoren, die den Term dQ oder dW vermeiden wollen, weil er impliziert, dass es auch ein Q und W *an sich* gäbe. Trotzdem kommen wir nicht umhin, die Schreibweisen ΔQ und ΔW zu benutzen, sobald wir von unendlich kleinen zu endlichen Prozessschritten übergehen. Behalten Sie aber bitte immer diese besondere Natur der Größen Q und W im Hinterkopf und seien Sie bereit, in verschiedenen Büchern verschiedene Schreibweisen anzutreffen.

1.2.5. Schlüsse aus den thermodynamischen Potentialen

Wir wollen nun kurz systematisch überlegen, was die von uns abgeleiteten Potentiale bedeuten. Dazu gehen wir so vor, dass wir immer zwei der natürlichen Variablen konstant halten. Ein Beispiel: wir betrachten das Potential U:

$$dU = -pdV + TdS + \mu dn.$$

Wir halten die Entropie S und die Stoffmenge n konstant, daher sind dS und dn Null.[I] Es ist Konvention in der Thermodynamik, konstant gehaltene Größen als Subskript hinter eine Klammer zu schreiben:

$$(dU)_{S,n} = -pdV.$$

Nun dividieren wir durch dV und erhalten:

$$\left(\frac{dU}{dV}\right)_{S,n} = -p.$$

Damit haben wir aber etwas Wichtiges gelernt: Wenn wir in einem System Entropie und Stoffmenge konstant halten, und das Volumen erhöhen ($dV > 0$), so sinkt U des Systems (weil $-p < 0$) – seine Fähigkeit, Wärme abzugeben, Volumenarbeit zu verrichten oder chemische Umwandlung zu betreiben, sinkt. Dies führen wir auf den folgenden zwei Seiten systematisch in allen Kombinationen durch.

Eine letzte wichtige Bemerkung ist die, dass man es – mathematisch streng genommen – natürlich hier immer mit partiellen Ableitungen (∂) zu tun hat. Eigentlich müsste man also

$$\left(\frac{\partial U}{\partial V}\right)_{S,n} = -p$$

schreiben. In der Thermodynamik ist es aber bei vielen Autorinnen und Autoren akzeptiert, ein „normales" Differentiationszeichen zu machen (d), da ja die anderen Größen stets explizit im Subskript der Klammer konstant gehalten werden. Trotzdem sollten Sie wissen, dass viele unsere Ableitungen bei exakter Schreibweise partielle sind und in einigen Büchern auch als solche angeschrieben werden – für die Durchführung der Differentiation macht dies freilich kaum einen Unterschied, es geht hier nur um den Formalismus.

[I] dn ist ja die Änderung der Stoffmenge, wenn sich die Stoffmenge nicht ändert ($n =$ konst), ist die Änderung der Stoffmenge natürlich 0.

$$dU = -pdV + TdS + \mu dn$$

$$\left(\frac{dU}{dV}\right)_{S,n} = -p \qquad\qquad \left(\frac{dU}{dS}\right)_{V,n} = +T \qquad\qquad \left(\frac{dU}{dn}\right)_{V,S} = +\mu$$

Wenn in einem System S und n konstant gehalten werden und das Volumen des Systems wird vergrößert ($dV > 0$), so sinkt seine innere Energie ($dU < 0$)	Wenn in einem System V und n konstant gehalten werden und die Entropie des Systems wird vergrößert ($dS > 0$), so steigt seine innere Energie ($dU > 0$)	Wenn in einem System V und S konstant gehalten werden und die Stoffmenge des Systems wird vergrößert ($dn > 0$), so steigt seine innere Energie ($dU > 0$)

$$dA = -pdV - SdT + \mu dn$$

$$\left(\frac{dA}{dV}\right)_{T,n} = -p \qquad\qquad \left(\frac{dA}{dT}\right)_{V,n} = -S \qquad\qquad \left(\frac{dA}{dn}\right)_{V,T} = +\mu$$

Wenn in einem System T und n konstant gehalten werden und das Volumen des Systems wird vergrößert ($dV > 0$), so sinkt seine freie Energie ($dA < 0$)	Wenn in einem System V und n konstant gehalten werden und die Temperatur des Systems wird vergrößert ($dT > 0$), so sinkt seine freie Energie ($dA < 0$)	Wenn in einem System V und T konstant gehalten werden und die Stoffmenge des Systems wird vergrößert ($dn > 0$), so steigt seine freie Energie ($dA > 0$)

$$dG = +V\,dp - S\,dT + \mu\,dn$$

$$\left(\frac{dG}{dp}\right)_{T,n} = +V \qquad\qquad \left(\frac{dG}{dT}\right)_{p,n} = -S \qquad\qquad \left(\frac{dG}{dn}\right)_{p,T} = +\mu$$

Wenn in einem System T und n konstant gehalten werden und der Druck wird vergrößert ($dp > 0$), so steigt die Gibbs-Energie des Systems ($dG > 0$)

Wenn in einem System p und n konstant gehalten werden und die Temperatur des Systems wird vergrößert ($dT > 0$), so sinkt seine Gibbs-Energie ($dG < 0$)

Wenn in einem System p und T konstant gehalten werden und die Stoffmenge des Systems wird vergrößert ($dn > 0$), so steigt seine Gibbs-Energie ($dG > 0$)

$$dH = +V\,dp + T\,dS + \mu\,dn$$

$$\left(\frac{dH}{dp}\right)_{S,n} = +V \qquad\qquad \left(\frac{dH}{dS}\right)_{p,n} = +T \qquad\qquad \left(\frac{dH}{dn}\right)_{S,p} = +\mu$$

Wenn in einem System S und n konstant gehalten werden und der Druck wird vergrößert ($dp > 0$), so steigt die Enthalpie des Systems ($dH > 0$)

Wenn in einem System p und n konstant gehalten werden und die Entropie des Systems wird vergrößert ($dS > 0$), so steigt seine Enthalpie ($dH > 0$)

Wenn in einem System S und p konstant gehalten werden und die Stoffmenge des Systems wird vergrößert ($dn > 0$), so steigt seine Enthalpie ($dH > 0$)

1.2.6. Maxwell-Beziehungen

In der Mathematik gibt es den Satz von Schwarz:

$$\boxed{\frac{\partial^2 f}{\partial x \partial y} = \frac{\partial^2 f}{\partial y \partial x}.} \tag{1.12}$$

Er gilt für hinreichend glatte Funktionen (keine Sprünge oder andere Unstetigkeiten, in der Thermodynamik fast immer erfüllt) und sagt aus, dass wir unter diesen Bedingungen die Reihenfolge der Differentiation umkehren dürfen. Benutzt man den Satz von Schwarz, so kann man noch weitere thermodynamisch interessante Relationen gewinnen. Will man zum Beispiel wissen, wie $\frac{dT}{dV}$ skaliert, setzt man einfach aus den obigen Schlüssen ein. Von dort wissen wir, dass

$$\left(\frac{dU}{dS} \right)_{V,n} = +T.$$

Also setzen wir für T in unsere Fragestellung ein und erhalten

$$\frac{d\frac{dU}{dS}}{dV} = \frac{ddU}{dV\,dS} = \frac{d^2 U}{dV\,dS}.$$

Durch den Satz von Schwarz erhalten wir

$$\frac{d^2 U}{dV\,dS} = \frac{d^2 U}{dS\,dV} = \frac{ddU}{dS\,dV}.$$

Der rechte Teil der Gleichung ist uns aber bekannt, er ist genau $-p$.

$$\frac{d}{dS}\frac{dU}{dV} = \frac{d}{dS} \cdot (-p) = -\frac{dp}{dS}$$

Damit wissen wir, dass $\frac{dT}{dV}$ dasselbe liefert, wie $-\frac{dp}{dS}$. Durch Anwenden dieses Prinzips kann man die folgenden *Maxwell-Beziehungen* erhalten:

$$\boxed{-\left(\frac{dS}{dp}\right)_T = \left(\frac{dV}{dT}\right)_p} \tag{1.13}$$

$$\boxed{\left(\frac{dS}{dV}\right)_T = \left(\frac{dp}{dT}\right)_V} \tag{1.14}$$

$$\boxed{\left(\frac{dV}{dS}\right)_p = \left(\frac{dT}{dp}\right)_S} \tag{1.15}$$

$$\boxed{-\left(\frac{dp}{dS}\right)_V = \left(\frac{dT}{dV}\right)_S} \tag{1.16}$$

Es gibt mehr Maxwell-Beziehungen (zum Beispiel manche, bei denen nach dn abgeleitet wird), aber diese vier sind die wichtigsten. Sie stellen Stoffgrößen dar (die beiden Kompressibilitäten ohne Ableitung):

$$\frac{1}{V}\left(\frac{dV}{dT}\right)_p = -\frac{1}{V}\left(\frac{dS}{dp}\right)_T \qquad = \alpha \quad = \text{isobarer Ausdehnungskoeffizient} \tag{1.17}$$

$$\frac{1}{p}\left(\frac{dp}{dT}\right)_V = \frac{1}{p}\left(\frac{dS}{dV}\right)_T \qquad = \beta \quad = \text{isochorer Spannungskoeffizient} \tag{1.18}$$

$$-\frac{1}{V}\left(\frac{dV}{dp}\right)_T = \frac{1}{pV}\left(\frac{dA}{dp}\right)_T \qquad = \kappa_T = \text{isotherme Kompressibilität} \tag{1.19}$$

$$-\frac{1}{V}\left(\frac{dV}{dp}\right)_S = \frac{1}{pV}\left(\frac{dU}{dp}\right)_S \qquad = \kappa_S = \text{adiabatische Kompressibilität} \tag{1.20}$$

1.2.7. Merkhilfe – Das Guggenheim-Quadrat

$$\begin{array}{ccc} \text{-S} & \text{U} & \text{V} \\ \text{H} & & \text{A} \\ \text{-p} & \text{G} & \text{T} \end{array}$$

Obwohl Sie nun in der Lage sind, sich alle diese Beziehungen herzuleiten, ist es oft zweckmäßig und schneller, sie einfach zu *wissen*. Dabei kann das *Guggenheim-Quadrat* helfen. Wenn Sie in der Lage sind, dieses hinzuschreiben, sind Sie in der Lage, alle thermodynamischen Potentiale und alle Maxwell-Relationen zu erzeugen, die ein $+\mu dn$ enthalten. So erzeugen Sie die thermodynamischen Potentiale:

- Überlegen Sie sich, welches thermodynamische Potential Sie erzeugen wollen (Beispiel: die freie Energie $dA =? \cdot d?+? \cdot d?+? \cdot d?$)

- Die Größen, welche sich an *den gegenüberliegenden Ecken* befinden, sind die Koeffizienten ($dA = -S \cdot d? - p \cdot d?+? \cdot d?$)

- Die differentielle Größe, welche zum jeweiligen Koeffizienten passt, liegt *ihm diagonal gegenüber* ($dA = -SdT - pdV +? \cdot d?$)

- Falls Sie eine Größe mit Vorzeichen ($-S$, $-p$) als differentielle Größe erhalten, so ist das Vorzeichen zu ignorieren (dS und nicht $-dS$)

- Als Letztes schreiben Sie $+\mu dn$ dazu ($dA = -SdT - pdV + \mu dn$)

Die Maxwell-Relationen können auf ähnlich leichte Weise erzeugt werden:

- Überlegen Sie sich, welche Größe Sie nach welcher ableiten wollen (Beispiel: T nach V)

- Die Maxwell-Beziehung erhalten Sie, indem Sie den parallelen Pfad gehen – T nach V ist dasselbe, wie $-p$ nach $-S$ ($\frac{dT}{dV} = -\frac{dp}{dS}$)

- Da Sie die Größen hier immer differentiell benutzen, sind die Vorzeichen zu ignorieren – Ausnahme: beide Größen haben ein '$-$', dann wird auch das Differential negativ

- Schließlich halten Sie beim linken Term die Größe konstant, nach der Sie beim rechten ableiten und umgekehrt ($\left(\frac{dT}{dV}\right)_S = -\left(\frac{dp}{dS}\right)_V$)

1.2.8. Wärmekapazität

Es zeigt sich, dass sich verschiedene Stoffe bei Eintrag einer gewissen Wärmemenge verschieden stark erwärmen. Wir definieren eine neue Größe C, die eine Aussage darüber macht, wie stark sich ein Körper bei Zuführung einer gewissen Wärmemenge erwärmt:

$$\boxed{n \cdot C = \frac{\Delta Q}{\Delta T}} \tag{1.21}$$

oder differentiell

$$\boxed{n \cdot C = \frac{Q}{dT}}. \tag{1.22}$$

Wir definieren C als molare Größe (also pro ein Mol), was das n in unserer Gleichung erklärt.[I] Das bedeutet, falls C groß ist, ist die Änderung der Temperatur ΔT im Vergleich zur umgesetzten Wärme ΔQ klein – das heißt wiederum, man kann dem System viel Wärme zuführen,

---

[I] Beachten Sie, dass die Wärmekapazität manchmal auch für ein Kilogramm eines Stoffes (und nicht ein Mol) angegeben wird. In diesem Fall dürfen Sie natürlich *nicht* die Stoffmenge n benutzen, sondern müssen diese durch die Masse m ersetzen.

ohne dass es seine Temperatur stark ändert. Die Wärmekapazität ist im allgemeinen Fall temperaturabhängig ($C = f(T)$) – wir werden uns aber vorerst auf Fälle beschränken, in denen wir sie als nicht von der Temperatur abhängig betrachten können. Der Begriff der Wärmekapazität ist am Punkt einer Phasenumwandlung kritisch, da der Wert dort divergiert: stellen Sie sich einen Liter Wasser[I] vor, der Raumtemperatur hat. Sie führen ihm eine gewisse Menge Wärme zu und erhöhen damit seine Temperatur. Dadurch können Sie die Wärmekapazität von Wasser bestimmen. Irgendwann erreichen Sie allerdings $100\,°C$ – das Wasser beginnt zu sieden. Jetzt können Sie weitere Wärme zuführen, die Temperatur des Wassers bleibt jedoch konstant $100\,°C$, bis alles Wasser verdampft ist. Der Bruch $n \cdot C = \frac{\Delta Q}{\Delta T}$ divergiert für $\Delta T \to 0$ allerdings gegen $+\infty$.[II] Man ist aus diesem Grund zur Übereinkunft gelangt, dass die Wärmekapazität nicht über Phasenumwandlungen hinweg definiert ist.

Wir werden uns im Folgenden besonders mit zwei speziellen Wärmekapazitäten befassen: C_V und C_p. Bei Gasen hängt die Wärmekapazität von den äußeren Parametern ab – daher muss man zwischen der *Wärmekapazität bei konstantem Volumen* (C_V) und der *Wärmekapazität bei konstantem Druck* (C_p) unterscheiden. Aus Gründen, auf die wir nicht eingehen können, kann man Werte für diese Wärmekapazitäten angeben – sie hängen von der Struktur der Moleküle ab (mikroskopische Parameter, daher ist die notwendige Betrachtung auch nicht Gegenstand unserer Thermodynamik) und gelten nur für ideale Gase[III]:

Werte für ein Mol		
Gas	C_V	C_p
1-atomig	$\frac{3}{2}R$	$\frac{5}{2}R$
2-atomig	$\frac{5}{2}R$	$\frac{7}{2}R$
3-atomig (linear)	$\frac{5}{2}R$	$\frac{7}{2}R$
3-atomig (nicht-linear)	$\frac{6}{2}R$	$\frac{8}{2}R$

Außerdem sind noch drei Anmerkungen wichtig. Bei einem Prozess, bei dem das Volumen konstant bleibt (bei welchem also C_V verwendet werden muss), gibt es keine übertragene Arbeit ($W = 0$), daher gilt über die Definition der Wärmekapazität

$$n \cdot C_V = \frac{Q}{dT} = \left(\frac{dU}{dT}\right)_V \tag{1.23}$$

[I] Wasser hat übrigens eine unerwartet *hohe* Wärmekapazität – was bedeutet, dass es seine Temperatur relativ stabil hält, selbst wenn Energie eingetragen oder entnommen wird. Man nimmt unter anderem an, dass diese Eigenschaft und die unerwartet hohe Wärmeleitfähigkeit von Wasser für die Entwicklung von Leben von großer Bedeutung waren, weil sie gemeinsam dafür sorgen, dass Lebewesen, die zu großen Teilen aus Wasser bestehen oder sich in Wasser befinden, eine relativ stabile thermische Umgebung vorfinden („*thermal regulation*").

[II] Wie soft ist das für uns genug, weil wir nur von positiven Temperaturen kommen können – im allgemeinen mathematischen Fall kann nicht zwischen $\pm\infty$ unterschieden werden und der Ausdruck divergiert.

[III] Zur genaueren Definition eines idealen Gases siehe Kapitel 2.1

und

$$dU = nC_V dT$$

beziehungsweise

$$\Delta U = nC_V \Delta T,$$

wenn man zu endlichen Schritten übergeht und annimmt, dass in diesem Bereich C_V nicht von der Temperatur abhängt.

Bei konstantem Druck gilt, wie aus der Definition der Enthalpie H zu sehen ist, analog

$$\boxed{n \cdot C_p = \frac{Q}{dT} = \left(\frac{dH}{dT}\right)_p} \tag{1.24}$$

und

$$\Delta H = nC_p \Delta T.$$

Außerdem sehen wir in unserer Tabelle, dass für ein ideales Gas der Unterschied zwischen C_V und C_p immer genau R beträgt:

$$\boxed{C_p - C_V = R.} \tag{1.25}$$

Übung: Grundlagen (Übung 1 auf Seite 273)

1.2.9. Die Einheiten von U, A, H, G, S und μ

Streng genommen sind die Größen U, A, H, G, S und μ nicht pro Mol formuliert. Die innere Energie U hat beispielsweise die Einheit Joule und skaliert mit der Systemgröße. Tatsächlich ist es aber natürlich sehr unhandlich, wenn man immer mit angeben muss, wie groß das System eigentlich ist. Daher benutzt man – vor allem in der chemischen Thermodynamik (ab Seite 167) – sehr häufig molare Größen, ohne diese speziell anzugeben. Dann wäre also die innere Energie in der Einheit J/mol zu übergeben. Hier ist immer darauf acht zu geben, dass die richtige Einheit gewählt wird. Auch ändert sich damit der Status der Größe – ist U in J, so ist es eine extensive Größe, ist es in J/mol, so ist es eine intensive.

1.3. Arbeit und Leistung

Ein Begriff, der uns oft interessiert, ist allgemein die *Arbeit*. Arbeit kann in vielen Formen auftreten – bereits kennen gelernt haben wir die *Volumensarbeit* (oft auch Volumsarbeit genannt), durch welche ein Volumen verändert wird. Aber es gibt auch beispielsweise Beschleunigungsarbeit, bei der ein System beschleunigt wird, oder Hubarbeit, bei der ein Gewicht in einem Gravitationsfeld gehoben oder gesenkt wird. Die Änderung der Arbeit ist allgemein definiert als

$$\boxed{W = \mathbf{F}d\mathbf{s},} \tag{1.26}$$

wir sehen sofort, dass die Form des Terms den von uns bereits benutzten stark ähnlich ist und vermuten (ganz richtig), dass es sich bei Arbeit immer um eine Energieform handelt. Daher hat sie auch dieselbe Einheit wie die Energie – das Joule (J). $\mathbf{F}$ ist hierbei die Kraft und $d\mathbf{s}$ ist die infinitesimale Änderung des Weges. Beide sind vektoriell (haben eine Richtung), aus Gründen der mathematischen Einfachheit werden wir uns jetzt allerdings auf Fälle beschränken, in denen $\mathbf{F}$ und $\mathbf{s}$ in die selbe (oder genau in die entgegengesetzte) Richtung weisen, da wir dann zu einer nicht-vektoriellen Schreibweise wechseln können:

$$W = Fds \qquad \text{falls F und s die gleiche Richtung haben.}$$

Um nun von infinitesimalen Schritten zu endlichen zu kommen, benutzen wir das Integral:

$$\boxed{\Delta W = \int_{s_1}^{s_2} Fds.} \tag{1.27}$$

Damit erhält die Arbeit eine grafische Deutung: sie ist die Fläche unter der Kurve, die wir erhalten, wenn wir ein s,F-Diagramm erstellen. Schauen wir uns das für ein paar besondere Fälle an, wir beginnen mit der Hubarbeit: Wir entnehmen unserem physikalischen Grundwissen, dass die Hubarbeit eines Systems sich wie folgt berechnen lässt:

$$\Delta W_{\text{Hub}} = \int_{h_A}^{h_E} F_{\text{Hub}} \cdot dh = \int_{h_A}^{h_E} mg \cdot dh = mg \cdot (h_E - h_A),$$

wobei m die angehobene Masse ist, h die Höhe und g die Gravitationsbeschleunigung[I]. Wir tragen also die Hubkraft $m \cdot g$ gegen die Höhe h auf – Abbildung 1.1. Die Kurve ist eine Waagrechte, weil es gleich viel Arbeit kostet, um ein Gewicht um einen Meter anzuheben, egal auf welcher Höhe sich das Gewicht bereits befindet. Die notwendige Arbeit ist die Fläche unterhalb der Kurve zwischen der Anfangshöhe (h_A) und der Endhöhe (h_E). Anders bei der Beschleunigungsarbeit:

[I] $\quad g \approx 9,81\,\text{m/s}^2$

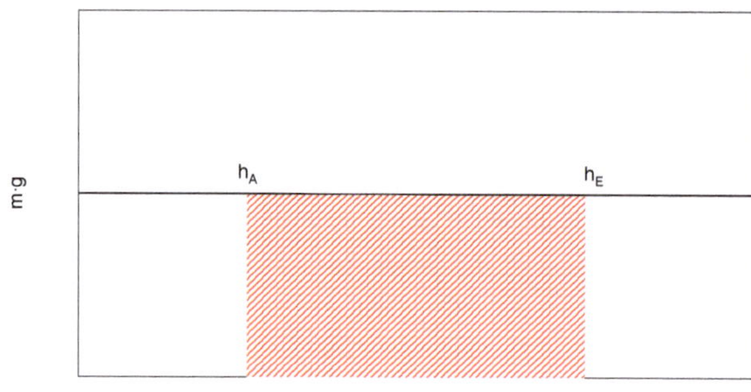

Abb. 1.1.: Diagramm zur Hubarbeit

$$\Delta W_{\mathrm{Beschl}} = \int_{v_A}^{v_E} F_{\mathrm{Beschl}} \cdot ds = \int_{v_A}^{v_E} ma \cdot ds.$$

Wir benutzen nun unser Wissen darüber, dass die Beschleunigung a die Änderung der Geschwindigkeit mit der Zeit ist ($a = \frac{dv}{dt}$) und dass der Weg sich als Produkt von Geschwindigkeit und Zeit darstellen lässt ($s = v \cdot t$). Dann gilt für sehr kleine Änderungen des Weges: $ds = v \cdot dt$. Diese beiden Ergebnisse setzen wir ein:

$$\Delta W_{\mathrm{Beschl}} = \int_{v_A}^{v_E} ma \cdot ds = \int_{v_A}^{v_E} m \cdot \frac{dv}{dt} \cdot v \cdot dt.$$

Wir kürzen dt und erhalten:

$$\Delta W_{\mathrm{Beschl}} = \int_{v_A}^{v_E} m \cdot \frac{dv}{dt} \cdot v \cdot dt = \int_{v_A}^{v_E} mv \cdot dv = m \int_{v_A}^{v_E} v dv = m \cdot \left(\frac{v_E^2}{2} - \frac{v_A^2}{2} \right).$$

Den letzten Term können wir schlicht v^2 nennen, falls die Anfangsgeschwindigkeit Null ist. Wir sehen, unsere Ableitung war mathematisch abenteuerlich, weil wir wild Orte, Geschwindigkeiten und Beschleunigungen gemischt hatten, aber am Ende ist alles sauber aufgegangen. Nun müssen wir also $1/2 \cdot m \cdot v$ gegen v auftragen. Da hier der Ordinatenwert vom Abszissenwert abhängt (weil natürlich $1/2 \cdot m \cdot v = f(v)$), ist diese Kurve *keine* Waagrechte. In Abbildung 1.2 ist die Kurve abgebildet. Die Arbeit, um ein System von v_A auf v_E zu beschleunigen, ist wieder die Fläche unter der Kurve. Wir sehen hier, dass die Arbeit, um ein System zu beschleunigen anwächst, ja schneller das System bereits ist.[I]

[I] Es ist also schwieriger, einen Wagen von 200 auf 220 km/h zu beschleunigen, als von 60 auf 80.

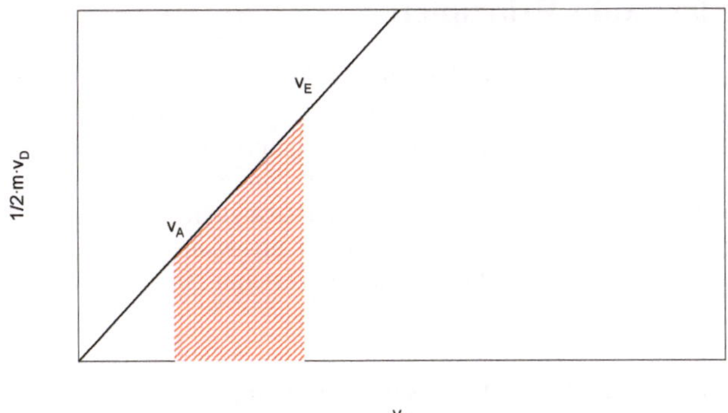

Abb. 1.2.: Diagramm zur Beschleunigungsarbeit

Bei der *Leistung* handelt es sich ganz allgemein um die umgesetzte Energie pro Zeit:

$$P = \frac{\Delta E}{\Delta t}.$$

Wir werden den Begriff für umgesetzte Energie in Form von geleisteter Arbeit pro Zeit benutzen:

$$\boxed{P = \frac{\Delta W}{\Delta t}.} \tag{1.28}$$

Wenn die umgesetzte Energie in Form von Wärme ausgetauscht wurde, so spricht man von *Wärmeleistung*:

$$\boxed{P_{\text{Wärme}} = \frac{\Delta Q}{\Delta t}.} \tag{1.29}$$

Die Einheit der Leistung ist demnach Joule pro Sekunde, was als *Watt* bezeichnet wird.

Übung: Arbeit und Leistung (Übung 2 auf Seite 274)

1.4. Zugrunde liegende Prinzipien

An dieser Stelle wollen wir kurz inne halten, um uns klar zu machen, auf welche Prinzipien wir zurückgreifen müssen, um unsere Thermodynamik aufzubauen. Ein Prinzip ist eine Aussage, welche nicht aus anderen Aussagen gefolgert werden kann und deren Wahrheit angenommen werden muss. Manche Prinzipien der Thermodynamik können aus anderen Theorien abgeleitet werden, sind im Rahmen unseres Begriffssystems aber trotzdem Prinzipien. Es ist wichtig, dass Sie versuchen, sich diese wenigen Grundfunktionen des Universums im Hinterkopf zu behalten, da sie meistens als stabiler Ausgangspunkt benutzt werden können, um sich unbekannten Problemen zu nähern.

1.4.1. Energieminimierung und Entropiemaximierung

Zwei Prinzipien, die enorm oft im Hintergrund unserer Problemstellungen herumspuken, sind die Energieminimierung und Entropiemaximierung. Alle Systeme streben danach, ihre Energie zu minimieren und gleichzeitig ihre Entropie zu maximieren. Oft kommt es dabei zu „Kompromissen" zwischen beiden Prinzipien. So stellt beispielsweise die Formel der Chemie

$$\Delta G = \underbrace{\Delta H}_{\text{Energie}} - T \underbrace{\Delta S}_{\text{Entropie}} \, ,$$

welche wir vor allem im Kapitel 8 oft brauchen werden, eine Balance zwischen den energetischen Eigenschaften der Reaktionspartner (in ΔH enthalten) und den entropischen Eigenschaften der Reaktionspartner (in $T\Delta S$ enthalten) dar. Wird viel Energie abgegeben, so ist ΔH sehr negativ, wird viel Entropie produziert, so ist ΔS sehr positiv und $-T\Delta S$ sehr negativ. Wenn die Energie abgesenkt und die Entropie gesteigert wird, ist ΔG also sehr negativ. Wir vermuten also (und wir vermuten wieder richtig), falls ΔG negativ ist, wird eine Reaktion thermodynamisch gerne ablaufen wollen.[I]

Ein wichtiger Unterschied zwischen Energien und Entropien ist die Tatsache, dass die Entropieskala einen absoluten Bezugspunkt hat. Sie erhält diesen durch den dritten Hauptsatz der Thermodynamik (siehe Seite 102). Es gibt für ein System eine niedrigste Entropie und dieser wird der Wert Null zugewiesen. Energieskalen sind im Vergleich dazu immer *relational* – man kann nur sagen, eine Energie ist um einen gewissen Betrag größer, als eine andere, aber nicht, eine Energie entspräche einem absoluten Wert. Da U, A, H und G allesamt Energien sind, ist es im Rahmen der klassischen Thermodynamik nicht möglich, diese Größen zu bestimmen – wir können nur Unterschiede in Energien, wie ΔU, ΔA, ΔH und ΔG behandeln. Auch im Kapitel über Elektrochemie (Seite 204) werden wir sehen, dass die Energieskala nicht absolut ist und wir im Wesentlichen frei wählen dürfen, wo wir ihren Nullpunkt setzen. Wir werden dann diesen Nullpunkt stets so legen, dass die Rechnungen möglichst einfach werden.

Aus der Thermodynamik folgt nicht, *warum* die Energie eines Systems minimiert oder die Entro-

---

[I]　　Wobei es möglich ist, die Thermodynamik fast nur anhand der Entropiemaximierung aufzubauen – wir wollen diesen Weg aber so nicht einschlagen.

pie maximiert werden wollen – daher sind diese Aussagen im Bezugssystem der Thermodynamik Prinzipien. Ein kurzer Ausflug in die statistische Thermodynamik in Kapitel 5.5 kann aber zumindest zeigen, dass die Maximierung der Entropie aus mikroskopischen Prinzipien (zumindest für manche Systeme) folgt.

1.4.2. Energieerhaltung

Im gesamten Universum bleibt die absolute Menge an Energie immer gleich, es kommt weder Energie hinzu, noch geht Energie verloren.[I] Energie kann nur von einer Energieform (zum Beispiel chemische Energie) in eine andere (zum Beispiel Wärme) übergeführt werden. Diese Annahme ist eine notwendige Grundlage für den ersten Hauptsatz der Thermodynamik (Seite 100). Die Annahme der Energieerhaltung speiste sich historisch unter anderem aus der Beobachtung, dass es unmöglich ist, eine Maschine zu bauen, die ständig Arbeit leistet (i.e. Energie abgibt), ohne dass ihr in irgend einer Form neue Energie zugeführt würde (perpetuum mobile erster Art). Die Entwicklungsgeschichte ist äußerst spannend und kann in zahlreichen Büchern nachgelesen werden. Ihre bekannten Formen erhielten die Energieerhaltung und der erste Hauptsatz von Hermann von Helmholtz im Jahre 1847. Auch das später in diesem Buch entwickelte Konzept der Zustandsfunktion wäre ohne die Energieerhaltung nichtig.

Interessant ist, dass die *Entropie* keinem Erhaltungssatz unterworfen ist – die Entropie im Universum bleibt im Allgemeinen explizit *nicht* erhalten, sondern kann sich verändern (ansteigen).

1.4.3. Ladungserhalt und Ladungskonjugation

Ebenso wie die Energie bleibt die Ladung im Universum (und in abgeschlossenen Systemen) gleich. Wann immer Ladungsträger entstehen oder vergehen, so geschieht dies zu gleichen Teilen mit positiven wie negativem Vorzeichen und die Gesamtladung bleibt immer erhalten. Diese Tatsache benutzen wir implizit ständig im Kapitel über Elektrochemie (Seite 204), zum Beispiel wenn wir beim Aufstellen von Redoxgleichungen darauf achten müssen, dass die Gesamtladung auf der linken und rechten Seite gleich groß sein muss.

Die *Ladungskonjugation* spiegelt die Tatsache wieder, dass es prinzipiell unmöglich ist, zu entscheiden, welche Ladung die positive und welches die negative ist. Man könnte also unser Universum nicht von einem unterscheiden, in dem Elektronen und Protonen ihre Ladung tauschen. Daher ist die Festlegung darauf, dass die Ladung des Elektrons negativ und die des Protons positiv ist, eine reine Konvention.[II]

[I] Das gilt für thermodynamische Betrachtungen – unter extremen Zuständen, wie am Anfang des Universums oder auf extrem kleinen Zeitskalen kann das Prinzip wackeln. Diese Fälle sind aber ohne Belang für uns.

[II] Wieder gilt der Zusatz – für unsere thermodynamischen Systeme! Die schwache Wechselwirkung ist *nicht* gleich, wenn man positive und negative Teilchen austauscht. Wieder spielt diese allerdings in unseren Fällen keine Rolle.

1.4.4. Teilchenerhalt

In anderen Disziplinen wird dieses Prinzip wesentlich genauer gefasst[I], als es für uns nötig ist, wir wollen uns aber einschränken. Unter für uns relevanten Bedingungen bleibt die Gesamtzahl und Natur von Atomkernen gleich – wenn also in eine Reaktion (zum Beispiel wieder in der Elektrochemie) fünf Silberatome eintreten, dann müssen auch wieder fünf Silberatome aus der Reaktion herauskommen. Das gilt natürlich nicht für Moleküle – es können durchaus drei Moleküle in eine Reaktion eintreten, aber nur eines herauskommen oder vice versa.

1.5. Arten von thermodynamischen Systemen

Wir werden nun die von uns betrachteten Systeme in verschiedener Art und Weise unterteilen.

1.5.1. Unterteilung nach Austausch von Wärme, Arbeit und Teilchen

Eine sehr wichtige Unterteilung ist eine bezüglich der Möglichkeit des Systems, Wärme, Arbeit und Teilchen mit seiner Umgebung auszutauschen. Man unterteilt folgendermaßen:

- Offene Systeme: können Arbeit, Wärme und Teilchen mit ihrer Umgebung austauschen

- Geschlossene Systeme: können Arbeit und Wärme, aber keine Teilchen mit ihrer Umgebung austauschen

- Adiabate Systeme: können keine Wärme und keine Teilchen, wohl aber Arbeit mit ihrer Umgebung austauschen

- Abgeschlossene Systeme: (oft auch als *isoliert* bezeichnet) können weder Arbeit, noch Wärme, noch Teilchen mit ihrer Umgebung austauschen

System	kann mit der Umgebung austauschen		
	Teilchen	Wärme	Arbeit
Offen	✓	✓	✓
Geschlossen	—	✓	✓
Adiabat	—	—	✓
Abgeschlossen	—	—	—

Dies ist *keine* vollständige Beschreibung aller denkbaren Prozesse, allerdings werden diese besonders häufig zu idealisierten Beschreibungen herangezogen.[II]

[I] Man teilt hier in Baryonen- und Leptonenzahlerhaltung. Baryonen sind alle Fermionen, die aus Quarks bestehen (Protonen, Neutronen, ...), Leptonen sind zum Beispiel Elektronen oder Neutrinos. Damit wird natürlich streng genommen die Anzahl von Atomkernen nicht erhalten – unter den Bedingungen, unter welchen unsere Thermodynamik stattfindet, können wir aber guten Gewissens so tun, als wär auch die Atomkernanzahl erhalten.

[II] Eine vollständige Auflistung:

1.5.2. Unterteilung nach Homogenität

Außerdem können thermodynamische Systeme hinsichtlich ihrer Zusammensetzung unterschieden werden. Dann trennt man:

- homogene Systeme (bestehen nur aus einer *Phase*)

- heterogene Systeme (bestehen aus mehreren *Phasen*)

1.5.3. Der Begriff der Phase

Eine *Phase* ist ein Bereich im Raum, in welchem bestimmte makroskopisch-physikalische Eigenschaften (zum Beispiel die Dichte) und die chemische Zusammensetzung keine Sprünge machen. So enthält beispielsweise ein Behälter, der mit reinem Helium gefüllt ist, eine einzelne Phase (Abbildung 1.3(a)). Aber auch ein Behälter, der mit Luft gefüllt ist, enthält nur eine Phase, obwohl Luft sich aus mehreren Verbindungen zusammensetzt (N_2, O_2, Ar, ...), weil es nirgends Sprünge in physikalischen Größen gibt (Abbildung 1.3(b)). Wenn man die Schwerkraft miteinbezieht, so ist die Dichte des Gases am Boden etwas höher, aber trotzdem ist es *immer noch nur eine Phase*, weil die Dichteänderung *nicht* sprunghaft ist. Enthält der Behälter Wasser und Luft (Abbildung 1.3(c)), so enthält er *zwei* Phasen, da sich an der Grenze zwischen beiden die Dichte schlagartig ändert ($\rho_{\text{Luft}} \approx 1,3\,\text{kg/m}^3$; $\rho_{\text{Wasser}} \approx 1000\,\text{kg/m}^3$). Problematisch wird der Phasenbegriff in folgendem Beispiel: Wir haben ein Behältnis, welches Wasser und darüber Luft enthält (zwei Phasen). Nun lösen wir Kochsalz in dem Wasser auf. Da die entstehende Salz-Wasser-Lösung keine Sprünge hat, ist sie weiterhin eine Phase. Geben wir jedoch immer mehr Salz zu, so kann sich irgendwann kein Salz mehr lösen und es bleibt ein fester Bodensatz aus Salzkristallen (Abbildung 1.3(d)). Die einzelnen Salzkristalle sind räumlich getrennt, zwischen ihnen treten also Sprünge auf. Trotzdem scheint es widersinnig zu sein, hier von einem System zu sprechen, welches unter Umständen viele tausende (oder mehr) Phasen hat. Daher benutzt man für Systeme wie das in Abbildung 1.3(d) den Begriff der *dispersen Phase* (dispers ist lateinisch: fein verteilt). Damit meinen wir räumlich voneinander getrennte, aber gleichartige Teilchen und zählen sie nur mehr als *eine* Phase. Ein anderes Beispiel für eine disperse Phase wären Öltröpfchen in Wasser.

System	kann mit der Umgebung austauschen		
	Teilchen	Wärme	Arbeit
Offen	✓	✓	✓
Adiabat offen	✓	—	✓
Arbeitsdicht offen	✓	✓	—
Arbeitsdicht und adiabat offen	✓	—	—
Geschlossen	—	✓	✓
Adiabat	—	—	✓
Arbeitsdicht	—	✓	—
Abgeschlossen	—	—	—

Viele technisch wichtige Systeme können ohne diese vollständige Liste nicht erklärt werden (z.B. Dampfturbine = adiabat und offen)

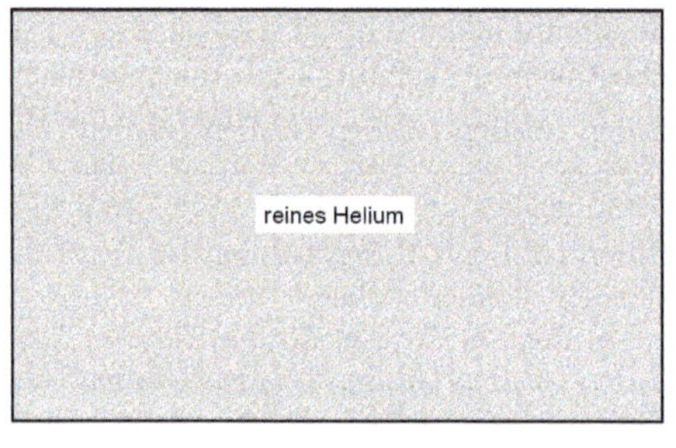

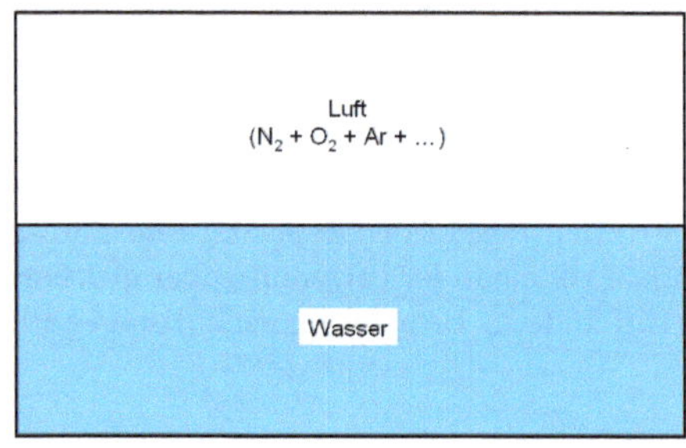

(a) Reines Helium, eine Phase

(b) Luft, eine Phase

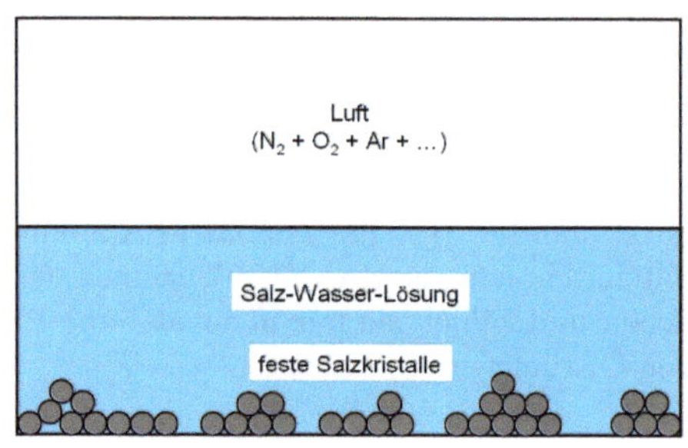

(c) Wasser und Luft, zwei Phasen

(d) Salz-Wasser-Lösung, Luft und feste Salzkristalle, drei Phasen

Abb. 1.3.: Verschiedene Anzahl an Phasen in einem Behälter

1.6. Gleichgewichte, Zustände und Prozesse

Damit haben wir die Grundlagen, um über sich verändernde thermodynamische Systeme zu sprechen, beinahe gelegt. Wir werden in den nächsten Kapiteln die Begriffe des thermodynamischen Gleichgewichts, des Zustandes und der Zustandsgrößen und des Prozesses kennen lernen. Damit wir aber dann wirklich etwas berechnen können, brauchen wir noch eine Idee, wie benutzte Größen miteinander in Verbindung stehen (zum Beispiel Druck, Temperatur, Volumen, u.s.w.) – deshalb werden wir danach eine Theorie des idealen Gases erarbeiten, die genau diese Antworten liefert. Damit werden wir nach langer Arbeit und einigen Mühen in der Lage sein, in Kapitel 3.2 auf Seite 60 ein tatsächliches thermodynamisches System vollständig zu beschreiben, was – hoffentlich – eine befriedigende und lohnende Erfahrung für Sie sein wird.

1.6.1. Gleichgewichte und quasistatische Näherung

In unserer Behandlung von Systemen gibt es mehrere Arten von Gleichgewichten:

- **Mechanisches Gleichgewicht** ist erreicht, wenn die Summe aller wirkenden Kräfte im System und an den Systemgrenzen Null wird.

- **Thermisches Gleichgewicht** ist erreicht, wenn keine Temperaturdifferenzen im System oder an den Systemgrenzen auftreten.

- **Chemisches Gleichgewicht** ist erreicht, wenn keine chemischen Reaktionen im System oder an den Systemgrenzen stattfinden und keine Konzentrationsgradienten im System oder an den Systemgrenzen vorliegen.

Von einem thermodynamischen Gleichgewicht spricht man, wenn sich alle drei genannten Gleichgewichte eingestellt haben:

- **Thermodynamisches Gleichgewicht** ist erreicht, wenn ein System im mechanischen, thermischen und chemischen Gleichgewicht ist.

Die von uns erarbeitete Thermodynamik **gilt ausschließlich für Systeme im thermodynamischen Gleichgewicht**! Das ist eine krasse Einschränkung, da sie während jedem Schritt gelten muss. Ein Beispiel: wir wollen eine Expansion eines Kolbens experimentell umsetzen, sodass wir den Vorgang mit unserer Thermodynamik beschreiben können. Was wir nicht machen dürfen, ist einfach die Arretierung zu öffnen und den Kolben nach oben sausen zu lassen – damit wäre ja beispielsweise das mechanische Gleichgewicht verletzt, da der Kolben ja beschleunigt wird. Beschleunigung tritt aber nur auf, wenn die Summe aller einwirkenden Kräfte gerade nicht Null ist! Wir müssen den Prozess so führen, dass er jederzeit im thermodynamischen Gleichgewicht ist. Das können wir nur realisieren, indem wir den Prozess unendlich langsam führen: wir lassen sich den Zylinder ein winziges (infinitesimales) Stück bewegen und stoppen ihn dann. Dann lassen wir ihn wieder ein winziges Stück weiter kommen und so fort. Das sich der Kolben immer nur unendlich wenig bewegt, ist er auch nur unendlich wenig beschleunigt und das mechanische Gleichgewicht ist nur unendlich wenig verletzt.[I] Einen solchen Prozess, bei dem

---

[I] Dass so eine „Trickserei" wirklich zu Ergebnissen führen kann, ist eigentlich ziemlich verwunderlich und lässt mich immer wieder baff zurück.

zu jedem Zeitpunkt das System im thermodynamischen Gleichgewicht ist, nennt man *quasistatisch* (quasi-statisch=sozusagen-unbewegt). Da ein echter quasistatischer Prozess aus unendlich vielen Teilschritten bestehen muss und unendlich langsam ist, kann er in der Realität nur annäherungsweise existieren.

Es sei an dieser Stelle nochmals betont: da sich die Thermodynamik nur mit quasistatischen Prozessen befasst (welche unendlich langsam ablaufen), kann sie keine Aussagen über die Geschwindigkeit eines Prozesses machen. Dass sie trotzdem auch zur Beschreibung von nicht-quasistatischen Prozessen nützlich ist, werden wir in den nächsten Kapiteln sehen. Dort werden wir lernen, dass es Größen gibt, welche nur vom Start- und Endpunkt des Prozesses abhängen und nicht vom gewählten Weg. Die Thermodynamik kann dann also *so tun*, als ob der Prozess quasistatisch geführt worden wäre und diese Zustandsgrößen berechnen. Manche Nicht-Zustandsgrößen, wie zum Beispiel W und Q sind aber so nicht berechenbar.

1.6.2. Zustände

Ein *Zustand* enthält die zu einem gewissen Zeitpunkt notwendigen Informationen, die ein thermodynamisches System vollständig charakterisieren. Falls unser System ein Mol eines idealen Gases ist, so ist die Angabe $p = 10000\,\text{Pa}$ *kein Zustand*, weil beliebig viele mögliche Einstellungen von V und T möglich sind. Die Angabe $p = 10000\,\text{Pa}$, $V = 0,001\,\text{m}^3$ *ist* ein Zustand, weil damit auch die Temperatur (über $T = \frac{pV}{nR}$) festgelegt ist. Die Größen p, V, T, m und n sind *thermische Zustandsgrößen*. Neben ihnen existieren die *kalorischen Zustandsgrößen* H, U, S, C_V, C_p und μ.

Thermische Zustandsgrößen:

intensiv	
Druck	Temperatur
p	T

extensiv		
Volumen	Masse	Stoffmenge
V	m	n

Kalorische Zustandsgrößen:

intensiv		
Isobare WK	Isochore WK	Chem. Pot
C_p	C_V	μ

	extensiv	
Innere Energie U	Enthalpie H	Entropie S

Man kann von den extensiven dieser Größen abgeleitete intensive Größen erzeugen, in dem man sie durch die Masse m, die Stoffmenge n oder das Volumen V teilt. Diese Größen nennt man dann *spezifisch* (spezifisches Volumen $v = \frac{V}{m}$), *molar* (molares Volumen $V_m = \frac{V}{n}$) oder *Dichten* (Massendichte $\rho = \frac{m}{V}$).

Was nun von besonderer Wichtigkeit ist – diese Größen sind allesamt *Zustands*größen. Das bedeutet, sie hängen nur vom Zustand ab, in dem sich das System befindet und nicht davon, auf welchem Weg das System in diesen Zustand gelangt ist. Man nennt solche Größen auch *wegunabhängig*. Ein Liter Wasser bei einem Druck von einer Atmosphäre[I] und 50 °C hat immer die gleiche Entropie, die gleiche innere Energie, die gleiche Enthalpie. Es ist unwichtig, ob wir diesen Liter durch Abkühlung oder Erwärmung in diesen Zustand geführt haben, ob wir Eis geschmolzen oder Wasserdampf kondensiert haben – Zustandsgrößen sind vom gewählten Weg unabhängig! Wir sehen in unserem Beispiel auf Seite 60, dass bei einem Kreisprozess (ein Prozess, der am selben Punkt endet, an dem er begonnen hat) die Änderung der Inneren Energie und der Entropie für den gesamten Kreisprozess Null werden – weil innere Energie und Entropie Zustandsgrößen sind. In diesem Beispiel werden wir später auch sehen, dass Q und W *nicht* verschwinden. Daher schließen wir jetzt schon, vorausgreifend, dass Q und W keine Zustandsgrößen sind. Die umgesetzte Wärme und geleistete Arbeit hängt davon ab, *wie* man den Prozess führt, daher nennt man solche Größen *Prozessgrößen*.

1.6.3. Prozesse

Bei einem Prozess wird der Zustand eines Systems geändert. Diese Veränderung kann auf viele verschiedene Arten stattfinden – durch Änderung des Drucks, des Volumens, durch Zuführen von Wärme und so weiter. Wichtig sind besonders die Grenzfälle in denen eine Größe unverändert bleibt – man nennt diese Sorte von Prozessen *Isoprozesse* (von Griechisch ἴσος, *isos*, gleich). Einige Grenzfälle sind:

- **isobarer Prozess**: bei einem isobaren Prozess wird während des ganzen Prozess der *Druck* des Systems nicht geändert (iso-bar, von βαρύς, *barys*, schwer). Dies kann beispielsweise realisiert werden, indem man einen Zylinder mit beweglichem Stempel nimmt, ein Gas einfüllt und einen fixen Außendruck anlegt. Wird das System verändert, zum Beispiel durch Erwärmen, so bewegt sich der Stempel so lange, bis wieder der selbe Druck herrscht (Volumensänderung statt Druckänderung).

- **isochorer Prozess**: bei einem isochoren Prozess bleibt das *Volumen* konstant (iso-chor, von χώρα, *chora*, Ort). Dies kann leicht durch ein starres Gefäß realisiert werden, welches das System einschließt.

[I] 1 atm$=$101325 Pa

- **isothermer Prozess**: bei einem isothermen Prozess wir die *Temperatur* des Systems nicht verändert. Ein Beispiel wäre ein Reaktionsgefäß, welches in ein thermostatisiertes Wasserbad eintaucht.

- **adiabatischer Prozess**: bei einem adiabatischen Prozess ist die übertragene Wärme Q Null, es geht keine Wärme durch die Systemgrenzen hindurch (a-diabatisch, von α διαβαίνειν, *a diabainein*, nicht hindurchgehen). Ein Prozess, welcher in einem Bombenkalorimeter (= bessere Thermoskanne) durchgeführt wird, ist adiabatisch, da er keine Möglichkeit hat, Wärme mit der Umgebung auszutauschen. Es ist hier wichtig, darauf hinzuweisen, dass adiabatisch nicht gleichbedeutend mit isotherm ist – man kann die Temperatur eines Systems verändern, ohne Wärme zuzuführen oder abzuleiten.

Es existieren weitere Isoprozesse (zum Beispiel isentrope Prozesse, wo $\Delta S = 0$ oder isenthalpe Prozesse, wo $\Delta H = 0$), aber wir werden uns vorerst auf diese beschränken und sie im nächsten Kapitel im Zusammenhang mit dem idealen Gas genauer behandeln. Jetzt behandeln wir erst eine weitere Unterteilung der möglichen Prozesse: in reversible und irreversible.

- **reversible Prozesse**: reversible Prozesse sind Prozesse, die wieder umgekehrt werden können, ohne dass eine Änderung in der Umgebung zurückbleibt

- **irreversible Prozesse**: bei irreversiblen Prozessen ist oben Gesagtes *nicht* möglich

Wichtig ist hier die Formulierung „*in der Umgebung*". Selbst wenn wir bei einem Kreisprozess das System an den Ausgangspunkt zurückführen (damit werden Größen wie ΔU oder ΔS Null), kann es sein, dass in der Umgebung Änderungen verbleiben (zum Beispiel könnte gelten $\Delta S_{\text{Umgebung}} > 0$).[I] Es zeigt sich tatsächlich, dass die Entropie die zentrale Größe ist[II]: bei einem reversiblen Prozess ist die Änderung der Gesamt-Entropie (Entropie des Systems[III] + Entropie der Umgebung) Null:

$$\text{reversibler Kreisprozess: } \Delta S_{\text{Gesamt}} = \Delta S_{\text{System}} + \Delta S_{\text{Umgebung}} = 0.$$

$$\text{irreversibler Kreisprozess: } \Delta S_{\text{Gesamt}} = \Delta S_{\text{System}} + \Delta S_{\text{Umgebung}} > 0.$$

Werden keine Kreisprozesse betrachtet, kann man allgemeiner sagen:

$$\Delta S_{\text{Gesamt, reversibel}} < \Delta S_{\text{Gesamt, irreversibel}}.$$

[I] So können sehr viele Prozesse wieder rückgängig gemacht werden, indem man etwa Arbeit aufwendet. Allerdings ist denn am Ende eine Änderung in der Umgebung. Bildlich gesprochen: Wenn die Entropie in Ihrem Wohnzimmer hoch ist (es unordentlich ist), können Sie es wieder in einen Zustand versetzen, in welchem die Entropie gering ist (es ordentlich ist), allerdings bleibt eine Veränderung in der Umgebung, sie sind fertig und verschwitzt.

[II] Mehr dazu im Kapitel über den Zweiten Hauptsatz auf Seite 100.

[III] Die Entropieänderung des Systems bezeichnen wir typischerweise einfach mit ΔS. Ist die Entropieänderung der Umgebung oder die Änderung der Gesamtentropie gemeint, werden typischerweise Indices verwendet: $\Delta S_{\text{Umgebung}}$ und ΔS_{Gesamt}. In den beiden folgenden Formel bezeichnen wir aber auch die Entropieänderung des Systems explizit mit ΔS_{System}, um Verwechslungen zu vermeiden.

Was so harmlos aussieht, hat weit reichende Konsequenzen: da die Entropie ja eng mit der Wärme verknüpft ist, bedeutet dies häufig, dass bei einem großen Entropieumsatz auch eine große Wärmemenge übertragen wird. Oftmals ist man aber daran interessiert, den Term für die Arbeit so groß als möglich zu halten. Daher kann man die letzte Formel auch umformulieren zu:

„Wenn ein System bei Wärmezu- oder -abfuhr Arbeit leistet, kann die maximale Arbeit für den Fall reversibler Prozessführung erreicht werden."

Jeder reversible Prozess *muss notwendigerweise* quasistatisch sein. Wir wollen noch an einem Beispiel zeigen, dass die obere Überlegung zutrifft. Dazu betrachten wir eine isotherme Kompression – einmal quasistatisch und reversibel, einmal irreversibel und sehr schnell. Wir stellen uns einen Kolben mit beweglichem Stempel vor, der eine gewisse Menge ideales Gas enthält. Wir komprimieren das Gas vom Volumen V_A auf das Volumen V_E. Dabei gehen wir erst einmal quasistatisch vor – wir bewegen den Stempel unendlich langsam. Wir wissen dann, dass sich in jedem Moment das ganze System im Gleichgewicht befindet, es folgt der Kurve in Abbildung 1.4(a). Die nötige Arbeit, das wissen wir aus Kapitel 1.3, entspricht der Fläche unter der Kurve. Nun führen wir den selben Versuch noch einmal durch – allerdings komprimieren wir das Gas diesmal blitzschnell. Das bedeutet, dass wir einen Nicht-Gleichgewichtszustand herstellen. Dabei steigt der Druck schlagartig an (wir drücken plötzlich sehr fest auf das Gas), während das Volumen sich noch nicht ändert. Da dies ein Nicht-Gleichgewichtszustand ist, ist er nicht stabil, nach kurzer Zeit stellt sich wieder das Gleichgewicht ein, das Volumen verkleinert sich. Dieser Fall ist in Abbildung 1.4(b) festgehalten. Der Druck steigt (senkrechter Strich), obwohl das Volumen gleich bleibt, erst dann ändert sich das Volumen bei konstantem Druck (waagrechter Strich). Es ist für uns nicht von Bedeutung, ob es möglich ist, den Druck wirklich so rasant schnell aufzubauen – es reicht für unsere Überlegungen aus, wenn wir das Experiment als Gedankenexperiment durchführen. Natürlich muss die Arbeit wieder die Fläche unter der Kurve sein und wir sehen – die Arbeit, um die Kompression auf diese Art durchzuführen, ist wesentlich größer! Der nicht-quasistatische, irreversible Weg ist weniger effizient. Schließlich gibt es natürlich auch den Mittelweg, bei welchem wir das Gas zwar schlagartig komprimieren, die Kompression aber immer wieder unterbrechen, damit sich das Gas äquilibrieren kann – so ein Fall ist in Abbildung 1.4(c) für fünf einzelne Kompressionsschritte gezeigt. Dabei legen wir nicht sofort den Enddruck an, sondern legen einen mittleren Druck an, lassen das System äquilibrieren, legen wieder einen höheren Druck an, und so weiter. Wir sehen, dass die Fläche (und damit die notwendige Arbeit) kleiner ist, als wenn wir die Kompression in einem Ruck vollführen. Es ist einsichtig, dass für unendlich viele Kompressionsstufen diese Kurve in die für quasistatische Kompression übergeht.

Übung: Gleichgewichte, Zustände, Prozesse (Übung 3 auf Seite 275)

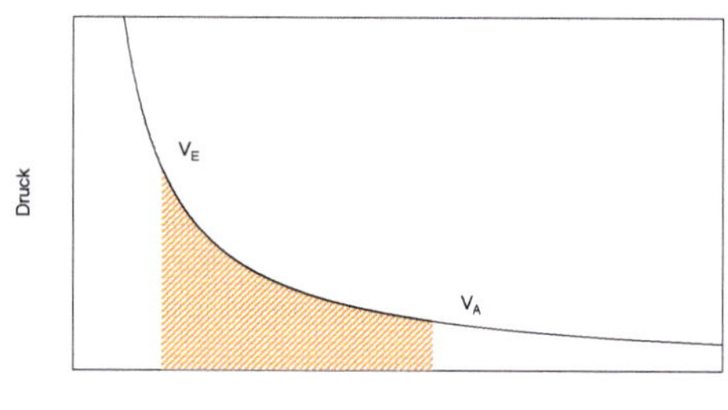

(a) Quasistatische Kompression, $\Delta W = $ minimal

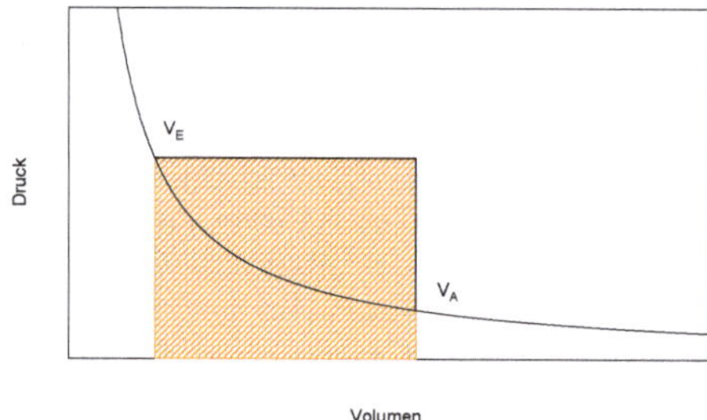

(b) Sehr schnelle Kompression, $\Delta W = $ maximal   (c) Kompression mit Zwischenschritten, $\Delta W = $ mittel

Abb. 1.4.: Mehrere Möglichkeiten, ein Gas von V_A auf V_E zu komprimieren.

1.6.4. Zwischenfrage: Was ist eigentlich der Unterschied zwischen Wärme und Arbeit?

An dieser Stelle (oder auch an einer anderen) könnte die Frage auftauchen, wodurch sich Wärme und Arbeit eigentlich *unterscheiden*. Immerhin sind beide offenbar Energieformen, sie haben die gleiche Einheit (Joule), können teilweise ineinander umgewandelt werden, und so weiter. Die Thermodynamik selbst tut sich schwer, hier Klärung zu schaffen, eine *mikroskopische* Betrachtung allerdings kann helfen. Stellen wir uns einen Metallblock bei sehr tiefen Temperaturen vor. Die Atome sind quasi ruhend. Abbildung 1.5(a) stellt diese Situation schematisch dar. Nun leisten wir Arbeit am System, zum Beispiel in dem wir den Block beschleunigen. Dabei tragen wir Energie ins System ein, welche dazu verwendet wird, *alle* Atome in eine Richtung zu beschleunigen (Abbildung 1.5(b)). Auch wenn wir Wärme ins System eintragen, erhöhen wir die Geschwindigkeit der Atome, allerdings in zufällige Richtungen (Abbildung 1.5(c)). Genau diese Gerichtetheit, beziehungsweise Ungerichtetheit der Bewegung ist der Unterschied zwischen Arbeit und Wärme. Man kann auch sagen, wenn wir Arbeit zuführen, verändern wir die *mittlere Geschwindigkeit* der Teilchen, während diese bei Zufuhr von Wärme gleich bleibt. Nun ist auch klar, warum Arbeit hierarchisch höher stehend als Wärme ist – da Arbeit eine konzertierte Bewegung ist, müssen alle Teilchen sich *gleichzeitig gleich* verhalten, was schwer zu realisieren ist. Bei Wärme bewegt sich jedes Teilchen für sich allein, was wesentlich „*unordentlicher*" und einfacher zu erreichen ist. Darum kann man Arbeit sehr leicht in Wärme verwandeln (zum Beispiel durch Reibung, dabei werden Teilchen aus der vorher stark gerichteten Bahn herausgestreut und bewegen sich fortan ungeordnet), während man Wärme nicht vollständig in Arbeit umsetzen kann. Da die Entropie ja über die übertragene Wärme definiert ist, kann man auch sagen, dass bei jedem nicht vollständig idealen Prozess Entropie entsteht, die nicht mehr abgebaut werden kann. Durch solche mikroskopische Betrachtungen kam Ludwig Boltzmann zum Schluss, dass irgendwann alle Energie nur mehr in Form von Wärme vorliegen würde – der so genannte „*Wärmetod*" des Universums.

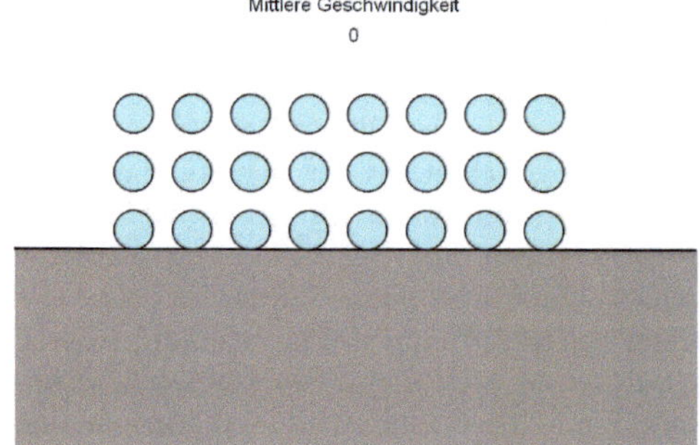

(a) Ausgangspunkt

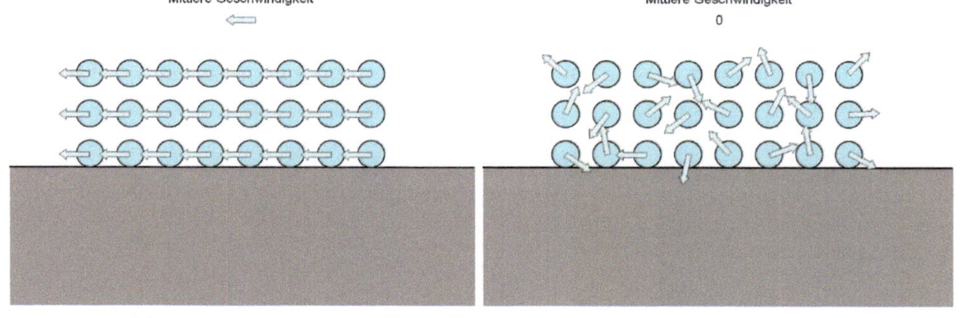

(b) Zuführung von Arbeit   (c) Zuführung von Wärme

Abb. 1.5.: Verhalten eines idealen Systems bei Zufuhr von Arbeit oder Wärme.

1.6.5. Der Wirkungsgrad

Jeder Prozess und damit jede Maschine funktioniert mit einem gewissen *Wirkungsgrad* η. Damit bezeichnet man allgemein das Verhältnis von abgegebener zu zugeführter Energie:

$$\eta = \frac{E_\mathrm{ab}}{E_\mathrm{zu}}.$$

Da die abgegebene Energie niemals größer sein darf als die zugegebene (Energieerhaltung), ist der Wirkungsgrad immer im Bereich von 0 bis 1. Uns interessiert aber oft, wieviel Arbeit eine Maschine leisten kann, wenn wir ihr Wärme zuführen. Der thermische Wirkungsgrad (der Wirkungsgrad einer *Wärmekraftmaschine*[I]) ist daher definiert als geleistete Arbeit durch zugeführte Wärme:

$$\eta_\mathrm{WKM} = \frac{|W|}{|Q_\mathrm{Rein}|}. \tag{1.30}$$

Mit anderen Worten, eine Wärmekraftmaschine (und mit solchen befassen wir uns vornehmlich) hat dann einen sehr hohen Wirkungsgrad, wenn sie bei Zuführung einer gewissen Menge an Wärme eine möglichst große Menge an Arbeit leistet.

In Abschnitt 3.3 werden wir sehen, dass wir eine Wärmekraftmaschine auch „umdrehen" können – sie verbraucht dann Arbeit, um Wärme von einem Körper auf einen anderen zu übertragen (Heizung = *Wärmepumpe* WP, Kühlschrank = *Kälteanlage* KA). In diesem Fall ist der Wirkungsgrad „anders herum" – er wird über die Leistungszahl ϵ berechnet. Dabei gibt die Leistungszahl dividiert durch die Leistungszahl einer invertierten Carnotmaschine den Wirkungsgrad:

$$\eta = \frac{\epsilon}{\epsilon_\mathrm{Carnot}},$$

mit $\epsilon_\mathrm{Carnot,WP} = \frac{1}{\eta_\mathrm{Carnot}}$ und $\epsilon_\mathrm{Carnot,KA} = \frac{1}{\eta_\mathrm{Carnot}} - 1$. Die Leistungszahl ist abhängig davon, ob eine Wärmepumpe oder eine Kälteanlage betrieben wird:

$$\epsilon_\mathrm{WP} = \frac{|Q_\mathrm{Raus}|}{|W|} \tag{1.31}$$

oder

$$\epsilon_\mathrm{KA} = \frac{|Q_\mathrm{Rein}|}{|W|}. \tag{1.32}$$

[I]   Eine Wärmekraftmaschine wandelt Wärme in Arbeit um, mehr dazu siehe Kapitel 3.3 auf Seite 67.

Ein Kühlschrank oder eine Heizung funktioniert dann besonders effizient, wenn bei wenig zugeführter Arbeit eine große Menge an Wärme bewegt werden kann.

Wir werden im Kapitel 3.4 feststellen, dass es – selbst für ideal konstruierte Maschinen – eine prinzipielle Obergrenze für ihren Wirkungsgrad gibt und dass dieser daher immer kleiner als 1 ist. Das haben wir bereits im Abschnitt 1.6.4 behauptet – leicht umformuliert bedeutet es, dass es *nicht* möglich ist, eine Maschine zu bauen, die Wärme vollständig in Arbeit umwandelt.

1.6.6. Idealisierungen

Wir benutzen für unsere Rechnungen eine große Anzahl an *Idealisierungen*. Sie helfen uns, die Schwierigkeit der Berechnungen auf einem akzeptablen Niveau zu halten und generieren Aussagen über ideale Vergleichssysteme. Da aber in der realen Welt ideale Systeme stets nur angenähert werden können, wollen wir unsere implizit angenommenen Idealisierungen hier explizit ausformulieren und uns kurz über ihre Folgen Gedanken machen:

- **Perfekte thermische Isolierung**: Wenn wir von adiabatischen Prozessen sprechen, sagen wir, die übertragene Wärme Q sei Null. Das bedeutet, dass *überhaupt keine* Wärme durch die Systemgrenzen fließen darf. In der Realität ist dies natürlich nicht zu erreichen. Annäherungen an adiabatische Systeme sind Thermoskannen, Dewargefäße oder Bombenkalorimeter. Doch auch in der besten Thermoskanne wird der Tee irgendwann kalt. Dadurch, dass viele Prozesse allerdings auf einer Zeitskala ablaufen, bei der dieser recht langsame Wärmeaustausch mit der Umgebung noch sehr wenig von statten geht, kann man viele Prozesse in guter Näherung als adiabat betrachten. Wenn eine Wärmekraftmaschine nicht isoliert ist, gibt sie ständig Wärme an die Umgebung ab, die für den Prozess damit verloren ist – ihr Wirkungsgrad sinkt.

- **Absolute Reibungsfreiheit der Bauteile**: Wir betrachten oft Zylinder mit beweglichen Stempeln. Dabei setzen wir stets voraus, dass diese Stempel sich ohne Widerstand (reibungsfrei) bewegen lassen. Diese Näherung ist zweifelsohne für jede echte Maschine *falsch*. Selbst bei sehr guter Lagerung und Schmierung wird eine Restreibung verbleiben. *Reibung* hat stets die Eigenschaft, dass die Arbeit (gerichtete Bewegung) in Wärme (ungerichtete Bewegung) verwandelt. Das bedeutet, dass der Wirkungsgrad einer jeden Maschine in dem Maße sinkt, in dem sie sich reibungstechnisch nicht ideal verhält.

- **Innere Reibungsfreiheit**: Wir werden meistens mit idealen Gasen operieren (siehe Kapitel 2) – in den Annahmen über ideale Gase steckt implizit die Aussage, dass ideale Gase keine *innere Wechselwirkungen* haben, außer Stößen. Die Existenz von Stößen erlaubt aber schon eine *innere Reibung* eines Gases. Diese bezeichnet man auch als *Viskosität* oder *Zähigkeit* eines Gases. Ein Gas widersetzt sich also in gewissem Maße dem Durchfluss durch zum Beispiel ein Rohr. Man muss Energie aufwenden, um es hindurchzutreiben, welche dabei in Wärme umgewandelt wird. Auch dadurch sinkt der Wirkungsgrad einer Maschine. Wir werden die Viskosität in unseren Betrachtungen aber praktisch stets vernachlässigen.

- **Perfekte stoffliche Dichtheit**: Wir sprechen unter Umständen auch davon, dass unser System keinen Teilchenaustausch mit der Umgebung hat ($dn = 0$). Dies ist für die meisten Systeme allerdings sehr gut realisierbar – Ausnahmen sind sehr volatile Gase.

- **Kein Einfluss der Schwerkraft**: In allen unseren Betrachtungen vernachlässigen wir die Schwerkraft. Sie sorgt in der Realität dafür, dass Gase sich bevorzugt im unteren Teil eines Behältnisses ansammeln oder dafür, dass ein Kolben leichter nach unten als nach oben bewegt werden kann.

Übung: Leistungszahl und Wirkungsgrad (Übung 4 auf Seite 276)

2. Die ideale Gasgleichung

2.1. Der Weg zur idealen Gasgleichung

VERSCHIEDENE WISSENSCHAFTERINNEN UND WISSENSCHAFTER haben verschiedene Informationen über Gase in verschiedene Gesetze gegossen – wir werden die hier vorgestellten Gesetze zu einem einzigen vereinigen, der *idealen Gasgleichung*. Viele dieser Zusammenhänge wurden empirisch gefunden und konnten erst durch die kinetische Gastheorie erklärt werden. Wir werden also im Rahmen dieses Buches nicht in der Lage sein, zu verstehen, *warum* die nun folgenden Gesetze gelten. Wir wollen noch kurz festlegen, was die Annahmen über die Eigenschaften eines idealen Gases (im Vergleich zu einem realen) sind:

- Die Teilchen eines idealen Gases sind ausdehnungslose Punkte

- Die Teilchen in einem idealen Gas spüren keine Wechselwirkungen, mit Ausnahme von vollelastischen Stößen mit anderen Teilchen und den Wänden

  Diese Annahmen sind freilich eben nur Annahmen und nicht immer erfüllt. Als Faustregeln kann man aber festhalten, dass sich Gase umso idealer verhalten

- je heißer sie sind (da eventuelle Wechselwirkungen zwischen den Teilchen durch die thermische Energie überboten werden)

- je verdünnter das Gas ist (da eventuelle Wechselwirkungen kaum greifen, wenn sich die Teilchen selten treffen)

- je reaktionsträger die Gasteilchen sind (da dann die Wechselwirkungen minimal sind, daher sind z.B. Edelgase oft in guter Näherung ideale Gase)

2.1.1. Das Gesetz von Boyle und Mariotte

Robert Boyle und Edme Mariotte fanden experimentell heraus, dass sich Druck und Volumen eines Gases im idealen Grenzfall umgekehrt proportional verhalten, falls man Stoffmenge und Temperatur konstant hält (isotherme Prozessführung). Verdoppelt man den Druck, so halbiert man das Volumen. Dieser Zusammenhang wurde als das Gesetz von Boyle und Mariotte bekannt:

Falls die Stoffmenge n und die Temperatur T konstant sind, so gilt:

$$pV = \text{konstant}$$

oder

$$p_1 V_1 = p_2 V_2.$$

© Springer Fachmedien Wiesbaden GmbH, ein Teil von Springer Nature 2018
W. Stadlmayr, *Thermodynamik – nicht nur für Nerds*,
https://doi.org/10.1007/978-3-658-23291-7_2

2.1.2. Das Gesetz von Charles[I]

Jacques Charles konnte zeigen, dass sich bei konstantem Druck (isobare Prozessführung) die absolute Temperatur und das Volumen eines (idealen) Gases direkt proportional verhalten – erhöht man die Temperatur, so erhöht sich auch das Volumen, umgekehrt ziehen sich Gase bei Abkühlung zusammen.

Falls die Stoffmenge n und der Druck p konstant sind, so gilt:

$$\frac{V}{T} = \text{konstant}$$

oder

$$\frac{V_1}{V_2} = \frac{T_1}{T_2}.$$

2.1.3. Das Gesetz von Amontons

Guillaume Amontons zeigte, dass Druck und Temperatur eines idealen Gases direkt proportional sind, falls das Volumen (isochore Prozessführung) und die Stoffmenge konstant gehalten werden. Das bedeutet, dass ein Gas, welches erhitzt wird, einen höheren Druck auf das einschließende Gefäß ausübt.

Falls die Stoffmenge n und das Volumen V konstant sind, so gilt:

$$\frac{p}{T} = \text{konstant}$$

oder

$$\frac{p_1}{p_2} = \frac{T_1}{T_2}.$$

2.1.4. Übersicht über die Gesetze und Prozesse

Hier soll noch einmal überblicksmäßig gezeigt werden, welche Prozesse wir an einem idealen Gas durchführen können und welche Beziehungen dabei jeweils gelten. Die Gleichungen für adiabtische Prozesse (Prozesse, bei denen die übertragene Wärme ΔQ Null ist) sind an dieser Stelle nur der Vollständigkeit halber und ohne Ableitung aufgelistet. κ wird *Isentropenexponent* genannt und ist der Quotient aus der Wärmekapazität bei konstantem Druck und der Wärmekapazität

---

[I]   Das Gesetz wird oft als das Gesetz von Gay-Lussac bezeichnet. Dieses lautet aber eigentlich:

$$V(T) = V_0 \left(1 + \frac{T - T_0}{T_0}\right),$$

wobei V_0 das Volumen bei T_0 ist und T_0 der Nullpunkt der Celsius-Skala: $273,15\,\text{K}$.

bei konstantem Volumen ($\kappa = \frac{c_p}{c_V} = (\frac{5}{2})/(\frac{3}{2}) = \frac{5}{3} = 1,67$ für ein ideales, einatomiges Gas).

Prozess	Gesetz		Bedingungen	Abb.
isotherm	Boyle-Mariotte	$pV = \text{konstant}$ $p_1 V_1 = p_2 V_2$	n und T sind konstant	2.1, S. 48
isobar	Charles	$\frac{V}{T} = \text{konstant}$ $\frac{V_1}{V_2} = \frac{T_1}{T_2}$	n und p sind konstant	2.2, S. 48
isochor	Amontons	$\frac{p}{T} = \text{konstant}$ $\frac{p_1}{p_2} = \frac{T_1}{T_2}$	n und V sind konstant	2.3, S. 49
adiabatisch	Poissonsche Gl.	$pV^\kappa = \text{konstant}$ $p_1 V_1^\kappa = p_2 V_2^\kappa$ $TV^{\kappa-1} = \text{konstant}$ $\frac{T_1}{T_2} = \left(\frac{V_2}{V_1}\right)^{\kappa-1}$ $T^\kappa p^{1-\kappa} = \text{konstant}$ $\frac{T_1}{T_2} = \left(\frac{p_1}{p_2}\right)^{\frac{\kappa-1}{\kappa}}$	ΔQ ist 0, n konstant	2.4, S. 49

2.1.5. Das Gesetz von Avogadro

Amedeo Avogadro fand Folgendes heraus:

„Gleiche Volumina aller idealen Gase enthalten bei gleicher Temperatur und gleichem Druck gleich viele Atome"

Dieser Satz kann auch umformuliert werden zu:

„Die Gaskonstante hat für alle idealen Gase den gleichen Wert".

Die Bedeutung dieses Satzes wird im nächsten Abschnitt klar. Wichtig ist ebenso die Tatsache, dass die erste Formulierung auch bedeutet, dass die Stoffmenge mit dem Volumen skaliert – ein doppelt so großes Volumen enthält doppelt so viele Teilchen:

$$\frac{V}{n} = \text{konstant}$$

$$\frac{V_1}{V_2} = \frac{n_1}{n_2}$$

Diese beiden Formeln *folgen* aus dem Gesetz von Avogadro, aber sie *sind nicht* das Gesetz von Avogadro – das ist der hervorgehobene Satz am Anfang.

2.2. Die ideale Gasgleichung

Aus allen oben genannten Tatsachen können wir nun eine *ideale Gasgleichung* basteln, die alle diese Informationen vereint. Damit finden wir, dass

$$\frac{pV}{T} = \text{konstant.}$$

Wenn wir nun noch die Tatsache miteinbeziehen, dass sich Volumen und Stoffmenge ebenfalls aufeinander beziehen müssen, so kommen wir noch weiter. Eigentlich ist es ja sowieso instinktiv klar, dass, wenn p und T konstant sind, und sich die Teilchenzahl n[I] verdoppelt, sich auch das Volumen V verdoppeln muss. Dies lassen wir einfließen und schreiben nun:

$$\frac{pV}{nT} = \text{konstant.}$$

Nun schlägt die große Stunde von Avogadros Gesetz. Was wir in unserer Formel ja aussagen, ist, dass für ein ideales Gas der Term $\frac{pV}{nT}$ einer typischen Gaskonstanten ist. Durch Avogadro wissen wir aber, dass alle idealen Gase *die gleiche Gaskonstante* haben, wir können diese R[II] nennen. Damit haben wir eine Gleichung, welche für alle idealen Gase gültig ist, generiert:

$$\frac{pV}{nT} = R,$$

was häufig in der bekannteren Form

$$\boxed{pV = nRT} \tag{2.1}$$

angeschrieben wird. Diese Gleichung nennt man die *ideale Gasgleichung*.

[I]   Man könnte immer auch N für die Teilchenzahl verwenden. Aus didaktischen Gründen benutzen wir aber immer n, die Stoffmenge – während die Teilchenzahl einheitenlos als Anzahl von Teilchen formuliert ist, ist die Stoffmenge in mol angegeben. Die beiden Größen sind also sehr nahe miteinander verwandt (Stoffmenge · 1 mol = Teilchenzahl), daher werde ich den Begriff der Teilchenzahl manchmal parallel verwenden.

[II]   R=8,31415 J/(mol K)

2.2.1. Verschiedene Prozesse

Mit der idealen Gasgleichung in der Hand können wir uns daran machen, für verschiedene Prozesse charakteristische Kurven zu erzeugen. Wir sehen beispielsweise in Abbildung 2.1, dass eine isotherme Kompression im p,V-Diagramm einer Hyperbel entspricht. Isobare und isochore Erwärmungen entsprechen geraden Linien im T,V- beziehungsweise p,T-Diagramm (Abbildungen 2.2 und 2.3). Eine adiabatische Kompression sieht vielleicht auf den ersten Blick aus wie eine Hyperbel im p,V-Diagramm (Abbildung 2.4), sie ist jedoch *keine* (mehr dazu auf Seite 52).

Eine wichtige Anmerkung noch: für den Fall eines idealen Gases kann – mit Methoden der statistischen Mechanik, welche uns hier nicht zur Verfügung stehen[I] – gezeigt werden, dass die innere Energie U nur eine Funktion der Temperatur T ist:

$$\boxed{U = U(T).} \tag{2.2}$$

Wenn die Temperatur eines Mols eines idealen Gases festgelegt ist, so ist auch seine innere Energie festgelegt.[II] Daher kann sich die innere Energie eines idealen Gases bei einem isothermen Prozess nicht verändern. Dies wird für unsere Betrachtungen eine wesentliche Rolle spielen. Dies ist eine Tatsache, die Sie an dieser Stelle einfach glauben müssen.

[I]　Sie erlauben auch den Zugang zu absoluten thermodynamischen Größen, so liefert die Theorie den Wert für die innere Energie (und nicht bloß die Änderung der inneren Energie) eines idealen Gases:

$$U = \frac{3}{2}nRT$$

[II]　Das steht in keiner Weise im Widerspruch zu unseren bisherigen Aussagen über U. U ist weiterhin auch eine Funktion von S, V und n, bloß sind eben diese Größen *ebenfalls* Funktionen der Temperatur. Für ein Mol eines idealen Gases gilt:

$$U = U(S,V) = U(S(T), V(T)) = U(T).$$

Da es sich um ein Mol handelt, fällt die Abhängigkeit von n weg. Dass dieser Zusammenhang gilt, kann im Rahmen dieses Buches nicht bewiesen werden.

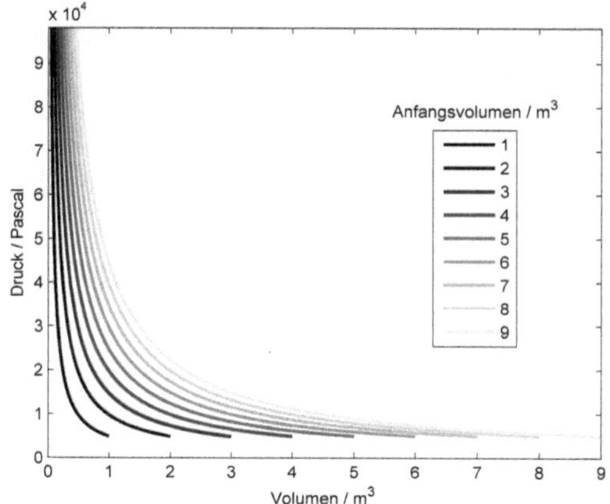

Abb. 2.1.: Isotherme Kompression: Ausgehend von verschiedenen Anfangsvolumina (1 bis 9 m^3), doch gleichem Anfangsdruck (knapp unter 5000 Pa) werden je 1 mol eines idealen Gases isotherm komprimiert.

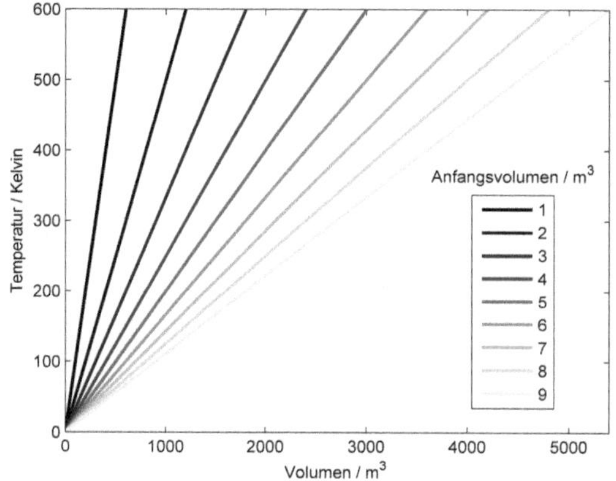

Abb. 2.2.: Isobare Erwärmung: Ausgehend von verschiedenen Anfangsvolumina (1 bis 9 m^3), doch gleicher Anfangstemperatur (1 K) werden je 1 mol eines idealen Gases isobar erwärmt.

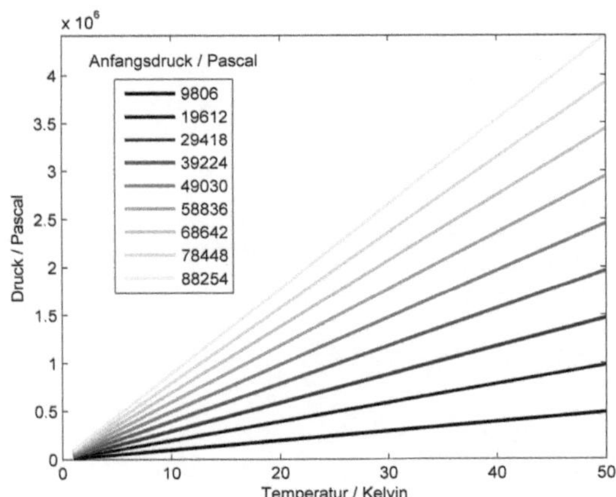

Abb. 2.3.: Isochore Erwärmung: Ausgehend von verschiedenen Anfangsdrücken (9806 bis 88254 Pascal), doch gleicher Anfangstemperatur (1 K) werden je 1 mol eines idealen Gases isochor erwärmt.

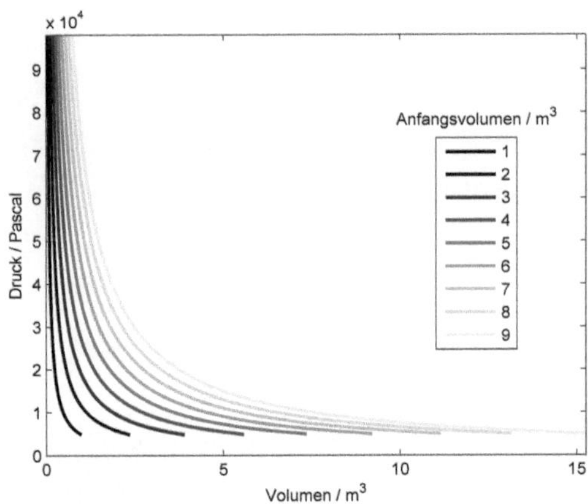

Abb. 2.4.: Adiabatische Kompression: Ausgehend von verschiedenen Anfangsvolumina (1 bis 9 m³), doch gleichem Anfangsdruck (knapp unter 5000 Pa) werden je 1 mol eines idealen Gases adiabatisch komprimiert.

In Abbildung 2.5 sind alle genannten Prozesse mit ihrem p,V- und ihrem p,T-Diagramm dargestellt.

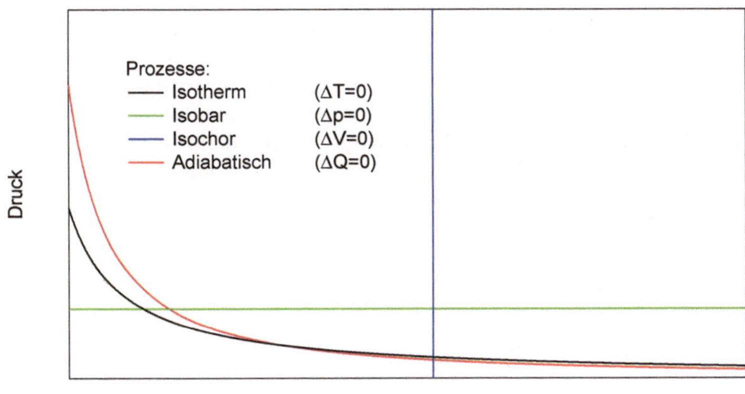

(a) Druck-Volumens-Abhängigkeit

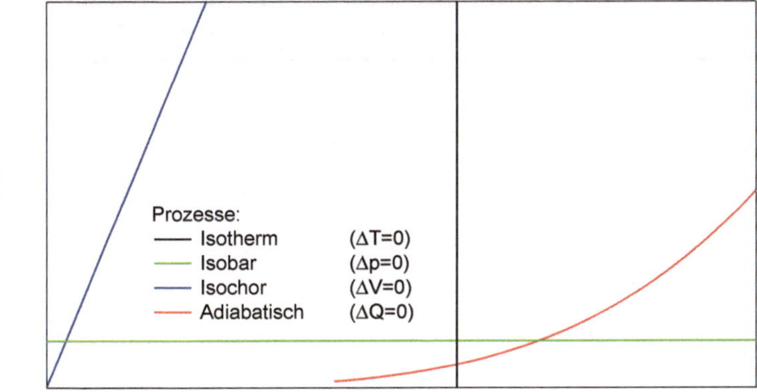

(b) Druck-Temperatur-Abhängigkeit

Abb. 2.5.: Vergleich über alle vier Prozessarten.

2.2.2. Vergleich adiabatische vs. isotherme Expansion

Auf den ersten Blick scheinen die isotherme und die adiabatische Kompression sehr ähnlich. Beide sind gewissermaßen Grenzfälle. Im isothermen Fall ist die Temperatur des Systems konstant, was bedeutet, dass die zugeführte Energie nicht für die Änderung der Temperatur des Systems benutzt wird – sie fließt vollständig in die Volumensänderung. Beim adiabatischen Fall wird ein Teil der zugeführten Energie benutzt, um das Gas zu erwärmen, dies kann sehr gut in dem p,T-Diagramm in Abbildung 2.6(b) gesehen werden: Während die Isotherme ein senkrechter Strich ist (die Temperatur ändert sich nie), hängt bei der Adiabate die Temperatur vom Druck ab, ändert sich also. Diese Änderung kostet aber Energie, welche dann nicht mehr zur Verfügung steht, um das Volumen zu ändern. Daher ist die Volumensänderung im isothermen Fall *immer größer*, egal, ob es sich um eine Expansion oder Kompression handelt:

$$|\Delta V_{\text{Isotherm}}| > |\Delta V_{\text{Adiabatisch}}|.$$

Übung: Das ideale Gas (Übung 5 auf Seite 276)

Übung: Freie Energieänderung (Übung 6 auf Seite 277)

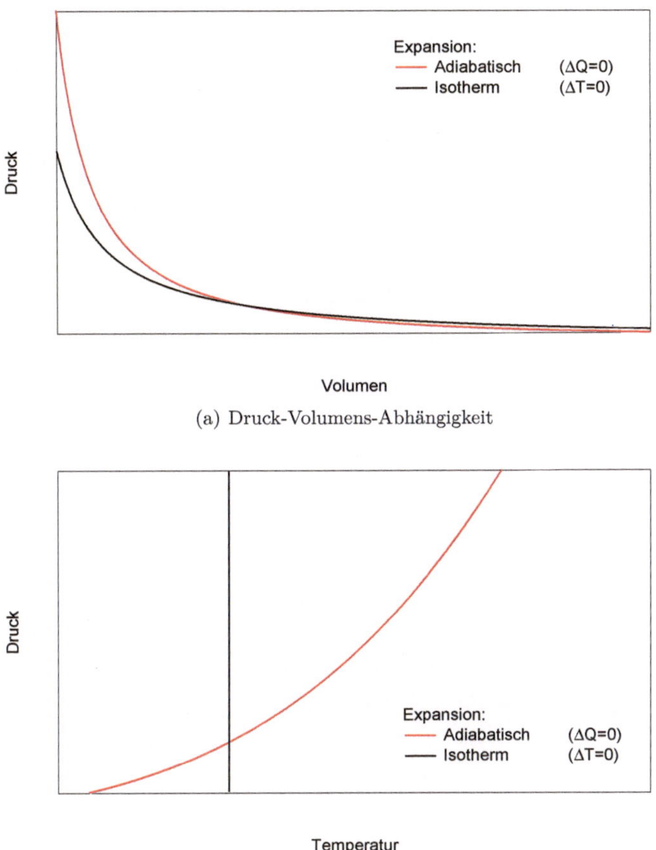

(a) Druck-Volumens-Abhängigkeit

(b) Druck-Temperatur-Abhängigkeit

Abb. 2.6.: Vergleich zwischen einer isothermen und einer adiabatischen Expansion. Im p,V-Diagramm ist die Isotherme immer flacher. Das bedeutet, wenn man an einem Punkt beginnt, an dem zwei Systeme den gleichen Druck und das gleiche Volumen haben und es wird nun eines adiabatisch und eines isotherm auf den gleichen Enddruck komprimiert, so ist das Endvolumen beim isothermen Fall geringer. Das kann so verstanden werden, als dass ja beim adiabatischen Fall ein Teil der durch die Kompression zugeführten Energie dazu verwendet wird, um das Gas zu erwärmen (unteres Bild) und daher nicht für die Volumensveränderung genutzt werden kann.

3. Quasistatische Prozesse mit einem idealen Gas

NACHDEM WIR NUN ein grundlegendes Verständnis von Thermodynamik entwickelt haben (Kapitel 1) und außerdem eine Theorie des idealen Gases ausgearbeitet haben (Kapitel 2), können wir nun beide verbinden und die mächtigen Früchte unserer mühsamen Arbeit einfahren. Wir werden nach diesem Kapitel in der Lage sein, für *jeden* quasistatischen thermodynamischen Prozess, den wir mit einem idealen Gas durchführen können, sämtliche relevanten Größen (ΔU, ΔW, ΔQ und ΔS) zu berechnen. Bei unseren Betrachtungen werden wir uns auf Systeme beschränken, deren Stoffmenge konstant ist ($n = $ konstant $\rightarrow dn = 0$). Da wir alle nicht-reversiblen Prozesse durch reversible Ersatzprozesse aufbauen können, können wir damit *alle* thermodynamischen Prozesse am idealen Gas erklären, die uns interessieren.

3.1. Die verschiedenen Prozesse

Wir beginnen damit, uns eine Tabelle zu erstellen (Tabelle 3.1 auf Seite 60), die es uns erlaubt, *alle* Größen für *alle* Prozesse zu berechnen. Dazu besprechen wir die einzelnen Prozesse nacheinander.

3.1.1. Isotherme Prozessführung

Bei der isothermen Prozessführung gilt, dass die Temperatur konstant ist ($T = $ konstant $\rightarrow dT = 0$). Da wir gesehen[I] haben, dass sich die innere Energie U eines Systems nur ändern kann, wenn sich auch T ändert, gelangen wir sofort zum ersten Ergebnis:

$$\Delta U = 0.$$

Als nächstes betrachten wir die geleistete Volumensarbeit: wir wissen bereits, dass diese dem Term $-pdV$ entspricht:

$$W = -pdV$$

Wir haben es mit einem idealen Gas zu tun, was bedeutet, dass auch die ideale Gasgleichung gilt:

$$pV = nRT$$

[I]   Oder viel mehr, *ich* auf Seite 47 behauptet habe.

© Springer Fachmedien Wiesbaden GmbH, ein Teil von Springer Nature 2018
W. Stadlmayr, *Thermodynamik – nicht nur für Nerds*,
https://doi.org/10.1007/978-3-658-23291-7_3

Nun sind n und T konstant, was bedeutet, das wir p durch V ausdrücken können:

$$p = \frac{nRT}{V}$$

Da dV nur eine unendlich kleine Volumensänderung bedeutet, müssen wir vom Anfangsvolumen V_A zum Endvolumen V_E integrieren, um weiter zu kommen:

$$\Delta W = \int_{V_A}^{V_E} -\frac{nRT}{V} dV.$$

Da nRT unabhängig von V ist[I], können wir es vor das Integral ziehen:

$$\Delta W = -nRT \int_{V_A}^{V_E} \frac{1}{V} dV.$$

Wir wissen durch unsere mathematische Ausbildung das $\int \frac{1}{x} dx = \ln x$ und schreiben daher:

$$\Delta W = -nRT(\ln V_E - \ln V_A),$$

was sich auch zu

$$\Delta W = -nRT \ln \frac{V_E}{V_A},$$

umschreiben lässt.[II] Damit haben wir unser zweites wichtiges Ergebnis. Nun kommt wieder ein einfacher Schritt: da $\Delta U = 0$ und $\Delta U = \Delta Q + \Delta W$, wissen wir auch sofort, dass

$$\Delta Q = -\Delta W.$$

Damit fehlt uns nur mehr ΔS. Auch diese können wir sehr einfach gewinnen: wir haben gesagt, dass TdS der Wärme entspricht, was beim Übergang zu endlichen Größen ja nichts anderes bedeutet, als

$$\Delta Q = T\Delta S.$$

[I]   Das gilt natürlich nur bei isothermer Prozessführung, wo T konstant ist.
[II]   Rechenregeln für Logarithmen:
$$\ln x - \ln y = \ln \frac{x}{y}.$$

Teilen durch T liefert[I]

$$\Delta S = \frac{\Delta Q_{\mathrm{Rev}}}{T}.$$

Wir wissen aber bereits, dass $\Delta Q = -\Delta W = nRT \ln \frac{V_E}{V_A}$ und setzen dies einfach ein:

$$\Delta S = \frac{nRT \ln \frac{V_E}{V_A}}{T}.$$

Wir kürzen T und haben unser Ergebnis:

$$\Delta S = nR \ln \frac{V_E}{V_A}.$$

Damit wissen wir alles, was wir über isotherme Prozesse an idealen Gasen wissen wollen.

3.1.2. Isobare Prozessführung

Durch unsere Definition von C_p wissen wird, dass $\Delta Q = n \cdot C_p \cdot \Delta T$. Die geleistete Arbeit berechnen wir wieder, indem wir integrieren:

$$\Delta W = \int_{V_A}^{V_E} -p\,dV.$$

Da sich p nicht ändert, können wir es vor das Integral bringen:

$$\Delta W = -p \int_{V_A}^{V_E} dV = -p(V_E - V_A) = -p \cdot \Delta V.$$

Wir wissen weiters, dass

$$\Delta U = \Delta Q + \Delta W = (n \cdot C_p \cdot \Delta T) - (p \cdot \Delta V).$$

[I] Hier ist eine gewisse Vorsicht angebracht – ΔS ist ja, wie wir bereits gesehen haben, eine Zustandsgröße, während ΔQ *keine* Zustands-, sondern eine Prozessgröße ist. Damit die Formel also Gültigkeit hat, darf sie nur für quasistatisch geführte (und damit reversible) Prozesse gelten. Daher ist immer darauf zu achten, dass Q für eine reversible Prozessführung verwendet wird: Q_{Rev}.

Im zweiten Term können wir das ΔV ersetzen – wir wissen ja, dass der Prozess isobar ist, es darf also kein Δp geben. Daher *muss* sich die Temperatur ändern:

$$\Delta V = \frac{nR\Delta T}{p}.$$

Dies setzen wir für ΔV ein, kürzen p und erhalten:

$$\Delta U = (n \cdot C_p \cdot \Delta T) - (n \cdot R \cdot \Delta T) = n \cdot \Delta T \cdot (C_p - R).$$

Auf Seite 22 haben wir aber festgestellt, dass $C_p - R = C_V$, daher schreiben wir kurz:

$$\Delta U = n \cdot C_V \cdot \Delta T.$$

Fehlt uns noch die Entropie: Im isothermen Fall konnten wir leicht mit

$$\Delta S = \frac{\Delta Q_{\text{Rev}}}{T}$$

ansetzen. Hier im isobaren Fall müssen wir aufpassen: Die Temperatur ändert sich bei einem isobaren Prozess ja ständig, deshalb gilt unsere Gleichung nur mehr für sehr kleine Schritte (dann ist T annähernd konstant). Daher müssen wir mit infinitesimalen Schritten (und daher mit dS statt ΔS) beginnen:

$$\Delta S = \int \frac{Q_{\text{Rev}}}{T} dT$$

beziehungsweise

$$dS = \frac{Q_{\text{Rev}}}{T}.$$

Q wiederum ist natürlich beim isobaren Prozess $nC_p dT$, sodass wir schreiben können:

$$dS = \frac{nC_p dT}{T}.$$

Nun integrieren wir wieder von T_A zu T_E und kommen so von dS zu ΔS:

$$\Delta S = \int_{T_A}^{T_E} n \cdot C_p \cdot \frac{1}{T} dT = n \cdot C_p \cdot \int_{T_A}^{T_E} \frac{1}{T} dT = n \cdot C_p \cdot ln\frac{T_E}{T_A}.$$

3.1.3. Isochore Prozessführung

Bei einer isochoren Prozessführung gilt, dass das Volumen konstant ist ($V = $ konstant $\rightarrow dV = 0$). Damit ist sofort klar, dass

$$W = -pdV = 0$$

und damit

$$\Delta W = 0$$

gelten muss. Die Wärme muss, da dies ja ein Prozess bei konstantem Volumen ist, über C_V mit der Temperatur zusammenhängen:

$$\Delta Q = n \cdot C_V \cdot \Delta T.$$

Damit ist uns auch ΔU bekannt, da ja

$$\Delta U = \Delta Q + \Delta W = \Delta Q.$$

Die Entropie läuft wieder analog zum isobaren Fall:

$$dS = \frac{nC_V dT}{T}.$$

Wir integrieren wieder von T_A zu T_E und kommen ans Ziel:

$$\Delta S = \int_{T_A}^{T_E} n \cdot C_V \cdot \frac{1}{T} dT = n \cdot C_V \cdot \int_{T_A}^{T_E} \frac{1}{T} dT = n \cdot C_V \cdot ln\frac{T_E}{T_A}.$$

3.1.4. Adiabatische Prozessführung

Bei der adiabatischen Prozessführung ist die übertragene Wärme Null – i.e. $\Delta Q = 0$. Damit wird auch automatisch ΔS Null, wegen $\Delta S = \frac{\Delta Q_{Rev}}{T}$. Die Änderung der Inneren Energie ist

$$\Delta U = n \cdot C_V \cdot \Delta T.$$

Dass das so sein muss, kann leicht eingesehen werden, in dem man über einen Ersatzweg geht. Statt einem adiabatischen Pfad zu folgen, können wir den selben Endpunkt auch über eine Isotherme, gefolgt von einer Isochoren erreichen.[I] Beim isothermen Teilschritt ist $\Delta U = 0$,

---

[I]   Versuchen Sie, dass in einem p,V-Diagramm zu skizzieren.

beim isochoren gilt $\Delta U = nC_V\Delta T$. Daher muss auch das gesamte $\Delta U = nC_V\Delta T$ sein. Da die umgesetzte Wärme ΔQ bei einem adiabatischen Prozess Null ist, gilt $\Delta U = \Delta W$ und damit auch $\Delta W = nC_V\Delta T$.

3.1.5. Übersicht über die Größen und Prozesse

Damit haben wir uns ein umfangreiches Repertoire erarbeitet: es ist in Tabelle 3.1 zusammengefasst. Die Konventionen sind, dass die Indizes $_A$ und $_E$ für **A**nfangs- und **E**ndzustand stehen und dass $\Delta T = T_E - T_A$, sowie $\Delta V = V_E - V_A$.

Tab. 3.1.: Übersicht über die wichtigen Größenänderungen bei den verschiedenen Prozessen an einem idealen Gas

Prozess	ΔU	ΔW	ΔQ	ΔS
allgemein	$\Delta U = \Delta Q + \Delta W$	$\Delta W = -\int p\,dV$	$\Delta Q = nC\Delta T$	$\Delta S = \int \frac{Q_{\text{Rev}}}{T}\,dT$
isotherm	$\Delta U = 0$	$\Delta W = -nRT\ln\frac{V_E}{V_A}$	$\Delta Q = nRT\ln\frac{V_E}{V_A}$	$\Delta S = nR\ln\frac{V_E}{V_A}$
isobar	$\Delta U = nC_V\Delta T$	$\Delta W = -p\Delta V$	$\Delta Q = nC_p\Delta T$	$\Delta S = nC_p\ln\frac{T_E}{T_A}$
isochor	$\Delta U = nC_V\Delta T$	$\Delta W = 0$	$\Delta Q = nC_V\Delta T$	$\Delta S = nC_V\ln\frac{T_E}{T_A}$
adiabatisch	$\Delta U = nC_V\Delta T$	$\Delta W = nC_V\Delta T$	$\Delta Q = 0$	$\Delta S = 0$

3.2. Wir können es! — Ein vollständig durchgearbeitetes Beispiel

Nun wollen wir unser mühevoll erworbenes Wissen auch benutzen – dazu rechnen wir ein Beispiel in aller Ausführlichkeit durch. Wir führen drei aufeinander folgende Schritte an einem idealen Gas aus: wir komprimieren es isotherm, erwärmen es dann isobar und lassen es isochor wieder abkühlen. Unser Weg ist in Abbildung 3.1 angezeigt. Unser Startpunkt (A) sei bei einem Druck von $10000\,\mathrm{Pa}$ und einem Volumen von $0,001\,\mathrm{m}^3$. Die Menge an idealem Gas ist über den gesamten Prozess konstant und beträgt $0.004\,\mathrm{mol}$. Im ersten Schritt komprimieren wir das Gas, bis es den doppelten Druck erreicht ($20000\,\mathrm{Pa}$). Mehr brauchen wir nicht zu wissen – wir werden nun sukzessive alle Größen berechnen und dadurch in Erfahrung bringen, was eine Maschine, die einen solchen Prozess ausführt, leistet.

Überlegen wir uns zu Beginn, wie wir eine solche Maschine tatsächlich umsetzen könnten: wir füllen unser Gas in einen Zylinder mit arretierbarem, aber ansonsten reibungsfrei bewegbaren Stempel (Abbildung 3.2(a)). Für unsere isotherme Kompression muss die Temperatur des Systems gleich bleiben, wir geben also das komplette System in ein Wärmebad[I], damit ist seine Temperatur auf $300\,\mathrm{K}$ fixiert. Nun erhöhen wir sehr langsam (um eine quasistatische Prozessführung zu erreichen) den Druck auf den Stempel und komprimieren das Gas so. Wir landen beim

---

[I]   Ein Wärmebad kann ein Wasserbad sein, ein Trockenschrank – wichtig ist nur, dass es so groß ist, dass sich beim Prozess die Temperatur des Wärmebades nicht ändert (oder nur unbedeutend wenig).

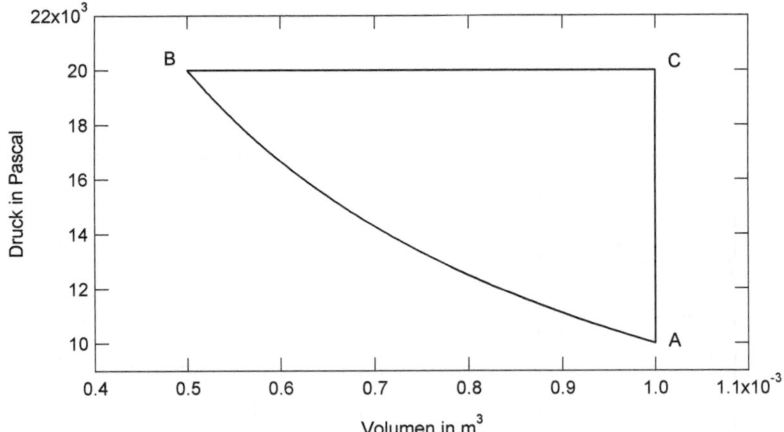

Abb. 3.1.: Grundsätzliche Prozessführung unseres Beispieles

Zustand in Abbildung 3.2(b). Für den nächsten Schritt müssen wir den Druck auf den Stempel konstant halten (20000 Pa) und das Wärmereservoir austauschen. Wir benutzen ein Wärmebad, welches die Temperatur 600 K hat. Wir müssen dafür sorgen, dass es das System nur sehr langsam erwärmt, wegen der quasistatischen Prozessführung. Dies können wir erreichen, in dem wir die Wände zwischen Wärmebad und System sehr schlecht wärmeleitend machen oder unser Wärmebad immer nur kurz an- und dann wieder vom System abkoppeln. Da unser Wärmebad als sehr groß gedacht ist, ändert es selbst seine Temperatur nicht. Das Gas erwärmt sich aber langsam, dabei vergrößert sich das Volumen des Gases, wir halten bei Abbildung 3.2(c). Für den letzten Schritt arretieren wir den Stempel (V = konstant) und kühlen das Gas ab. Dazu müssen wir unser Wärmebad wieder wechseln und wählen wieder eines mit 300 K. Auch hier müssen wir dafür Sorge tragen, dass die Temperatur des Systems sich nur (unendlich) langsam an die Temperatur des Wärmebades annähert, da wir sonst keinen quasistatischen Prozess vorliegen haben. Während diesen Prozesses ändert sich der Druck im Zylinder – er sinkt auf 10000 Pa (Abbildung 3.2(d)). Wenn wir nach Abschluss dieses Schrittes die Arretierung entfernen, sind wir wieder genau am Ausgangspunkt. Damit sehen wir, dass es im Prinzip möglich sein sollte, diesen Prozess durchzuführen.

Am besten beginnen wir damit, die Größen p, V, n und T an den drei Punkten A, B und C zu berechnen. Die Temperatur beim Punkt A können wir aus der idealen Gasgleichung gewinnen:

$$T = \frac{pV}{nR} = 300.$$

Wir begnügen uns mit dieser Genauigkeit, auch wenn eventuell, je nach der genauen Bestimmtheit von R leicht abweichende Ergebnisse auftreten können. Nun wenden wir uns Punkt B zu

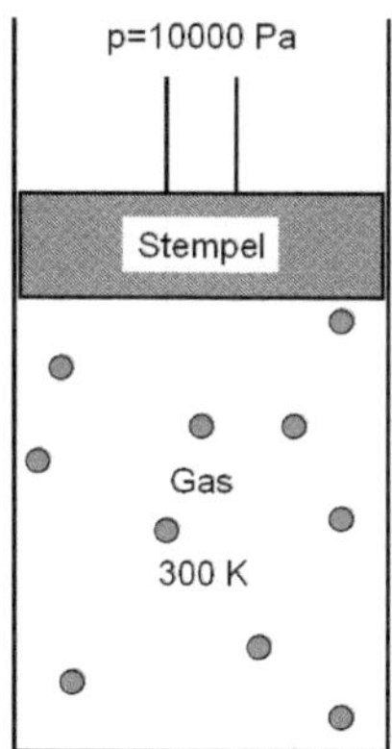

(a) Punkt A: Ausgangspunkt

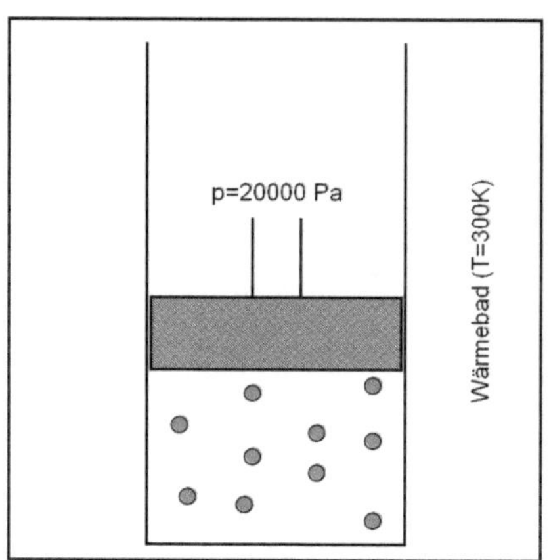

(b) Punkt B: Nach der isothermen Kompression

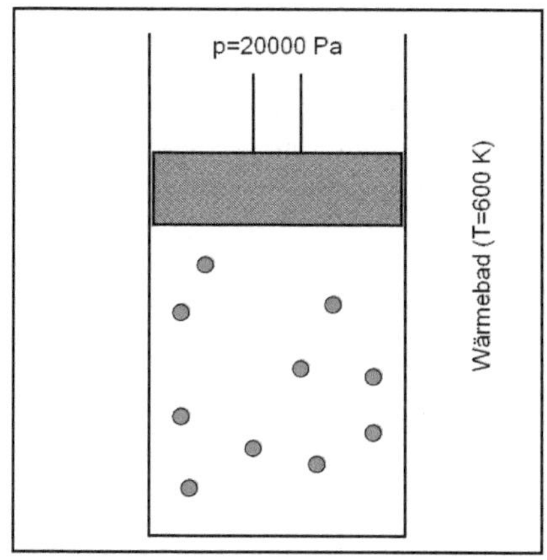

(c) Punkt C: Nach der isobaren Erwärmung

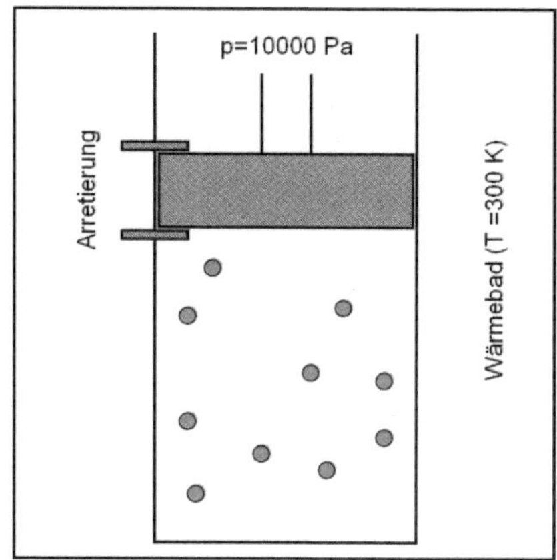

(d) Punkt A: Nach der isochoren Abkühlung

Abb. 3.2.: Prozessführung, die den beschriebenen Verlauf ermöglicht

– da wir ihn durch isotherme Kompression erreichen, muss die Temperatur die selbe sein, wie am Punkt A – 300 K. Weiters muss sich das Volumen halbieren, da wir den Druck verdoppelt haben ($pV = $ konstant). Von Punkt B auf Punkt C bewegen wir uns isobar, daher muss der Druck an Punkt C derselbe sein, wie an Punkt B. Da wir wieder auf unser Ausgangsvolumen expandieren und das Volumen damit verdoppeln, muss sich die Temperatur ebenfalls verdoppeln ($\frac{p}{T} = $ konstant), sie steigt auf 600 K. Damit haben wir alle wichtigen Größen an allen drei Punkten gesammelt:

Punkt	p	V	T	n
	Pa	m^3	K	mol
A	10000	$0,001$	300	$0,004$
B	20000	$0,0005$	300	$0,004$
C	20000	$0,001$	600	$0,004$

Nun machen wir uns daran, ΔU, ΔW, ΔQ und ΔS für jeden Teilschritt auszurechnen. Dann tragen wir unsere Ergebnisse am Besten in eine Tabelle ein. Unser erster Schritt ist eine isotherme Kompression – da T konstant bleibt, muss $\Delta U = 0$ gelten. Wir nutzen unsere Formel für $\Delta W = -nRT \ln \frac{V_E}{V_A}$ und berechnen $\Delta W = +6,9315$ J. Da sich Arbeit und Wärme bei einem isothermen Prozess ausgleichen müssen, muss daher $\Delta Q = -6.9315$ J sein. Bleibt noch ΔS: $\Delta S = nR \ln \frac{V_E}{V_A} = -0.0231$ J/K.

Damit sind wir schon bei der isobaren Erwärmung. Bei einem idealen Gas setzen wir für $C_V = \frac{3}{2}R$ und $C_p = \frac{5}{2}R$. Damit können wir ΔU berechnen: $\Delta U = n \cdot C_V \cdot \Delta T = +15$ J. Ebenso berechnen wir die geleistete Arbeit zu $\Delta W = -p \cdot \Delta V = -10$ J und die umgesetzte Wärme zu $\Delta Q = n \cdot C_p \cdot \Delta T = +25$ J. Wir hätten ΔQ gar nicht mehr so berechnen müssen, da wir ja ΔU und ΔW bereits kannten und die drei Größen über $\Delta U = \Delta Q + \Delta W$ verknüpft sind. Dies ermöglicht uns aber einen schnellen Test, der uns ermutigt, da $15 = 25 - 10$ stimmt.[I] Schließlich berechnen wir noch ΔS: $\Delta S = n \cdot C_p \cdot \ln \frac{T_E}{T_A} = +0,0576$ J/K.

Der letzte Schritt ist die isochore Abkühlung. Da sich das Volumen nicht ändert, ist $dV = 0$ und damit auch $\Delta W = 0$. Die umgesetzte Wärme berechnen wir mittels $\Delta Q = n \cdot C_V \cdot \Delta T = -15$ J[II]. Damit haben wir auch $\Delta U = -15$ J und es fehlt uns nur mehr die Entropieänderung ΔS – wir errechnen sie mittels $\Delta S = n \cdot C_V \cdot \ln \frac{T_E}{T_A} = -0,0345$ J/K.

Nun sind uns alle notwendigen Größen bekannt. Durch Summenbildung erhalten wir leicht die Größen für den Gesamtprozess:

[I] Das Ausfüllen unserer Tabelle gleicht ein bisschen einem Sudoku benutzten Sie solche Quertests, um sicher zu gehen, dass Ihre Rechnung stimmt.

[II] Achtung, hier wird ΔT negativ, die Endtemperatur ist geringer, als die Anfangstemperatur

Schritt	ΔU	ΔW	ΔQ	ΔS
	J	J	J	J/K
A $\to$ B	0	$+6,9315$	$-6,9315$	$-0,0231$
B $\to$ C	$+15$	-10	$+25$	$+0,0576$
C $\to$ A	-15	0	-15	$-0,0345$
Summe	0	$-3,0685$	$+3,0685$	0

Unser Ergebnis ist auf vielfache und sehr grundlegende Art und Weise sinnvoll. Erstens sehen wir, dass für einen Kreisprozess (ein solcher ist dieser Prozess ja) die Änderung der Zustandsgrößen U und S Null wird. U hängt von der Temperatur ab – da wir ja zur Ausgangstemperatur zurückkehren, erwarten wir, dass ΔU Null wird, jedes andere Ergebnis hätte uns entsetzt. Ebenso die Entropie, wir haben ja alle Prozesse reversibel geführt und sind wieder am Ausgangspunkt angekommen, daher muss das System auch den gleichen Entropieinhalt haben. Gleichzeitig sehen wir eindrucksvoll, dass Arbeit und Wärme *keine* Zustandsgrößen sind – während eines Durchlaufes wurde dem System Wärme *zugeführt* (positives Vorzeichen von ΔQ) und Volumensarbeit *entzogen* (negatives Vorzeichen von ΔW). Diese gedanklich entworfene Maschine wandelt also Wärme in Arbeit um.[I]

Mit einem Mathematik-Programm und rudimentären Programmierkenntnissen kann man die Prozessgrößen an vielen Punkten auf ihrem Pfad berechnen, was sehr anschaulich und hilfreich sein kann. Für unseren Prozess habe ich dies in Abbildung 3.3 auf Seite 66 durchgeführt. Wir schauen uns die Abbildung genau an und behalten dabei im Kopf, dass sie *nur* aufgrund der eben verwendeten Formeln erzeugt wurde – kein zusätzliches Wissen ist von Nöten. Diagramm 3.3(a) kennen wir bereits, es ist hier nur mehr der Vollständigkeit halber angegeben. Im p,T-Diagramm (3.3(b)) sehen wir, dass die Temperatur des Systems beim Schritt A $\to$ B gleich bleibt, was logisch ist, da dieser Schritt isotherm ist. Von B auf C steigt die Temperatur, während der Druck gleich bleibt und von C auf A sinkt die Temperatur, während der Druck absinkt. Das wussten wir aber eigentlich alles bereits aus der Definition des Systems. Interessanter ist da schon das Diagramm 3.3(c): Wir sehen, dass im ersten Schritt (A $\to$ B) Arbeit und Wärme immer gegengleich gleich groß sind – das muss so sein, da die innere Energie sich ja nicht ändern darf. Im zweiten Prozessschritt passiert die eigentliche Umwandlung von Wärme in Arbeit – wir führen dem System Wärme zu (rote Linie steigt an) und ein Teil davon wird in Arbeit umgewandelt (blaue Linie sinkt).[II] Wir sehen auch, dass der Anstieg der Wärme des Systems größer ist, als der Output an Arbeit – was in vollständiger Übereinstimmung zum zweiten Hauptsatz ist: wir können nicht alle Wärme, die wir unserem Reservoir entnommen haben, in Arbeit verwandeln. Schließlich kühlen wir das System bei konstantem Volumen ab – hier wird dem System Wärme entzogen, aber gleichzeitig keine Volumensarbeit geleistet. Obwohl wir vom Prozessfortschritt

---

[I] Das verletzt keine thermodynamischen Grundannahmen, da die Wärmemengen, welche wir den Reservoirs entnehmen, beziehungsweise in sie zurückliefern hier nicht beachtet wurden. Wir müssen die Wärme nämlich einem warmen Reservoir entnehmen, sie jedoch in ein kaltes abführen. Die Wärme aus dem kalten Reservoir können wir nicht mehr nutzen, daher ist die Wärme, welche im Schritt A $\to$ B und im Schritt C $\to$ A vom System abgegeben wird, *verloren*.

[II] Behalten Sie die systemozentrische Vorzeichenkonvention im Auge – wenn ΔW des Systems abnimmt (die blaue Linie fällt), so *leistet* das System Arbeit.

her wieder am Punkt A angelangt sind, haben ΔQ und ΔW andere Werte als am Beginn – sie sind eben keine Zustandsgrößen! Weiters sehen wir in Abbildung 3.3(d), dass die Entropie im ersten Prozessschritt abnimmt, das verwundert uns nicht, wir haben allgemein gesagt, dass die Entropie mit steigendem Druck kleiner wird (das System ist weniger „frei"). Im zweiten Schritt nimmt die Entropie stark zu, weil wir das System erwärmen – dadurch gewinnt ein System immer stark an Entropie. Von C zurück auf A wird gleichzeitig der Druck geringer und die Temperatur niedriger, daher verliert das System wieder Entropie. Da wir alle Schritte quasistatisch und damit reversibel geführt haben und wieder am Ausgangspunkt ankommen, erwarten wir, dass die gesamte Entropieänderung Null beträgt – und das ist auch der Fall. Abbildung 3.3(e) schließlich zeigt die innere Energie. Sie bleibt im ersten Schritt gleich (da die Temperatur gleich bleibt), steigt bei der Erwärmung an und nimmt bei der Abkühlung wieder ab.

Als Letztes wollen wir uns fragen, ob der gesamte Prozess reversibel ist. Dazu müssen wir prüfen, ob die *Gesamt-Entropie* (in System *und* Umgebung) größer wird oder gleich bleibt. Die *Entropie des Systems* kann sich nicht ändern, es ist ja ein Kreisprozess und S ist eine Zustandsgröße. Daher müssen wir uns nur mehr um die Entropie der Umgebung kümmern. Diese können wir sehr leicht berechnen, da die Entropie ja die übertragene Wärme durch die Temperatur ist. Die übertragene Wärme ist uns bekannt, sie ist einfach ΔQ des Systems mit umgekehrtem Vorzeichen – wenn das System Wärme abgibt, so *muss* die Umgebung genau diese Wärme aufnehmen und umgekehrt. Als Temperatur nehmen wir jeweils die Temperatur des Wärmebades, die wir ja, bedingt durch seine Größe, als konstant annehmen dürfen. Das führt zu folgenden Werten:

Schritt	$\Delta Q_{\text{Umgebung}}$ J	$T_{\text{Wärmebad}}$ K	$\Delta S_{\text{Umgebung}}$ J/K
A $\to$ B	$+6,9315$	300	$+0,0231$
B $\to$ C	-25	600	$-0,0417$
C $\to$ A	$+15$	300	$+0,050$
Summe	$-3,0685$	—	$+0,0314$

Das bedeutet, dass in der Umgebung die Entropie zugenommen hat. Der Prozess ist damit *nicht* reversibel, da in der Umgebung Veränderungen zurückbleiben, wenn wir am Ausgangspunkt wieder ankommen. Außerdem ist die Entropie positiv, was mit unserer Behauptung, dass die Gesamtentropie im Universum bei einem Prozess nur zunehmen (irreversibler Prozess) oder gleich bleiben (reversibler Prozess) kann, konsistent.

Damit haben wir unser System *wirklich* vollständig durchdrungen!

Als letztes noch eine Deutungshilfe: die Fläche, die der Kreisprozess im p,V-Diagramm umschließt, entspricht der umgesetzten Arbeit ΔW, während analog im T,S-Diagramm die eingeschlossene Fläche der umgesetzten Wärme ΔQ entspricht.

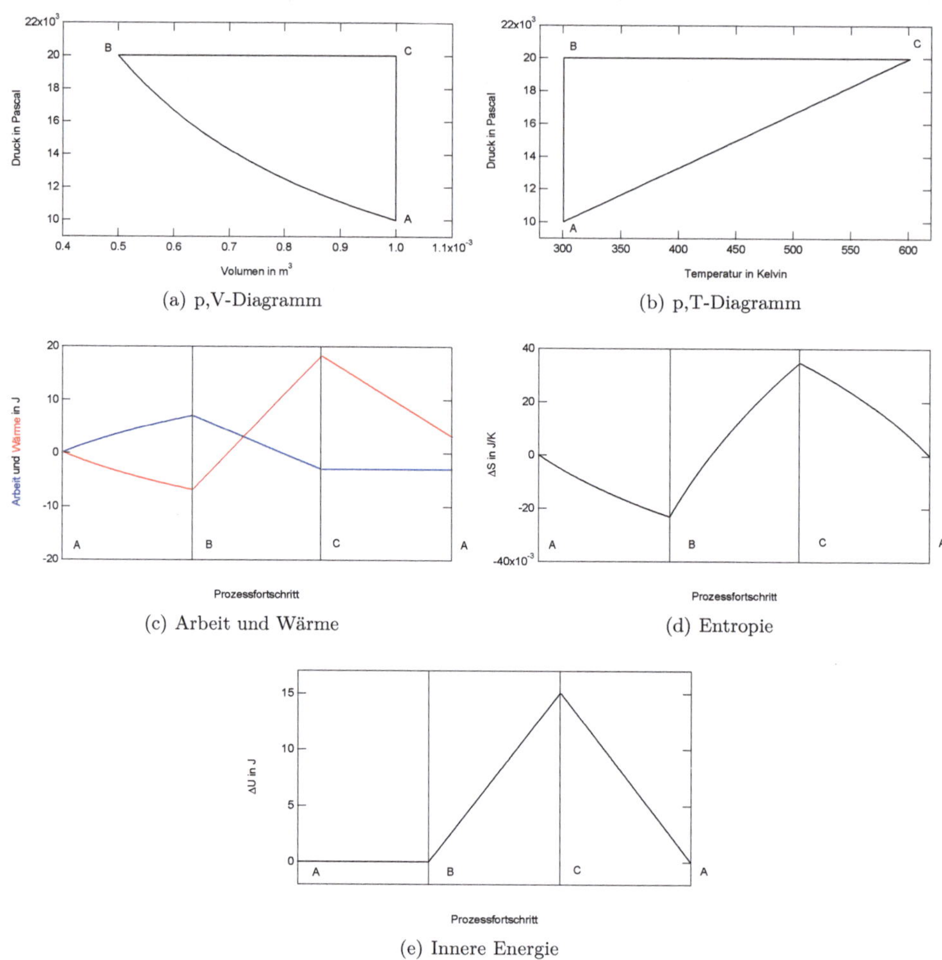

(a) p,V-Diagramm

(b) p,T-Diagramm

(c) Arbeit und Wärme

(d) Entropie

(e) Innere Energie

Abb. 3.3.: Verlauf der charakteristischen Größen, während wir unseren Prozess führen.

> Übung: Kreisprozesse berechnen (Übung 7 auf Seite 277)

3.3. Rechts- und Linksprozesse

Im letzten Kapitel haben wir einen Kreisprozess durchgerechnet und dabei festgestellt, dass eine Maschine, die so arbeitet, Wärme in Arbeit umwandelt. Wenn wir uns entschieden hätten, die Maschine genau *umgekehrt* zu betreiben (also in der Reihenfolge A → C → B → A), so hätten wir festgestellt, dass sie dann auch genau das Gegenteil leistet – sie würde dann zugeführte Arbeit in Wärme umsetzen. Es ist nun allgemein so, dass Prozesse, welche im p,V-Diagramm *im Uhrzeigersinn ablaufen*, „*Rechtsprozesse*" (auch *rechtslaufende* Prozesse) genannt werden und Wärme in Arbeit umsetzen, während Prozesse, die im p,V-Diagramm *im Gegenuhrzeigersinn ablaufen*, als „*Linksprozesse*" (oder *linkslaufende* Prozesse) bezeichnet werden und Arbeit und Wärme umwandeln.

Rechtsprozess:

Bei einem Rechtsprozess ist der Pfad, der im p,V-Diagramm durchlaufen wird, in Richtung des Uhrzeigersinnes. Das bedeutet, ein Wärmereservoir, welches wärmer sein muss, als unser System (wir sagen, es hat die Temperatur T_H für **heiß**), wird benutzt, um das System zu erhitzen. Dabei *leistet* das System Arbeit. Jedoch kann nicht die gesamte Wärme in Arbeit umgesetzt werden, weshalb das System sich bei diesem Prozess zwangsläufig erwärmt (weil es ja einen Teil als Wärme aufnimmt). Damit wir unser System wieder abkühlen können, brauchen wir ein zweites Wärmereservoir, welches kälter sein muss, als unser System (T_K), um damit unser System wieder auf seine Ausgangstemperatur zu kühlen. Wir entnehmen also dem heißen Reservoir eine gewisse Wärmemenge Q_{Rein}, verwandeln einen Teil in Arbeit W und führen den Rest Q_{Raus} ins kalte Reservoir ab. Die Maschine arbeitet dann effizient, wenn W möglichst groß und Q_{Raus} möglichst klein ist. Eine solche Maschine ist eine *Wärmekraftmaschine*. Q_{Raus} ist die sogenannte *Abwärme* – sie kann von uns nicht mehr genutzt werden, da sie auf den kalten Körper übertragen wurde. Analog zu *Abfall* ist sie für uns verloren.[I]

[I] Wir *können* die Abwärme weiterverwenden, wenn wir ein *noch kälteres* Reservoir zur Verfügung haben, dann haben wir aber beim Nachverwertungsschritt wieder eine neue Abwärme (welche aber kleiner ist).

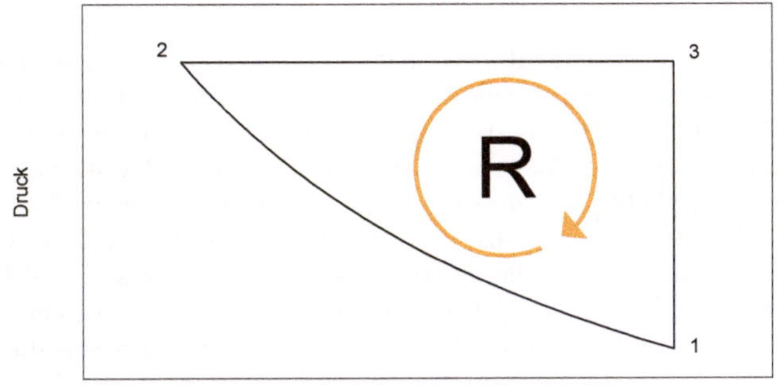

(a) p,V-Diagramm

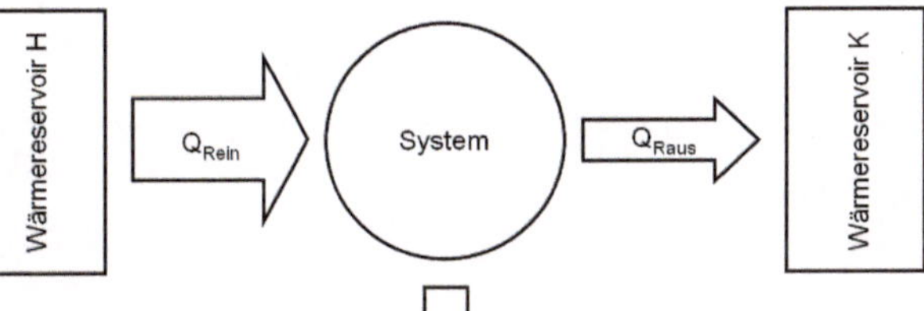

(b) Schematische Darstellung

Abb. 3.4.: Beispiel für einen Rechtsprozess

Linkssprozess:

Bei einem Linksprozess ist der Pfad, welcher im p,V-Diagramm durchlaufen wird, in Richtung des Gegenuhrzeigersinnes. Hier führt man einem System eine gewisse Menge an Arbeit W zu, um damit Wärme von einem kalten Reservoir in ein wärmeres zu bringen. Mit solch einer Maschine kann man einen kalten Körper weiter abkühlen (Kühlschrank) oder einen warmen Körper weiter aufheizen (Heizung). Idealerweise ist die dafür notwendige Arbeit W so klein als möglich. Es ist aber eine Erfahrungstatsache, dass dieser Prozess niemals abläuft, wenn man überhaupt keinen Zwang ausübt. Stellen Sie sich vor, Sie haben einen kalten (T_K) und einen warmen (T_H) Körper. Wenn Sie die beiden zusammenführen und keinen äußeren Zwang ausüben (i.e. $W = 0$), so wird es immer passieren, dass der warme Körper kälter und der kalte wärmer wird und zwar so lange, bis $T_H = T_K$. Die Umkehrung davon – dass der warme Körper noch wärmer und der kalte Körper noch kälter wird – geschieht niemals freiwillig. Alleine daraus, dass wir diese Beobachtung täglich machen, schließen wir, dass eine Mindestmenge an Arbeit W notwendig ist, um diesen Prozess erzwingen zu können. Sobald wir den Druck auf das System lockern, wird sich der Wärmestrom wieder umkehren – das Betreiben eines Linksprozesses gleicht damit durchaus der Arbeit des Σίσυφος (*Sisyphos*).[I] Damit haben wir bereits – vorgreifend – den zweiten Hauptsatz der Thermodynamik entdeckt: „Es ist unmöglich, einen Prozess durchzuführen, bei dem nur Wärme von einem kalten Körper auf einen warmen übertragen wird." Eine Maschine, welche einen Linksprozess durchführt, ist eine *Wärmepumpe*.

[I]   Diese vortreffliche Analogie verdanke ich Y. Wohlfarter.

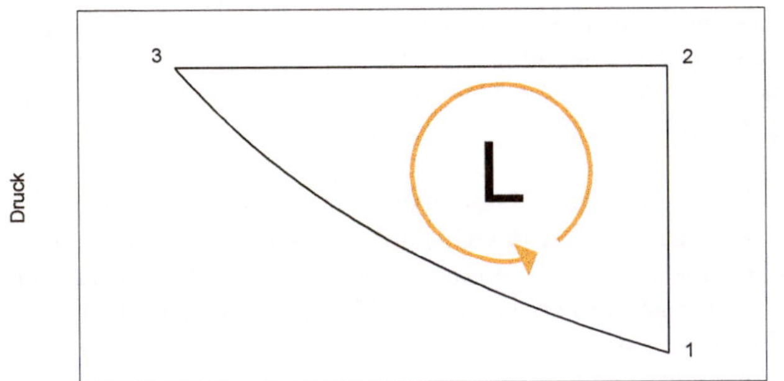

(a) p,V-Diagramm

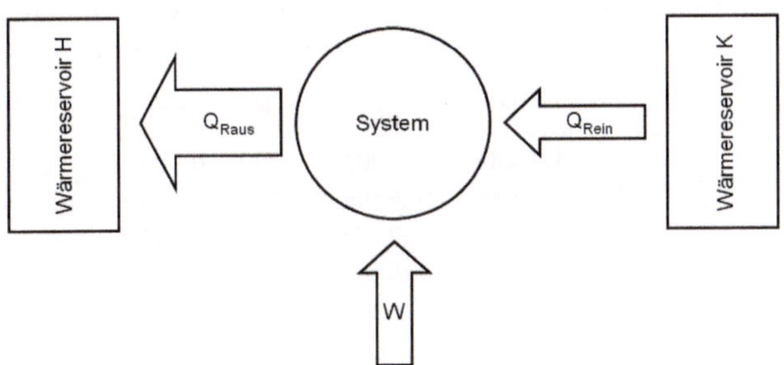

(b) Schematische Darstellung

Abb. 3.5.: Beispiel für einen Linksprozess

3.4. Ein wichtiger Kreisprozess – Der Carnot-Kreisprozess

Die Betrachtungen, welche wir im Kapitel über Rechts- und Linksprozesse angestellt haben, und unser Wissen über Wirkungsgrade werden wir nun benutzen, um einen besonders wichtigen Prozess zu verstehen – den Carnot-Kreis-Prozess. Der Physiker und Ingenieur Sadi Carnot hatte bereits 1824 mit seinen Überlegungen über den nach ihm benannten Kreisprozess den zweiten Hauptsatz der Thermodynamik quasi vorformuliert. Sein Ergebnis, welches wir nun nachzeichnen werden, ist von überragender Bedeutung – Carnot behauptet, dass keine, *wie auch immer geartete* Maschine, die mit Wärme und Arbeit operiert, einen Wirkungsgrad haben kann, der höher ist, als der Carnot-Wirkungsgrad η_{Carnot}. Das ist allein schon deshalb faszinierend, weil er aus der Betrachtung *einer* idealisierten Maschine Aussagen über *alle nur bau- oder denkbaren* thermodynamischen Maschinen trifft.

Der Carnot-Prozess besteht aus *vier* Teilschritten. Im ersten wird ein Gas isotherm komprimiert, dann, im zweiten Schritt, wird das Gas adiabatisch weiterkomprimiert. Im dritten wird das Gas isotherm expandiert und im vierten und letzten Schritt wird das Gas wieder adiabatisch auf seinen Ausgangszustand expandiert. In Abbildung 3.6(a) sehen wir das zum Prozess gehörige p,V-Diagramm. Wir erkennen auf einen Blick, dass es sich beim Carnot-Prozess um einen Rechtsprozess handelt. Daher sagen wir bereits jetzt voraus, dass er Wärme in Arbeit umwandeln wird.

Als Erstes erstellen wir uns – ganz in Analogie zu unserem Beispiel in Abschnitt 3.2 – eine Tabelle, die alle wichtigen Eckdaten der Prozessführung enthält. Aus Gründen der Bequemlichkeit benutzen wir ähnliche Dimensionierungen für unsere Maschine wie in unserem Beispiel:

Punkt	p Pa	V m^3	T K	n mol
A	10000	0.001	300	0.004
B	15000	0.000666	300	0.004
C	20000	0.000561	337	0.004
D	13350	0.000840	337	0.004

Dann beginnen wir – ebenfalls auf die ganz gleiche Art und Weise wie in unserem Beispiel aus 3.2 die verschiedenen relevanten Größen zu berechnen[I]:

Schritt	ΔU J	ΔW J	ΔQ J	ΔS J/K
A $\rightarrow$ B	0	$+4,055$	$-4,055$	-0.0135
B $\rightarrow$ C	$+1,83$	$+1,83$	0	0
C $\rightarrow$ D	0	$-4,535$	$+4,535$	$+0.0135$
D $\rightarrow$ A	$-1,83$	$-1,83$	0	0
Summe	0	$-0,480$	$+0,480$	0

[I]   Die Berechnung wird an dieser Stelle nicht mehr explizit ausgeführt. Falls jemand die Berechnung nachvollziehen will, für C_V und C_p wurden wieder die Standardwerte von $\frac{3}{2}R$ und $\frac{5}{2}R$ benutzt.

Nach dem wir alles berechnet haben, sehen wir, dass unsere Vermutung gestimmt hat – diese Maschine nimmt Wärme auf (positives Vorzeichen von ΔQ) und gibt Arbeit ab (negatives Vorzeichen von ΔW). Außerdem können wir die verschiedenen Diagramme in Abbildung 3.6 betrachten und sehen, dass auch sie stimmig sind.

Tja, was ist dann eigentlich das Interessante am Carnot-Prozess? Was wir bis jetzt noch nicht geprüft haben, ist ob beim Carnot-Prozess in der Umgebung eine Veränderung zurückbleibt. Dies holen wir nun nach:

Schritt	$\Delta Q_{\text{Umgebung}}$ J	$T_{\text{Wärmebad}}$ K	$\Delta S_{\text{Umgebung}}$ J/K
A → B	$+4,055$	300	$+0,0135$
B → C	0	337	0
C → D	$-4,535$	337	$-0,0135$
D → A	0	300	0
Summe	$-0,480$	—	0

Die in der Umgebung erzeugte Entropie ist für den Gesamtprozess Null! Wenn wir wieder am Ausgangspunkt angelangt sind, ist weder im System noch in der Umgebung eine Veränderung in den Zustandsgrößen verblieben. Der Carnot-Prozess ist ein *reversibler* Prozess!

Wir erinnern uns an unsere Feststellung auf Seite 35: *Wenn ein System bei Wärmezu- oder -abfuhr Arbeit leistet, kann die maximale Arbeit für den Fall reversibler Prozessführung erreicht werden.* Da die Carnot-Maschine eine reversible Prozessführung darstellt, bedeutet dies, dass unter den selben äußeren Bedingungen (damit ist die Temperatur der Wärmereservoire T_H und T_K gemeint) *keine* Wärmekraftmaschine – egal, wie sie gebaut ist – einen höheren Wirkungsgrad haben kann, als die Carnot-Maschine. Das ist schon irgendwie ein dicker Hund: bloß weil wir auf Papier eine Maschine entworfen haben, behaupten wir mit Carnot tatsächlich, es könne *niemals* eine Wärmekraftmaschine geben, die einen höheren Wirkungsgrad erreichen kann – obwohl wir nicht ansatzweise alle Möglichkeiten kennen oder auch nur zu erahnen vermögen, wie man so eine Maschine entwerfen könnte. Nun wollen wir natürlich den Wirkungsgrad unserer Maschine auch berechnen – dazu greifen wir auf die Formel für Wärmekraftmaschinen von Seite 39 zurück: $\eta_{\text{WKM}} = \frac{|W|}{|Q_{\text{Rein}}|}$. Wir setzen die gesamte beim Prozess umgesetzte Arbeit ($-0.480\,$J) für W ein. Für Q_{Rein} dürfen wir nur die im Schritt C → D zugeführte Wärme ($+4,535\,$J) verwenden. Zwar wird im Schritt A → B Wärme frei ($-4,055\,$J), diese müssen wir aber in unser kaltes Temperaturreservoir abführen, wo sie für uns verloren ist (Abwärme). Daher ist der Wirkungsgrad unserer Maschine:

$$\eta = \frac{0,480}{4,535} \approx 0,11.$$

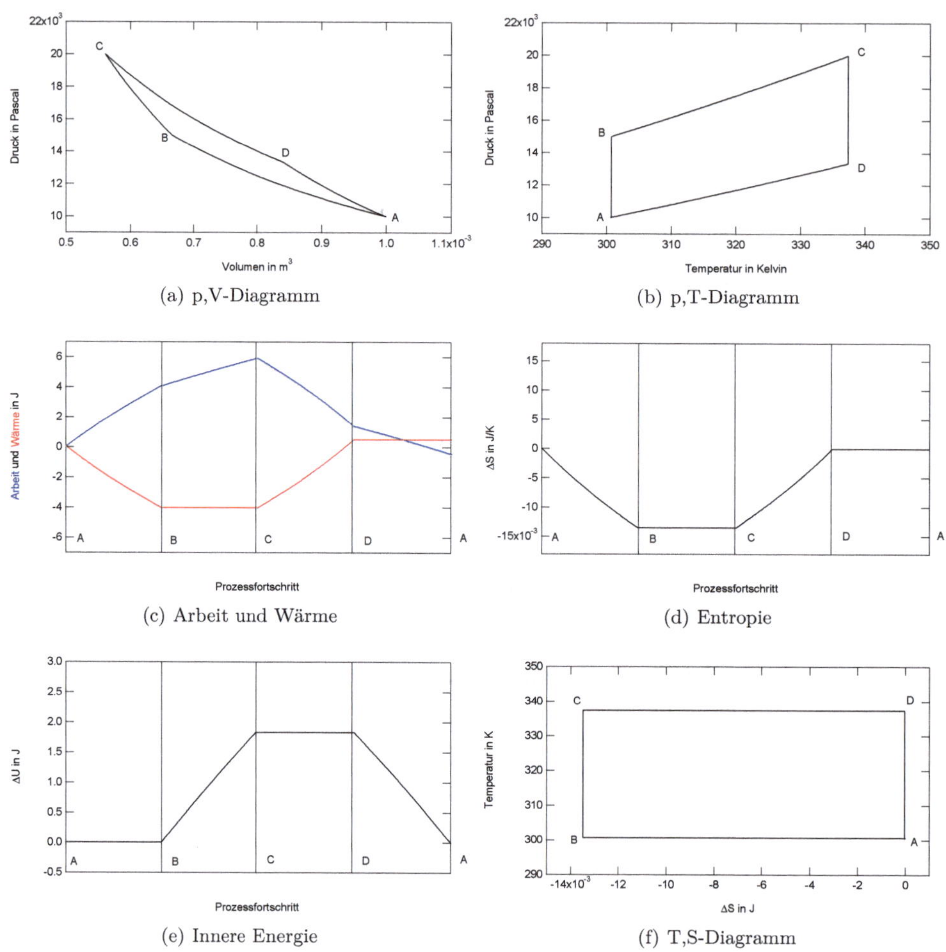

(a) p,V-Diagramm

(b) p,T-Diagramm

(c) Arbeit und Wärme

(d) Entropie

(e) Innere Energie

(f) T,S-Diagramm

Abb. 3.6.: Verlauf der charakteristischen Größen, während wir den Carnot-Prozess führen.

Unsere Maschine hat unter diesen Bedingungen einen Wirkungsgrad von etwa 11%. Man kann zeigen[I], dass der Wirkungsgrad einer Carnot-Maschine nur von den beiden Temperaturen der Wärmereservoirs abhängt:

$$\eta_{\text{Carnot}} = 1 - \frac{T_K}{T_H}. \tag{3.1}$$

Der Wirkungsgrad wird also umso besser, je kälter das kalte und je heißer das heiße Wärmereservoir sind. Da bei der Wahl der Temperaturen praktische Grenzen gesetzt sind[II], kann ein Wirkungsgrad von 1 nie erreicht werden. Wir stellen fest:

> „Jede irreversibel arbeitende Maschine hat einen Wirkungsgrad, der kleiner ist als der Carnot-Wirkungsgrad."

Da wir gesagt haben, dass reversible Prozesse immer einen besseren Wirkungsgrad erzielen, als irreversible, wissen wir nun zwar, dass jeder irreversible Prozess (zum Beispiel unsere Maschine aus Abschnitt 3.2) einen Wirkungsgrad hat, der kleiner ist, als der Carnot-Wirkungsgrad. Aber was ist mit anderen reversibel arbeitenden Maschinen? Können die einen Wirkungsgrad größer als den Carnot-Wirkungsgrad haben? Die Antwort lautet: Nein. Und wir können das mit einem kurzen Gedankenexperiment auch zeigen:

Stellen Sie sich vor, wir hätten gemeinsam eine Wärmekraftmaschine gebaut, deren Wirkungsgrad größer wäre, als der Carnotwirkungsgrad. Dann könnten wir die Carnot-Maschine natürlich „umdrehen", also statt als Rechtsprozess als Linksprozess arbeiten lassen – da sie reversibel arbeitet ist das ohne Einbußen möglich. Dabei würde sie Arbeit verbrauchen und damit Wärme von einem kalten Körper auf einen wärmeren transferieren. Nun koppeln wir die umgekehrt laufende Carnot-Maschine mit unserer neuen Wunder-Maschine. Die umgekehrt laufende Carnot-Maschine braucht als Zufuhr nun Arbeit und liefert dafür Wärme, unsere Wunder-Maschine braucht Wärme und liefert Arbeit – die beiden Maschinen können sich gegenseitig betreiben. Da aber unsere Wundermaschine einen höheren Wirkungsgrad hat, liefert sie mehr Arbeit, als die umgekehrt laufende Carnot-Maschine braucht. Wir können also einen Teil dieser Arbeit abführen und für unsere Zwecke nutzen (Batterie aufladen, Gewichte heben, Automobil bewegen, und so weiter). Dies wäre ein Perpetuum Mobile, da die kombinierten Maschinen ja ständig Arbeit leistet, ohne irgendetwas zu verbrauchen. Daraus schließen wir:

> „Alle reversibel arbeitenden Prozesse haben einen Wirkungsgrad, der nicht größer ist als der Carnot-Wirkungsgrad."

Aber wie ist es nun mit dem umgekehrten Fall? Kann eine reversibel arbeitende Maschine einen Wirkungsgrad haben, der *kleiner* ist, als der Carnot-Wirkungsgrad? Die Antwort lautet wieder: Nein. In diesem Fall würden wir einfach diese Maschine „umdrehen" und als Linksprozess laufen lassen und mit der Carnot-Maschine koppeln – der Effekt wäre der gleiche. Daher folgern wir:

[I]   Aber wir werden das hier nicht tun.

[II]   So ist zum Beispiel die Temperatur von $0\,\text{K}$, bei welcher η automatisch 1 würde, niemals erreichbar. Auch die Erhöhung der Temperatur des heißen Reservoirs steigert den Wirkungsgrad, allerdings sind auch hier Grenzen gesetzt, da irgendwann die Maschine schmilzt.

„Alle reversibel arbeitenden Prozesse haben einen Wirkungsgrad, der nicht kleiner ist als der Carnot-Wirkungsgrad.“

All unser gewonnenes Wissen erlaubt uns also den endgültigen Schluss:

„Alle reversibel arbeitenden Wärmekraftmaschinen haben *genau* den Carnot-Wirkungsgrad, alle irreversiblen einen geringeren.“

Nur aus Interesse (und um unsere Theorie ein wenig zu testen) vergleichen wir noch den Wirkungsgrad der von uns in Abschnitt 3.2 erdachten Maschine mit dem dazugehörigen Carnot-Wirkungsgrad. Unsere Maschine hat zwischen den Temperaturen 300 und 600 K operiert, der dazugehörige Carnot-Wirkungsgrad wäre also:

$$\eta_{\text{Carnot}} = 1 - \frac{300}{600} = 0,5$$

Um den tatsächlichen Wirkungsgrad unserer Maschine zu berechnen, brauchen wir die eingesetzte Wärme $(+25\,\text{J})$ und die insgesamt geleistete Arbeit $(-3,0685\,\text{J})$. Der Wirkungsgrad unserer Maschine wäre also:

$$\eta_{\text{WKM}} = \frac{|W|}{|Q_{\text{Rein}}|} = \frac{3,0685}{25} \approx 0,13.$$

Unsere Beispiel-Maschine, welche ja, wie wir schon gezeigt haben, irreversibel arbeitet, hat einen geringeren Wirkungsgrad, als eine Carnot-Maschine unter den selben Bedingungen hätte. Es ist doch irgendwie beruhigend, wenn die Physik stimmt.

Übung: Der Carnot-Prozess (Übung 8 auf Seite 278)

3.5. Polytrope Zustandsänderungen

Da man in tieferen Ebenen der Thermodynamik gerne dieses Konzept benutzt, soll hier auch kurz die „polytrope Zustandsänderung“ besprochen werden. Darunter versteht man allgemein Formeln vom Typus

$$pV^n = \text{konstant},$$

wobei n hier der *Polytropenexponent* (und nicht etwa die Stoffmenge) ist. Alle Zustandsänderungen, welche wir kennen gelernt haben, sind Spezialfälle dieser Gleichung. So liefern beispielsweise verschiedene Einsetzungen für n die Ergebnisse aus Tabelle 3.2:

Während die ersten drei Zustandsänderungen relativ zwanglos einzusehen sind, ist die letzte etwas komplexer. Wir wollen es bei einer halbformalen Ableitung belassen. Wir setzen also $n = \infty$ ein:

$$pV^\infty = \text{konstant}.$$

n	Gleichung		Zustandsänderung
0	p	$=$ konstant	isobar
1	pV	$=$ konstant	isotherm
κ	pV^κ	$=$ konstant	adiabatisch, (isentrop)
∞	V	$=$ konstant	isochor

Tab. 3.2.: Verschiedene Spezialfälle, die aus einer polytropen Zustandsänderung folgen.

Wir wollen die „unendlichte" Wurzel daraus ziehen

$$\sqrt[\infty]{pV^\infty} = \sqrt[\infty]{\text{konstant}} = \text{konstant}'.$$

Der Strich auf der rechten Seite deutet an, dass die Größe zwar immer noch konstant ist, aber nicht die gleiche Zahl sein muss, wie vorher. Wir können die Wurzel nun zerlegen:

$$\sqrt[\infty]{p}\ \sqrt[\infty]{V^\infty} = \text{konstant}'.$$

Das wiederholte Radizieren einer beliebigen positiven endlichen Zahl führt immer näher an die Eins, so dass wir sagen, dass $\sqrt[\infty]{p} = 1$. Bei V heben sich Wurzel und Hochzahl genau auf, und wir erhalten:

$$V = \text{konstant}'.$$

Die spätere Bedeutung der polytropen Zustandsänderung erfolgt daraus, dass die Idealisierungen, die wir benutzen (z.B. dass n für einen isothermen Prozess immer exakt 1 ist) in der Realität kaum erzielbar sind, sondern dass realere Prozesse irgendwo zwischen unseren Grenzfällen anzusiedeln sind.

4. Reale Gase

O FT SIND DIE VORAUSSETZUNGEN für die Idealität eines Gases nicht erfüllt – man spricht dann von einem *realen Gas*. Obwohl die technische Bedeutung des realen Gases natürlich sehr groß ist, werden wir außerhalb dieses Kapitels stets das ideale Gas verwenden. In erster Näherung werden Ableitungen einfach nur komplizierter, wenn man Formeln für ein reales Gas verwendet, ohne dass sofort und notwendigerweise ein bedeutender Erkenntnisgewinn eintritt.

4.1. Die Van-der-Waals-Gleichung

Es gibt nicht *eine* Gleichung für reale Gase, sondern mehrere Zustandsgleichungen, je nach geforderter Genauigkeit und dem Grad an Nicht-Idealität. Eine sehr lange bekannte[I] und relativ übersichtliche Lösung des Problems stellt die *Van-der-Waals-Gleichung* dar:

$$ p = \frac{RT}{\frac{V}{n} - b} - \frac{a}{\left(\frac{V}{n}\right)^2} $$

Durch Benutzung der Definition des *molaren Volumens* ($V_m = \frac{V}{n}$) vereinfacht sich die Gleichung zu:

$$ \boxed{p = \frac{RT}{V_m - b} - \frac{a}{V_m^2}} \tag{4.1} $$

Neu sind hier nur die Parameter a und b. Schauen wir uns kurz an, was die beiden neu eingeführten Größen bewirken. Als Erstes vergleichen wir dazu den Ausdruck $p \sim \frac{RT}{V_m-b}$ mit seiner Entsprechung in der idealen Gasgleichung $p = \frac{RT}{V_m}$.[II] Das molare Volumen bedeutet, welches Volumen ein Mol des Gases unter diesen Bedingungen einnimmt. Wenn wir ein ideales Gas weiter und weiter komprimieren (V_m also verkleinern), sind dazu immer größere Drücke notwendig. Falls wir das Gas auf ein unendlich kleines Volumen komprimieren wollen, wird der notwendige Druck unendlich. Der neu eingeführte Term b sorgt nun dafür, dass dies bereits früher passiert, nämlich genau dann, wenn das molare Volumen des Gases gleich b wird: $p \sim \frac{RT}{b-b} = \frac{RT}{0} = \infty$.[III] Da unendliche Drücke nicht erreichbar sind, bedeutet dies, das wir das Gas nicht auf ein beliebig kleines Volumen komprimieren können. Damit haben wir eine Deutung von b erreicht! b ist

---

[I]   1873 durch Johannes van der Waals entwickelt.

[II]   Sie sollten in der Lage sein, zu erkennen, dass bei Benutzung des molaren Volumens die ideale Gasgleichung diese Gestalt annimmt.

[III]   Das ist natürlich mathematisch nicht exakt richtig, da eine Division durch Null nicht erlaubt ist. Korrekter müsste man sagen: $\lim_{V_m \to b} \frac{RT}{V_m-b} = \infty$, falls man von positiven Werten für V_m nähert.

© Springer Fachmedien Wiesbaden GmbH, ein Teil von Springer Nature 2018
W. Stadlmayr, *Thermodynamik – nicht nur für Nerds*,
https://doi.org/10.1007/978-3-658-23291-7_4

das *Binnenvolumen* eines Gases, also das Volumen, welches das Gas allein durch die räumliche Ausdehnung seiner Teilchen einnimmt. Beim idealen Gas nahmen wir ausdehnungslose Punkte an, während die Teilchen des realen Gases eine gewisse Größe haben. Wenn wir die realen Gasteilchen zu stark zusammendrücken, stoßen sie aneinander und lassen sich nicht weiter komprimieren.

Der Ausdruck $p \sim -\frac{a}{V_m^2}$ hat überhaupt keine Entsprechung in der idealen Gasgleichung. Schauen wir uns an, was er bewirkt. Wenn das Volumen klein wird (das Gas stark komprimiert wird), so wird der gesamte Ausdruck sehr groß, umgekehrt verschwindet er, wenn wir das Volumen sehr groß werden lassen. Außerdem wird der Term *abgezogen*, er *verkleinert* also den notwendigen Druck, um ein gewisses Volumen zu erreichen. Wir können erahnen, was a bedeutet – es entspricht einer *Wechselwirkung* zwischen den Gasteilchen.[I] Diese haben wir im idealen Fall ja vollständig vernachlässigt. Das Verhalten passt: je kleiner das molare Volumen ist, desto näher sind die einzelnen Gasteilchen aneinander und desto stärker sollten sie deshalb ihre Wechselwirkungen spüren. Die Wechselwirkung in einem Gas ist typischerweise anziehender Natur, daher *verkleinert* sich der notwendige Druck – die Gasteilchen *wollen* zueinander hin. a wird oft auch als der *Binnendruck* oder *Kohäsionsdruck* bezeichnet (a muss die Einheit eines Druckes haben). Damit haben wir die Bedeutung von a und b geklärt.

Ein guter Test für die neue Zustandgleichung ist, ob sie die alte vollständig beinhaltet. Für ein Gas, bei welchem die Teilchen sehr weit voneinander entfernt sind (geringer Druck), geht die Van-der-Waals-Gleichung tatsächlich in die ideale Gasgleichung über, da dann $V_m - b \approx V_m$ und $\frac{a}{V_m^2} \approx 0$ gilt. Wir sehen also, dass die ideale Gasgleichung als Grenzfall der Van-der-Waals-Gleichung verstanden werden kann.

Noch eine weitere interessante Eigenschaft kann man ausmachen, wenn man mehrere Van-der-Waals Isothermen zugleich aufträgt (Abbildung 4.2). Man erkennt, dass sich bei tiefen Temperaturen ein *Minimum* in der p,V-Kurve ergibt. Das ist zuerst sehr verwirrend – wir brauchen plötzlich weniger Druck, um das Volumen weiter zu komprimieren. Danach steigt aber der nötige Druck sehr steil an. Wir ahnen, was an dieser Stelle vor sich geht – das Gas verflüssigt sich hier (wir befinden uns ja bei den tiefsten Temperaturen). Das erklärt auch den plötzlichen steilen Anstieg – Flüssigkeiten sind typischerweise sehr inkompressibel. Tatsächlich werden die Isothermen in diesem Gebiet, in welchem das Fluid zweiphasig ist, zu Waagerechten – eine weitere Erniedrigung des Volumens hat dann keine Änderung des Druckes zur Folge, sondern ändert statt dessen das Zusammensetzungsverhältnis zwischen Flüssigkeits- und Gasphase. Diese Ersetzung, welche in vielen Diagrammen gemacht wird, folgt aber nicht aus der Van-der-Waals-Theorie. Es gibt natürlich weiters eine Isotherme, bei der die Kurve *gerade noch nicht* nach unten geht, sondern wo die Kurve waagerecht wird – dieser Punkt zeigt den *kritischen Punkt* an.[II]

Die beiden Van-der-Waals Parameter ermöglichen auch einen schnellen Zugang zu relevanten Größen für eine isenthalpe Expansion: den Joule-Thomson-Koeffizient μ_{JT} (nicht zu verwechseln mit dem chemischen Potential, daher werde ich in diesem Buch stets das Subskript JT benutzen) und die Inversionstemperatur T_I. Bei einer isenthalpen Expansion wird ein Gas durch eine

---

[I]   Im allgemeinen Fall wollen wir die Wechselwirkung zwischen zwei Teilchen als anziehend annehmen.
[II]   Zum kritischen Punkt siehe Seite 118

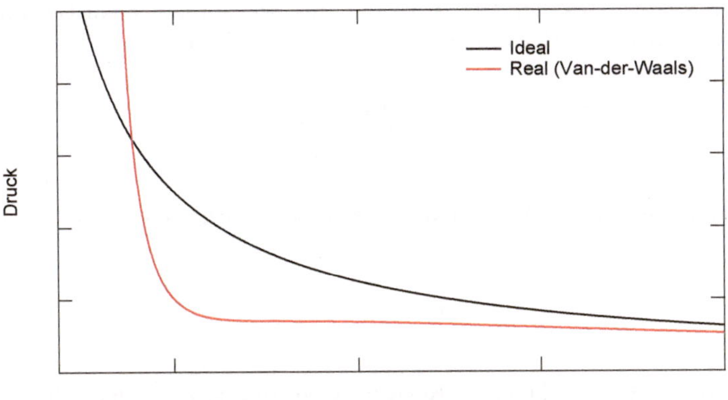

Abb. 4.1.: Vergleich eines idealen Gases mit einem realen (berechnet mit der Van-der-Waals Gleichung). Man sieht einige wichtige Eigenschaften: (a) für große molare Volumen (kleine Drücke) nähern sich beide aneinander an (i.e. ein sehr verdünntes reales Gas verhält sich annähernd ideal) (b) in einem Zwischenbereich ist der „Van-der-Waals-Druck" stets geringer als der ideale, weil es anziehende Wechselwirkungen gibt (der a-Term) (c) bei sehr geringen molaren Volumina (sehr hohe Drücke) „überholt" das Van-der-Waals-Gas das ideale, weil das Volumen der Gasteilchen nicht mehr vernachlässigt werden kann. Der notwendige Druck zur Kompression steigt dann sehr schnell an.

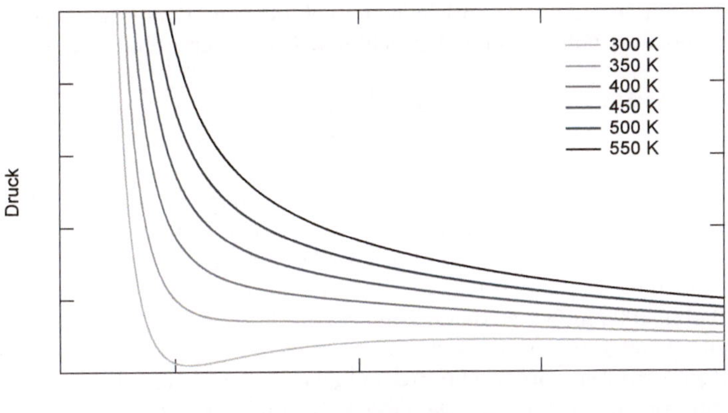

Abb. 4.2.: Mehrere Van-der-Waals Isothermen bei verschiedenen Temperaturen. Bei der tiefsten ist ein deutlich ausgeprägtes Minimum zu sehen, hier liegt eine Flüssigkeit vor.

Drossel geleitet, dabei ist der Druck vor der Drossel hoch und hinter der Drossel niedrig. Der
Joule-Thomson-Koeffizient sagt nun etwas darüber aus, wie stark sich ein Gas abkühlt, wenn
man seinen Druck durch solch einen isenthalpen Prozess verändert:

$$\mu_{\mathrm{JT}} = \left(\frac{dT}{dp} \right)_H .$$

Er lässt sich anhand der Van-der-Waals-Parameter a und b leicht berechnen:

$$\mu_{\mathrm{JT}} = \frac{\frac{2a}{RT} - b}{C_p} .$$

Für reale Gase kann der Joule-Thomson-Koeffizient positiv, negativ oder null sein, das hängt
von den genauen Wechselwirkungen im Gas ab. Ein reales Gas kann sich also bei Drosselung
abkühlen (das ist das erwartete Verhalten), aber auch erwärmen.

Die zweite wichtige Größe ist die *Inversionstemperatur*. Sie ist jene Temperatur, bei welcher
der Joule-Thomson-Koeffizient gerade Null wird – *unterhalb* von T_I *kühlt* sich ein reales Gas bei
isenthalper Expansion ab, *oberhalb* von T_I *erwärmt* sich ein reales Gas bei isenthalper Expansion.
Auch T_I kann leicht berechnet werden[I]:

$$T_I = \frac{2}{R} \frac{a}{b} .$$

Im Zusammenhang mit realen Gasen spricht man auch oft vom *Kompressionsfaktor Z* – er ist
der Quotient des molaren Volumens des betrachteten Gases durch das molare Volumen eines
idealen Gases:

$$Z = \frac{V_m}{V_{m,\mathrm{ideal}}} .$$

Halten Sie den Kompressionsfaktor im Hinterkopf, den werden wir später wieder nutzen. Die
Tatsache, dass ein reales Gas bei isenthalper Entspannung seine Temperatur ändert, wird *Joule-
Thomson-Effekt* genannt und ist von großem technischen Interesse und Nutzen. So beruht zum
Beispiel die Verflüssigung von Gasen (Lindeverfahren) auf diesem Effekt. Heike Kammerlingh
Onnes hat am 10. Juli 1908 in Leiden damit zum ersten Mal Helium verflüssigt und die Tür zur
Tieftemperaturphysik aufgestossen, wofür er später mit dem Nobelpreis ausgezeichnet wurde[II].
Dabei ging er folgendermaßen vor: Er startete, ausgehend von Stickstoff (N_2), welches eine In-
versionstemperatur von circa 620 K hat. Da diese bei Raumtemperatur unterschritten ist, kann
Stickstoff durch isenthalpe Expansion weiter gekühlt werden und zwar so lange, bis er verflüssigt.

[I]   Und zwar in dem man in die Gleichung für $\mu_{\mathrm{JT}} = 0$ und die Inversionstemperatur T_I einsetzt und nach T_I
       auflöst.

[II]   Verliehen „*aus Anlass seiner Untersuchungen über die Eigenschaften von Körpern bei niedrigen Temperatu-
       ren, die unter anderem zur Darstellung von flüssigem Helium führten*".

Dies geschieht bei 77 K. Nun liegt zum Beispiel die Inversionstemperatur von Wasserstoff bei circa 190 K. Das bedeutet, Wasserstoff kann *nicht* unter Ausnutzung des Joule-Thomson-Effektes von Raumtemperatur abgekühlt werden, weil es sich bei isenthalper Expansion erwärmen würde. Nun benutzte allerdings Onnes den erzeugten flüssigen Stickstoff, um den Wasserstoff zu kühlen. Da die Temperatur des flüssigen Stickstoffes mit 77 K unterhalb der Inversionstemperatur von flüssigem Wasserstoff liegt, kann dieser unter seine Inversionstemperatur gekühlt und nun wie vorher der Stickstoff durch Expansion weiter abgekühlt werden. Bei 21 K verflüssigt schließlich der Wasserstoff. Helium, als Edelgas, hat eine besonders niedrige Siedetemperatur (da die Teilchen ja praktisch keine Wechselwirkung untereinander spüren) von 4 K. Seine Inversionstemperatur beträgt circa 40 K. Also kann Helium wiederum mit dem flüssigen Wasserstoff bis unter seine Inversionstemperatur gekühlt werden. Danach lässt man das Helium wieder isenthalp expandieren und kann damit Helium bis zu seiner Verflüssigung bei 4 K bringen. Die Bedeutung der Möglichkeit der Herstellung solcher extremer Temperaturen kann kaum überschätzt werden – zahlreiche neue Phänomene wie Suprafluidität und Supraleitung (ebenfalls durch Onnes entdeckt, am 8. April 1911, an Quecksilber) hätten ohne sie niemals gefunden und genutzt werden können. Man mag die Wichtigkeit unter anderem daran ersehen, dass zur Einleitung der Kühlung des LHC[I] am CERN[II] 100 Tonnen flüssiges Helium notwendig sind. Auch wird der Effekt, dass suprafluide Substanzen an Hindernissen „*hinauffließen*" als *Onnes-Effekt* bezeichnet.

4.2. Der Virialansatz

Es existieren weitere Ansätze, von denen ein besonderer nun skizziert werden soll: der *Virialansatz*. Er geht von der idealen Gasgleichung $pV = nRT$ und der Beobachtung aus, dass das Ergebnis für reale Fälle vom Druck abhängig ist: pV ist dann nicht mehr eine Konstante, sondern selber eine Funktion von p. Hier wählt man einen sehr formal-mathematischen Ansatz. Man weiß, dass man durch ein Polynom von genügend hohem Grad jede Kurve beliebig genau approximieren kann.[III] Daher entwickelt man einfach ein Polynom:

$$pV = nA + nBp + nCp^2 + nDp^3 + nEp^4 + \dots$$

 Solche Reihenentwicklungen kann man in der Physik typischerweise irgendwann abbrechen, ohne allzu viel an Genauigkeit zu verlieren. Brechen wir sofort nach dem ersten Glied ab, so erhalten wir

$$pV = nA.$$

Damit wissen wir, was A ist: $A = RT$. Die anderen Größen B, C, D, und so weiter nennt man *Virialkoeffizienten*.[IV] Man kann sie nicht mit einfachen Theorien berechnen, sondern muss sie experimentell bestimmen.

[I] Large Hadron Collider
[II] Conseil Européen pour la Recherche Nucléaire
[III] Ein Beispiel dafür siehe im Appendix auf Seite 408.
[IV] *RT* ist der so genannte *erste Virialkoeffizient*.

Übung: Reale Gase (Übung 9 auf Seite 278)

4.3. Kritische Größen

Wir wollen uns nun eindringlicher mit realen Gasen befassen. Dazu erinnern wir uns als aller erstes an die *Van-der-Waals-Gleichung*:

$$p = \frac{RT}{V_m - b} - \frac{a}{V_m^2}. \tag{4.2}$$

Außerdem erinnern wir uns daran, dass wir verschiedene Van-der-Waals-Isothermen für verschiedene Temperaturen verglichen haben – siehe Abbildung 4.2. Damals haben wir bemerkt, dass manche Kurven ein Minimum aufweisen, andere nicht. Es gibt genau eine Kurve, die gerade waagerecht wird, dies passiert genau bei der kritischen Temperatur. Damit haben wir aber eine Möglichkeit, die ganzen kritischen Größen (kritische Temperatur $T_{\text{krit.}}$, kritischer Druck $p_{\text{krit.}}$ und kritisches Volumen $V_{\text{krit.}}$) als Funktion der beiden (stoffspezifischen) Größen a und b auszudrücken. Denn wenn eine Kurve genau so ein Verhalten zeigt, wie die Isotherme bei der kritischen Temperatur, dann ist ihre erste und zweite Ableitung Null. Die gezeichnete Kurve ist ja eine $p(V_m)$-Kurve, daher muss also gelten:

$$\frac{dp}{dV_m} = 0$$

und

$$\frac{d^2 p}{dV_m^2} = 0.$$

Leiten wir unsere Gleichung also nach V_m ab.

$$\frac{dp}{dV_m} = d\left(\frac{RT}{V_m - b} - \frac{a}{V_m^2}\right)\frac{1}{dV_m} = d\left(\frac{RT}{V_m - b}\right)\frac{1}{dV_m} - d\left(\frac{a}{V_m^2}\right)\frac{1}{dV_m}.$$

Wie bei unseren zahlreichen Integrationen und Differentiationen üblich, ziehen wir alles heraus, was nicht von V_m abhängt, um uns die Rechnung zu erleichtern:

$$\frac{dp}{dV_m} = RT \cdot d\left(\frac{1}{V_m - b}\right)\frac{1}{dV_m} - a \cdot d\left(\frac{1}{V_m^2}\right)\frac{1}{dV_m}.$$

Wir benutzen die Tatsache, dass $\frac{1}{x^n} = x^{-n}$ und legen los:

$$\frac{dp}{dV_m} = RT \cdot \left(\frac{d\left(V_m - b\right)^{-1}}{dV_m} \right) - a \cdot \left(\frac{dV_m^{-2}}{dV_m} \right) = RT \cdot \left((-1) \cdot (V_m - b)^{-2} \right) - a \cdot \left((-2) \cdot V_m^{-3} \right).$$

Damit haben wir die erste Ableitung generiert:

$$\frac{dp}{dV_m} = -\frac{RT}{(V_m - b)^2} + \frac{2a}{V_m^3}.$$

Die zweite Ableitung funktioniert völlig analog, daher werde ich sie hier nicht en détail nachvollziehen, sondern gebe Ihnen direkt das Ergebnis:

$$\frac{d^2 p}{dV_m^2} = +\frac{2RT}{(V_m - b)^3} - \frac{6a}{V_m^4}$$

Diese beiden Gleichungen werden am kritischen Punkt 0, das bedeutet, die jeweils vorkommenden Größen sind kritische Größen. Damit sehen unsere Gleichungen so aus:

$$0 = -\frac{RT_{\text{krit.}}}{(V_{m,\text{krit.}} - b)^2} + \frac{2a}{V_{m,\text{krit.}}^3}$$

$$0 = +\frac{2RT_{\text{krit.}}}{(V_{m,\text{krit.}} - b)^3} - \frac{6a}{V_{m,\text{krit.}}^4}.$$

Wir suchen nun also nach einer Möglichkeit, die kritischen Parameter aus den Gleichungen freizustellen. Beginnen wir mit dem kritischen Volumen. Es gibt nun sicher zahllose trickreiche Verfahren, um mathematisch genau dies zu erreichen – ein elegantes ist das Folgende: Wir schreiben nur beide Gleichungen ein wenig um:

$$\text{Gleichung I:} \; +\frac{RT_{\text{krit.}}}{(V_{m,\text{krit.}} - b)^2} = +\frac{2a}{V_{m,\text{krit.}}^3}$$

$$\text{Gleichung II:} \; +\frac{2RT_{\text{krit.}}}{(V_{m,\text{krit.}} - b)^3} = +\frac{6a}{V_{m,\text{krit.}}^4}.$$

Nun darf man ja bekanntermaßen Gleichungen durch einander dividieren, in dem man jeweils ihre beiden Seiten durch einander dividiert. Genau dies wollen wir machen:

$$\frac{\text{Gleichung I}}{\text{Gleichung II}} = \frac{\dfrac{RT}{\left(V_{m,\text{krit.}}-b\right)^2}}{\dfrac{2RT}{\left(V_{m,\text{krit.}}-b\right)^3}} = \frac{\dfrac{2a}{V_{m,\text{krit.}}^3}}{\dfrac{6a}{V_{m,\text{krit.}}^4}}.$$

Wir lösen das Bruch-Ungetüm schnell zu

$$\frac{V_{m,\text{krit.}} - b}{2} = \frac{1}{3}V_{m,\text{krit.}}$$

auf, was wir zum schönen Ergebnis

$$\boxed{V_{m,\text{krit.}} = 3b} \tag{4.3}$$

umformen. Jetzt geht alles ganz schnell – wir setzen dieses Ergebnis wieder in Gleichung I ein und lösen nach $T_{\text{krit.}}$ auf:

$$\frac{RT_{\text{krit.}}}{(3b - b)^2} = \frac{2a}{(3b)^3}$$

$$\frac{RT_{\text{krit.}}}{4b^2} = \frac{2a}{27b^3}$$

$$\boxed{T_{\text{krit.}} = \frac{8a}{27b}\frac{1}{R}} \tag{4.4}$$

Fehlt nur noch der kritische Druck: Wir setzen hierzu beide Ergebnisse in die Van-der-Waals-Gleichung (Gleichung 4.2) ein:

$$p_{\text{krit.}} = \frac{RT_{\text{krit.}}}{V_{m,\text{krit.}} - b} - \frac{a}{V_{m,\text{krit.}}^2} = \frac{\frac{8a}{27b}}{2b} - \frac{a}{9b^2} = \frac{8a}{54b^2} - \frac{a}{9b^2}$$

Das letzte Ergebnis multiplizieren wir aus und landen bei einer Formel für den kritischen Druck:

$$\boxed{p_{\text{krit}} = \frac{a}{27b^2}} \tag{4.5}$$

Damit haben wir die drei Größen kritischer Druck, kritische Temperatur und kritisches Volumen auf die beiden Parameter Binnendruck (a) und Binnenvolumen (b) zurückgeführt. Natürlich können wir das Ganze nun auch umdrehen und a und b durch die kritischen Größen ausdrücken – aus Zeitgründen sparen wir uns die Ableitung, die keine neue Erkenntnis bringt, und glauben, dass:

$$a = \frac{27\,(RT_{\text{krit.}})^2}{64 p_{\text{krit.}}} \tag{4.6}$$

$$b = \frac{RT_{\text{krit.}}}{8 p_{\text{krit.}}} \tag{4.7}$$

Wenn wir schon dabei sind, Sie erinnern sich vielleicht noch an den Kompressionsfaktor Z – dieser war definiert als das molare Volumen eines Gases durch das molare Volumen, welches dieses Gas hätte, wenn es ein ideales wäre:

$$Z = \frac{V_m}{V_{m,\text{ideal}}}.$$

Da man $V_{m,\text{ideal}}$ über die ideale Gasgleichung mit $\frac{RT}{p}$ ersetzen kann, kann man die Gleichung auch zu

$$Z = \frac{pV_m}{RT}$$

erweitern. Nun gibt es natürlich auch am kritischen Punkt einen Kompressionsfaktor, diesen nennt man – nicht ganz überraschend – den kritischen Kompressionsfaktor $Z_{\text{krit.}}$:

$$Z_{\text{krit.}} = \frac{p_{\text{krit.}} V_{m,\text{krit.}}}{RT_{\text{krit.}}}.$$

Da wir nun alle in der Gleichung vorkommenden Größen durch a und b ausgedrückt haben, sind wir natürlich gespannt, was passiert, wenn wir genau diese Terme einsetzen. Also legen wir los:

$$Z_{\text{krit.}} = \frac{p_{\text{krit.}} V_{m,\text{krit.}}}{RT_{\text{krit.}}} = \frac{\frac{a}{27b^2}\,3b}{R\frac{8a}{27b}\frac{1}{R}} = \frac{\frac{3a}{27b}}{\frac{8a}{27b}} = \frac{3}{8} = 0,375.$$

Das ist doch interessant! Da nun eine Konstante herauskommt, sagen wir ja voraus, dass alle Gase (die sich mit der Van-der-Waals-Gleichung beschreiben lassen) am kritischen Punkt den gleichen Kompressionsfaktor haben müssen. Diese Aussage lässt sich experimentell leicht überprüfen – schauen wir uns ein paar $Z_{\text{krit.}}$-Werte an: Sie finden sie in Tabelle 4.1.

Tab. 4.1.: $Z_{\text{krit.}}$-Werte für ausgewählte Gase

Gas	$Z_{\text{krit.}}$
Ar	$0,292$
CH_4	$0,288$
Cl_2	$0,276$
CO_2	$0,274$
H_2	$0,305$
H_2O	$0,227$
He	$0,305$
N_2	$0,292$
O_2	$0,308$

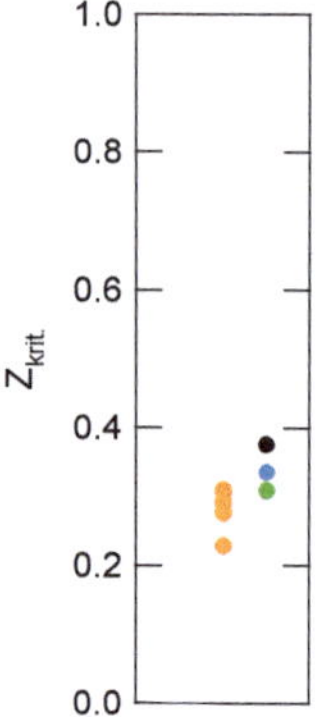

Abb. 4.3.: Grafische Verteilung der $Z_{\text{krit.}}$-Werte aus Tabelle 4.1. Der mittels der Van-der-Waals-Gleichung berechnete Wert von $0,375$ ist schwarz dargestellt. Außerdem finden Sie die vorhergesagten $Z_{\text{krit.}}$-Werte der Redlich-Kwong-Zustandsgleichung und der Soave-Redlich-Kwong-Zustandsgleichung ($0,33$; siehe die Abschnitte 4.5 und 4.6) in blau und den der Peng-Robinson-Zustandsgleichung ($0,307$; siehe Abschnitt 4.7) in grün.

Das Ergebnis unserer Untersuchung ist nicht Fisch und nicht Fleisch – einerseits sind wir mit unseren gemessenen Werten für $Z_{\text{krit.}}$ nicht unbedingt in der Nähe des Wertes $0,375$. Andererseits haben praktisch alle Gase sehr nahe beieinanderliegende $Z_{\text{krit.}}$-Werte, wie man in Abbildung 4.3 schön sehen kann.[I] Das weist darauf hin, dass unsere Theorie einen stimmigen Kern hat. Wir nehmen also an, dass unser Schluss qualitativ korrekt ist, dass aber, um die realen Gegebenheiten auch quantitativ korrekt wieder zu geben, immer noch zu viele Näherungen verwendet werden.[II]

4.4. Das Prinzip der korrespondierenden Zustände

Genau die Suche nach dem Allgemeinen im Speziellen, die wir im letzten Abschnitt begannen, werden wir in diesem fortsetzen. Betrachten wir als aller erstes Abbildung 4.4(a) – dort sind Isothermen verschiedener Gase bei 300 K aufgetragen. Wie zu erwarten, nähern sich bei hohem molaren Volumen (i.e. niedrigem Druck) alle Kurven der idealen Kurve an. Bei hohen Drücken gibt es allerdings teilweise erhebliche Unterschiede. Wir erwarten daher auch Unterschiede im Verhalten bezüglich des Kompressionsfaktors. Ein Blick auf Abbildung 4.4(b) – dort ist der Kompressionsfaktor der Gase als Funktion des Druckes aufgetragen – bestätigt genau diese Vermutung. Wir sehen sehr viele verschiedene Verläufe und würden erst einmal nicht denken, dass diesen allen etwas gemeinsames Zugrunde liegt. Hier kommt uns wieder einmal der gute Van der Waals zu Hilfe. Er brachte die Idee der *reduzierten Variablen* ins Spiel. Das bedeutet, dass wir für jedes Gas einen charakteristischen Druck, eine charakteristische Temperatur und ein charakteristisches Volumen suchen und die aktuell vorliegenden Variablen auf diese beziehen. Bemerken Sie an dieser Stelle die Ähnlichkeit dazu, dass wir oftmals eine charakteristische Energie durch RT teilen (dieser Gedanke wird auf Seite 236 noch einmal aufgegriffen werden). Dabei bilden wir auch einen Quotienten aus einer charakteristischen Größe (zum Beispiel der Gibbs-Energie oder der Aktivierungsenergie) und der momentan vorliegenden Energie (in diesem Fall der thermischen Energie), wenngleich bei $\frac{\Delta G^\circ}{RT}$ der Bruch *„umgekehrt"* (charakteristische Größe durch aktuelle Größe) ist.[III] Nun stellt sich also die Frage, welche Parameter wir als Bezugspunkte nehmen sollten – da wir gerade sehr viel Aufwand betrieben haben, um die kritischen Variablen zu berechnen, vermuten Sie wahrscheinlich bereits, dass genau die kritischen Variablen die Antwort auf diese Frage sind. Wir definieren also

$$\boxed{p_r = \frac{p}{p_{\text{krit.}}}} \tag{4.8}$$

[I]   Der krasseste Ausreißer ist Wasser, aber wir haben schon früher festgestellt, dass Wasser oft ein Sonderfall ist.

[II]   Sie sollten aber nicht allzu enttäuscht über dieses Ergebnis sein – freuen Sie sich auf Seite 146: Dort werden wir sehen, dass Paul Drudes Ableitung der Lorenzzahl numerisch eigentlich ziemlich fragwürdig ist, dass aber alleine die Tatsache, dass viele Stoffe das gleiche Verhalten zeigen, ein starker Hinweis auf eine grundlegende theoretische Gemeinsamkeit ist. Unser Ergebnis hier soll uns eher ermutigen, unsere – prinzipiell offenbar funktionierende – Theorie des realen Gases weiter zu verfeinern und zu perfektionieren.

[III]   Sie sehen natürlich, dass dies vollkommen arbiträr ist – wir hätten sicher auch eine Thermodynamik mit dem Term $\frac{RT}{\Delta G^\circ}$ begründen können.

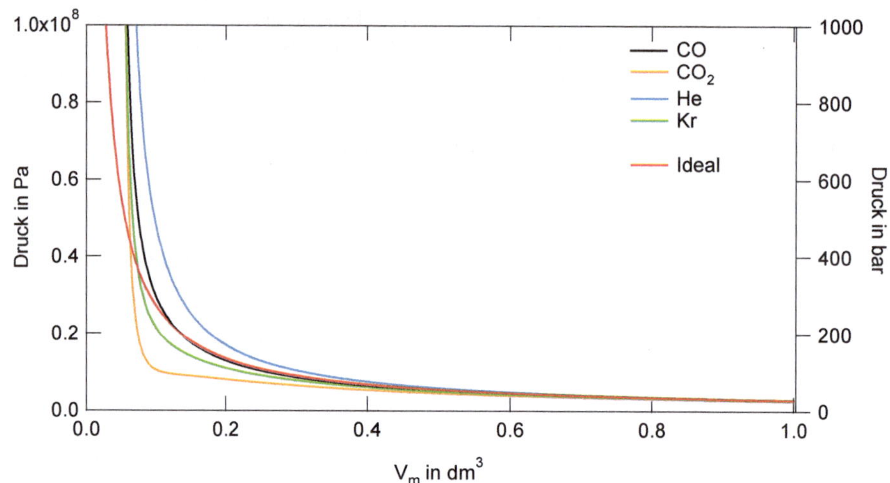

(a) Isothermen verschiedener Gase bei 300 K.

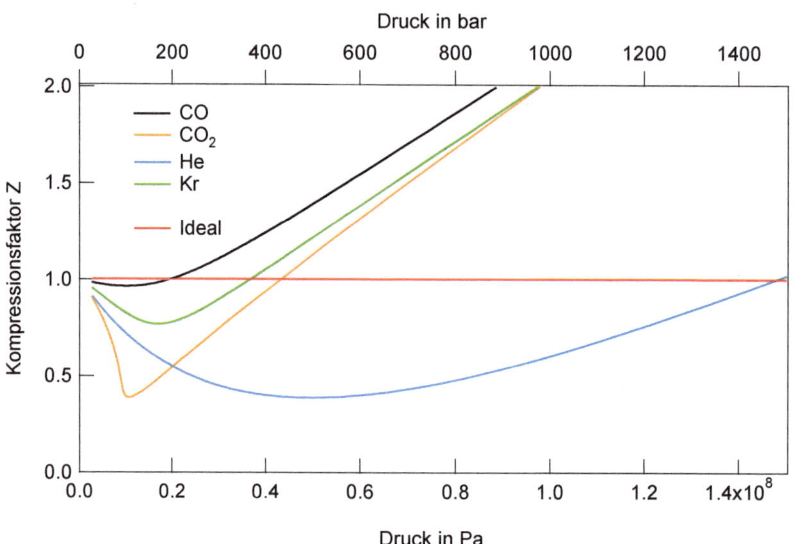

(b) Kompressionsfaktor verschiedener Gase bei 300 K.

Abb. 4.4.: Vergleich einiger Gase.

$$V_r = \frac{V}{V_{\text{krit.}}} \qquad\qquad (4.9)$$

$$T_r = \frac{T}{T_{\text{krit.}}} \qquad\qquad (4.10)$$

und nennen diese Größen *reduzierte Größen*. Van der Waals erwartete, dass sich alle Gase gleich verhalten, wenn man bei Vergleichen nicht Druck, Volumen und Temperatur heranzieht, sondern reduzierten Druck, reduziertes Volumen und reduzierte Temperatur. Schauen wir nach, ob das stimmt. Als Erstes beziehen wir die kritischen Daten für unsere Stoffe aus einem Tabellenwerk wie dem CRC Handbook[15]:

Stoff	$p_{\text{krit.}}$ Pa	$V_{\text{m,krit.}}$ m^3/mol	$T_{\text{krit.}}$ K
CO	$3,494 \cdot 10^6$	$9,30 \cdot 10^{-5}$	$132,9$
CO_2	$7,381 \cdot 10^6$	$9,40 \cdot 10^{-5}$	$304,2$
He	$2,290 \cdot 10^5$	$5,78 \cdot 10^{-5}$	$5,2$
Kr	$5,525 \cdot 10^6$	$9,22 \cdot 10^{-5}$	$209,4$

Als erstes sehen wir, dass es keinen Sinn macht, die Kurven aus den Abbildungen 4.4(a) und 4.4(b) zu vergleichen – sie sind zwar bei der gleichen Temperatur aufgenommen, aber nicht bei der gleichen *reduzierten Temperatur*. Wir beginnen also damit, uns die Kurven für die gleiche reduzierte Temperatur zu besorgen – nehmen wir dazu einfach ein T_r von $1,5$. Wir müssen also die Gase beim jeweils Eineinhalbfachen ihrer kritischen Temperatur betrachten, also bei CO bei $199,4$, bei CO_2 bei $456,3$, bei He bei $7,8$ und bei Kr bei $314,1\,$K. Die entsprechenden Kurven finden Sie in den Abbildungen 4.5(a) und 4.5(b). Beachten Sie, dass die Kurven aus einem Temperaturbereich von beinahe $500\,$K stammen. Folgen wir dem Van-der-Waals'schen Gedanken, dann sind das die Kurven, die wir miteinander vergleichen müssen. Teilen wir also noch Druck und Volumen durch die jeweilige kritische Größe, dann erhalten wir die Abbildungen 4.6(a) und 4.6(b) – und tatsächlich fallen die Kurven nun alle sehr nahe zusammen![I] Offenbar stimmt die Überlegung Van der Waals: Dieses Prinzip wird das *Prinzip der korrespondierenden Zustände* oder das *Prinzip der übereinstimmenden Zustände* genannt. Es besagt, *dass sich zwei reale Gase dann gleich verhalten, wenn ihre reduzierten Variablen gleich sind.*

Unsere gesamte Betrachtung hat sich aus der Van-der-Waals-Gleichung (Gleichung 4.2) gespeist – da Sie aber wissen, dass die Van-der-Waals-Gleichung nur näherungsweise gilt (sonst bräuchte man ja die anderen Zustandsgleichungen für reale Gase nicht mehr), werden Sie vermuten, dass auch das Prinzip der korrespondierenden Zustände nur eine Näherung ist. Das ist natürlich so. Vor allem bei Teilchen, die eine nicht-sphärische Struktur oder ein hohes Dipolmoment aufweisen, versagt das Prinzip. Auch die Anwesenheit von Wasserstoffbrückenbindungen (hohes Dipolmoment) ist ein Problem.

[I] Die reduzierten Größen auf den Achsen sind nun natürlich dimensionslos.

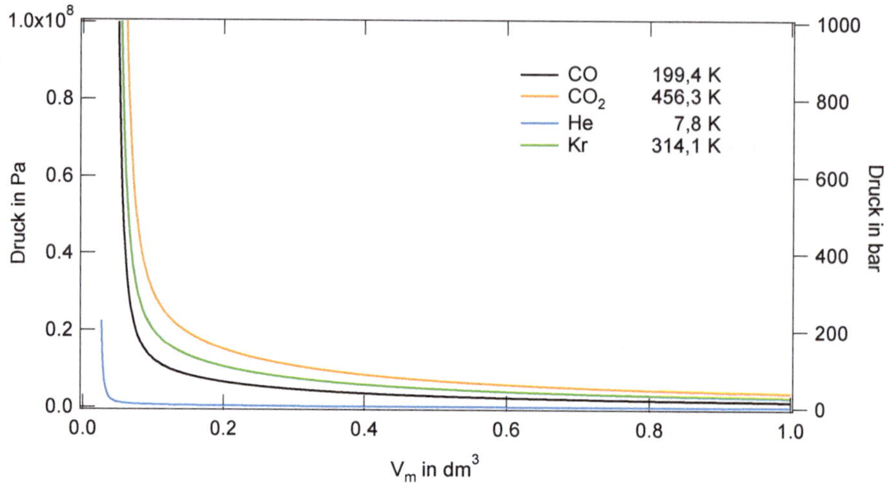

(a) Isothermen verschiedener Gase bei $T_r = 1,5$.

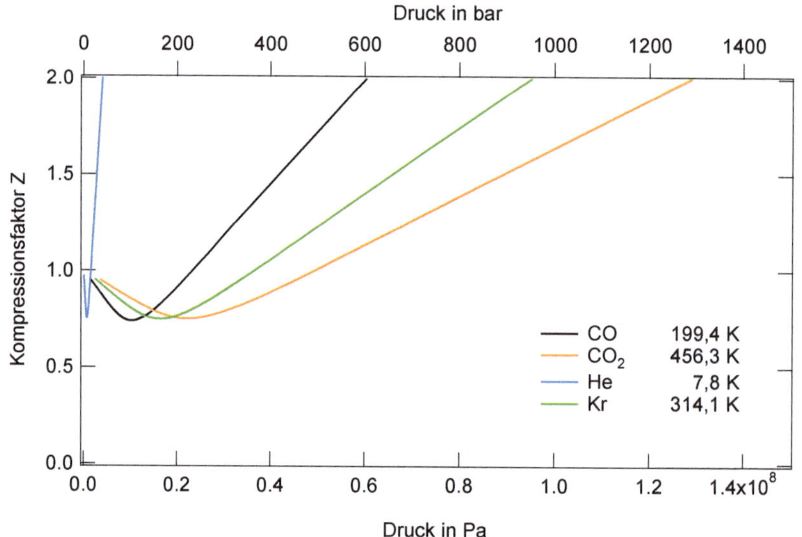

(b) Kompressionsfaktor verschiedener Gase bei $T_r = 1,5$.

Abb. 4.5.: Vergleich einiger Gase bei gleicher reduzierter Temperatur.

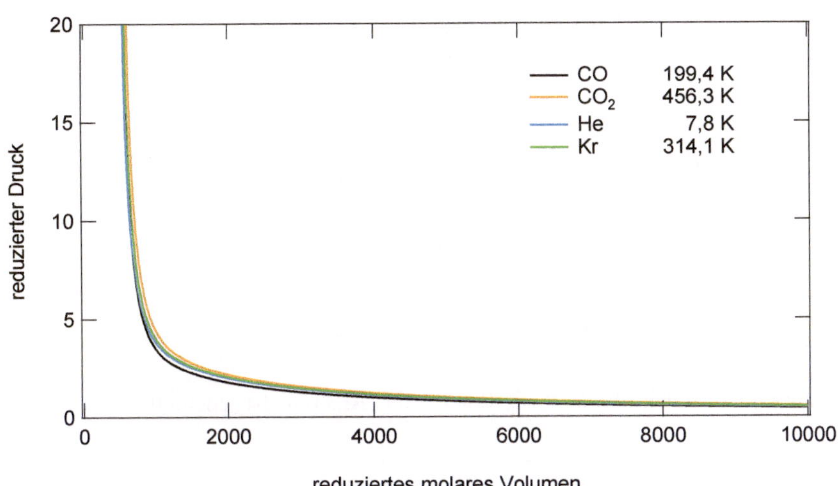

(a) Reduzierte Isothermen verschiedener Gase bei $T_r = 1,5$

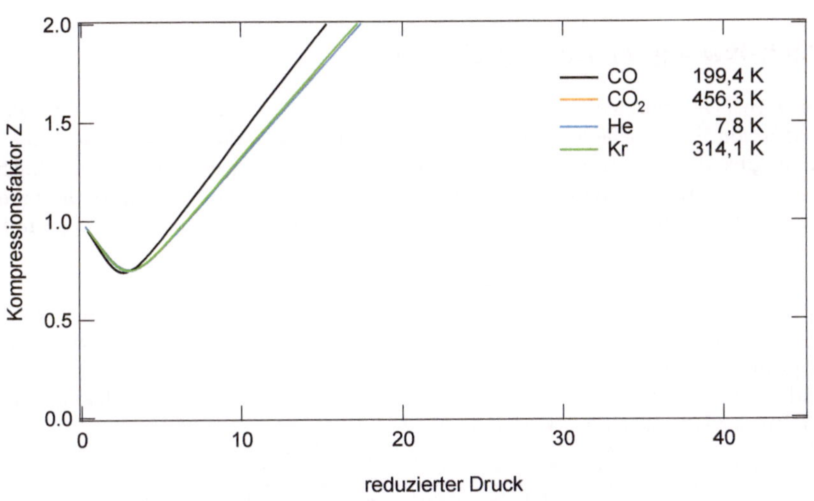

(b) Kompressionsfaktor verschiedener Gase bei $T_r = 1,5$

Abb. 4.6.: Vergleich einiger Gase unter Verwendung reduzierter Größen

Über die Gleichungen 4.8, 4.9 und 4.10 können wir nun eine reduzierte Form der Van-der-Waals-Gleichung erstellen. Dazu setzen wir einfach in die ursprüngliche Gleichung ein:

$$p = \frac{RT}{V_m - b} - \frac{a}{V_m^2}$$

$$p_r \cdot p_{\text{krit.}} = \frac{R \cdot T_r \cdot T_{\text{krit.}}}{(V_{m,r} \cdot V_{m,\text{krit.}}) - b} - \frac{a}{(V_{m,r} \cdot V_{m,\text{krit.}})^2}$$

Die Ausdrücke für $p_{\text{krit.}}$, $V_{m,\text{krit.}}$ und $T_{\text{krit.}}$ können wir wiederum den Gleichungen 4.5, 4.3 und 4.4 entnehmen:

$$p_r \cdot \frac{a}{27b^2} = \frac{R \cdot T_r \cdot \frac{8a}{27b}\frac{1}{R}}{(V_{m,r} \cdot 3b) - b} - \frac{a}{(V_{m,r} \cdot 3b)^2}$$

Diese Gleichung umzustellen überlasse ich Ihnen – das Ergebnis ist jedenfalls:

$$\boxed{p_r = \frac{8T_r}{(3V_{m,r} - 1)} - \frac{3}{V_{m,r}^2}} \tag{4.11}$$

und wird *reduzierte Van-der-Waals-Gleichung* genannt.

4.5. Redlich-Kwong-Zustandsgleichung

Es existieren natürlich zahlreiche weiter Zustandsgleichungen für reale Gase, wir werden uns kurz mit einigen von ihnen befassen. Es ist wichtig, zu verstehen, dass es nicht „*die eine*" Zustandsgleichung gibt, die allen Anforderungen genügt, sondern dass jede ihre Vor- und Nachteile hat. Die drei betrachteten Zustandsgleichungen sind im Wesentlichen alle empirisch gefunden, daher werden wir keine Herleitung vollziehen können und uns auch nicht allzu lange mit den genauen Eigenschaften der Gleichungen befassen.

Beginnen wir mit der Redlich-Kwong-Zustandsgleichung (Gleichung 4.12). Sie wurde von Otto Redlich und Joseph Kwong für Shell entwickelt. Die Parameter a und b werden typischerweise ohne Subskript angegeben, sind aber *nicht* dieselben wie für die Van-der-Waals-Gleichung. Aus diesem Grund, und weil noch zwei weitere a, b-Sätze folgen, habe ich sie mit einem Subskript mit den Initialen der Entwickler der Gleichung versehen.

$$\boxed{p = \frac{RT}{V_m - b_{RK}} - \frac{a_{RK}}{\sqrt{T}V_m\left(V_m + b_{RK}\right)}} \tag{4.12}$$

Sie sehen, dass der erste Term mit der Van-der-Waals-Gleichung ident ist und dass sich alle Neuerung auf den Wechselwirkungsterm zwischen den Teilchen beschränkt. Dieser hängt nun von der Temperatur ab. Redlich und Kwong wählten die Temperaturabhängigkeit so, dass bei den Gasen, mit welchen sie arbeiteten[I], die beste Übereinstimmung mit dem Experiment herauskam. Die Redlich-Kwong-Zustandsgleichung liefert gute Ergebnisse, solange folgende Ungleichung gilt:

$$\frac{p}{p_{\text{krit.}}} < \frac{1}{2}\frac{T}{T_{\text{krit.}}}$$

Genau wie bei der Van-der-Waals-Gleichung können die Werte von a und b aus den kritischen Variablen abgeleitet werden.[II] Wir sparen uns an dieser Stelle die Ableitung und halten nur fest, dass:

$$\boxed{a_{RK} = 0,42748\frac{R^2 T_{\text{krit.}}^{2,5}}{p_{\text{krit.}}}} \tag{4.13}$$

$$\boxed{b_{RK} = 0,08664\frac{R T_{\text{krit.}}}{p_{\text{krit.}}}} \tag{4.14}$$

Die Redlich-Kwong-Zustandsgleichung sagt weiter einen kritischen Kompressionsfaktor $Z_{\text{krit.}}$ von $\frac{1}{3} = 0,33$ voraus. Wenn Sie an die Tabelle 4.1 denken, stellen Sie fest, dass dies eine bessere Übereinstimmung mit den gemessenen Ergebnissen gibt, als die Van-der-Waals-Gleichung mit ihrem Wert 0.375 liefert.

4.6. Soave-Redlich-Kwong-Zustandsgleichung

Im Gegensatz zur vergleichsweise wenig bedeutenden Verbesserung der Van-der-Waals-Gleichung durch die Redlich-Kwong-Gleichung, wurde mit der Soave-Redlich-Kwong-Zustandsgleichung eine starke Erweiterung erreicht.

$$\boxed{p = \frac{RT}{V_m - b_{SRK}} - \frac{a_{SRK}\alpha_{SRK}}{V_m\left(V_m + b_{SRK}\right)}} \tag{4.15}$$

Giorgio Soave hat den empirisch gefundenen $\sqrt{T}$-Zusammenhang durch eine Funktion ersetzt, welche molekulare Parameter berücksichtigt. Dieser *Korrespondenzparameter* α hängt über die Funktion

$$\alpha_{SRK} = \left(1 + \left(0,48 + 1,574\omega - 0,176\omega^2\right)\left(1 - \sqrt{T_r}\right)\right)^2$$

[I] Typischerweise wenig polare Stoffe.

[II] Wie vorher müssen dafür die erste ud zweite Ableitung Null gesetzt werden.

von der Temperatur und der Variablen ω ab. ω ist der sogenannte *Azentritätsfaktor* und berücksichtigt Abweichungen von der Kugelform. Für Moleküle mit (annähernd) Kugelform geht ω gegen Null. Die Parameter können – wie nun schon mehrmals geschehen – durch die kritischen Größen ausgedrückt werden:

$$a_{SRK} = 0,42748 \frac{R^2 T_{\text{krit.}}^2}{p_{\text{krit.}}} = a_{RK} \cdot T_{\text{krit.}}^{-0.5} = a_{RK} \cdot \frac{1}{\sqrt{T_{\text{krit.}}}} \tag{4.16}$$

$$b_{SRK} = 0,08664 \frac{R T_{\text{krit.}}}{p_{\text{krit.}}} = b_{RK} \tag{4.17}$$

4.7. Peng-Robinson-Zustandsgleichung

Auf die Soave-Redlich-Kwong-Zustandsgleichung 1972 folgte die Peng-Robinson-Zustandsgleichung bereits 1976 nach. Sie ist von ihrer prinzipiellen Form sehr ähnlich:

$$p = \frac{RT}{V_m - b_{PR}} - \frac{a_{PR} \alpha_{PR}}{V_m^2 + 2 V_m b_{PR} - b_{PR}^2} \cdot \tag{4.18}$$

Dabei ist α_{PR}:

$$\alpha_{PR} = \left(1 + \left(0,37464 + 1,54226\omega - 0,26992\omega^2\right)\left(1 - \sqrt{T_r}\right)\right)^2 .$$

Ebenso wie die Soave-Redlich-Kwong-Zustandsgleichung kann mithilfe der Peng-Robinson-Zustandsgleichung der gasförmige und der flüssige Zustand beschrieben werden.

$$a_{PR} = 0,457235 \frac{R^2 T_{\text{krit.}}^2}{p_{\text{krit.}}} \tag{4.19}$$

$$b_{PR} = 0,077796 \frac{R T_{\text{krit.}}}{p_{\text{krit.}}} \tag{4.20}$$

Dass die Weiterentwicklung solcher Zustandsgleichungen irgendwann eine mühsame und nur noch technisch, aber nicht mehr didaktisch relevante Sache wird, sehen Sie, wenn Sie sich die Abbildung 4.7 zu Gemüte führen. Sie sehen dort einmal die Abhängigkeit von α von ω bei fixem T_r (Abbildung 4.7(a)) und einmal die Abhängigkeit von α von T_r bei fixem ω (Abbildung 4.7(b)). Beide Funktionen haben zwar leicht unterschiedliche Werte – ein echter qualitativer Unterschied ist allerdings nicht mehr auszumachen.

Damit wollen wir unseren Ausflug in die Welt der realen Gase beschließen, nicht ohne einige

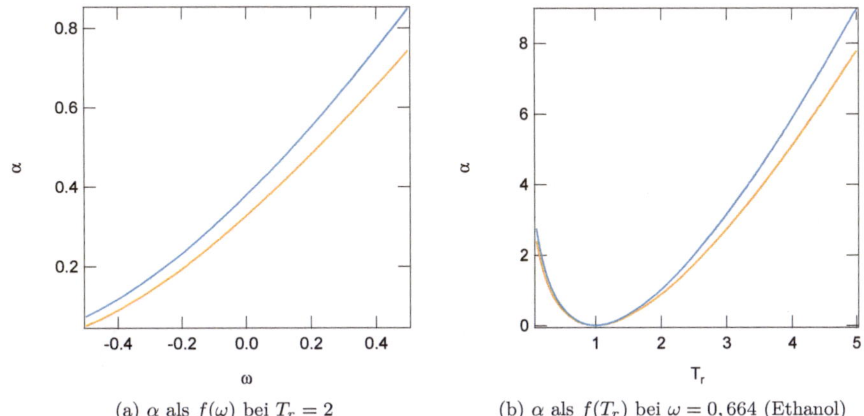

(a) α als $f(\omega)$ bei $T_r = 2$

(b) α als $f(T_r)$ bei $\omega = 0,664$ (Ethanol)

Abb. 4.7.: Die Änderung von α mit T_r und ω für die SRK- (blau) und PR-Gleichung (orange).

weitere wichtige Zustandsgleichungen genannt zu haben: es existieren zur Beschreibung von idealen Gasen unter anderem die

- Berthelotsche Zustandsgleichung

- Benedict-Webb-Rubin-Starling-Zustandsgleichung (kurz BWRS-Gleichung)

Falls Sie einen Grund suchen, sich *nicht* mit der BWRS-Gleichung zu befassen:

$$p_{\text{BWRS}} = \frac{RT}{V_m} + \left(B_0 \cdot RT - A_0 - \frac{C_0}{T^2} + \frac{D_0}{T^3} - \frac{E_0}{T^4} \right) \frac{1}{V_m^2}$$
$$+ \left(b \cdot RT - a - \frac{d}{T} \right) \frac{1}{V_m^3} + \left(a + \frac{d}{T} \right) \alpha \frac{1}{V_m^6}$$
$$+ \frac{c}{T^2} \frac{1}{V_m^3} \left(1 + \gamma \frac{1}{V_m^2} \right) e^{-\gamma \frac{1}{V_m^2}},$$

wobei A_0, B_0, C_0, D_0, E_0, a, b, c, d, α und γ Stoffparameter sind.

Übung: Kritische Größen und komplexe Zustandsgleichungen (Übung 10 auf Seite 278)

Übung: Wärmeausgleich (Übung 11 auf Seite 279)

Übung: Wärmeausgleich (Übung 11 auf Seite 279)

5. Die Hauptsätze der Thermodynamik

WIR HABEN DIE AUFZÄHLUNG DER HAUPTSÄTZE der Thermodynamik möglichst lange aufgeschoben – nicht, weil sie unwichtig wären (das Gegenteil ist der Fall), sondern weil das Wissen, welches in den Hauptsätzen steckt, extrem komprimiert daherkommt. Gleich mit derart informationsdichten Formulierungen zu beginnen, könnte manche oder manchen verschrecken. Außerdem haben wir vieles davon inzwischen schon selbst entdeckt, eingeführt, benutzt oder abgeleitet, sodass wir uns jetzt, gestärkt mit unserem profunden Wissen über die Thermodynamik, ohne Angst an die Hauptsätze heranwagen können.

5.1. Der Nullte Hauptsatz

Die etwas unglückliche Benennung des *Nullten Hauptsatzes* stammt daher, dass er zu spät formuliert wurde und zu dieser Zeit die ersten drei Hauptsätze schon besetzt waren. Da er aber grundlegender ist und allen anderen Hauptsätzen vorausgeht, hat man ihm diesen Platz zugestanden.[I]

Der Nullte Hauptsatz:
Alle Systeme, die mit einem gegebenen System im thermischen Gleichgewicht stehen, stehen auch untereinander im thermischen Gleichgewicht. Alle diese Systeme haben eine gemeinsame Eigenschaft, sie haben die selbe *Temperatur.*

Von allen Hauptsätzen gibt es viele äquivalente Formulierungen, so auch vom Nullten. Er kann auch so formuliert werden: „Wenn das System A und B im thermischen Gleichgewicht stehen, und das System B und C im thermischen Gleichgewicht stehen, so stehen auch A und C im thermischen Gleichgewicht." Das bedeutet unter anderem, dass wir ein Thermometer bauen und nutzen können, um Vorhersagen über thermodynamische Systeme zu machen. Stellen Sie sich zwei Blöcke aus Metall vor, die getrennt und wärmeisoliert sind. Wir bringen ein Thermometer in Kontakt mit dem einen Block und warten, bis sich thermisches Gleichgewicht eingestellt hat. Das Thermometer zeigt einen gewissen Wert. Dann bringen wir das Thermometer mit dem zweiten Block in Kontakt – es zeigt den selben Wert. Damit haben wir die Möglichkeit, etwas über die beiden Blöcke auszusagen – sie haben die selbe Temperatur. Das bedeutet weiters, dass zwischen den Blöcken, falls wir sie thermisch zusammenführen, *keine* Wärme ausgetauscht werden wird.

[I] Zum allgemeinen Glück hat man nicht noch einen grundlegenderen Hauptsatz entdeckt – der „*Minus-Erste-Hauptsatz der Thermodynamik*" wäre schon arg grotesk.

© Springer Fachmedien Wiesbaden GmbH, ein Teil von Springer Nature 2018
W. Stadlmayr, *Thermodynamik – nicht nur für Nerds*,
https://doi.org/10.1007/978-3-658-23291-7_5

5.2. Der Erste Hauptsatz

Der erste Hauptsatz folgt direkt aus der Energieerhaltung, wir haben ihn bereits öfters benutzt.
Er lautet

Der Erste Hauptsatz:
Die innere Energie U eines abgeschlossenen Systems ist konstant.

Wie der nullte Hauptsatz scheint dieser hier im ersten Moment nicht allzu viel auszusagen –
er sagt im Wesentlichen, dass in einem abgeschlossenen System (kein Wärme-, Arbeits- oder
Stoffaustausch mit der Umgebung) nichts passiert. Durch die Definition von $U = Q + W$ (für
Systeme bei denen die Stoffmenge konstant bleibt) bedeutet das aber auch, dass sich die innere Energie eines Systems nur ändern kann, wenn man ihm Arbeit oder Wärme zuführt – man
kann Energie weder *einfach so erschaffen*, noch *einfach so vernichten*, sondern sie nur zwischen
verschiedenen Systemen *transferieren*. Der erste Hauptsatz ist eng verwandt mit der Energieerhaltung! Der erste Hauptsatz erlaubt die Umwandlung von Wärme in Arbeit und umgekehrt
(diese Umwandlung wird im zweiten Hauptsatz eingeschränkt werden). Damit verbietet er auch
die Existenz eines Perpetuum Mobiles erster Art. Dies wäre eine Maschine, die ständig Arbeit
verrichtet, ohne dass man ihm Arbeit oder Wärme zuführen muss. Wir sehen aus unserer Definition, dass die Entnahme von Arbeit aus einem System seine innere Energie absenkt. Da der
gesamte Energieinhalt des Systems nicht unendlich ist (U ist eine endliche Größe), kann ihm
irgendwann keine weitere Arbeit entnommen werden. Damit sehen wir, dass der erste Hauptsatz
sehr weit reichende Aussagen macht – er sagt unter anderem etwas über Maschinen aus, die wir
bauen können. Er sagt uns, dass wir keine Maschine bauen können, die ständig Arbeit verrichtet,
ohne dass wir nicht auch ständig Wärme oder Arbeit zuführen müssten.

5.3. Der Zweite Hauptsatz

Der zweite Hauptsatz ist erfahrungsgemäß kritisch. Wir haben ihn bereits in unseren Ableitung
verwenden müssen. Es gibt ihn in besonders vielen Formulierungen. Zwei davon sind

Der Zweite Hauptsatz:
Die Entropie S im Universum strebt einem Maximum zu.

Der Zweite Hauptsatz:
Es ist unmöglich, einen Prozess durchzuführen, bei dem nur Wärme von einem kalten Körper
auf einen warmen übertragen wird.

Die zweite Formulierung scheint wieder sehr logisch zu sein – Wärme fließt immer von einem warmen Körper auf einen kalten und nicht umgekehrt. Das ist eine Erfahrungstatsache. Trotzdem
kann es sein, dass uns die beiden Formulierungen nicht sofort als äquivalent ins Auge springen
– ein Satz redet ja von der Gesamtentropie im Universum, der andere von Wärme, die zwischen
Körpern ausgetauscht wird. Wir wollen die Übereinstimmung beider Aussagen aber kurz beweisen. Nehmen wir kurz an, wir hätten doch einen Prozess gefunden, der Wärme von einem

kalten auf einen warmen Körper überträgt, ohne sonst irgendwas zu tun. Die Entropie im kalten Körper wird weiter absinken, da er ja abgekühlt wird. Wir wissen auch, um wie viel:

$$\Delta S_{\text{Kalt}} = \frac{\Delta Q_{\text{Kalt}}}{T_{\text{Kalt}}}.$$

Im warmen Körper steigt die Entropie an:

$$\Delta S_{\text{Warm}} = \frac{\Delta Q_{\text{Warm}}}{T_{\text{Warm}}}.$$

Durch die Energieerhaltung gilt aber, dass

$$\Delta Q_{\text{Kalt}} = -\Delta Q_{\text{Warm}}.$$

Das bedeutet nichts anderes, als dass alles, was den kalten Körper an Wärme verlässt, in den warmen eintreten muss. Wir lösen die Gleichungen nach einem ΔQ auf und setzen gleich:

$$\Delta S_{\text{Warm}} \cdot T_{\text{Warm}} = -\Delta S_{\text{Kalt}} \cdot T_{\text{Kalt}}.$$

Das formen wir um zu:

$$\frac{T_{\text{Warm}}}{T_{\text{Kalt}}} = -\frac{\Delta S_{\text{Kalt}}}{\Delta S_{\text{Warm}}}.$$

Wir wissen nun, dass die warme Temperatur größer ist, als die kalte, dass also auch der rechte Ausdruck größer als 1 sein muss:

$$1 < -\frac{\Delta S_{\text{Kalt}}}{\Delta S_{\text{Warm}}}.$$

Wir multiplizieren mit ΔS_{Warm} und erhalten die Ungleichung:

$$\Delta S_{\text{Warm}} < -\Delta S_{\text{Kalt}}.$$

Damit sehen wir zwei Dinge: ΔS_{Warm} und ΔS_{Kalt} sind einander entgegengerichtet und ΔS_{Warm} ist kleiner als ΔS_{Kalt}. Damit gilt aber auch

$$\Delta S_{\text{Gesamt}} = \Delta S_{\text{Warm}} + \Delta S_{\text{Kalt}} < 0.$$

Die Entropie würde bei solch einem Vorgang also notwendigerweise abnehmen.

Da die Übertragung von Wärme von warmen auf kalte Körper ein Vorgang ist, welcher spontan (ohne äußeren Zwang, damit ist es ein *irreversibler* Prozess, weil er sich nicht ohne Aufwendung von Energie umkehren lässt) geschieht, schließen wir, dass sich bei allen irreversiblen Prozessen die Entropie im Universum erhöht. Bei reversiblen Prozessen bleibt sie gleich. Sie kann niemals abnehmen.

Der zweite Hauptsatz schließt ein Perpetuum Mobile zweiter Art aus. Dies wäre eine Maschine, die Wärme vollständig in Arbeit umsetzt. So eine Maschine kann nicht existieren, wie folgende Überlegung zeigt. Nehmen wir an, wir hätten eine solche Maschine gebaut, die einem Wärmereservoir Wärme entnimmt und vollständig in Arbeit umwandelt. Dann sinkt die Entropie des Wärmereservoirs, weil ihm ständig Wärme entnommen wird, ab: $\Delta S_{\text{Reservoir}} < 0$. Da aber unsere Maschine alle zugeführte Wärme in Arbeit umwandelt, nimmt ihre Entropie überhaupt nicht zu, da ja aus ihrer Sicht die umgesetzte Wärme Null ist: $\Delta S_{\text{Maschine}} = \frac{0}{T} = 0$. Damit würde die Gesamtentropie ($\Delta S_{\text{Gesamt}} = \Delta S_{\text{Reservoir}} + \Delta S_{\text{Maschine}}$) im Universum sinken – ein direkter Widerspruch zum zweiten Hauptsatz.

Außerdem lässt sich der zweite Hauptsatz auch als Aussage über die Wirkungsgrade von Maschinen lesen – er lautet dann:

Der Zweite Hauptsatz:

Alle reversiblen Wärme-Kraft-Prozesse haben denselben Wirkungsgrad wie der entsprechende Carnot-Prozess, alle irreversiblen einen geringeren.

5.4. Der Dritte Hauptsatz

Der dritte Hauptsatz kann nicht mit Mitteln der Thermodynamik bewiesen werden, da wir einen mikroskopischen Entropiebegriff benötigen. Wir haben auf Seite 7 bei der Einführung der Entropie gesagt, dass die Entropie mikroskopisch als $S = k \ln w$ verstanden werden kann. Ein perfekter Kristall (keine Fehlstellen oder Verunreinigungen) beim absoluten Temperaturnullpunkt – $0\,\mathrm{K}^{(\mathrm{I})}$ – hat keine Freiheitsgrade mehr, i.e. jedes Atom sitzt auf einem fixen Platz. Wenn man zwei Atome austauscht, so ist der neue Zustand ununterscheidbar – es gibt nur einen Mikrozustand.

Der Dritte Hauptsatz:

Ein ideal kristallisierter Feststoff hat am absoluten Nullpunkt der Temperatur die Entropie 0.

Damit können wir der Entropie einen absoluten Wert zuweisen. Unsere Begründung für den dritten Hauptsatz ist aber selbst *nicht* thermodynamisch, da sie mikroskopisch ist. Tatsächlich lässt sich der dritte Hauptsatz mit anderen Methoden beweisen, was wir hier aber tunlichst unterlassen wollen.

[I]   Die Wärmekapazität eines jeden Stoffes geht für $T = 0\,\mathrm{K}$ gegen Null, daher ist es *de facto* nicht möglich, einen Stoff auf die Temperatur $0\,\mathrm{K}$ zu bringen.

5.5. Entropie und Statistik

Erfahrungsgemäß hat man an dieser Stelle immer noch kein ganz klares Bild von der Entropie. Wir wollen daher an diesem Punkt eine kurze *statistische* Interpretation der Entropie geben. Dazu brauchen wir natürlich Mikrozustände und ein mikroskopisches Modell der Materie, daher ist diese Überlegung nicht Teil der klassischen Thermodynamik, sondern eher der *statistischen Thermodynamik* oder der kinetischen Gastheorie.

Es wurde etwa folgender kluger Einwand gebracht, dass man eben doch ein Perpetuum Mobile bauen könnte: Man nimmt einfach ein Volumen, welches mit Gas befüllt ist. Die Gasteilchen bewegen sich zufällig, das bedeutet, es gibt auch irgendwann einen Zustand, in welchem mehr Teilchen in der linken Hälfte als in der rechten sind. Wenn dies eintritt, schieben wir schnell eine Trennwand zwischen beide Hälften – jetzt sind links mehr Teilchen als rechts, das übersetzt sich aber in einen höheren Druck. Daher können wir das Gas von links Arbeit verrichten lassen, wenn wir es retour strömen lassen, siehe dazu Abbildung 5.1. Wir werden nun zeigen, dass das statistisch praktisch unmöglich ist, weil ein Zustand wie in Abbildung 5.1(b) sich für größere Teilchenzahlen nur beliebig unwahrscheinlich (i.e. praktisch niemals) einstellen wird.

Eine letzte Anmerkung: Falls Sie die Fragestellung auf etwas (vielleicht) greifbareres herunterbrechen wollen – sie entspricht dem Problem, wie wahrscheinlich verschiedene Folgen beim Münzwurf sind, also etwa „Wie wahrscheinlich ist es, bei zehn Münzwürfen nur drei mal Kopf zu werfen?". Gehen wir nun sukzessive vor: Beginnen wir mit einem Gas, welches nur aus einem Teilchen besteht. Wir fragen uns, wie groß die Wahrscheinlichkeit ist, das Teilchen links zu finden. Wenn wir davon ausgehen, dass das Teilchen einer zufälligen Bahn folgt, ist diese natürlich genau 50 %. Das folgt daraus, dass es zwei Möglichkeiten für das Teilchen gibt – links (L) oder rechts (R) – und das beide gleich wahrscheinlich sind. Es folgt aus der Gleichung „*Günstige durch Mögliche*": p(alle Teilchen links) $= \frac{1}{2}$. Natürlich gilt genau das Gleiche auch umgekehrt: p(alle Teilchen rechts) $= \frac{1}{2}$. Wir wollen dies immer als Tabelle und Grafik darstellen.

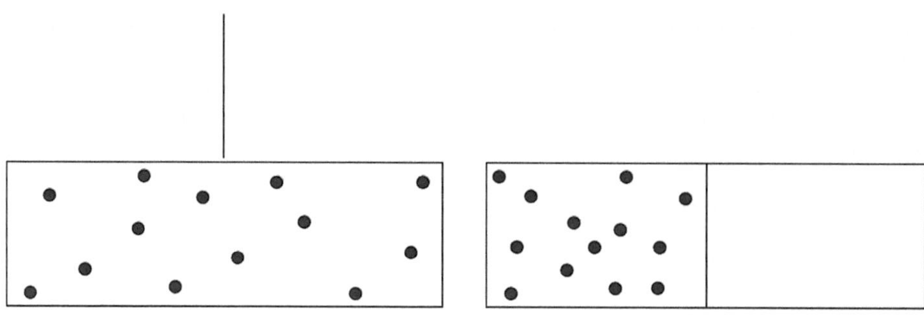

(a) Statistisch wahrscheinlich   (b) Statistisch unwahrscheinlich

Abb. 5.1.: Vorschlag für ein Perpetuum Mobile: Wir betrachten das System in 5.1(a) einfach lange genug, dann stellt sich irgendwann zufällig der Zustand in 5.1(b) ein – in diesem Fall schließen wir schnell die Trennwand und haben nun links einen größeren Druck als rechts und können das Gas daher Arbeit verrichten lassen.

Tab. 5.1.: Mögliche Zustände bei einem Teilchen.

#	Konfiguration	
1	L	ein Zustand („L_1")
2	R	ein Zustand („R_1")

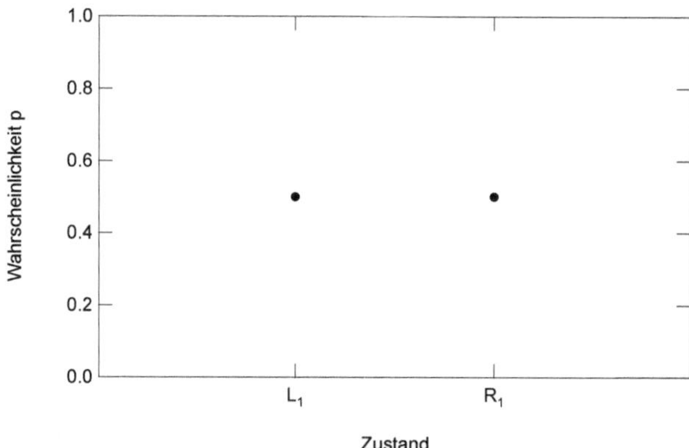

Abb. 5.2.: Wahrscheinlichkeitsverteilung für die verschiedenen Zustände bei einem Teilchen

Offenbar ist es bei einem Teilchen tatsächlich noch relativ leicht möglich, einen Zustand zu erreichen, bei dem das ganze Gas entweder links oder rechts ist, tatsächlich ist es nämlich *immer* so. Nun ist ein Teilchen aber sicher nicht genug, um eine sinnvolle Menge an Arbeit zu verrichten – wir wollen prüfen, was passiert, wenn wir zu einer größeren Menge Gas wechseln. Stellen wir uns vor, es gäbe zwei Teilchen. Nun gibt es natürlich ingesamt vier Möglichkeiten, welche auch in Tabelle 5.2 angezeigt werden. Dies kommt von $2^2 = 4$, weil es zwei Teilchen gibt, die jeweils zwei Zustände (links oder rechts) einnehmen können. Wir bemerken aber, dass der Zustand 2 und 3 *derselbe* Mikrozustand sind – es ist ja egal, *welches* Teilchen links und welches rechts ist. Damit ist aber der Zustand, bei dem ein Teilchen links, eines rechts ist, wahrscheinlicher, als einer, bei dem beide links sind. Da die Teilchen (bei einem idealen Gas) keine komplexen Wechselwirkungen spüren, sollte sich jedes unabhängig vom anderen verhalten. Mittels *„Günstige durch Mögliche"* stellen wir fest, dass die Wahrscheinlichkeit, dass das System ausgeglichen (ein Teilchen links, eines rechts) ist, bei 50 % liegt. Die Wahrscheinlichkeit, dass das Gas vollständig auf einer Seite liegt, ist insgesamt ebenfalls 50 %, weil dieser Zustand durch L_2 und R_2 realisiert würde.

Tab. 5.2.: Mögliche Zustände bei zwei Teilchen.

#	Konfiguration	
1	LL	ein Zustand („L_2")
2	LR	$\Big\}$ 2× ein Zustand („L_1R_1")
3	RL	
4	RR	ein Zustand („R_2")

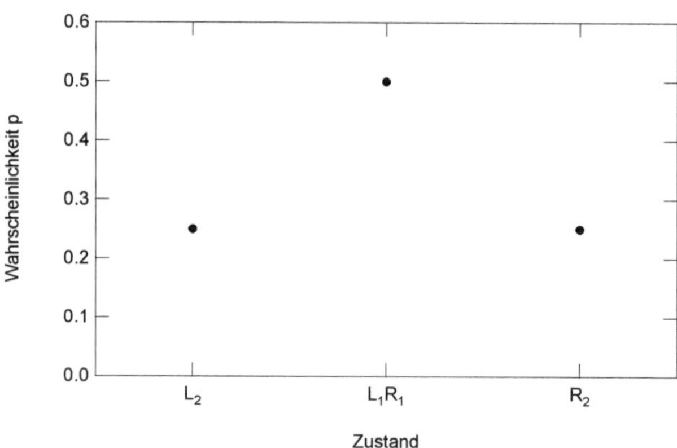

Abb. 5.3.: Wahrscheinlichkeitsverteilung für die verschiedenen Zustände bei zwei Teilchen

Spinnen wir unsere Serie weiter und gehen wir zu drei Teilchen. Wir vermuten sofort, dass es $2^3 = 8$ verschiedene Zustände geben wird – ein Blick in Tabelle 5.2 bestätigt dies. Wir sehen, dass die krassen Sonderfälle, in denen alle Teilchen auf einer Seite liegen, weiter im statistischen Gewicht abnehmen: Die Wahrscheinlichkeit für L_3 ist $\frac{1}{2^3} = \frac{1}{8}$, jene für R_3 ebenfalls. Die Wahrscheinlichkeiten für L_2R_1 und L_1R_2 sind nun schon höher, nämlich jeweils $\frac{3}{2^3} = \frac{3}{8}$. Das bedeutet, wenn wir das System acht mal betrachten, finden wir es nur zwei mal in einem Zustand, in welchem das Gas vollkommen auf einer Seite ist, und sechs mal in Zuständen, in denen es gleichmäßiger verteilt ist. Hier tut sich ein Trend auf, den wir verfolgen wollen.

Tab. 5.3.: Mögliche Zustände bei drei Teilchen.

#	Konfiguration	
1	LLL	ein Zustand („L_3")
2	LLR	
3	LRL	$3\times$ ein Zustand („L_2R_1")
4	RLL	
5	LRR	
6	RLR	$3\times$ ein Zustand („L_1R_2")
7	RRL	
8	RRR	ein Zustand („R_3")

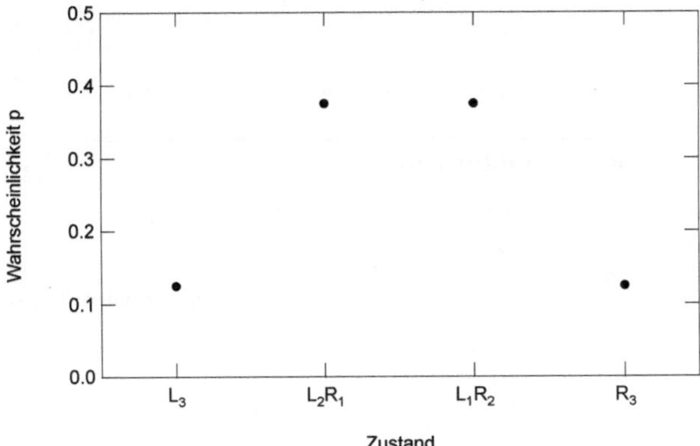

Abb. 5.4.: Wahrscheinlichkeitsverteilung für die verschiedenen Zustände bei drei Teilchen

Wechseln wir also zu vier Teilchen: Wir wissen, es gibt $2^4 = 16$ Möglichkeiten. Diese teilen sich aber nur in fünf echte Klassen auf (weil es eben egal ist, *welche* drei Teilchen links sind, es ist immer „drei links, eins rechts").

Tab. 5.4.: Mögliche Zustände bei vier Teilchen.

#	Konfiguration	
1	LLLL	ein Zustand („L_4")
2	LLLR	
3	LLRL	
4	LRLL	4× ein Zustand („L_3R_1")
5	RLLL	
6	LLRR	
7	LRLR	
8	LRRL	
9	RLLR	6× ein Zustand („L_2R_2")
10	RLRL	
11	RRLL	
12	LRRR	
13	RLRR	
14	RRLR	4× ein Zustand („L_1R_3")
15	RRRL	
16	RRRR	ein Zustand („R_4")

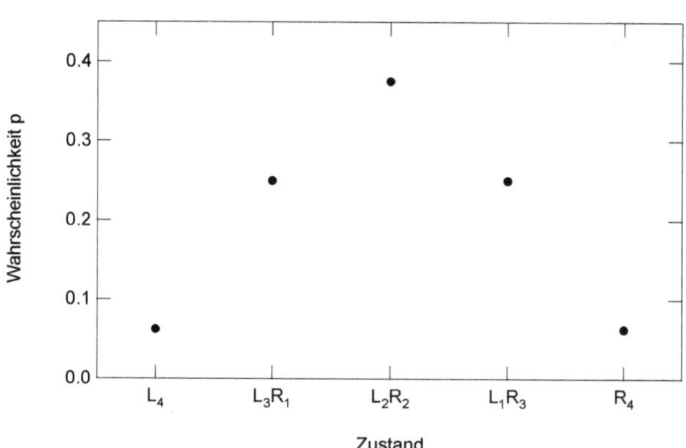

Abb. 5.5.: Wahrscheinlichkeitsverteilung für die verschiedenen Zustände bei vier Teilchen

Wir bemerken, dass die Verteilung zwar insgesamt immer niedriger wird (das muss so sein, die Summe aller Wahrscheinlichkeiten muss ja wieder 1 ergeben), dass aber die mittlere Konfiguration bedeutender gegenüber den anderen wird. Bei zwei Teilchen war die Wahrscheinlichkeit, das System in einem Zustand „alles links" oder „alles rechts" zu beobachten noch gleich groß wie „gleich viel links, wie rechts". Bei vier Teilchen ist die Wahrscheinlichkeit auf „alles links" oder „alles rechts" bereits auf $0,125$ gesunken ($2 \cdot \frac{1}{16} = 0,125$), während die Wahrscheinlichkeit für „gleich viel links, wie rechts" immer noch $0,375$ beträgt ($\frac{6}{16} = 0,375$). Die mittlere Konfiguration („gleich viel links, wie rechts") wird also relativ immer stärker bevorzugt, man spricht auch von der *„dominanten Konfiguration"*. Wir sehen auch, dass es sehr unübersichtlich wird, wenn wir unsere Tabellen weiter so erstellen und erkennen, dass wir einen rechnerischen Weg brauchen, um abzuschätzen, wie viele Einträge zum Beispiel der Zustand „drei links, eins rechts" haben muss. Dazu überlegen wir uns am besten, wie wir *„Günstige durch Mögliche"* berechnen können. Die *„Möglichen"* sind, wie schon gesehen, einfach – sie sind jeweils 2^N, sprich, für fünf Teilchen $2^5 = 32$. Für den Zustand L_5 gibt es natürlich nur eine Möglichkeit, er hat also die Wahrscheinlichkeit $\frac{1}{32}$. Wie groß ist die Wahrscheinlichkeit für einen Zustand „vier links, eins rechts"? Dazu müssen wir wissen, auf wieviele Möglichkeiten wir diesen Zustand realisieren können. Das übersetzt sich in der Sprache der Statistik in die Anzahl von Möglichkeiten, „eines aus fünf" zu ziehen – der mathematische Ausdruck dafür ist *Binomialkoeffizient* $\binom{N}{k}$. Berechnet wird dieser mittels der Definition

$$\boxed{\binom{N}{k} = \frac{N!}{k!(N-k)!}} \tag{5.1}$$

Wir vermuten also, dass es für den Zustand $L_4 R_1$ genau $\binom{5}{1} = \frac{5!}{1!(5-1)!} = \frac{5 \cdot 4 \cdot 3 \cdot 2 \cdot 1}{1 \cdot (4 \cdot 3 \cdot 2 \cdot 1)} = 5$ Konfigurationen gibt, die Wahrscheinlichkeit also $\frac{5}{32}$ ist. Gleich verfahren wir für „zwei aus fünf": $\binom{5}{2} = \frac{5!}{2!(5-2)!} = \frac{5 \cdot 4 \cdot 3 \cdot 2 \cdot 1}{(2 \cdot 1) \cdot (3 \cdot 2 \cdot 1)} = 10$. Wir vermuten also, ohne es nun explizit ausprobiert zu haben, dass es zehn Möglichkeiten gibt, einen Zustand „drei links, zwei rechts" zu erzeugen. Rechnen wir den Rest so aus, erhalten wir Tabelle 5.5 – und ein Vergleich mit Tabelle 5.6 zeigt, dass unsere Berechnung korrekt ist. Wir werden also nun davon absehen, die ganzen Möglichkeiten explizit zu zeichnen.

Tab. 5.5.: Vorhergesagte Wahrscheinichkeiten für Zustände bei fünf Teilchen.

#	Zustand	p_{Zustand}
1	L_5	$\binom{5}{0} \rightarrow \frac{1}{32}$
2	L_4R_1	$\binom{5}{1} \rightarrow \frac{5}{32}$
3	L_3R_2	$\binom{5}{2} \rightarrow \frac{10}{32}$
4	L_2R_3	$\binom{5}{3} \rightarrow \frac{10}{32}$
5	L_1R_4	$\binom{5}{4} \rightarrow \frac{5}{32}$
6	R_5	$\binom{5}{5} \rightarrow \frac{1}{32}$

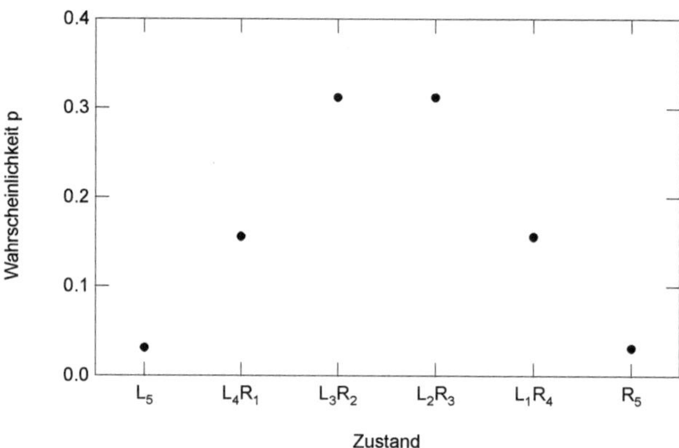

Abb. 5.6.: Wahrscheinlichkeitsverteilung für die verschiedenen Zustände bei fünf Teilchen

Tab. 5.6.: Mögliche Zustände bei fünf Teilchen.

#	Konfiguration	
1	LLLLL	ein Zustand („L_5")
2	LLLLR	
3	LLLRL	
4	LLRLL	$5\times$ ein Zustand („L_4R_1")
5	LRLLL	
6	RLLLL	
7	LLLRR	
8	LLRLR	
9	LLRRL	
10	LRLLR	
11	LRLRL	
12	LRRLL	$10\times$ ein Zustand („L_3R_2")
13	RLLLR	
14	RLLRL	
15	RLRLL	
16	RRLLL	
17	LLRRR	
18	LRLRR	
19	LRRLR	
20	LRRRL	
21	RLLRR	
22	RLRLR	$10\times$ ein Zustand („L_2R_3")
23	RLRRL	
24	RRLRL	
25	RRRLL	
26	LRLRR	
27	LRRRR	
28	RLRRR	
29	RRLRR	$5\times$ ein Zustand („L_1R_4")
30	RRRLR	
31	RRRRL	
32	RRRRR	ein Zustand („R_5")

Damit ist uns eine Methode gegeben, schnell größere Systeme zu berechnen. zum Beispiel für zehn Teilchen – das Ergebnis ist in Tabelle 5.7 und Abbildung 5.7 festgehalten. Die Wahrscheinlichkeitsverteilung wird immer schärfer, es wird also immer wahrscheinlicher, einen Zustand zu finden, bei dem in etwa gleich viele Teilchen in der linken und der rechten Hälfte sind. Die Chance, dass alle Teilchen auf einer Seite sind (also alle links oder rechts, sprich „L_{10}" oder „R_{10}") beträgt nur mehr $2\frac{1}{1024} = \frac{2}{1024} \approx 0,00195$, also etwa 2‰.

Tab. 5.7.: Vorhergesagte Wahrscheinlichkeiten für Konfigurationen bei zehn Teilchen.

#	Zustand	p_{Zustand}
1	L_{10}	$\frac{1}{1024}$
2	$L_9 R_1$	$\frac{10}{1024}$
3	$L_8 R_2$	$\frac{45}{1024}$
4	$L_7 R_3$	$\frac{120}{1024}$
5	$L_6 R_4$	$\frac{210}{1024}$
6	$L_5 R_5$	$\frac{252}{1024}$
7	$L_4 R_6$	$\frac{210}{1024}$
8	$L_3 R_7$	$\frac{120}{1024}$
9	$L_2 R_8$	$\frac{45}{1024}$
10	$L_1 R_9$	$\frac{10}{1024}$
11	R_{10}	$\frac{1}{1024}$

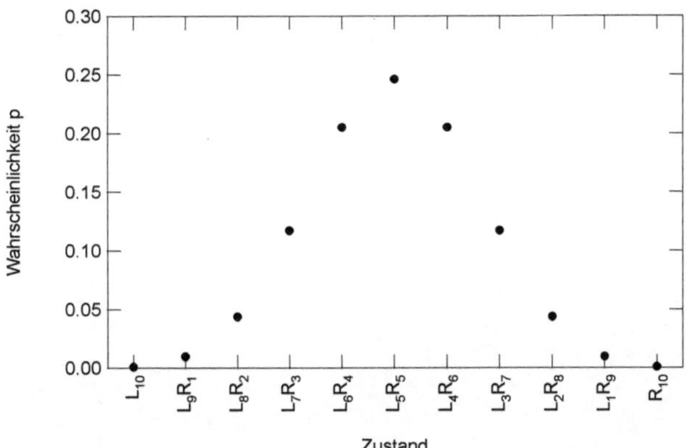

Abb. 5.7.: Wahrscheinlichkeitsverteilung für die verschiedenen Zustände bei zehn Teilchen

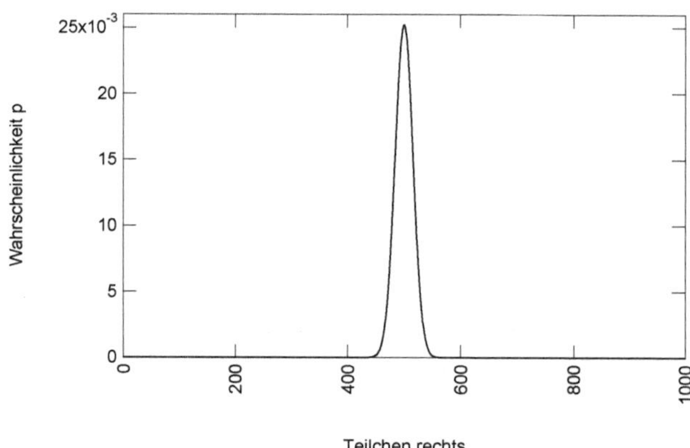

Abb. 5.8.: Wahrscheinlichkeitsverteilung für die verschiedenen Zustände bei tausend Teilchen

Jetzt wollen wir an die mathematischen Grenzen gehen.[I] Mittels Matlab berechnen wir die Wahrscheinlichkeitsverteilung für 1000 Teilchen. Das Ergebnis ist in Abbildung 5.8 zu sehen. Die Verteilung wird nun schon sehr scharf. Die Standardabweichung σ für diese Verteilung ist circa 22. Betrachetet man also den Bereich um den Mittelwert, der maximal drei σ entfernt ist, dann liegen 99.7 % der Ereignisse darin.[II] Das System liegt also am liebsten im Zustand 500 Teilchen links vor, und die Wahrscheinlichkeit, dass es außerhalb von 500 ± 66 Teilchen links (i.e. zwischen circa 440 und 560) liegt, ist bereits nur mehr 0, 3 %. Die Wahrscheinlichkeit, dass alle Teilchen links sind, ist praktisch unberechenbar klein (zumindest mit einem TI-82):
$$p_{(L_{1000})} = \tfrac{1}{2^{1000}} \approx \tfrac{1}{10^{300}}.$$

Nun sind wir aber noch nicht einmal in der Nähe von „realistischen" Systemen – diese haben eine Teilchenzahl in der Größenordnung von Molen. Hier versagt uns alle Mathematik den Dienst und man bräuchte nun alle möglichen Tricks aus der statistischen Thermodynamik, um weiter zu kommen. Denken wir an ein System von 10^{24} Teilchen, das sind etwa eineinhalb Mol. Alleine die Berechnung der „Möglichen" explodiert ins Endlose – es gibt $2^{\left(10^{24}\right)}$ mögliche Konfigurationen. Die Berechnung, wie wahrscheinlich der Zustand „Hälfte links, Hälfte rechts" wäre, berechnet sich zu
$$p_{(L_{(5 \cdot 10^{23})} R_{(5 \cdot 10^{23})})} = \frac{\left(\frac{(10^{24})!}{(5 \cdot 10^{23})! \cdot (5 \cdot 10^{23})!} \right)}{2^{(10^{24})}}.$$

Bedenkend, dass alleine die Fakultät von 1000 bereits eine völlig – es gibt kaum ein anderes Wort dafür – *irre* Zahl ist[III], erscheint uns die Fakultät von 10^{24} absolut undenkbar. Es gibt aber Möglichkeiten, hier doch Ergebnisse zu berechnen[IV], so hat beispielsweise Torsten Fließbach in seinem Buch „Statistische Physik"[16] ausgerechnet, wie groß die Wahrscheinlichkeit ist, dass bei einem System von 10^{24} Teilchen mehr als 1% Abweichung vom Zustand „Hälfte links, Hälfte rechts" auftritt. Man kann demnach 10^{10} (!) Standardabweichungen vom Mittelwert entfernt sein – wenn Sie in die Fußnote auf Seite 115 blicken, sehen Sie, das bereits sieben Standardabweichungen einer gigantischen Sicherheit entsprechen ($7\sigma \,\hat{=}\, 99,999999999744\,\%$). Was $10^{10}\sigma$ bedeuten, können wir nicht mehr in Zahlen fassen[V] – wir verstehen aber die Bedeutung dieser gigantischen Zahlen: Es ist faktisch unmöglich, dass sich ein solches System zufällig in einen Zustand entwickelt, bei dem ein messbar größerer Teil links als rechts (oder umgekehrt) ist. Wäre das ganze Universum voll von solchen Systemen und würde man seit dem Beginn des Universums nur diese Systeme durchgehend beobachten, dann wäre es trotzdem noch nie vorgekommen!

Ich hoffe, dass Sie nun einige Dinge festgestellt oder sich erneut in Erinnerung gerufen haben:

[I]   Außer wir betreiben erheblich größeren Mehraufwand.

[II] $1\sigma \,\hat{=}\, 68,3\,\%$
      $2\sigma \,\hat{=}\, 95,4\,\%$
      $3\sigma \,\hat{=}\, 99,7\,\%$
      $5\sigma \,\hat{=}\, 99,9999426697\,\%$
      $7\sigma \,\hat{=}\, 99,999999999744\,\%$

[III]   Nämlich ungefähr $4 \cdot 10^{2567}$.

[IV]   Wir werden das aber nicht tun.

[V]   Ein Beispiel aus der echten Welt: Als am LHC nach dem Higgs-Boson gesucht wurde, waren die Wissenschafterinnen und Wissenschafter zufrieden und publizierten ihr Ergebnis, als sie die Schwelle von 5σ überschritten hatten.

- Die Entropie kann sehr gut durch die Analyse von Mikrozuständen verstanden werden (das ist dann aber keine klassische Thermodynamik mehr).

- Die Entropie verhindert die Existenz von makroskopischen Perpetuum Mobiles durch die Tatsache, dass die dazu notwendigen Zustände beliebig unwahrscheinlich werden, wenn die Systemgröße größer wird.

- Die dominante Konfiguration ist immer jene mit der höchsten Entropie.

- Die dominante Konfiguration wird beliebig viel wahrscheinlicher, als jede andere, wenn die Systemgröße größer wird.

- Aus den zwei letzten Feststellungen folgt, dass Systeme Zustände mit hoher Entropie bevorzugen.

Übung: Die Hauptsätze (Übung 12 auf Seite 279)

6. Phasengleichgewichte

B EVOR WIR MIT DEM NÄCHSTEN KAPITEL FORTFAHREN, wollen wir kurz Rückschau halten. Wir haben bisher einiges erreicht: wir haben uns ein Grundverständnis aller wichtigen thermodynamischen Größen errungen, wir haben die Theorie des idealen Gases entworfen und beides miteinander vereint. Dadurch wurden wir in die Lage versetzt, für alle denkbaren Maschinen, die mit idealen Gasen arbeiten, Berechnungen durchzuführen. Ein wichtiger Punkt ist aber bisher außen vor geblieben: wie schaut es mit Systemen aus, bei denen nicht nur eine Phase vorliegt, sondern mehrere (zum Beispiel ein Gas und die dazugehörende Flüssigkeit)? Mit so einem System wollen wir uns jetzt befassen.

6.1. Ein einkomponentiges Mehrphasensystem

Stellen wir uns eine Substanz vor, welche im festen Zustand vorliegt. Wir geben ein Mol dieser Substanz in einen Reaktionsbehälter und führen nun ständig Wärme zu. Das Ergebnis ist in Abbildung 6.1 dargestellt. Erst wird die zugeführte Wärme dazu benutzt, den Festkörper zu erwärmen, seine Temperatur steigt.[I] Irgendwann erreichen wir die Schmelztemperatur des Festkörpers, T_{Schm}. Ab jetzt wird die zugeführte Wärme vollständig dazu benutzt, den Festkörper in eine Flüssigkeit umzuwandeln, die Temperatur bleibt während des ganzen Vorgangs gleich. Während dieser Zeit liegen *zwei* Phasen vor – eine feste und eine flüssige. Erst wenn alles geschmolzen ist, erhöht sich die Temperatur wieder und zwar so lange, bis die Siedetemperatur, T_{Sd}, erreicht ist. Dann beginnt wieder eine Plateau-Phase der Temperatur, während die Flüssigkeit in Gas umgewandelt wird. Auch während dieser Zeit liegen zwei Phasen vor. Die Breite der Plateaus ist eine wichtige Größe – sie entspricht ja der notwendigen Wärme, um ein Mol unserer Substanz zu schmelzen oder zu verdampfen. Daher nennt man diese Größen *Schmelz-* und *Verdampfungsenthalpie* (ΔH_{Schm} und ΔH_{Sd}).[II] Da aber nichts dagegen spricht, unser Gedankenexperiment einfach umzudrehen, also vom Gas auszugehen und ständig Wärme zu entziehen, sehen wir sofort, dass jeweils die *Verdampfungs-* und *Kondensationsenthalpie* und die *Schmelz-* und *Erstarrungsenthalpie* umgekehrt gleich groß sind ($\Delta H_{Sd} = -\Delta H_{Kond}$; $\Delta H_{Schm} = -\Delta H_{Erstarr}$).

Dabei haben wir noch etwas gelernt – nämlich dass unser System, welches nur aus einer Komponente besteht, nur bei jeweils zwei Temperaturen zweiphasig sein kann – bei der Schmelz- und bei der Siedetemperatur. Diese können natürlich ihrerseits wieder vom Druck abhängen. Will man gleichzeitig die Abhängigkeit der Umwandlungsbereiche von Temperatur und Druck anzeigen, benutzt man ein *Phasendiagramm* (Abbildung 6.2). Sie wissen wahrscheinlich bereits,

---

[I]   Wie genau sie steigt, hängt von seiner Wärmekapazität ab: $\Delta Q = nC\Delta T$

[II] Wir haben nun bereits einen Instinkt dafür, warum wir hier von Enthalpien sprechen – immerhin beinhaltet unser Prozess Wärmeaustausch und Stoffumwandlung. Ein Blick in die Tabelle auf Seite 14 verrät uns, dass da die Enthalpie zuständig ist.

© Springer Fachmedien Wiesbaden GmbH, ein Teil von Springer Nature 2018
W. Stadlmayr, *Thermodynamik – nicht nur für Nerds*,
https://doi.org/10.1007/978-3-658-23291-7_6

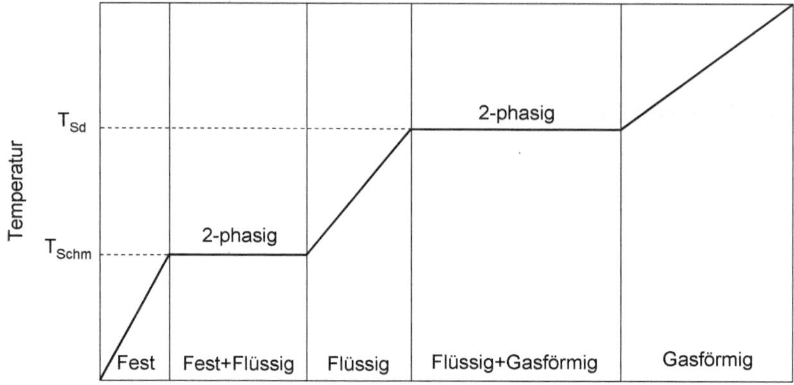

Abb. 6.1.: Schematisches Verhalten der Temperatur eines Moles eines Stoffes bei ständigem Zuführen von Wärme

wie man ein Phasendiagramm liest, daher werden wir uns hier nur kurz aufhalten. Das nun Folgende gilt <u>nur</u> für ein Phasendiagramm eines einkomponentigen Systems. Die durchgezogenen Striche sind die Grenzen zwischen zwei Phasen – wenn Sie sich im Phasendiagramm genau auf einem dieser Striche befinden, liegen zwei Phasen vor. Zwischen den Strichen liegt immer genau eine Phase vor. An dem Punkt, an welchem sich alle drei Striche treffen, liegen zugleich Feststoff, Flüssigkeit und Gas vor, man nennt diesen Punkt *Tripelpunkt*. Wenn man Druck oder Temperatur sehr stark erhöht, erreicht man irgendwann einen Punkt, an dem die Dichten von Flüssigkeit und Gas gleich werden, man kann dann nicht mehr unterscheiden, ob eine Flüssigkeit oder ein Gas vorliegt. Diesen Punkt nennt man den *kritischen Punkt*, Stoffe, die jenseits des kritischen Druckes und der kritischen Temperatur vorliegen, nennt man *überkritische Fluide*. Unser Phasendiagramm verhält sich *normal*, es weist keine Anomalien auf. So bewirkt eine Steigerung des Druckes eine Steigerung der Siede- und Schmelztemperatur – dieses Verhalten erwartet man gewöhnlich von Stoffen. Das muss aber nicht immer so sein – prominente Ausnahme ist Wasser, bei der eine Erhöhung des Druckes eine Erniedrigung der Schmelztemperatur zur Folge hat. Eis schmilzt unter Druck leichter!

Nun können wir uns fragen, welche Größe dafür verantwortlich ist, ob Stoffe schmelzen oder verdampfen und versuchen, dieses Verhalten zu verstehen. Die Umwandlung eines Aggregatszustandes eines Stoffes in einen anderen ($A_{flüssig} \rightleftharpoons A_{gas}$) ist definitiv weder Volumensarbeit, noch Wärme, sondern chemische Umsetzung – das bedeutet, das thermodynamische Potential G sagt uns etwas darüber aus, ob eine chemische Reaktion (das kann eine Phasenumwandlung, eine Lösereaktion, aber auch eine „echte" Reaktion sein) ablaufen wird, oder nicht. Für einen Reinstoff kann man zeigen, dass die molare Gibbs-Energie G_m dasselbe ist, wie das chemische

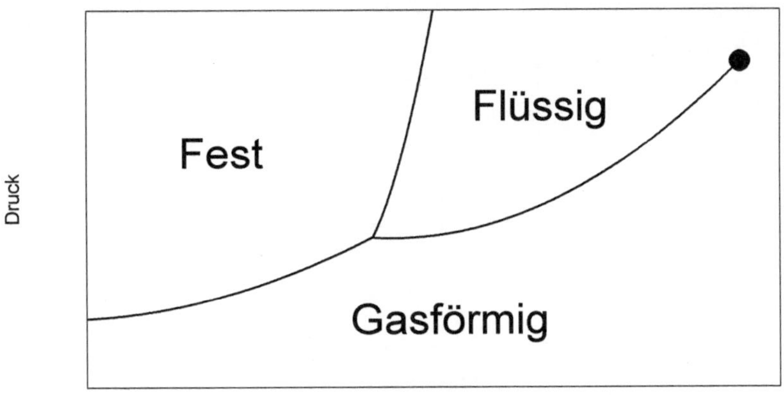

Abb. 6.2.: Phasendiagramm unseres Stoffes. Der große schwarze Punkt am Ende der flüssig-gasförmig-Linie ist der kritische Punkt.

Potential μ.[I] Dies wissend, können wir unsere Formeln aus Kapitel 1.2.5 auf molare Größen umstellen:

$$\text{Aus } \left(\tfrac{dG}{dT}\right)_{p,n} = -S \qquad \text{wird } \left(\tfrac{d\mu}{dT}\right)_{p} = -S_m$$

$$\text{und aus } \left(\tfrac{dG}{dp}\right)_{T,n} = +V \qquad \text{wird } \left(\tfrac{d\mu}{dp}\right)_{T} = +V_m.$$

Dass man nun die Ausdrücke nicht mehr explizit für n konstant halten muss, liegt daran, dass ja molare Größen verwendet werden, was bedeutet, dass sich die Ausdrücke sowieso *immer* auf ein Mol beziehen. Wir wissen nun, dass ein System dann im Gleichgewicht ist, wenn sein thermodynamisches Potential minimal ist. Da das thermodynamische Potential G ist und weiters $G_m = \mu$ gilt, bedeutete dies:

Zu jeder Zeit ist jene Phase am stabilsten, welche das geringste chemische Potential hat.

Wir nehmen nun noch zwei weitere Fakten hinzu, welche wir über die Entropie wissen: erstens, dass sie mit steigender Temperatur steigt, und zweitens dass die Entropie eines Festkörpers typischerweise geringer ist, als die einer Flüssigkeit und diese wiederum typischerweise geringer, als die eines Gases (beides haben wir auf Seite 8 festgehalten). Da $\left(\tfrac{d\mu}{dT}\right)_{p}$ ja etwas darüber aussagt, wie schnell das chemische Potential sich verändert, wenn die Temperatur erhöht wird,

---

[I] Da

$$\mu = \left(\frac{dG}{dn}\right)_{T,p} = \left(\frac{d[G_m \cdot n]}{dn}\right)_{T,p} = \left(\frac{dn}{dn} \cdot G_m\right)_{T,p} = G_m.$$

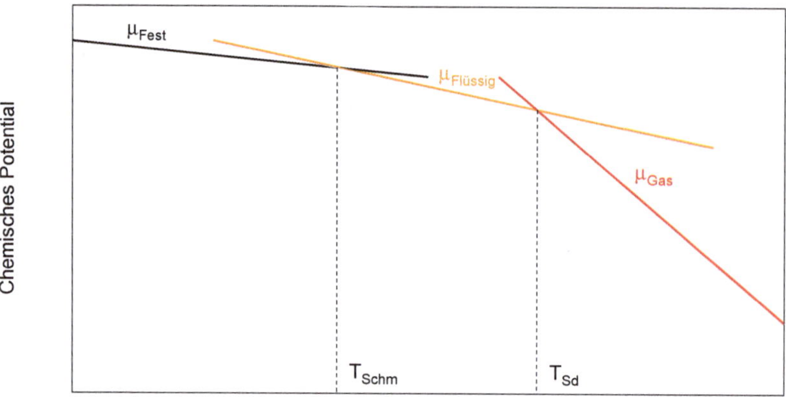

Abb. 6.3.: Die schematischen chemischen Potentiale einer festen, einer flüssigen und einer gasförmigen Phase eines Stoffes als Funktion der Temperatur.

wissen wir, dass das chemische Potential dann besonders schnell sinkt, wenn S_m sehr groß ist (da es ein negatives Vorzeichen trägt). Das ist der Fall für Gase. Damit wissen wir: die Änderung des chemischen Potentials mit der Temperatur ist in Gasen schneller als in Flüssigkeiten und in Flüssigkeiten schneller als in Festkörpern. Diese Erkenntnis können wir in eine schematische Abbildung gießen – Abbildung 6.3. Da wir gesagt haben, dass jeweils jene Phase stabil ist, die das geringste μ hat, können wir aus Abbildung 6.3 direkt herauslesen, wo die Schmelz- und Siedetemperatur ist. Solange μ_{Fest} bei einer gegebenen Temperatur kleiner ist, als alle anderen μ's, ist der Stoff fest. Da aber $\mu_{\text{Flüssig}}$ schneller sinkt, holt es μ_{Fest} irgendwann ein. An dem Punkt, an dem sich beide Kurven schneiden gilt $\mu_{\text{Fest}} = \mu_{\text{Flüssig}}$, was nichts anderes bedeutet, als dass hier *beide* Stoffe stabil sind – es liegen zugleich *beide* Phasen vor. Daher ist dieser Punkt der Schmelzpunkt. Analog dazu verläuft es mit $\mu_{\text{Flüssig}}$ und μ_{Gas} – wenn beide gleich groß sind, sind die flüssige und die gasförmige Phase gleich stabil – das ist der Siedepunkt. Bei höheren Temperaturen ist immer μ_{Gas} das kleinste μ, deshalb liegt das System bei höheren Temperaturen immer als Gas vor.

Wir wollen noch einmal eine besonders wichtige Wahrheit aussprechen, die wir später brauchen werden. Wir haben es zwar hier nur für ein Einkomponentensystem gezeigt, aber es gilt ganz allgemein:

Wenn zwei Phasen im Gleichgewicht koexistieren, so sind ihre chemischen Potentiale gleich.

6.2. Das Gleichgewicht zwischen Flüssigkeits- und Gasphase

Bis jetzt haben wir bei unserer Betrachtung nur den Stoff selbst berücksichtigt. Das ist aber oft eine unzureichende Einschränkung. Wir wollen uns in diesem Kapitel auf das Gleichgewicht zwischen flüssiger und gasförmiger Phase konzentrieren und daher ab jetzt auch den Gasraum oberhalb einer Flüssigkeit in unsere Überlegungen einbeziehen.

6.2.1. Einige rein qualitative Überlegungen

Stellen wir uns dazu ein verschlossenes Behältnis vor, welches zur Hälfte mit Benzol gefüllt ist. Darüber befindet sich ein Gas, sagen wir, reiner Sauerstoff, welchen wir in diesem Moment eingefüllt haben. Bei der von uns gewählten Temperatur ist das Benzol flüssig und der Sauerstoff gasförmig. Das bedeutet, dass unter diesen Bedingungen $\mu_{\text{Benzol, Flüssig}}$ kleiner ist, als $\mu_{\text{Benzol, Fest}}$ oder $\mu_{\text{Benzol, Gasförmig}}$. Ebenso gilt, dass $\mu_{\text{Sauerstoff, Gasförmig}}$ kleiner ist, als $\mu_{\text{Sauerstoff, Fest}}$ und $\mu_{\text{Sauerstoff, Flüssig}}$. Wenn wir einige Zeit warten und dann den Gasraum oberhalb der Flüssigkeit analysieren, werden wir feststellen, dass dort gasförmiges Benzol vorhanden ist. Mikroskopisch können wir uns das so erklären, dass ein Bruchteil der Benzol-Moleküle in der Flüssigkeit eine so hohe Geschwindigkeit hatte, dass sie die flüssige Phase verlassen und in die Gasphase übergehen konnten.[I] Der Anteil an Benzol in der Gasphase wird aber nicht beliebig groß – Benzol in der Gasphase löst sich auch wieder in der Flüssigkeit. Es stellt sich also nach einiger Zeit ein Gleichgewicht ein. Es ist praktisch, den Druck anzugeben, den nur das Benzol ausübt – man nennt diesen Druck den *Partialdruck* des Benzols (Partial-Druck = Teil-Druck; Druck von nur einer Komponente). John Dalton hat ein Gesetz aufgestellt, welches die Partialdrücke verschiedener Gaskomponenten mit dem gesamten Druck der Gasmischung verknüpft – es ist dies das *Dalton-Gesetz*:

$$\boxed{p_{\text{Gesamt}} = p_1 + p_2 + p_3 + \ldots = \sum_{i=1}^{n} p_i} \qquad \text{für ideale Gase.} \qquad (6.1)$$

Das Dalton-Gesetz sagt also aus, dass für ideale Gase der Gesamtdruck die Summe der einzelnen Partialdrücke ist. In unserem Fall gilt also, da wir nur zwei Komponenten in der Gasphase haben: $p_{\text{Gesamt}} = p_{\text{Sauerstoff}} + p_{\text{Benzol}}$.

Außerdem werden wir bei genauerer Untersuchung der Flüssigkeit eine weitere interessante Feststellung machen – dass sich ein Teil[II] des Sauerstoffes im Benzol gelöst hat. Auch hier löst sich nicht beliebig viel, sondern es kommt zu einem Gleichgewicht.

Wir finden also einen Teil der flüssigen Phase in der Gasphase *und* einen Teil der Gasphase in der flüssigen Phase (Abbildung 6.4). Können wir dieses Verhalten zumindest qualitativ schon jetzt verstehen? Die Antwort lautet – Ja!

[I] Dieser Effekt der *Verdunstung* kann verstanden werden, wenn man die Verteilung der Geschwindigkeiten, die Maxwell-Boltzmann-Geschwindigkeitsverteilung (oder kürzer Maxwell-Boltzmann-Verteilung) kennt. Diese wird in Appendix B.2 auf Seite 384 hergeleitet.

[II] Eventuell – je nach System – kann dies auch nur ein sehr, sehr kleiner Teil sein.

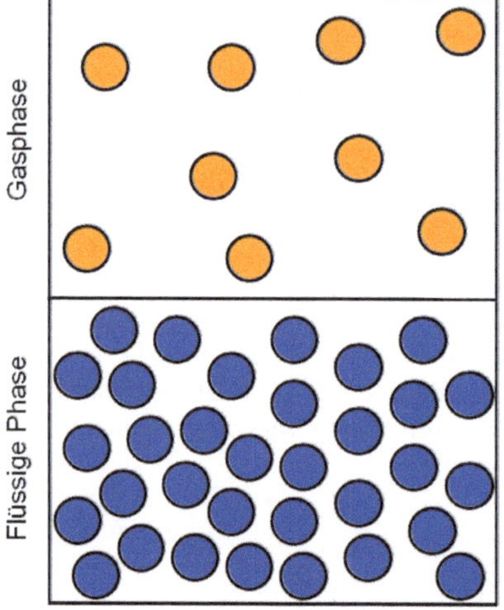

(a) Direkt nach dem Einfüllen

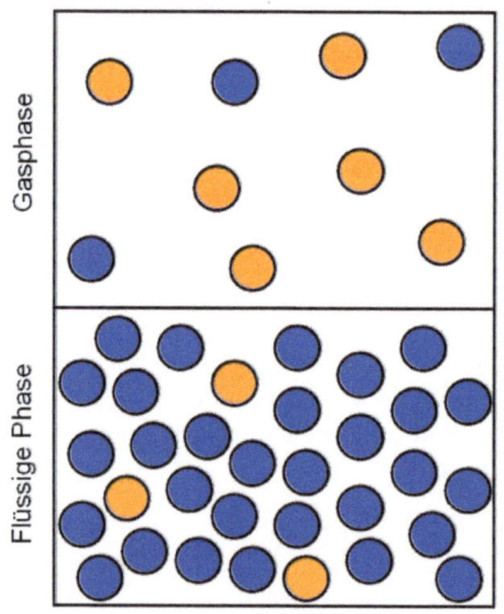

(b) Nach Erreichen des Gleichgewichtes

Abb. 6.4.: Schematische Darstellung von Flüssigkeits- und Gasphase direkt nach dem Einfüllen und nach dem Erreichen des thermodynamischen Gleichgewichtes. Ein Teil der flüssigen Komponente geht in die Gasphase über, ein Teil der Gasphase löst sich in der Flüssigkeit.

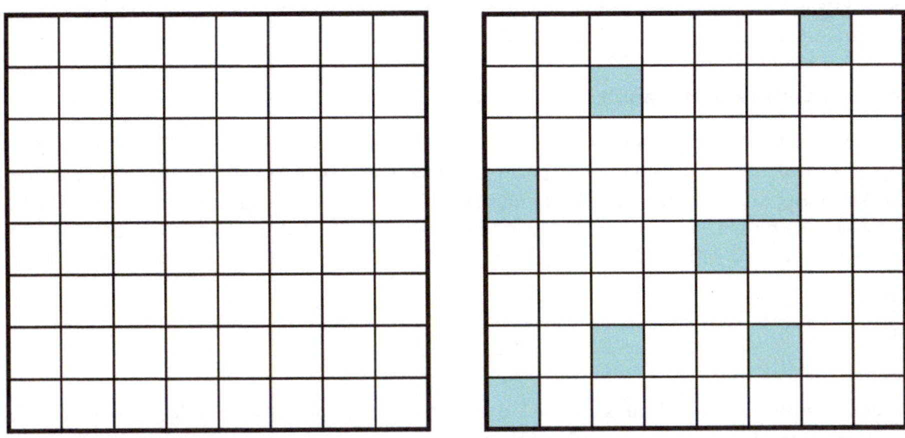

(a) Reinsubstanz   (b) Substanz mit in ihr gelöster Fremdsubstanz

Abb. 6.5.: Schematische Darstellung: Der rechte Fall hat eine höhere Entropie als der linke

Wir werden es nicht beweisen, aber wir vermuten (und wir vermuten richtig), dass bei zusammengesetzten Systemen, wie dem hier ausgedachten, das *gesamte* chemische Potential[I] minimiert wird: $\mu_{\text{Gesamt}} = \mu_{\text{Flüssigkeit}} + \mu_{\text{Gasphase}} =$ im Gleichgewicht minimal. Da der beschriebene Prozess von selbst abläuft, schließen wir daraus, dass sich das chemische Potential der Flüssigkeit erniedrigt, wenn sich ein wenig Gas darin löst und sich auch das chemische Potential der Gasphase erniedrigt, wenn ein wenig Flüssigkeit in die Gasphase übergeht.[II] Nun können wir uns fragen, wie sich das chemische Potential von etwas erniedrigen kann. Diese Antwort haben wir uns im letzten Kapitel bereits selbst gegeben – in dem es seine Entropie erhöht. Und tatsächlich haben wir bei den Fakten über die Entropie erwähnt, dass Mischungen typischerweise eine höhere Entropie haben, als Reinsubstanzen (auf Seite 8). Wir wollen diesen Gedanken aber noch kurz untermauern. Stellen wir uns ein System vor, dass vollständig rein ist – es besteht nur aus gleichen Teilchen. Dies ist schematisch in Abbildung 6.5(a) angedeutet. Wir wissen, dass die Entropie mit der Anzahl der Mikrozustände korreliert. Je mehr Möglichkeiten wir haben, ein System in unterscheidbaren Zuständen anzuordnen, desto höher ist seine Entropie. Sie sollten nun sehen, dass es weniger unterscheidbare Möglichkeiten gibt, das System in Abbildung 6.5(a)

[I]   Wenn man exakt spricht, spricht man nicht von einem gesamten chemischen Potential, sondern wieder von der Gibbs-Energie, da das chemische Potential immer nur für eine Komponente definiert ist.

[II]   Dass sich *beide* erniedrigen (und sich nicht etwa eines erhöht und eines erniedrigt) wissen wir deshalb, weil ja im Gleichgewicht das Potential der Flüssigkeit gleich dem Potential der Gasphase sein muss. Sonst würde ja noch weitere Reaktion geschehen. Daher wissen wir, dass im Gleichgewicht $\mu_{\text{Flüssigkeit}} = \mu_{\text{Gasphase}}$.

anzuordnen, als jenes in Abbildung 6.5(b).[I] Dieses zweite System ist aber genau ein Stoff, in dem sich etwas von einer Fremdsubstanz gelöst hat. Daher kommen wir zum wichtigen Schluss: *Die Entropie bevorzugt immer Mischungen!*

6.2.2. Das Gesetz von Raoult

Im letzten Kapitel haben wir den Dampfdruck über flüssigem Benzol in Betracht gezogen. Wie steht es aber mit unserem Gedankenexperiment, wenn wir nicht reines Benzol, sondern eine 1:1 molare Mischung aus Benzol und Toluol nehmen?[II] Zweifelsohne würden wir Benzol *und* Toluol in der Gasphase finden. Aber wieviel wovon? Das Gesetz von Raoult erlaubt es, die Menge eines Stoffes in Lösung mit seinem Partialdruck in Verbindung zu bringen. Es lautet

$$\boxed{p_i = x_i \cdot p_i^*.} \tag{6.2}$$

p_i ist der Dampfdruck des Stoffes i, x_i ist der Molenbruch des selben Stoffes in der Lösung. p_i^* ist der Dampfdruck, der über der Flüssigkeit herrschen würde, wenn die gesamte Lösung nur aus i bestehen würde („*Dampfdruck der Reinsubstanz*"). Damit haben wir unsere Antwort – der Dampfdruck von Benzol wäre genau halb so groß, wie der von reinem Benzol, weil $x_{\text{Benzol}} = 0,5$. Ebenso wäre der Partialdruck von Toluol in der Mischung genau halb so groß, wie der Dampfdruck wäre, wenn nur Toluol vorliegen würde. Ganz so einfach ist es aber leider nicht.

Das Raoultsche Gesetz gilt allerdings nur mit großen Einschränkungen. Die wichtigste davon ist, dass es nur für den Fall einer *idealen Lösung* gilt. Eine ideale Lösung ist eine Lösung, bei der die Teilchen untereinander keine Wechselwirkungen spüren. Das ist erstmal eine ziemlich krasse Näherung, da die Teilchen sich ohne Wechselwirkungen ja erst überhaupt nicht verflüssigen würden. Man kann zeigen, dass das Raoultsche Gesetz auch dann gilt, wenn es Wechselwirkungen gibt, diese aber im Mittel alle gleich groß sind.[III] Nun ist es so, dass alle Mischungen sich näherungsweise ideal verhalten, wenn eine Komponente sehr stark *verdünnt* ist – man spricht auch von einer verdünnten Lösung, wobei der Stoff, der in großer Überzahl vorliegt als *Lösungsmittel* und der Stoff, welcher in geringer Menge vorliegt, als *gelöster Stoff* bezeichnet wird. Außerdem gilt das Raoultsche Gesetz nur über ebenen Flüssigkeitsspiegeln.[IV]

6.2.3. Das chemische Potential einer Lösung

Mit unserem Wissen können wir nun eine Formel zusammenstöpseln, die tatsächlich das chemische Potential einer Mischung berechnen kann. Nehmen wir wieder unser Glas mit Benzol. Wir

---

[I] Tatsächlich gibt es genau eine Möglichkeit, das System in Abbildung 6.5(a) anzuordnen. Für das System aus Abbildung 6.5(b) gibt es wesentlich mehr: Das System hat $8 \cdot 8 = 64$ Plätze, auf denen wir 8 Fremdteilchen verteilen müssen. Versuchen Sie ruhig einmal, die Anzahl der Mikrozustände abzuschätzen.

[II] Wir verwenden Benzol und Toluol, weil sie eine praktisch vollkommen ideale Mischung ergeben.

[III] Wenn also in einer Lösung, welche aus den Stoffen A und B besteht, die Wechselwirkungen A-A, B-B und A-B gleich groß sind.

[IV] Über gekrümmten Oberflächen herrscht ein größerer Dampfdruck, daher verdampfen kleine Tröpfchen schneller als große.

wollen wissen, wie sich das chemische Potential des Benzols ändert, wenn wir ein wenig Toluol dazu geben. Wir wissen, dass im Gleichgewicht gewisse Partialdrücke von Benzol und Toluol in der Dampfphase vorherrschen werden. Außerdem wissen wir (von Seite 120), dass die beiden vorliegenden Phasen (Lösung und Gasphase) im Gleichgewicht dieselben chemischen Potentiale haben:

$$\mu_{\text{Benzol}}^{\text{Lösung}} = \mu_{\text{Benzol}}^{\text{Gas}}.$$

Man kann relativ leicht zeigen[I], dass für das chemische Potential der Gasphase folgendes gilt:

$$\mu_{\text{Benzol}}^{\text{Gas}} = \mu_{\text{Benzol}}^{\circ} + RT \ln \frac{p_{\text{Benzol}}}{p^{\circ}}.$$

Hierbei ist $\mu_{\text{Benzol}}^{\circ}$ das chemische Potential von reinem Benzol in der Gasphase, wenn der Standarddruck p° herrscht (typischerweise 1 bar). Da ja die chemischen Potentiale in der Lösung und der Gasphase gleich sind, gilt dasselbe auch für die Lösung:

$$\mu_{\text{Benzol}}^{\text{Lösung}} = \mu_{\text{Benzol}}^{\circ} + RT \ln \frac{p_{\text{Benzol}}}{p^{\circ}}.$$

[I] Wir können das sogar *selbst* leicht zeigen. Nehmen wir an, wir hätten ein G° bei einem Standardzustand (bezüglich Definition eines Standardzustandes siehe Abschnitt 8.1 auf Seite 168) festgelegt – wie immer wir das auch gemacht haben –, zum Beispiel bei p° und nehmen wir weiters an, dass die Temperatur konstant bleibt. Dann können wir G für einen anderen Druck leicht ausrechnen:

$$G = G^{\circ} + \Delta G.$$

Bei konstanter Stoffmenge und Temperatur gilt (siehe zum Beispiel Seite 17)

$$(dG)_{n,T} = +V\,dp.$$

Wenn wir vom differentiellen dG zum endlichen ΔG übergehen wollen, müssen wir integrieren. Wir integrieren also vom Startdruck (als diesen müssen wir p° wählen) bis zum beliebigen Enddruck p_E:

$$\Delta G = \int_{p=p^{\circ}}^{p_E} +V\,dp.$$

Für ein ideales Gas können wir diesen Ausdruck auflösen, da $V = \frac{nRT}{p}$. Wir erhalten

$$\Delta G = \int_{p=p^{\circ}}^{p_E} \frac{nRT}{p}\,dp = nRT \int_{p=p^{\circ}}^{p_E} \frac{1}{p}\,dp = nRT \ln \frac{p_E}{p^{\circ}}.$$

Wir setzen unser ΔG ein:

$$G = G^{\circ} + \Delta G = G^{\circ} + nRT \ln \frac{p_E}{p^{\circ}}$$

Da wir ein G in ein μ verwandeln können, wenn wir uns auf ein Mol beziehen (darum fällt n weg), nimmt unsere Gleichung diese Form an:

$$\mu^{\text{Gas}} = \mu^{\circ} + RT \ln \frac{p_E}{p^{\circ}}.$$

Es gibt natürlich keinen wissenschaftlichen Grund, warum dies nur für Benzol stimmen sollte –
es stimmt für jedes Lösungsmittel i:

$$\mu_i^{\text{Lösung}} = \mu_i^\circ + RT \ln \frac{p_i}{p^\circ}.$$

Es ist oft mit einem unangenehmen Gefühl verbunden, wenn in unseren Gleichung von uns
beliebig festgelegte Größen auftauchen (hier $p\circ$). Das lässt sich nicht immer vermeiden, in diesem
Fall können wir aber das arbiträr festgelegte p° durch das durch die Natur vorgegebene p^*
ersetzen. Denn wir können natürlich auch statt der Lösung die Reinsubstanz benutzen. Dann
wird $\mu^{\text{Lösung}}$ zu μ^*:

$$\mu_i^* = \mu_i^\circ + RT \ln \frac{p_i^*}{p^\circ}.$$

Dieses Ergebnis können wir wieder in obige Gleichung einsetzen und erhalten diese Gleichung[I]:

$$\mu_i^{\text{Lösung}} = \mu_i^* + RT \ln \frac{p_i}{p_i^*}.$$

Ein letzter Schritt noch, wir benutzen das Raoultsche Gesetz $p_i = x_i p_i^*$ (damit stimmt unsere
Formel aber nur mehr für *ideale* Gase!) und landen bei der wichtigen Gleichung:

$$\boxed{\mu_i^{\text{Lösung}} = \mu_i^* + RT \ln x_i.} \tag{6.3}$$

Damit haben wir abgeleitet, was wir in Abschnitt 6.2.1 noch bloß vermuteten: das chemische
Potential eines Reinstoffes wird erniedrigt, wenn man einen Fremdstoff hinzu gibt. Dies sehen
wir in unserer Formel: x_i, der Molenbruch, liegt immer zwischen 0 und 1. Der Logarithmus
von einer Zahl kleiner als 1 ist aber *negativ*. Damit wird der ganze hintere Ausdruck ($RT \ln x_i$)
negativ. Er sorgt dafür, dass das chemische Potential einer Lösung $\mu_i^{\text{Lösung}}$ immer kleiner ist, als
das chemische Potential der Reinsubstanz μ_i^*. Äußerst interessant ist auch die Tatsache, dass
der Ausdruck *in keiner Weise* von der Natur der gelösten Substanz abhängt. Es ist vollständig
egal, *was* für ein Stoff gelöst wird – die gleiche Menge an gelöstem Stoff liefert die gleiche Menge
an Änderung im chemischen Potential. Man nennt so etwas eine *kolligative Eigenschaft*, weil sie
nur von der *Menge*, aber nicht von der *Art* der zugegebenen Substanz abhängt.

Tragen wir noch einmal unsere Abbildung von Seite 120 auf – dort haben wir das chemische
Potential von einem reinen Feststoff, einer reinen Flüssigkeit und einer reinen Gasphase als
Funktion der Temperatur aufgetragen. Nun tragen wir auch noch das chemische Potential einer
Lösung ein. Das Potential der Lösung ist nach unten verschoben, die Lösung ist im Vergleich
zur reinen Flüssigkeit *stabilisiert*. Falls das Lösungsmittel und der gelöste Stoff getrennt aus-

---

[I]   Aber nur, wenn wir die Rechenregeln für Logarithmen richtig benutzen.

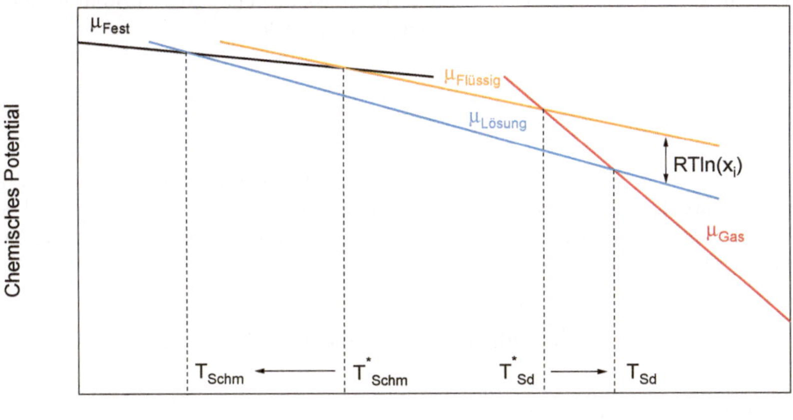

Abb. 6.6.: Die chemischen Potentiale einer festen, einer flüssigen, und einer gasförmigen Phase eines Stoffes als Funktion der Temperatur. Außerdem das chemische Potential einer flüssigen Lösung. Man sieht, dass sich für die Lösung der Gefrierpunkt erniedrigt und der Siedepunkt erhöht.

kristallisieren (zum Beispiel Salz in Wasser), dann bleibt die schwarze Kurve gleich. Da die Dampfdrücke, verglichen mit den typischen Umgebungsdrücken, sehr klein sind, kann auch die rote Kurve als gleich angesehen werden. Nun sehen wir, welche Auswirkungen die Zugabe einer Fremdsubstanz hat – der Siedepunkt erhöht sich und der Schmelzpunkt erniedrigt sich!

Man muss immer im Kopf behalten, dass unsere Formel nur für sehr verdünnte Lösungen gilt. Trotzdem ist die Bedeutung enorm. Die Siedepunktserhöhung und Schmelzpunktserniedrigung werden beide analytisch benutzt, um den Gehalt an Fremdsubstanz in einer Lösung festzustellen. Die Messung der Gefrierpunktserniedrigung (*„Kryoskopie"*) kann zum Beispiel bei Milch-, Blut- und Harnproben angewandt werden. Die Gefrierpunktserniedrigung ist auch der Grund, warum man im Winter Salz auf die Straße wirft – eine Salz-Wasser-Lösung friert erst bei tieferen Temperaturen. Wir wissen nun auch, dass es nicht wichtig ist, ob man Salz oder eine andere, wasserlösliche Substanz nimmt – es ginge genauso gut mit Zucker oder Polyethylenglykol, aber Salz ist billiger und einfacher. Einzige Bedingung ist, dass sich keine Mischkristalle bilden. Die Messung der Siedepunktserhöhung (*„Ebullioskopie"*) ist weniger genau, da sich der Siedepunkt weniger stark ändert.

6.2.4. Ein Anwendungsbeispiel: Die Kryoskopie

Wir wollen nun ein Anwendungsbeispiel des eben festgestellten ableiten, die schon erwähnte *Kryoskopie* oder Gefrierpunktserniedrigung. Hierbei wird die Veränderung des Gefrierpunktes gemessen und dadurch auf die Menge der gelösten Stoffe rückgeschlossen. Der Einfachheit halber, wollen wir ein Beispiel mit Salz und Wasser ableiten, das Ergebnis ist aber beliebig generalisierbar. Wir beginnen mit der eben gezeigten Erkenntnis, dass das chemische Potential der Lösung im Vergleich zur „reinen Lösung" (reinem Wasser) erniedrigt ist:

$$\mu_{H_2O}^{\text{Lös.}} = \mu_{H_2O}^* + RT \ln x_{H_2O}.$$

Da x_{H_2O} in einer echten Lösung stets kleiner als 1 ist, ist der Logarithmus negativ. Im Moment des Schmelzens ist das chemische Potential der Lösung gleich dem chemischen Potential des Feststoffes (denn beim Schmelzen koexistieren beide Stoffe und wann immer zwei Stoffe koexistieren, sind ihre chemischen Potentiale gleich):

$$\mu_{H_2O}^{\text{Fest.}} = \mu_{H_2O}^{\text{Lös.}} = \mu_{H_2O}^* + RT \ln x_{H_2O}.$$

Umschreiben der Gleichung führt zu:

$$\ln x_{H_2O} = \frac{\mu_{H_2O}^{\text{Fest.}} - \mu_{H_2O}^*}{RT}.$$

Da $x_{H_2O} + x_{\text{Salz}} = 1$ und $\mu_{H_2O}^{\text{Fest.}} - \mu_{H_2O}^* = -\Delta G_{\text{Schmelz},H_2O}$[I] bedeutet dies auch:

$$\ln\left(1 - x_{\text{Salz}}\right) = -\frac{\Delta G_{\text{Schmelz},H_2O}}{RT}.$$

Nun benutzen wir wieder einen schon bekannten, immer wieder wichtigen Zusammenhang:

$$\Delta G_{\text{Schmelz},H_2O} = \Delta H_{\text{Schmelz},H_2O} - T\Delta S_{\text{Schmelz},H_2O}.$$

Wir vernachlässigen die Temperaturabhängigkeiten von $\Delta H_{\text{Schmelz},H_2O}$ und $\Delta S_{\text{Schmelz},H_2O}$ und setzen in die frühere Gleichung ein, wobei wir bei der Entropie die Temperatur kürzen können:

$$\ln\left(1 - x_{\text{Salz}}\right) = -\frac{\Delta H_{\text{Schmelz},H_2O}}{RT} + \frac{\Delta S_{\text{Schmelz},H_2O}}{R}.$$

Nun bedienen wir uns wieder eines Trickes: Wir betrachten einen Extremfall: Wenn $x_{\text{Salz}} = 0$, also das Wasser vollkommen rein ist, muss gelten:

$$\ln 1 = 0 = -\frac{\Delta H_{\text{Schmelz},H_2O}}{RT_{\text{Schmelz},H_2O}} + \frac{\Delta S_{\text{Schmelz},H_2O}}{R},$$

[I] Es gilt ja immer der Zusammenhang Ende − Anfang, daher $\mu_{H_2O}^* - \mu_{H_2O}^{\text{Fest.}} = \Delta G_{\text{Schmelz},H_2O}$.

wobei nun $T_{\text{Schmelz,H}_2\text{O}}$ die Schmelztemperatur von reinem Wasser ist. Wir ziehen nun von der Gleichung für ein endliches x_{Salz} die Gleichung für $x_{\text{Salz}} = 0$ ab:

$$\ln\left(1 - x_{\text{Salz}}\right) = -\frac{\Delta H_{\text{Schmelz,H}_2\text{O}}}{RT} + \frac{\Delta S_{\text{Schmelz,H}_2\text{O}}}{R} + \frac{\Delta H_{\text{Schmelz,H}_2\text{O}}}{RT_{\text{Schmelz,H}_2\text{O}}} - \frac{\Delta S_{\text{Schmelz,H}_2\text{O}}}{R}.$$

Diese Formel kann zu

$$\ln\left(1 - x_{\text{Salz}}\right) = -\frac{\Delta H_{\text{Schmelz,H}_2\text{O}}}{R}\left(\frac{1}{T} - \frac{1}{T_{\text{Schmelz,H}_2\text{O}}}\right)$$

vereinfacht werden. Mit dieser Formel kann bereits gearbeitet werden, wir wollen sie aber unter geeigneten Vereinfachungen noch weiter entwickeln. Wir haben schon festgestellt, dass unsere Annahmen stets nur für ausreichend verdünnte Lösungen gelten, das heißt $x_{\text{Salz}} \ll 1$. Daher gilt $\ln\left(1 - x_{\text{Salz}}\right) \approx -x_{\text{Salz}}$, was wir einsetzen[I]. Damit unsere Gleichung weiterhin auf x_{Salz} lautet, tauschen wir die Reihenfolge in der Differenz um:

$$x_{\text{Salz}} = -\frac{\Delta H_{\text{Schmelz,H}_2\text{O}}}{R}\left(\frac{1}{T_{\text{Schmelz,H}_2\text{O}}} - \frac{1}{T}\right).$$

Meist ist die Gefrierpunktserniedrigung außerdem gering, sodass wir für den Ausdruck $T T_{\text{Schmelz,H}_2\text{O}}$ problemlos $T^2_{\text{Schmelz,H}_2\text{O}}$ schreiben dürfen. Wir können also den Ausdruck in der Klammer weiter vereinfachen:

$$\frac{1}{T_{\text{Schmelz,H}_2\text{O}}} - \frac{1}{T} = \frac{T - T_{\text{Schmelz,H}_2\text{O}}}{T T_{\text{Schmelz,H}_2\text{O}}} \approx \frac{T - T_{\text{Schmelz,H}_2\text{O}}}{T^2_{\text{Schmelz,H}_2\text{O}}} = \frac{\Delta T}{T^2_{\text{Schmelz,H}_2\text{O}}}.$$

Wir erhalten also:

$$x_{\text{Salz}} = -\frac{\Delta H_{\text{Schmelz,H}_2\text{O}}}{R}\frac{\Delta T}{T^2_{\text{Schmelz,H}_2\text{O}}},$$

was nach Auflösen nach ΔT

$$\boxed{\Delta T = -\frac{R T^2_{\text{Schmelz,H}_2\text{O}}}{\Delta H_{\text{Schmelz,H}_2\text{O}}} x_{\text{Salz}}} \tag{6.4}$$

[I]   Der zugrunde liegende Gedanke ist, dass der Ausdruck $\ln\left(1 + x\right)$ sich über eine Potenzreihenentwicklung darstellen lässt:

$$\ln\left(1 + x\right) = x - \frac{x^2}{2} + \frac{x^3}{3} - \frac{x^4}{4} + \dots$$

Ist aber x viel kleiner als 1, so sind die späteren Ausdrücke höherer Ordnung alle wesentlich kleiner, als x. So ist etwa für $x = 0.05$ der Ausdruck $\frac{x^2}{2}$ nur mehr 0.00125 und der Ausdruck $\frac{x^3}{3}$ nur mehr 0.0000416.

liefert. Die Größen $T_{\text{Schmelz,H}_2\text{O}}$ und $\Delta H_{\text{Schmelz,H}_2\text{O}}$ sind fixe Werte (273 K, beziehungsweise 6.01 kJ/mol bei 0 °C), ebenso natürlich R. Damit kann die Gefrierpunktserniedrigung ausgerechnet werden, wenn etwa 5 % Salz zur Lösung gegeben werden:

$$\Delta T = -\frac{8.314\frac{\text{J}}{\text{mol K}} \cdot 273^2\,\text{K}^2}{6010\frac{\text{J}}{\text{mol}}} \cdot 0.05 = -5.2\,\text{K}.$$

Eine Zugabe von 5 % Salz (egal, welches, wobei eine Dissoziation natürlich beachtet werden muss) führt also zu einer Gefrierpunktserniedrigung von über 5 K, was schon früh gut messbar war. Eine weitere Anwendung, welche vor allem früher bedeutend war, ist, dass die molare Masse eines unbekannten Stoffes mit Kryoskopie bestimmt werden kann[I]. Um die Messergebnisse zu verbessern, suchte man bewusst Lösungsmittel, die eine große Gefrierpunktserniedrigung hervorbringen[II], so hat etwa Campher eine Gefrierpunktserniedrigung, die circa 20 mal so hoch ist, wie die in Wasser, man würde also hier eine Gefrierpunktserniedrigung von circa 111 K erwarten. Freilich muss bei dieser Zahl hinterfragt werden, ob alle Näherungen noch Gültigkeit haben, etwa, dass $TT_{\text{Schmelz,H}_2\text{O}} \approx T^2_{\text{Schmelz,H}_2\text{O}}$. Die Größenordnung stimmt aber.

6.2.5. Das Gesetz von Henry

Wir müssen stets im Kopf behalten, dass das Raoultsche Gesetz immer nur im Grenzfall von sehr starker Verdünnung gilt. Betrachten wir einmal die tatsächlichen Experimentaldaten für die Partialdrücke über einem Aceton-CS$_2$-Gemisch – Abbildung 6.7. Die Partialdrücke von Aceton und CS$_2$ sind gegen den Molenbruch von CS$_2$ (x_{CS_2}) aufgetragen, außerdem ist der Gesamtdruck dargestellt. Die Punkte sind echte Messwerte, die durchgezogenen Linien stellen Ausgleichsfunktionen dar, die nur das Auge führen sollen.

Testen wir das Raoultsche Gesetz. Es sagt, dass für den Grenzfall großer Verdünnung die Kurven zu Geraden werden sollten. Der erste Fall, wann dies eintreten sollte, ist für CS$_2$ bei einem sehr hohen Molenbruch von CS$_2$, i.e. auf der roten Kurve ganz rechts. Hier betrachten wir den Partialdruck von CS$_2$ während die Lösung praktisch nur mehr aus CS$_2$ und einigen wenigen Prozent Aceton besteht. Und tatsächlich scheint die Kurve hier eine Weile relativ gut durch eine Gerade annäherbar zu sein. Aber es gibt auch einen zweiten Fall, den wir durch das Raoultsche Gesetz beschreiben können, die blaue Kurve ganz links. Dann betrachten wir ja den Partialdruck von Aceton, während unsere Lösung größtenteils aus Aceton besteht. Und auch hier scheint die Kurve recht gut durch eine Gerade annäherbar zu sein.

Wenn wir die Kurven aber aufmerksam weiter betrachten, bemerken wir, dass sie auch an den jeweils anderen Enden relativ gerade werden. Der Partialdruck von Aceton scheint auch für eine Lösung, die praktisch kein Aceton mehr enthält, linear von der Zusammensetzung abzuhängen. Ebenso die rote Kurve links unten – hier besteht unsere Lösung praktisch nur aus Aceton, trotzdem scheint der Partialdruck von CS$_2$ linear zu steigen. Dieses Verhalten können wir *nicht* durch das Raoultsche Gesetz erklären – wir befinden uns sogar maximal weit von seiner Gül-

---

[I]   Das werden wir hier aber nicht durchexerzieren.

[II]   Man sucht also Stoffe, die eine hohe Schmelztemperatur, aber eine geringe Schmelzenthalpie haben.

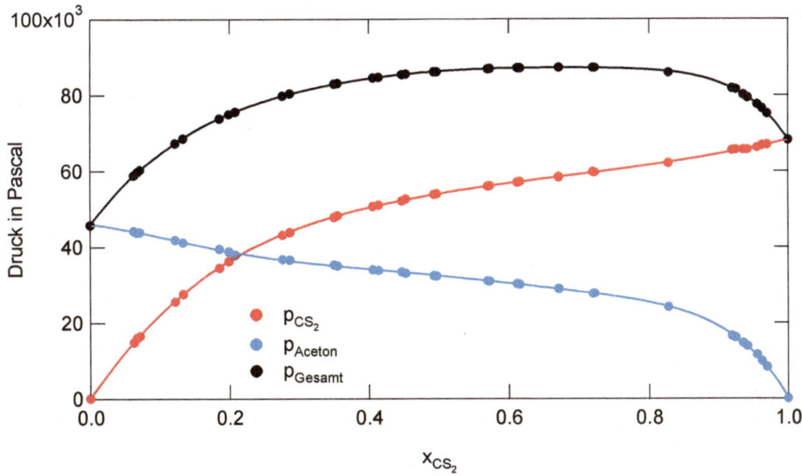

Abb. 6.7.: Die Partialdampfdrücke von Aceton und CS_2, sowie der Gesamtdruck über einer Aceton-CS_2-Lösung als Funktion der Zusammensetzung der Lösung.

tigkeit entfernt. Dem Chemiker William Henry ist diese Linearität auch aufgefallen, daher wird das betreffende Gesetz als *Gesetz von Henry* bezeichnet:

$$p_i = x_i \cdot k_H^i. \tag{6.5}$$

p_i ist wieder der Partialdruck der Komponente i, x_i der Molenbruch der Komponente i. k_H^i ist die *Henry-Konstante*. Die Henry-Konstante hängt von der Temperatur, dem Lösungsmittel und dem gelösten Stoff ab und ist für viele Kombinationen tabelliert. Die Gesetze von Raoult und Henry beschreiben damit die *Grenzfälle* einer ideal verdünnten Lösung.

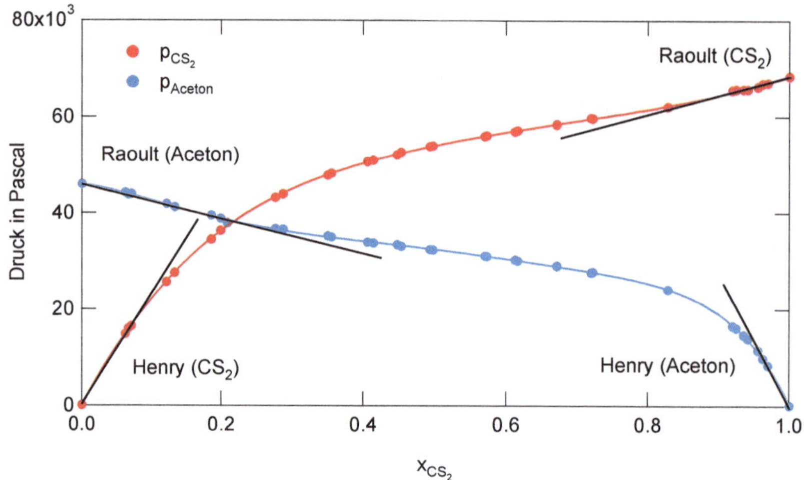

Abb. 6.8.: Die Partialdampfdrücke von Aceton und CS_2 über einer Aceton-CS_2-Lösung als Funktion der Zusammensetzung der Lösung. Die Gültigkeitsbereiche der Gesetze von Raoult und Henry sind hervorgehoben.

6.2.6. Die Gleichung von Clausius und Clapeyron

Auf Seite 119 haben wir in Abbildung 6.2 ein allgemeines Phasendiagramm von einem Stoff ohne Anomalien gesehen. Wir fragen uns, ob es uns möglich ist, dieses Phasendiagramm aus thermodynamischen Größen zu berechnen. Sie ahnen es bereits – die Antwort ist ein Ja! Um das machen zu können, müssten wir berechnen, was der Ausdruck $\frac{dp}{dT}$ liefert, also wie sich p ändert, wenn sich T ändert.[I] Dazu überlegen wir uns Folgendes: am Punkt der Koexistenz (wenn also zwei Phasen gleichzeitig vorliegen, dies sind die Linien im Phasendiagramm) ist das chemische Potential beider Phasen gleich ($\mu_1 = \mu_2$), sonst würden sie ja nicht koexistieren. Aber nicht nur das – wenn wir nur mehr Punkte der Koexistenz betrachten (also die Linien im Phasendiagramm), so müssen nicht nur die chemischen Potentiale, sondern auch *die Änderungen der chemischen Potentiale* gleich sein ($d\mu_1 = d\mu_2$), sonst würden wir ja die Kurve verlassen. Wir wissen (Seite 17), dass wir die Gleichung

$$dG = +V\,dp - S\,dT + \mu\,dn$$

durch Benutzen der molaren Größen in μ überführen können: V wird dabei zu V_m, S wird zu S_m und der dn-Term fällt weg, weil wir ja immer ein Mol betrachten. Daher erhalten wir:

$$d\mu = +V_m\,dp - S_m\,dT.$$

[I] Genau das sind ja die Linien im Phasendiagramm, welches ja ein p,T-Diagramm ist.

Die gilt natürlich für μ_1 ebenso wie für μ_2, weshalb wir in die Gleichung $d\mu_1 = d\mu_2$ einsetzen:

$$+V_m^1 dp - S_m^1 dT = +V_m^2 dp - S_m^2 dT.$$

Durch einfaches Umformen kommt man schnell zu:

$$\left(\frac{dp}{dT}\right)_{\text{Koex}} = \frac{S_m^1 - S_m^2}{V_m^1 - V_m^2} = \frac{\Delta S}{\Delta V}.$$

Wir wollen nochmals betonen, dass diese Gleichung *nur* auf der Koexistenzlinie gilt und zeigen dies durch das Subskript $_{\text{Koex}}$ an. Ganz allgemein gilt, dass die Entropie die reversibel übertragene Wärme durch die Temperatur ist: $\Delta S = \frac{\Delta Q_{\text{Rev}}}{T}$. Während einer Phasenumwandlung bleiben die Temperatur und der Druck konstant, wir haben es also mit einem isothermen, isobaren Prozess zu tun. Deshalb können wir weiter schreiben[I]:

$$\Delta S = \frac{\Delta Q_{\text{Rev}}}{T} = \frac{\Delta H}{T}.$$

Mit dieser Einsetzung landen wir bei der wichtigen Gleichung, welche von Benoit Clapeyron entwickelt und von Rudolf Clausius thermodynamisch bewiesen wurde:

$$\boxed{\left(\frac{dp}{dT}\right)_{\text{Koex}} = \frac{\Delta H}{T\Delta V}.} \tag{6.6}$$

Dieses Gesetz liefert uns die Steigung der Linien im Phasendiagramm.

6.2.7. Die Gibbssche Phasenregel

Nun wollen wir noch die Gibbssche Phasenregel einführen, welche bei verschiedenen Betrachtungen nützlich ist. Sie lautet

$$\boxed{F = K - P + 2.} \tag{6.7}$$

[I] Wir können dies deshalb tun, weil wir auf Seite 17 festgestellt haben:

$$\left(\frac{dH}{dS}\right)_{p,n} = +T,$$

was wir leicht durch Umstellen und Übergang von infinitesimalen zu endlichen Schritten zu

$$\Delta S = \left(\frac{\Delta H}{T}\right)_{p,n}$$

umbauen können.

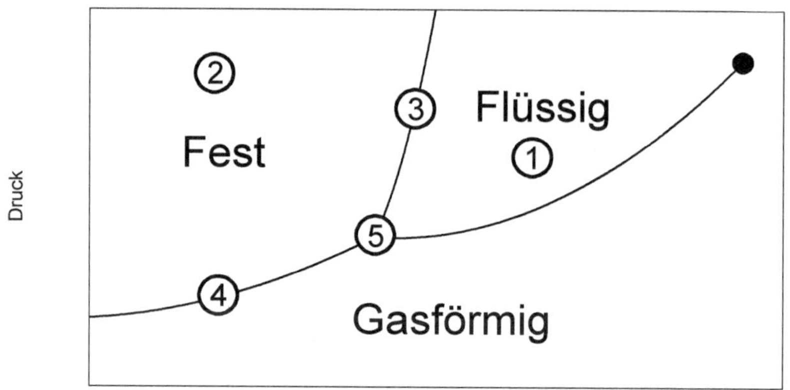

Abb. 6.9.: Phasendiagramm unseres Stoffes.

P ist dabei die Anzahl der Phasen, diesen Begriff haben wir bereits kennen gelernt. K ist die Anzahl der Komponenten (Aceton, CS_2, H_2O, ...) die im System vorliegen. F ist schließlich die Anzahl der *Freiheitsgrade*. In diesem Fall bedeutet es, wie viele Zustandsvariablen (p, V, T) wir frei wählen können, bevor die restlichen festgelegt sind, wenn sich die Anzahl der Phasen nicht ändern soll. Um ein bisschen mit der Formel zu spielen, nehmen wir noch einmal unser Phasendiagramm von Seite 119 zur Hand und schauen uns verschiedene Punkte darin an (Abbildung 6.9). Bei Punkt 1 befinden wir uns in der flüssigen Phase, es existiert keine andere, daher $P = 1$. Ebenso haben wir nur eine Komponente, daher $K = 1$. Das bedeutet, wir haben an dieser Stelle $F = 1 - 1 + 2 = 2$ Freiheitsgrade. Das heißt, wir können zwei Zustandsvariablen auswählen (zum Beispiel p und V), die andere (T) ist dann festgelegt. Ganz analog bei Punkt 2. Auch hier können wir zwei Variablen wählen, die dritte steht dann fest. Anders die Punkte 3 und 4 – hier ist zwar die Anzahl der Komponenten noch immer 1, allerdings gibt es zwei Phasen – daher gilt $F = 1 - 2 + 2 = 1$. Wir haben also nur *einen* Freiheitsgrad. Wenn wir auf der Phasengrenzlinie liegen wollen, und wir wählen eine Temperatur T aus, so ist der Druck p bereits festgelegt. Besonders stark eingeschränkt sind wir am Tripelpunkt – hier gilt $F = 1 - 3 + 2 = 0$. Es gibt hier überhaupt keine Freiheitsgrade – der Tripelpunkt liegt an *genau einer* fixen Stelle, von der wir nicht abweichen können.

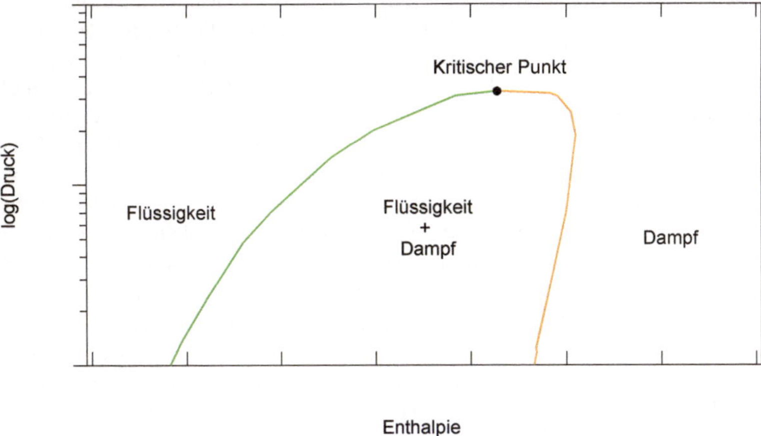

Abb. 6.10.: Ein schematisches Druck-Enthalpie-Diagramm.

6.3. Das Druck-Enthalpie-Diagramm

Ein weiteres wichtiges Hilfsmittel ist das Druck-Enthalpie-Diagramm[I]. Ein solches Diagramm ist schematisch in Abbildung 6.10 gezeichnet. Es kann oft dazu benutzt werden, Vorgänge in Geräten wie Kühlschränken zu verstehen und ist für viele häufige Kältemittel bekannt. Verschaffen wir uns erst einen Überblick über diese Art von Diagrammen. Auf der x-Achse ist die zugeführte Enthalpie aufgetragen, auf der y-Achse der Druck, unter welchem das System steht. Es ist zu bemerken, dass der Druck zehnerlogarithmisch aufgetragen ist – was bedeutet, dass eine Verzehnfachung des Druckes im Diagramm nur zu einer Verdoppelung auf der y-Achse führt. Das Diagramm ist ein *Phasendiagramm*, auch wenn es auf den ersten Blick etwas seltsam anmutet. Aber es zeigt uns verschiedene vorliegende Phasen – in diesem Fall sagt es etwas darüber aus, ob das System als Flüssigkeit, als Gas oder als Mischung von beidem vorliegt. Wir erkennen eine domartige Struktur in dem Diagramm. Innerhalb der selben liegen jeweils gesättigte Flüssigkeit und gesättigtes Gas vor. Ganz an der Spitze der domartigen Struktur liegt der kritische Punkt. Oberhalb desselben können wir nicht mehr zwischen Flüssigkeit und Gas unterscheiden, sondern wir haben ein überkritisches Fluid vorliegen – daher ist das $\log(p),H$-Diagramm oberhalb dieses Druckes nur mehr von vermindertem Interesse von uns. Auf der Grenzlinie linkerhand des kritischen Punkts (grün) existiert gesättigter Dampf, auf der rechten Seite (orange) gesättigte Flüssigkeit. Zeichnen wir nun verschiedene bekannte Prozesse in unser Diagramm ein (Abbildung 6.11). Beginnen wir mit einem isobaren Prozess, da er besonders einfach ist. Da der Logarithmus des Druckes ja auf der y-Achse aufgetragen ist, ist ein isobarer Prozess eine waagerechte Linie im $\log(p),H$-Diagram (grüne Linie). Ein isothermer Prozess (schwarze Linie) ist etwas komplizierter – er hat außerhalb der Dom-Region stets eine negative Steigung (er sinkt). Innerhalb des Bereiches, in dem Dampf und Flüssigkeit zugleich vorliegen, wird seine Steigung

---

[I]   Oft auch als $\log(p),H$-Diagramm bezeichnet.

aber Null. Betrachten wir zuerst den Bereich außerhalb des Domes. Wir führen dem System Wärme in Form von Enthalpie zu, müssen aber dafür sorgen, dass die Temperatur gleich bleibt, sonst wäre es ja kein isothermer Prozess mehr. Daher müssen wir das Volumen vergrößern, was das selbe ist, wie den Druck verringern. Daher sinkt die Kurve außerhalb stets. Innerhalb haben wir eine weitere Möglichkeit, die zugeführte Energie zu deponieren – wir verwenden sie dazu, die Flüssigkeit zu verdampfen. Dabei wird zwar das Volumen vergrößert, aber der Druck kann gleich bleiben. Schauen wir uns den isochoren Fall an (blaue Linien). Uns ist klar, dass wenn das Volumen gleich bleibt und wir Enthalpie zuführen, sich der Druck erhöhen muss. Daher haben isochore Linien auch stets eine positive Steigung – genauer gesagt haben sie stets die Steigung $\left(\frac{dp}{dH}\right)_V$ [I]. Die isochoren Kurven verhalten sich ganz ähnlich wie die isentropen, ihre Steigung ist sehr steil, wenn wir bei niedrigen Enthalpien sind und wird umso flacher, je weiter wir uns nach rechts bewegen. Sie sind jedoch im Allgemeinen insgesamt flacher als die Isentropen. Die Isentropen sind eine Klasse von Isoprozessen, die wir bis jetzt wenig besprochen haben – es ist aber nicht allzu schwierig, ein intuitives Verständnis zu haben: ein isentroper Prozess ist ein Prozess, bei dem die Entropie S sich nicht ändert, also $dS = 0$. Dass die Isentropen eine stets positive Steigung haben, können wir direkt aus unserer Definition der Enthalpie ablesen – falls die Stoffmenge n konstant ist, gilt:

$$dH = +V\,dp + T\,dS.$$

Ist nun $dS = 0$, so muss, falls wir die Enthalpie erhöhen $(dH > 0)$, sich auch der Druck erhöhen $(dp > 0)$. Wie bei den Isochoren wird die Steigung der Isentropen mit wachsender Enthalpie geringer. Außerdem ist die Steigung der Isentropen typischerweise steiler als die der Isochoren. Schließlich können wir noch etwas sehr einfach aus dem log(p),H-Diagramm ablesen. Nämlich das Verhältnis von Flüssigkeit zu Dampf im Koexistenzbereich. Betrachten wir den roten Punkt in Abbildung 6.12. Wir wollen nun wissen, wie hoch der Anteil von Dampf und Flüssigkeit jeweils ist. Dazu zeichnen wir einfach eine waagerechte Linie und schneiden sie mit den beiden Sättigungskurven. Nun müssen wir nur mehr die beiden Längen abmessen, die dadurch entstehen. Das Verhältnis der Längen gibt auch das Verhältnis von Flüssigkeit und Dampf an. Eine kurze Messung mit einem handelsüblichen Lineal zeigt dass sich die Längen in etwa wie $0,63 : 0,37$ verhalten, daher wissen wir auch, dass an diesem Punkt etwa 63% aller Mol der Substanz bereits als Dampf vorliegen. Da das Verhalten dem einer Waage mit verschieden Langen Hebeln analog ist, nennt man das Gesetz, mit welchem man aus den Werten der Enthalpien direkt den Anteil an Dampf ausrechnen kann, auch *Hebelgesetz*:

$$x_{\text{Dampf}} = \frac{H_{\text{Punkt}} - H_{\text{Flüssigkeit}}}{H_{\text{Dampf}} - H_{\text{Flüssigkeit}}}.$$

Dabei ist H_{Punkt} die Enthalpie am bezeichneten Punkt, H_{Dampf} ist der rechte Schnittpunkt mit der Kurve und $H_{\text{Flüssigkeit}}$ der linke. x_{Dampf} ist dann der Molanteil der Substanz, der als Dampf

---

[I]   Das muss so sein, weil dass ja die Definition der gezeichneten Kurve ist. Der Term $\left(\frac{dp}{dH}\right)_V$ bedeutet ja nichts anderes als: Wie ändert sich der Druck, wenn sich die Enthalpie ändert, jedoch das Volumen stets konstant gehalten wird?

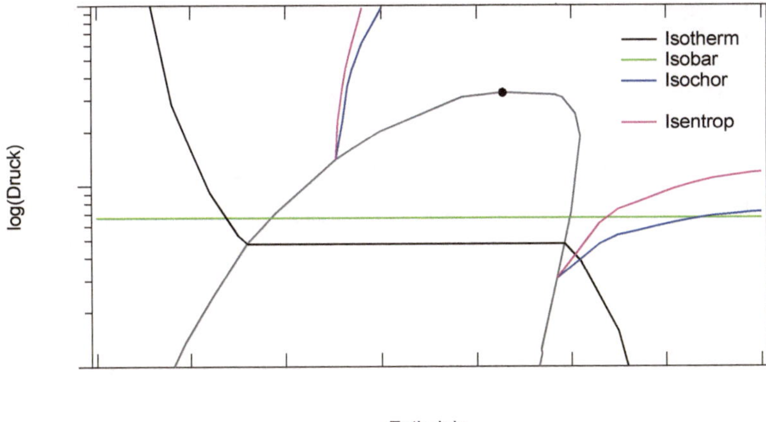

Abb. 6.11.: Ein schematisches Druck-Enthalpie-Diagramm mit verschiedenen Prozessen.

vorliegt. Im Internet finden Sie leicht und frei verfügbar „echte" log(p),H-Diagramme, etwa für CO_2 (R744), welches eine sehr lange Geschichte als Kältemittel hat.[I]

[I] Kältemittel werden typischerweise in der Form R-zzz abgekürzt, wobei R für *„Refrigerant"* steht. Für organische Kältemittel gilt, dass die Ziffernfolge zzz wie folgt zu lesen ist:

- Die erste Zahl ist die Zahl der Kohlenstoffatome weniger 1

- Die zweite Zahl ist die Zahl der Wasserstoffatome plus 1

- Die dritte Zahl ist die Zahl der Fluoratome

Falls keine weiteren Angaben gemacht werden, sind die restlichen Bindungen mit Chloratomen abzusättigen. Es gibt einige Sonderregeln, welche wir hier nicht zu erwähnen brauchen. Anorganische Kältemittel werden etwas anders angegeben: Hierbei ist die erste Zahl stets eine 7, die restlichen Zahlen werden durch die molare Masse besetzt. Daher hat CO_2 die Kennung R-744, weil die molare Masse von CO_2 44, 01 g/mol beträgt.

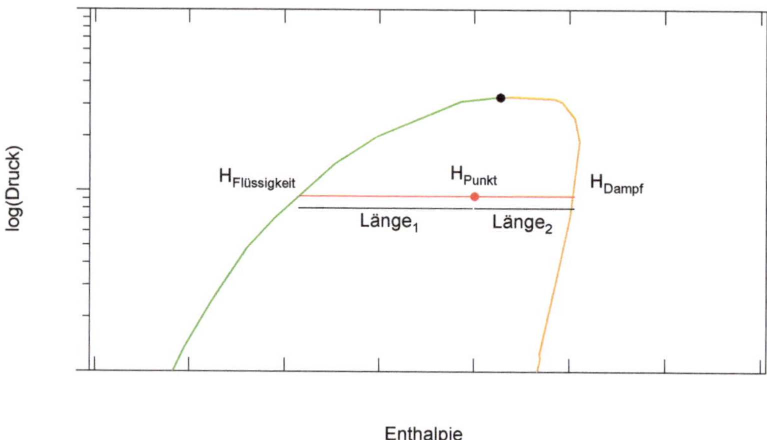

Abb. 6.12.: Ein schematisches Druck-Enthalpie-Diagramm mit Berechnung der Zusammensetzung.

6.4. Ein Kühlschrank

Nun haben wir uns sehr oft mit Wärmekraftmaschinen befasst. Zum Abschluss dieses Kapitels
wollen wir das Spiel nun umdrehen und uns mit einer Maschine befassen, die Wärme wegbringt.
Wir wollen daher unser Wissen benutzen, um zu verstehen, wie ein Kühlschrank funktioniert.
Dazu ziehen wir wieder ein log(p),H-Diagramm zu Rate (Abbildung 6.13). In jedem Kühlschrank
ist ein *Kältemittel*, welches zirkuliert wird, um Wärme aus dem Kühlschrank in die Umgebung
abzugeben. Wir starten an Punkt A im Diagramm. Das Kältemittel liegt teilweise flüssig, teilweise als Dampf vor (wir befinden uns ja im Dom-Bereich). Da der Druck oberhalb des Kältemittels
niedrig ist, kann es – unter Aufnahme von Wärme aus der Umgebung – verdampfen. Dadurch
steigt der Anteil an dampfförmigem Kältemittel an, wir bewegen uns im Diagramm nach rechts
Richtung Punkt B. Irgendwann schneiden wir die Kurve, das gesamte Kältemittel ist dann gasförmig – hier könnten wir diesen Schritt eigentlich beenden. Da aber in einem weiteren Schritt
das Kältemittel in einen Kompressor kommt und dieser keine Flüssigkeit aufnehmen darf, da
er sonst beschädigt werden kann, lässt man weitere Enthalpie (in Form von Wärme) in das
Kältemittel fließen. Bei Punkt B fühlen wir uns sicher und bringen das gasförmige Kältemittel
in einen *Kompressor*. Dieser komprimiert das Gas – wir sehen, dass der Druck auf dem Weg zu
Punkt C ansteigt. Wir müssen natürlich weiter Energie in das System eintragen, um die Kompression zu vollführen. Diese führen wir durch die Steckdose zu, wir müssen also dafür bezahlen
(während die Evaporation quasi „von selbst" geschieht, wenn Druck und Temperatur angemes-
sen sind). Da wir ja Energie in unser System eintragen, erwärmt sich das Kältemittel nun. Das
nun komprimierte und warme Gas führen wir in einen *Verflüssiger*, dieser ist typischerweise in
Form von Kühlschlangen an der Kühlschrankrückwand angebracht. Da das Gas nun wärmer ist,
als die Umgebung, gibt es Wärme in Form von Enthalpie an die Umgebung ab, wir bewegen
uns also im Diagramm nach links, Richtung D. Wenn wir die Dom-Kurve schneiden, beginnt

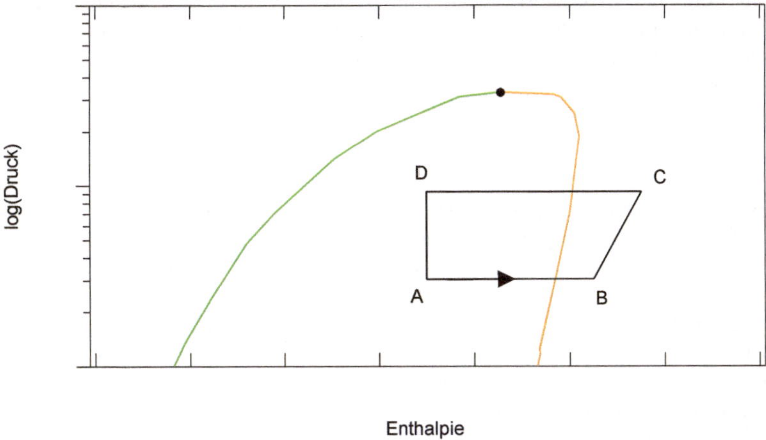

Abb. 6.13.: Schematische Darstellung des Prozesses, der einen Kühlschrank abkühlt.

das Kältemittel wieder zu kondensieren, daher verdient der Verflüssiger seinen Namen ganz zu Recht. Ein Teil des Kältemittels ist noch gasförmig und steht unter Druck, daher entspannt man es, indem man das Kältemittel beispielsweise durch ein Expansionsventil führt. Dabei sinkt der Druck und wir können wieder den Ausgangspunkt A erreichen.

Rekapitulieren wir noch einmal, was wir nun getan haben. Wir haben einem kalten System (dem Inneren des Kühlschranks) Wärme in Form von Enthalpie entnommen und in einem Kältemittel gespeichert. Dieses haben wir dann komprimiert (und damit erhitzt) und in die Wärmetauscher auf der Kühlwandrückseite gebracht, wo das Kältemittel seine Wärme wieder in Form von Enthalpie an ein wärmeres System (die Umgebung) überträgt. Wir haben also das kältere System kälter und das wärmere System wärmer gemacht! Wir wollen auch noch kurz überlegen, warum wir die Enthalpie als zentrale Größe benutzt haben. In unserem System geschehen im Wesentlichen zwei Arten von Prozessen. Zum einen haben wir die verschiedenen Wärmeaustauschprozesse, zum anderen haben wir die Verdampfung und Kondensation. Verdampfung und Kondensation wird wie eine chemische Umwandlung beschrieben, daher sagt uns ein Blick in die Tabelle auf Seite 14, dass die Enthalpie die gesuchte Grundgröße für dieses System ist.

Nun fragen wir uns noch, ob wir die Effizienz dieses Kühlschranks aus dem Diagramm ableiten können. Beim Schritt D $\to$ A wird überhaupt keine Enthalpie mit der Umgebung ausgetauscht, dieser Schritt ist für uns daher von keiner Bedeutung. Beim Schritt C $\to$ D wird Wärme vom Kältemittel auf die Umgebung übertragen. Hier setzen wir zwar Enthalpie um, der Betrag ist uns aber relativ egal.[I] Für uns von Bedeutung sind die beiden Schritte von A nach B und von B nach C. Beim Schritt A $\to$ B vollbringt der Kühlschrank seine Arbeit, er entnimmt Enthalpie in Form von Wärme aus dem Kühlgut. Die Länge der Strecke AB im log(p),H-Diagramm ist

---

[I] Er wäre dann für uns von Interesse, wenn wir den Kühlschrank nicht zum Kühlen seines Inhalts, sondern zum Heizen der Umgebung nutzen würden. Die Länge CD sagt etwas darüber aus, wieviel Wärme wir in der Umgebung deponieren.

idealerweise sehr lang. Die Strecke BC wiederum ist mit der Energie assoziiert, die wir dem Kühlschrank zuführen müssen, um das Gas zu komprimieren. Diese Energiemenge ist idealerweise sehr klein. Tatsächlich können wir die Leistungszahl des Kühlschranks direkt aus dem Diagramm ablesen:

$$\epsilon = \frac{H_B - H_A}{H_C - H_B}.$$

Ein Wort noch zu den Beschränkungen, denen der Kühlschrank unterliegt. Wir lassen das Kältemittel beim tiefen Druck verdampfen. Das geht deshalb, weil die Siedetemperatur sinkt, wenn der Umgebungsdruck sinkt, das Kältemittel verdampft also nur, wenn der Druck tief genug ist. Damit es aber außerhalb wieder kondensiert, müssen wir es komprimieren, sprich seinen Druck erhöhen, damit es wieder ausfriert. Das limitiert uns, weil die Kompression umso mehr Energie kostet, je größer der Druckunterschied sein soll. Daher ist nicht jeder Stoff als Kältemittel geeignet: Unter Umständen müssten wir den Druck sehr weit absenken, bevor der Stoff bei den im Kühlschrank vorliegenden Temperaturen verdampft und eventuell müssten wir den Druck sehr stark erhöhen, damit er bei den Temperaturen in der Umgebung kondensiert.

Übung: Phasengleichgewichte (Übung 13 auf Seite 280)

7. Wärmetransport

I N DIESEM KAPITEL wollen wir uns mit dem Transport von Wärme in Stoffen befassen. Damit hat dieses Kapitel gewissermaßen eine Exotenrolle inne – in der klassischen Thermodynamik kann Wärmetransport ja gar nicht vorkommen, weil diese nur für den Zustand des thermischen Gleichgewichtes gilt, ergo keine Temperaturgradienten und damit keine Wärmeflüsse in ihr auftauchen. Jede Form von Temperaturtransport ist damit notwendigerweise ein Nichtgleichgewichtsphänomen. Daher wird die Beschreibung des Wärmetransportes auch mit wesentlich anderen Methoden und Modellen zu beschreiben sein, als die restlichen Kapitel. Unsere Werkzeuge entstammen deshalb eher aus dem Gebiet der Kinetik. Wir werden im Wesentlichen vier Arten der Wärmeübertragung besprechen, von denen je nach Fall verschiedene dominant sein werden. Allgemein ist aber in Festkörpern die *Konduktion* wesentlich wichtiger als die *Konvektion*, während es sich in Fluiden genau anders herum verhält. Die Bedeutung von Wärmeübertragung durch Strahlung ist stark von der Temperatur abhängig. Als Letztes werden wir eine relativ unbekannte Art der Wärmeübertragung kennen lernen, die jedoch beispielsweise beim Kochen von enormer Bedeutung ist: Die Wärmeübertragung durch latente Wärme.

Es sei noch einmal erwähnt, dass die Symbolkonvention teilweise (wie in vielen wissenschaftlichen Feldern) ein wildes Durcheinander sein kann. Ich habe bei der Erstellung dieses Buches versucht, eine sinnvolle und konsistente Konventionen zu benutzen, seien Sie aber nicht überrascht, wenn Sie in anderen Lehrbüchern teilweise abweichende Festlegungen finden. So wird beispielsweise λ oft durch κ ersetzt, ∇^2 durch Δ und vieles mehr. Wenn Sie also ein Buch benutzen, welches nicht den hier dargelegten Konventionen folgt, versuchen Sie bei der Lektüre festzustellen, welches Symbol welche Bedeutung trägt, damit Sie nicht in Verwirrung geraten.

7.1. Konduktion

Wir wollen unsere Überlegungen von einer einfachen Beobachtung ausgehend beginnen: *Wärme fließt entlang eines Temperaturgefälles, wobei die Wärme umso schneller fließt, je steiler dieses Gefälle ist und immer in die Richtung fließt, bei der sie das Gefälle abbaut.* Vieles davon wussten wir schon aus der uns bereits bekannten Thermodynamik. So ist beispielsweise die Aussage, dass der Wärmefluss so gestaltet wird, dass das Gefälle sich abbaut, gleichbedeutend mit der Aussage, dass Wärme immer vom warmen auf den kalten Körper fließt, was, wie wir ja bereits wissen, eine mögliche Formulierung des zweiten Hauptsatzes der Thermodynamik ist. Neu ist das „*umso schneller*", weil es erstmals eine zeitliche Komponente ins Spiel bringt. Damit sehen wir, was wir bereits eingangs gesagt haben - Wärmeleitung ist kein klassisches thermodynamisches Phänomen, weil sie zeitabhängig ist.
Wir wollen das Gesagte in eine Formel bringen. Dazu führen wir den Begriff der *Wärmestromdichte* $\mathbf{j}$ ein.[I] Diese Größe soll uns sagen, wie viel Wärme pro Zeit durch eine gewisse Fläche

---

[I] $\mathbf{j}$ wird fett geschrieben, weil es ein Vektor ist und eine Richtung hat.

© Springer Fachmedien Wiesbaden GmbH, ein Teil von Springer Nature 2018
W. Stadlmayr, *Thermodynamik – nicht nur für Nerds*,
https://doi.org/10.1007/978-3-658-23291-7_7

hindurch tritt. Sie hat daher die Einheit $\frac{J}{s \cdot m^2}$ beziehungsweise $\frac{W}{m^2}$. Diese Wärmestromdichte kann nun von Ort zu Ort verschieden sein, wenn wir also zum gesamten Wärmefluss kommen wollen, werden wir über die verschiedenen Wärmestromdichten, die zu den verschiedenen Flächen gehören, integrieren müssen: $\frac{\Delta Q}{\Delta t} = \int \mathbf{j} dA$. Erst müssen wir uns aber noch überlegen, wie $\mathbf{j}$ genau aussieht. Wir haben bereits gesagt, dass $\mathbf{j}$ betragsmäßig groß wird, wenn die Temperaturen an verschiedenen Punkten im Körper sehr unterschiedlich sind. Die Änderung der Temperatur als Funktion des Ortes kann aber leicht hingeschrieben werden: Es ist die Änderung der Temperatur als Funktion von x, die Änderung der Temperatur als Funktion von y und die Änderung der Temperatur als Funktion von z. Man nennt diese Operation den *Gradienten* und kürzt sie durch das Symbol ∇ (sprich: Nabla) ab. Für eine genauere Diskussion des Gradienten-Operators und der Theorie von Feldern siehe den Appendix auf Seite 410. Damit können wir die Änderung der Temperatur elegant als ∇T hinschreiben:

$$\boxed{\nabla T = \left(\frac{\partial T}{\partial x}, \frac{\partial T}{\partial y}, \frac{\partial T}{\partial z} \right)} \qquad (7.1)$$

Wir sehen, dass der Gradient der Temperatur ein Vektorfeld ist und drei Einträge hat. Auch wenn ∇T im ersten Moment sehr abstrakt wirkt, kann doch eine sehr einfache Deutung gegeben werden: Wenn man in einem Körper an einem Punkt ∇T bestimmt, so erhält man einen Vektor, der in diejenige Richtung zeigt, in der die Temperatur am schnellsten ansteigt.[I] Da die Wärme genau in die andere Richtung fließen wird (sie fließt „vom Berg hinunter"), wissen wir nun schon, dass die Wärmestromdichte genau dem Gradienten entgegengerichtet sein wird:

$$\mathbf{j} \sim -\nabla T.$$

Tatsächlich kann das aber noch nicht der ganze Zusammenhang sein, da $\mathbf{j}$ und T verschiedene Einheiten haben. Es muss also noch eine Größe in der Gleichung geben, die wir einfach λ nennen und ad hoc einführen. Wir werden uns in Kürze fragen, was es mit dieser Größe auf sich hat. Damit haben wir die *Wärmeleitungsgleichung* aufgestellt:

$$\boxed{\mathbf{j} = -\lambda \cdot \nabla T} \qquad (7.2)$$

Diese Gleichung gilt allgemein und kann in die schon bekannte Gleichung $\frac{\Delta Q}{\Delta t} = \int \mathbf{j} dA$ eingesetzt werden, um zu berechnen, wie schnell die Wärme in einem Material fließt. Da das Lösen des

---

[I] Man kann auch als Erklärungsmodell einen Berg nehmen: Stellen Sie sich vor, Sie stehen in einem Gebirge und möchten möglichst schnell nach oben kommen. Dann bilden Sie einfach an dem Punkt, an dem Sie jetzt stehen, den Gradienten (Sie fragen sich also, wie ändert sich die Höhe, wenn ich x ändere, wie ändert sich die Höhe, wenn ich y ändere) – es entsteht ein Vektor, der in die Richtung der steilsten Steigung weist. Wenn Sie diese Methode nach jedem Schritt anwenden und dann immer in Richtung des entstehenden Vektors gehen, werden Sie sehr schnell an Höhe gewinnen. Andersrum funktioniert es auch – wenn Sie immer genau in die Gegenrichtung gehen, werden Sie sehr schnell nach unten steigen. Tatsächlich wird genau diese Methode zum Auffinden von Minima von Potentialhyperflächen in der theoretischen Chemie oft benutzt.

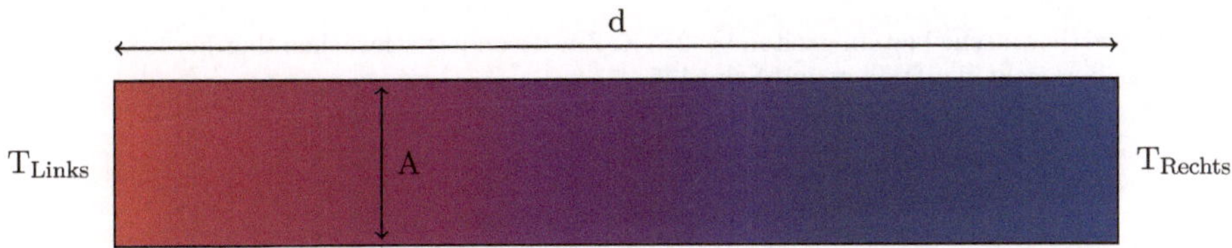

Abb. 7.1.: Schematische Darstellung der Wärmeleitung in einem Festkörper, welche durch die Fourier Gleichung (Gleichung 7.3) beschrieben wird.

Integrals von den genauen Bedingungen abhängt, werden wir nun einige Einschränkungen treffen, um uns die Rechnung zu erleichtern: Wir betrachten nur noch einen homogenen Stab (überall gleich dick und dicht) und nur die Temperatur in x-Richtung. Außerdem fordern wir, dass die Temperatur ein lineares Gefälle aufweisen soll. Was haben diese Vereinfachungen zur Folge? Erstens wird der Gradient natürlich überflüssig, weil wir nur mehr die Änderung der Temperatur in einer Richtung betrachten. Daher wechseln wir vom $\mathbf{j} = -\lambda \cdot \nabla T$ zum einfacheren $j = -\lambda \cdot \frac{dT}{dx}$. Außerdem haben wir gefordert, dass die Temperaturänderung linear erfolgt und der Stab immer gleich dick ist, damit ist die Wärmestromdichte nicht mehr vom Ort abhängig.[I] Wenn aber $\frac{dT}{dx}$ einerseits konstant ist und zweitens nicht mehr vom Ort abhängt, können wir es erstens durch $\frac{\Delta T}{\Delta x}$ ersetzen und zweitens vor das Integral ziehen. Ebenso dürfen wir das λ vor das Integral bringen, falls es nicht von der gewählten Fläche abhängig ist, was, wie wir später sehen werden, der Fall ist. Wir landen bei der Gleichung

$$\frac{\Delta Q}{\Delta t} = -\lambda \cdot \frac{\Delta T}{\Delta x} \int dA.$$

Wir integrieren nun und erhalten die Gleichung:

$$\boxed{\frac{\Delta Q}{\Delta t} = -\lambda \cdot A \cdot \frac{\Delta T}{\Delta x}.} \tag{7.3}$$

Diese Gleichung nennt man das *Fouriersche Gesetz* und die Wärmeleitung in einem festen Körper (wie in Abbildung 7.1 dargestellt) wird durch sie beschrieben: Hierbei ist $\frac{\Delta Q}{\Delta t}$, wie schon erwähnt, die *Wärmeleistung* (wie viel Wärme pro Zeit umgesetzt wird, oft auch mit $\dot{Q}$ abgekürzt), A die Querschnittsfläche des Körpers und Δx der Abstand von einem Ende zum anderen. ΔT ist der Temperaturunterschied zwischen beiden betrachteten Enden: $\Delta T = T_{\text{rechts}} - T_{\text{links}}$. Schauen wir uns kurz das Verhalten der Gleichung an: Die Geschwindigkeit, mit der sich die Wärme im Körper bewegt, ist offenbar umso größer, je größer der Temperaturunterschied ist – das war genau die Forderung, mit der wir in die Rechnung gestartet sind, von daher sind wir froh, dass diese Aussage auch im Ergebnis enthalten ist. Auch die Richtung des Flusses stimmt:

[I] Sie können dies in Analogie zu Wasser sehen, welches durch ein Rohr fließt. Wenn das Rohr überall gleich dick ist, so muss durch jeden Rohrquerschnitt dieselbe Menge Wasser pro Zeit fließen – das kommt aus der simplen Forderung, dass am Ende des Rohres das rauskommen muss, was am Anfang rein gegangen ist.

Tab. 7.1.: Einige thermische Leitfähigkeiten bei 273 K. Zur besonders schwachen thermischen Leitfähigkeit von Quecksilber siehe die Fußnote auf Seite 145.

Stoff	λ in $\frac{\text{W}}{\text{K·m}}$
Silber	420
Kupfer	385
Aluminium	214
Quecksilber	8
Quarzglas	≈ 1
Seide	$0,04$
Luft	$0,024$
Wasser	$0,54$

Wenn T_{rechts} größer ist, als T_{links}, dann ist ΔT positiv und $\frac{\Delta Q}{\Delta t}$ insgesamt negativ. Dann fließt quasi „negative Wärme" nach rechts, beziehungsweise natürlich Wärme nach links. Dass unsere Gleichung den Wärmefluss in Links-Rechts-Richtung wiedergibt ist eine Folge davon, dass wir bei der Integration den x-Nullpunkt in das linke Ende des Stabes gelegt haben. Welche Abhängigkeiten gibt es noch: Nun, wenn die Temperaturdifferenz ΔT gleich bleibt und der Stab wird kürzer (Δx wird kleiner), dann wird der Fluss ebenfalls größer. Auch das erscheint logisch, weil sich dann die beiden Enden ja näherkommen und das Temperaturgefälle insgesamt steiler wird. Ebenfalls groß wird der Wärmefluss, wenn der Querschnitt A groß ist – auch dies ist kaum überraschend, ein dicker Stab ist natürlich in der Lage, viel mehr Wärme pro Zeit durch sich hindurchfließen zu lassen, als ein dünner. Nun wollen wir uns endlich noch fragen, was genau das λ ist, welches in unserer Gleichung auftaucht. Eine Einheitenanalyse zeigt uns, dass λ die Einheit $\frac{\text{W}}{\text{K·m}}$ hat. Wenn λ groß ist, dann ist auch die geleitete Wärmemenge pro Zeit groß. Offenbar kann λ auch keine geometrische Größe mehr sein, da Länge und Querschnitt des Stabes bereits in der Formel enthalten sind. Nun wissen wir aber weiters, dass selbst gleich große Systeme bei gleichen Temperaturunterschieden Wärme verschieden gut leiten und zwar in Anhängigkeit davon, aus *welchem* Stoff das System besteht. Wir könnten also vermuten, dass λ eine stoffspezifische Größe ist – und das ist tatsächlich so, λ ist nämlich die *Wärmeleitfähigkeit*. In Tabelle 7.1 finden Sie einige Werte für Wärmeleitfähigkeiten.

Eine besonders auffällige Manifestation von λ zeigt sich darin, dass sich gleich temperierte Stoffe verschieden warm „anfühlen". Wenn Sie nach einer kalten Nacht auf den Balkon treten, ist davon auszugehen, dass alle Objekte nach der langen Zeit in etwa die gleiche Temperatur haben. Trotzdem fühlt sich eine Metalloberfläche wesentlich kälter an, als beispielsweise ein Teppich oder Holz. Die Erklärung finden Sie in Tabelle 7.1: Während Metalle riesige Wärmeleitfähigkeiten haben, sind die von Stoffen (z.B. Seide) sehr klein. Metalle können also viel mehr Wärme pro Zeit aus Ihrer Hand abführen, wenn Sie sie berühren, daher fühlen sie sich viel kälter an, obwohl natürlich die Temperaturen gleich groß sind. Es ist weiters augenfällig, dass die Leitfähigkeiten sehr stark variieren. So gibt es Einträge mit einigen hunderten $\frac{\text{W}}{\text{K·m}}$, während andere im Nachkommabereich liegen. Woran könnte dieser Unterschied liegen? Tatsächlich zeigt sich, dass vor allem Metalle – in unserer Tabelle Silber, Kupfer und Aluminium – eine sehr hohe

Wärmeleitfähigkeit aufweisen. Offenbar ist der Wärmetransport in Metallen wesensverschieden von denen in den anderen Materialen. Paul Drude war in der Lage, eine Erklärung hierfür abzugeben. Dazu betrachtete er das bekannte Wiedemann-Franz-Gesetz. Dieses ist ein empirisches Gesetz[I] und besagt dass der Quotient aus thermischer (λ) und elektrischer Leitfähigkeit (σ) einer Konstanten (der Lorenzzahl) mal der Temperatur entspricht:

$$\boxed{\frac{\lambda}{\sigma} = LT.}$$
(7.4)

Dass die Wärmeleitfähigkeit und elektrische Leitfähigkeit von der Temperatur des Materials abhängen, ist nicht weiter verwunderlich und auch bei Nichtmetallen der Fall. Höchst interessant ist aber die Tatsache, dass der Wert von L praktisch universell, also für alle Metalle ungefähr gleich groß ist. Diese überraschend gute Übereinstimmung sieht man in Tabelle 7.2. Aus der Beobachtung dieser Koinzidenz schloss Drude richtig, dass der Mechanismus hinter der elektrischen Leitfähigkeit und der thermischen Leitfähigkeit bei Metallen derselbe ist. Er folgerte also, dass der größte Teil der Wärme mittels der freien Leitungselektronen transportiert wird. Damit ist uns quantitativ klar, wie Wärme auf mikroskopischer Ebene durch Festkörper bewegt wird. Bei Nichtleitern muss die gesamte Wärme durch Schwingungen des Gitters übertragen werden. Wenn an einem Ort im Körper die Temperatur höher ist, schwingen die Teilchen dort stärker und diese Schwingungen übertragen sich (langsam) auf umliegende Teilchen. Man nennt solche Gitterschwingungen auch *Phononen*. In Leitern sind die Leitungselektronen ja vom zugehörigen Kern getrennt und sehr mobil, können also Impuls und damit Wärme sehr schnell von einem Ort an den anderen transportieren.[II]
Wir wollen in aller Kürze die Gedanken von Drude nachvollziehen, weil seine Beschreibung der Leitungselektronen als *Elektronengas* sehr weitreichend war. Drude stellte sich die Leitungselektronen wie die Teilchen eines idealen Gases vor, die unkoordiniert in alle möglichen Richtungen fliegen. Manchmal stößt ein Elektron mit einem Kern, wenn das passiert, wird Impuls übertragen. Eine der Annahmen von Drude war, dass das Elektron nach dem Stoß genau eine Geschwindigkeit haben müsste, die der lokalen Temperatur am Ort des Stoßes entspricht. Um in der Sprechweise von Abbildung 7.1 zu bleiben: Stößt ein Elektron im linken Teil des Stabes, so wird es mehr kinetische Energie tragen, als im rechten. Wenn aber die Elektronen im linken Teil mehr kinetische Energie tragen, als im rechten, kommt es notwendigerweise dazu, dass in einer gewissen Zeit durch eine beliebige Querschnittsfläche ein Fluss von kinetischer Energie von links nach rechts fließt – und da kinetische Energie das mikroskopische Pendant zur Wärme ist, fließt

---

[I]   Empirische Erkenntnis beruht auf Beobachtungen der Welt und schließt nicht notwendigerweise ein Verstehen des betrachteten Phänomens mit ein.

[II]   Diese Gleichsetzung erlaubt beispielsweise auch grundlegendes Verständnis anhand der elektronischen Struktur von Materialien. So hat beispielsweise Quecksilber eine elektronische Struktur mit nur geschlossenen Subschalen ([Xe] $4f^{14}5d^{10}6s^2$), erfährt aber, bedingt durch seine große Masse, bereits eine relativistische Kontraktion. Die besetzten Orbitale werden dabei näher zum Kern gezogen, während unbesetzte Orbitale unberührt bleiben. Dadurch wird die Energiedifferenz zwischen Valenz- und Leitungsband bei Quecksilber sehr groß, es ist also sehr schwer, Leitungselektronen im Quecksilber zu erzeugen. Da wir nun wissen, dass diese für den Wärmetransport notwendig sind, vermuten wir, dass Quecksilber eine relativ schlechte Wärmeleitfähigkeit aufweisen müsste. Und tatsächlich, wie in Tabelle 7.1 schon angedeutet, hat Quecksilber wirklich die niedrigste Wärmeleitfähigkeit aller reinen Metalle mit nur $8{,}3\,\frac{\mathrm{W}}{\mathrm{K \cdot m}}$.

Tab. 7.2.: Ausgewählte Werte für L von verschiedenen Materialen bei 273 K. Der theoretische Wert wurde mittels Drude-Sommerfeld-Theorie berechnet.

Stoff	L in $\frac{\text{W}\cdot\Omega}{\text{K}^2}$
Silber	$2,31 \cdot 10^{-8}$
Kupfer	$2,20 \cdot 10^{-8}$
Aluminium	$2,14 \cdot 10^{-8}$
Zink	$2,28 \cdot 10^{-8}$
Gold	$2,32 \cdot 10^{-8}$
Eisen	$2,61 \cdot 10^{-8}$
Quecksilber	$2,47 \cdot 10^{-8}$
theoretisch berechneter Wert	$2,44 \cdot 10^{-8}$

damit Wärme von links nach rechts. Dem zugrunde liegt auch die Annahme, dass die Elektronen den Stab nicht verlassen können, was aber bei normalen Temperaturen eine sinnvolle Annahme ist. Um ein Elektron aus dem Festkörper zu lösen, muss man die *Austrittsarbeit* leisten, diese liegt typischerweise in der Größenordnung von einigen Elektronvolt[I], während die thermische Energie bei Raumtemperatur nur etwa 25 Millielektronvolt beträgt. Nach einer längeren Ableitung, welche wir hier nicht nachzuvollziehen brauchen, leitete Drude 1900 einen Wert für die Lorenzzahl ab:

$$L = \frac{\lambda}{\sigma T} = \frac{3}{2}\left(\frac{k}{e}\right)^2.$$

Hierbei ist k die Boltzmannkonstante[II] und e die Elementarladung des Elektrons[III]. Wer nun die entsprechenden Zahlen einsetzt, bemerkt schnell, dass das Ergebnis mit etwa $1,11 \cdot 10^{-8}\,\frac{\text{W}\cdot\Omega}{\text{K}^2}$ ziemlich weit von den tatsächlichen Ergebnissen entfernt ist. Tatsächlich beinhaltet Drudes Ableitung gleich mehrere falsche Annahmen, aber am Ende hatte sich Drude noch um einen Faktor 2 verrechnet, was ihn zum eindrucksvollen Ergebnis von $2,22 \cdot 10^{-8}\,\frac{\text{W}\cdot\Omega}{\text{K}^2}$ brachte. Die Exaktheit des (falschen) Ergebnisses hat dazu geführt, dass das außerordentlich nützliche Konzept des Elektronengases in sehr großer Breite untersucht und verfeinert wurde. Hier gibt uns die Wissenschaftsgeschichte ein schönes Beispiel dafür, dass manchmal ein Fehler auch eine tolle Sache sein kann. Jedenfalls wurde die Theorie von Drude später von Arnold Sommerfeld

---

[I]   Das Elektronvolt ist eine Energieeinheit, die bei Betrachtung von atomaren Größen oft verwendet wird, wo größere Einheiten wie das Joule schnell zu unhandlichen Werten führen. Es gilt

$$1\,\text{eV} = 1,602 \cdot 10^{-19}\,\text{J}$$

[II] $k = 1,380 \cdot 10^{-23}\,\text{J/K}$
[III] $e = 1,602 \cdot 10^{-19}\,\text{C}$

verbessert und dieser gab im Jahre 1933 auch die korrekte Gleichung zur Berechnung von L an, welche dann auch das richtige Ergebnis von $2,44 \cdot 10^{-8} \frac{\text{W} \cdot \Omega}{\text{K}^2}$ liefert:

$$\boxed{L = \frac{\pi^2}{3} \left(\frac{k}{e}\right)^2} \tag{7.5}$$

Nun ist man oft daran interessiert, wie schnell sich die Temperatur eines Systems ändert. Es ist zu erwarten, dass sich die Temperatur sehr stark ändert, wenn das System viele Wärmequellen- und senken beinhaltet. Dies drückt man durch den *Divergenz-Operator* div aus. Für eine ausführlichere Erklärung des Divergenzoperators siehe den Appendix auf Seite 410. Wir erwarten also:

$$\frac{dT}{dt} \sim -\text{div}\,\mathbf{j}.$$

Es taucht wieder ein Proportionalitätsfaktor in der Gleichung auf, der in diesem Fall folgende Form hat:

$$\frac{dT}{dt} = -\frac{1}{\rho c}\text{div}\,\mathbf{j}.$$

ρ ist dabei die Dichte des betrachteten Stoffes, c seine spezifische Wärmekapazität (also seine Wärmekapazität geteilt durch die Masse). Wir setzen für $\mathbf{j}$ ein und gelangen zur wichtigen *allgemeinen Wärmeleitungsgleichung*:

$$\frac{dT}{dt} = \frac{\lambda}{\rho c}\text{div}\,\nabla T = \frac{\lambda}{\rho c}\Delta T.$$

Bei dieser Gleichung ist große Vorsicht geboten: Das Zeichen Δ hat hier eine andere Bedeutung als üblich. Bisher benutzten wir Δ nur als Symbol für eine Differenz, hier ist es der *Laplace-Operator*. Der Laplace-Operator ist die Hintereinanderausführung des Divergenz- und des Gradienten-Operators:

$$\text{div}\,(\text{grad}\,f) = \Delta f.$$

Der Laplaceoperator entspricht damit der Summe aller zweifachen Ableitungen entlang der Koordinaten:

$$\boxed{\Delta f = \frac{\partial^2 f}{\partial x^2} + \frac{\partial^2 f}{\partial y^2} + \frac{\partial^2 f}{\partial z^2}.} \tag{7.6}$$

Da der Nablaoperator (∇) ja bereits die einmalige Ableitung nach allen Koordinaten darstellt, ist es durchaus üblich, den Laplace-Operator als „quadrierten" Nabla-Operator darzustellen:

$$\Delta = \nabla^2.$$

Um Unklarheiten zu vermeiden, werde ich im restlichen Buch diese eindeutigere Schreibweise benutzen[I] – die allgemeine Wärmeleitungsgleichung lautet also:

$$\boxed{\frac{dT}{dt} = \frac{\lambda}{\rho c}\nabla^2 T.}$$

(7.7)

Wir wollen nun noch kurz überlegen, was die Gleichung bewirkt. Stellen wir uns vor, wir hätten ein Temperaturprofil wie in Abbildung 7.2(a) gezeigt. Hier entsprechen helle Bereiche Zonen hoher Temperatur und dunkle Bereiche Zonen tiefer Temperatur. Wendet man nun den ∇^2-Operator auf dieses Profil an, ergibt sich das Bild 7.2(b).[II] Dieses muss ganz anders gelesen werden. Hier entsprechen helle Bereiche Stellen, *an denen die Temperatur sehr schnell zunehmen wird*, während dunkle Stellen Bereichen zugewiesen werden, an denen die Temperatur sich sehr schnell erniedrigen wird. Blicken wir auf einen Hitzepeak im linken Bild (in etwa bei den Koordinaten (6,22)), so sehen wir, dass dort die Temperatur sehr hoch ist, während sie bei geringer Auslenkung sehr stark abnimmt. Wenn ein Punkt im System aber wesentlich wärmer ist, als seine Umgebung, so erwarten wir, dass er relativ schnell auskühlt – genau dieses Verhalten zeigt sich im rechten Bild, wo an diesen Koordinaten ein sehr dunkler Bereich vorliegt. Das rechte Bild sagt uns also, dass dieser Punkt seine Temperatur sehr schnell erniedrigen wird, während beispielsweise in den Temperatursenken (Bereichen tiefer Temperatur, z.B. bei (16, 11)) die Temperatur steigen wird. Damit sehen wir ein Verhalten, dass wir so exakt erwarten – die Temperatur im System gleicht sich aus. Tatsächlich kann man mit einem Mathematikprogramm

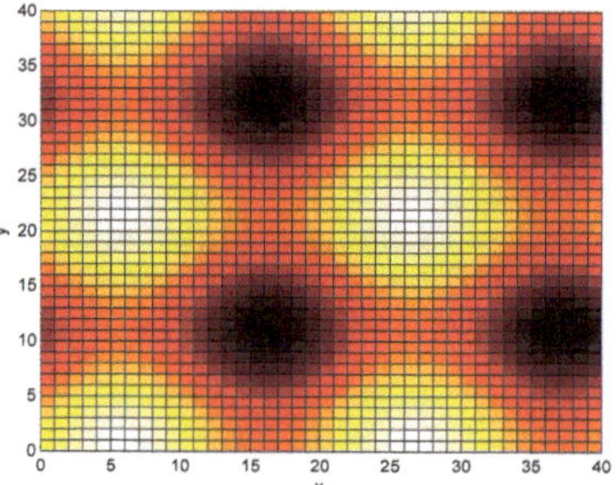

(a) Ein beliebiges Temperaturprofil

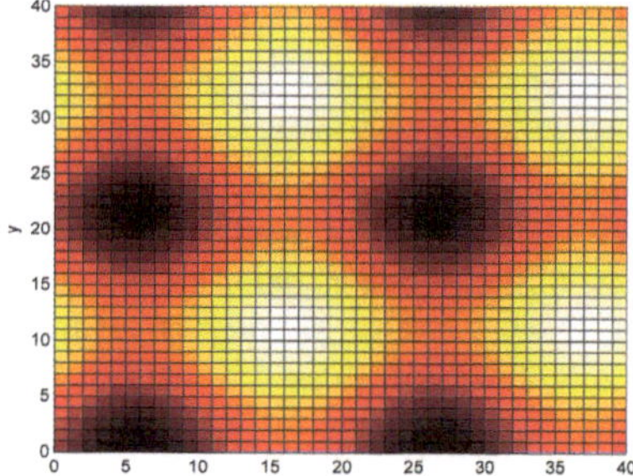

(b) Ergebnis der Anwendung des ∇^2-Operators

Abb. 7.2.: Ein beliebiges Temperaturprofil und das Ergebnis, wenn man den ∇^2-Operator darauf anwendet. Im linken Bild entspricht eine helle Färbung einer hohen Temperatur, eine dunkle einer tieferen. Im rechten Bild bedeutet eine helle Färbung eine schnelle Zunahme der Temperatur, eine dunkle Fläche eine schnelle Abnahme der Temperatur.

[I]   Es ist aber wichtig, die alternative Schreibweise zu kennen.
[II] Der Vorfaktor $\frac{\lambda}{\rho c}$ ist für diese prinzipielle Diskussion nicht von Belang und wurde bei den Berechnungen ignoriert.

(etwa Matlab) diesen Verlauf simulieren – so habe ich in Abbildung 7.3 verschiedene Zeitpunkte dargestellt, die das gezeigte System durchläuft. Dazu geht man von den Starttemperaturen an jedem Punkt des Systems aus (Abbildung 7.3(a)) und berechnet für jeden Punkt $\frac{\Delta T}{\Delta t}$ (für die tatsächliche Berechnung müssen natürlich endliche Zeitschritte herangezogen werden). Nun verändert man die Temperatur in den Punkten nach diesen Werten und benutzt die neuen Temperaturen wieder als Ausgangspunkt. Diesen Prozess wiederholt man mehrmals hintereinander („*iterieren*") und erhält damit die zeitliche Entwicklung des Systems. Man sieht, dass die anfangs scharfen Konturen schnell verschwinden und das System tatsächlich eine Gleichverteilung der Wärme und damit das thermische Gleichgewicht anstrebt – ganz im Einklang zu unseren thermodynamischen Erwartungen. Kehren wir noch einmal genauer zu Gleichung 7.7 zurück.

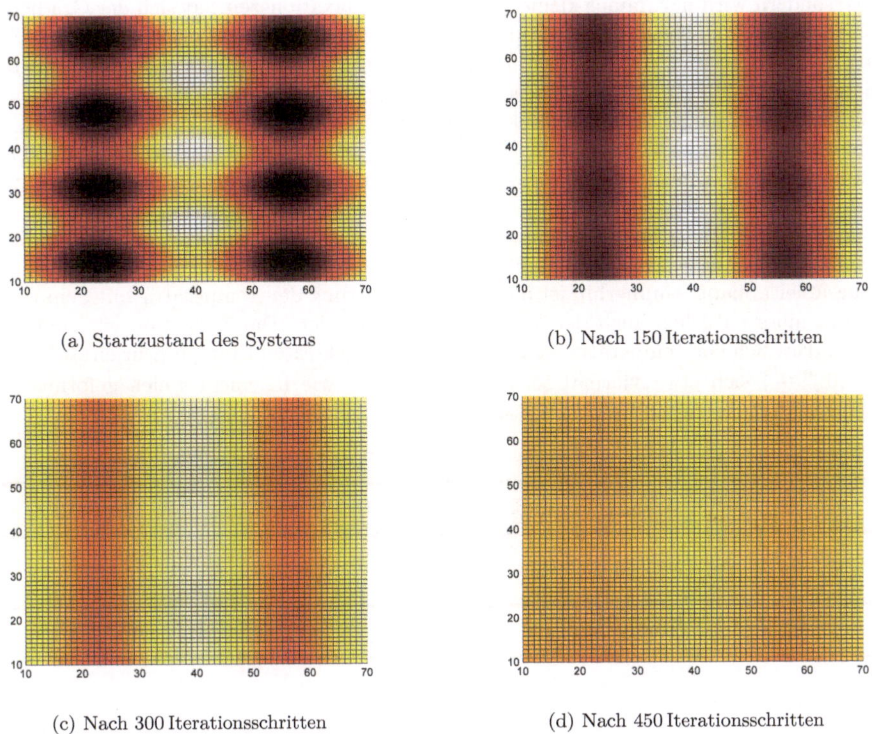

(a) Startzustand des Systems   (b) Nach 150 Iterationsschritten

(c) Nach 300 Iterationsschritten   (d) Nach 450 Iterationsschritten

Abb. 7.3.: Zeitliche Entwicklung des Systems. Man kann eine deutliche Tendenz zur Angleichung der Temperatur feststellen. Die genaue Bedeutung eines Iterationsschrittes hängt von den exakten Parametern der Berechnung ab und ist nicht weiter von Belang.

Offenbar wird die Geschwindigkeit, mit der sich die Temperatur ausgleicht (oder allgemeiner verändert) durch zwei Ausdrücke bestimmt: Einerseits durch $\nabla^2 T$, was wir gerade im Detail gesehen haben, aber andererseits natürlich auch durch den Ausdruck $\frac{\lambda}{\rho c}$. Dieser Term hängt vom Material und der Temperatur ab und wird *Temperaturleitwert* oder *Temperaturleitfähigkeit* genannt. Die Einheit ist $\frac{m^2}{s}$. Die Temperaturleitfähigkeit sagt etwas darüber aus, wie schnell sich ein Temperaturgradient im Material abbauen kann. Mittels dieser Größe kann man eine typische Zeit berechnen, die gebraucht wird, um ein Temperaturgefälle abzubauen, man nennt diese Zeit die *thermische Relaxationszeit* τ:

$$\tau = \frac{d^2 \rho c}{\lambda}. \tag{7.8}$$

Der Temperaturgradient baut sich asymptotisch ab, das bedeutet, er verschwindet (theoretisch) niemals, sondern wird nur immer kleiner. Nach einer Relaxationszeit hat sich der Gradient etwa auf 37% des ursprünglichen Wertes verkleinert, nach zwei Relaxationszeiten auf etwa 14%, nach drei auf 5%. Es erscheint logisch, dass in der Gleichung für τ das Inverse des Temperaturleitfähigkeitswertes auftaucht – ist die Temperaturleitfähigkeit hoch, dann dauert es nur sehr kurz, bis sich ein Temperaturgefälle abbauen kann. Ebenso ist das Auftreten der Größe d klar, welche die typischen Abmessungen des Systems beinhaltet. Ihre Existenz ergibt sich schon alleine aus einer grundlegenden Einheitenanalyse: Das Inverse des Temperaturleitfähigkeitswertes muss die Einheit $\frac{s}{m^2}$ haben, da aber τ eine Zeit sein soll, muss noch eine Größe mit der Einheit m^2 auftauchen, und diese Größe ist eben die Länge des Systems. Es ist auch intuitiv wieder verständlich, dass ein Temperaturgradient, der sich über eine sehr lange Distanz erstreckt (d ist dann groß), sich langsamer abbaut – immerhin ist dann ja die Änderung der Temperatur mit dem Ort klein und damit muss natürlich auch der $\nabla^2 T$-Term klein werden. Damit können wir zum Beispiel erkennen, dass sich ein Temperaturgradient in einem Stück Eisen (Temperaturleitfähigkeitswert $\approx 23 \cdot 10^{-6} \frac{m^2}{s}$) sich etwa viermal so langsam abbaut, wie in einem gleich geformten Stück Aluminium (Temperaturleitfähigkeitswert $\approx 99 \cdot 10^{-6} \frac{m^2}{s}$).

Übung: Konduktion (Übung 15 auf Seite 283)

Übung: Wärmeleitung (Übung 16 auf Seite 283)

7.2. Konvektion

Mit Ausnahme der Leitungselektronen bei den Metallen sind die Teilchen, die die Temperatur in Form von kinetischer Energie speichern, im Festkörper auf mehr oder weniger fixen Plätzen, ihre Mobilität ist sehr stark eingeschränkt.[I] Daher muss die Wärme über Phononen (Schwingungen

---

[I]   Platzwechsel von Atomen oder Molekülen in Festkörpern kommen zwar vor, aber immer nur in sehr beschränkter räumlicher Ausdehnung. Für Wärmetransport über größere Strecken ist die Bedeutung dieses Phänomens vernachlässigbar.

des Gitters) übertragen werden – diese Beschränkung fällt in Fluiden (Flüssigkeiten und Gasen) weg. Hier können Atome oder Moleküle sich mehr oder weniger frei bewegen und ihre kinetische Energie (und damit gewissermaßen ihre Temperatur) einfach „*mitnehmen*". Dieses Phänomen wird *Konvektion* genannt. Konvektion ist also stets mit dem Transport von Teilchen assoziiert. Man unterscheidet zwischen zwei Arten von Konvektion: *freier* und *erzwungener Konvektion*.

Von *freier Konvektion* spricht man, wenn die Konvektion nur durch die Temperaturgradienten entsteht, aber sonst keine äußeren Einflüsse vorhanden sind (also kein Rühren, Pumpen, o.Ä.). Sie entsteht, wenn verschiedene Bereiche des Fluides verschieden warm sind. Sie ist oftmals für technische Anwendungen ungenügend schnell. So ist es in der Chemie üblich, flüssige Reaktanden zu rühren. Die Gleichgewichtskonstante, aber oft auch die Selektivität und in besonders hohem Maße die Geschwindigkeit von Reaktionen hängt von der Temperatur ab. Beispielsweise gibt es in der Chemie die Faustregel, dass eine Erhöhung der Reaktionstemperatur um 10 K die Reaktionsgeschwindigkeit in etwa verdoppelt (wir werden uns mit dieser Faustregel noch eindringlicher in Abschnitt 9.3.3 befassen). Die Reaktionsgeschwindigkeit hat aber wieder fundamentalen Einfluss auf viele Sicherheitsüberlegungen. Daher ist man oft darum bemüht, die Reaktionstemperatur genau zu kontrollieren. So kann man sich zum Beispiel eine exotherme Reaktion vorstellen, die mit steigender Temperatur schneller abläuft.[I] Hier kann es zu einem sogenannten *runaway*, einem Durchgehen des Prozesses, mit potentiell fatalem Ausgang kommen. Ist die Konvektion schlecht, so kommt es in gewissen Bereichen zu einer Erhitzung des Reaktionsgemisches – dadurch wird aber gerade dort die Reaktionsgeschwindigkeit weiter erhöht und *noch mehr* Wärme erzeugt. Der der Prozess rückkoppelt, also sich selber verstärkt, kann es zu einem immer schnelleren Anstieg der Temperatur kommen, welcher im schlimmsten Fall in einer Explosion des Reaktors gipfeln kann. Besondere Bedeutung erlangt dieses Problem beim Hochskalieren von Prozessen. Man stelle sich vor, man hat eine Reaktion unter Laborbedingungen (also mit kleinen Kolben, typischerweise kleiner als 10 L) erprobt. Will man diese Reaktion nun großtechnisch nutzen, kann eine einfache Hochskalierung (Vergrößerung) des Labor-Setups verheerende Folgen haben. Denn die von der Reaktion erzeugte Wärme steigt mit dem genutzten Volumen, also in der dritten Potenz des Radius. Benutzt man vorher einen Kolben, der einen Radius von circa 3 cm hat (entspricht circa 100 ml) und baut nun einen Reaktor mit 30 cm Durchmesser, so vertausendfacht sich das Volumen und damit die entstehende Wärme in Joule. Nun kann die Wärme allerdings nur an der Oberfläche des Reaktors abgeführt werden, die Oberfläche wächst aber nur mit der zweiten Potenz, verhundertfacht sich bei der Hochskalierung also nur. Es müssen also Maßnahmen getroffen werden, die Wärme effizienter abzuführen, wenn es zu keinem Wärmestau kommen soll. Ein starkes Rühren des Reaktionsgemisches hat genau diesen Effekt, weil es verhindert, dass sich im Inneren des Reaktors wesentlich höhere Temperaturen aufbauen können und die Wärme schnell zur Reaktoroberfläche bringt, wo sie abgeführt werden kann.

Benutzt man, wie eben erwähnt, irgendwelche Methoden, um das Fluid künstlich in Bewegung zu versetzen, so spricht man von *erzwungener Konvektion*. Natürlich existiert die freie Konvek-

---

[I]   Ein Beispiel wäre die katalytische Zersetzung von Wasserstoffperoxid:

$$2H_2O_2 \rightarrow 2H_2O + O_2.$$

Diese Reaktion gibt Wärme an die Umgebung ab ($\Delta H \approx -200\,\text{kJ/mol}$) *und* läuft bei höheren Temperaturen wesentlich schneller ab.

tion auch unter diesen Bedingungen, meist ist aber die erzwungene um viele Größenordnungen bedeutender und die freie wird deshalb vernachlässigt. Neben dem Rühren von Reaktionsmischungen wäre das Föhnen der Haare nach dem Waschen, wo die Umgebungsluft zur Bewegung gezwungen wird, ebenfalls ein Beispiel für erzwungene Konvektion.

Tatsächlich ist die Beschreibung der Konvektion von Fluiden eine extrem schwierige und aufwendige Angelegenheit. Zur Beschreibung können Vektorfelder verwendet werden (zum Konzept des Feldes siehe Appendix auf Seite 410), jedem Punkt des Feldes wird dann ein Vektor zugeordnet, der die Richtung und Stärke der Strömung wiederspiegelt. Zur Beschreibung solcher Systeme, wird die *Navier-Stokes-Gleichung* herangezogen:

$$\boxed{\rho \left(\frac{\partial \mathbf{v}}{\partial t} + \mathbf{v} \cdot \nabla \mathbf{v} \right) = -\nabla p - \rho \nabla \phi + \mathbf{f}_{\mathrm{Visk.}} \cdot} \tag{7.9}$$

Wir werden diese Gleichung nicht ableiten, das würde den Umfang dieses Buches etwas überschreiten. Wer trotzdem eine überschaubare Herleitung und Diskussion sucht, könnte an den Kapiteln 40 („Die Strömung von trockenem Wasser") und 41 („Die Strömung von nassem Wasser") der Feynman Lectures (Quelle [9]) ihre oder seine wahre Freude haben. Wir wollen uns darauf beschränken, die Gleichung ein wenig zu diskutieren. Klären wir erst die Bedeutung der Symbole: ρ ist die Dichte des Mediums, $\mathbf{v}$ ist die Geschwindigkeit des Mediums. Da das Medium an jeder Stelle eine andere Geschwindigkeit und eine andere Richtung haben kann, ist $\mathbf{v}$ natürlich ein Feld und könnte so aussehen wie in Abbildung 7.4. t steht wie so oft für die Zeit, ∇ ist der bereits bekannte Nabla-Operator und p ist der Druck, der im Fluid herrscht. Interessant sind die beiden Terme $\rho \nabla \phi$ und $\mathbf{f}_{\mathrm{Visk.}}$. $\rho \nabla \phi$ entspricht der *Kraftdichte*, also der Menge aller extern auf die Flüssigkeit einwirkenden Kräfte, zum Beispiel einer Scherung.[I] In diesem Term wäre also die erzwungene Konvektion zu finden, weil wir hierzu eine externe Kraft auf unser System einwirken lassen müssten. $\mathbf{f}_{\mathrm{Visk.}}$ ist schließlich eine *innere Kraft*, die von der Viskosität (Zähigkeit) der Flüssigkeit herrührt.

Der große Term $\left(\frac{\partial \mathbf{v}}{\partial t} + \mathbf{v} \cdot \nabla \mathbf{v} \right)$ wird von Richard Feynman *Beschleunigung* genannt, eine so erläuternde Benamsung, dass wir sie hier aufnehmen wollen. Hier sehen Sie deutlich, dass es *nicht* ausreicht, wenn $\frac{\partial \mathbf{v}}{\partial t}$ Null ist, um zu behaupten, es gebe keine Beschleunigung im System. Damit ist bloß gesagt, dass sich die Geschwindigkeit an einem gewissen Punkt des Feldes nicht ändert. Wenn Sie aber beispielsweise Wasser haben, welches im Kreis fließt, ist die Geschwindigkeit an jedem Punkt konstant, es gibt aber trotzdem eine Beschleunigung, weil sie die Richtung des Wassers von Punkt zu Punkt ändern. Sie vermuten vielleicht schon richtig, dass diese Information im $\mathbf{v} \cdot \nabla \mathbf{v}$ steckt.

Sie merken an dieser Stelle wahrscheinlich, dass die Beschreibung der Konvektion ein äußerst komplexes Problem darstellt, daher wollen wir uns nunmehr nur noch mit vereinfachten Schlüssen beschäftigen. Eine bedeutende Gleichung ist der Wärmetransport durch die Oberfläche eines von einem Fluid umflossenen Körpers. In Wirklichkeit ist es so, dass sich an der Oberfläche ei-

---

[I]   Dies gilt nur, wenn wir uns auf konservative Kräfte beschränken, was wir aber hier tun wollen.

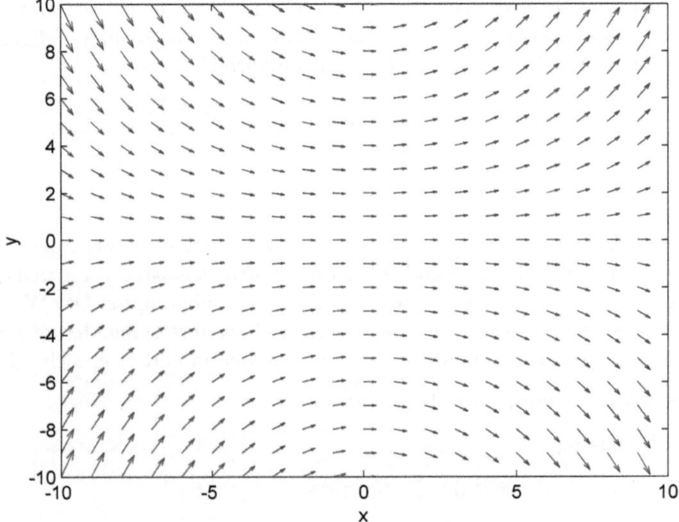

Abb. 7.4.: Ein Beispiel für ein Geschwindigkeitsfeld eines strömenden Fluids. In diesem Fall stoßen zwei Wirbel aneinander.

nes Festkörpers eine *Grenzschicht* ausbildet. Sie haben vielleicht schon einmal die Beobachtung gemacht, dass sich auf den Rotorblättern eines Ventilators Staub ansammeln kann und dieser nicht weggeblasen wird, wenn man den Ventilator in Betrieb nimmt. Der Grund dafür ist die schon erwähnte Viskosität der Umgebungsluft. Aus mikroskopischen Gründen[I] muss die Geschwindigkeit der Luft direkt an der Oberfläche des Rotorblattes den Wert 0 in Relation zum Rotorblatt haben. Da die Luft viskos (zäh) ist, zieht diese Luft weitere Luftschichten mit sich mit – ein dünner Luftfilm „klebt" quasi an der Oberfläche und wird stets mitbewegt. Daher erfahren Staubkörner, die kleiner sind als die typische Dicke dieser Grenzschicht, keinen Luftwiderstand und werden nicht vom Rotorblatt geweht. Innerhalb dieser Schicht findet aber auch ein Übergang von der Temperatur des Fluids (der Luft) zur Temperatur des Festkörpers statt. Da so eine Beschreibung aber zu kompliziert wäre, vereinfachen wir das System etwas und tun so, als gäbe es diese Grenzschicht nicht. Wir nehmen also an, dass die Temperatur des Fluids bis direkt an die Oberfläche des Festkörpers gleich bleibt und dann einen instantanen Sprung auf die Temperatur des Festkörpers macht. Unter diesen (idealisierten) Bedingungen, ist die Wärme, die pro Zeit durch diese Fläche hindurchtritt, über die Formel

$$\boxed{\frac{\Delta Q}{\Delta t} = \alpha \cdot A \cdot \Delta T} \qquad (7.10)$$

gegeben. Hierbei ist ΔT wieder der Unterschied zwischen beiden Temperaturen, A ist die Fläche, die von dem Fluid umströmt wird und α wird der *Wärmeübergangskoeffizient* genannt. Eine Einheitenanalyse zeigt uns wieder, dass er die Einheit $\frac{W}{m^2 \cdot K}$ haben muss. Der Wärmeübergangskoeffizient ist eine sogenannte *Kennzahl* (wir werden noch weitere kennenlernen) und von vielen Parametern der Systemkonfiguration abhängig. Unter anderem ändert er sich mit:

- der Strömungsgeschwindigkeit v des Fluids

- der Art der Strömung

- der Oberflächenbeschaffenheit des Festkörpers

- der Geometrie des Systems

- der Art des Fluides und Festkörpers

Es ist im Allgemeinen sehr schwer, den Wärmeübergangskoeffizienten analytisch zu bestimmen. Wir wollen hier nur zwei Möglichkeiten festhalten, einen halbwegs sinnvollen Wert für α zu generieren. Einer wären Näherungsgleichungen – so gelten für die freie Konvektion in guter Näherung Gleichungen der Form:

$$\alpha = c_1 \cdot \sqrt{v} + c_2$$

v ist dabei die Geschwindigkeit des Fluids in m/s. c_1 und c_2 sind zu wählende Konstanten und hängen nur mehr von der Art des Fluids ab (z.B. Luft: $c_1 = 12$, $c_2 = 2$ oder Wasser $c_1 = 2100$,

---

[I]   Dabei legt man folgende Annahme zu Grunde: Wenn ein Gasteilchen mit der Wand stösst, dann ist die resultierende Richtung des Teilchens zufallsverteilt, jede Richtung ist also gleich wahrscheinlich. Daher ist im Mittel die Geschwindigkeit an der Wand Null. Sie dürfen sich dafür die Wand nicht als glatte Fläche vorstellen, sondern als Sammlung von schwingenden Atomen.

$c_2 = 580$).

Eine andere Möglichkeit, den Wert von α abzuschätzen, besteht in der Anwendung und Verbindung von dimensionslosen Kennzahlen, wie sie besonders in der Fluiddynamik häufig verwendet werden. So ist für technische Berechnungen[I] oft der *mittlere Wärmeübergangskoeffizient* von Bedeutung:

$$\boxed{\alpha_m = \frac{\lambda}{d} \cdot \text{Nu.}}$$

(7.11)

λ ist hier die Wärmeleitfähigkeit des Fluids und d die charakteristische Länge des Systems. Nu ist die *Nusselt-Zahl*. Solche Kennzahlen entstammen oft Ähnlichkeitsrelationen. So gilt beispielsweise, dass zwei Systeme (die annähernd ähnliche Geometrie aufweisen müssen) dann die gleichen Wärmeübertragungseigenschaften zeigen, wenn ihre Nusselt-Zahlen gleich sind. Bei einer fixen Geometrie ist die Nusselt-Zahl auf andere Kenngrößen rückführbar: Die *Reynolds-Zahl* und die *Prandtl-Zahl*.

$$\boxed{\text{Nu} = \text{Konstante} \cdot \text{Re}^m \cdot \text{Pr}^n \quad \text{für erzwungene Konvektion}}$$

(7.12)

Deuten wir diese Gleichung wieder aus: Die Konstante, die die Zahl insgesamt skaliert, hängt wieder von allen möglichen Parametern ab: Strömungsart, Geometrie und so weiter. m und n sind ebenfalls Größen, die von diesen Parametern abhängen und für jedes System bestimmt werden müssen. Für die meisten Systeme liegt aber m zwischen $0,4$ und $0,8$ und n zwischen $0,33$ und $0,43$. Es gibt natürlich Richtwerte für diese Größen, Ihnen diese mitzuteilen will ich aber der einschlägigeren, technischen Literatur überlassen, da hier der Erkenntnisgewinn eher gering ausfällt. Nun wollen wir noch klären, was die Reynolds- (Re) und Prandtl-Zahl (Pr) sind.

Beginnen wir mit der Reynolds-Zahl.[II] Sie spiegelt ebenfalls eine Ähnlichkeitsrelation wieder, wie die Nusselt-Zahl, entstammt aber der reinen Strömungslehre. Hier gilt praktisch dasselbe, wie für die Nusselt-Zahl: *Wenn zwei Systeme ähnliche Geometrie aufweisen, so wird ihr Verhalten bezüglich eines sie umströmenden Fluids gleich sein, wenn ihre Reynolds-Zahlen gleich sind, auch, wenn sie eine andere Größe aufweisen.* Und hier sprechen wir ein großes Wort gelassen aus – dieser Satz erlaubt es uns, das Verhalten eines Flugzeuges an einem Modell zu erproben, anstatt immer gleich den ganzen Flieger bauen zu müssen. Die Implikation von dieser Tatsache auf die Technik lässt sich kaum abschätzen. Stellen Sie sich vor, wie viel Arbeit und Geld Sie durch diese Ähnlichkeitsrelation sparen können: Sie müssen nur darauf achten, dass Sie die

---

[I]   Im Gegensatz zur Grundlagenforschung, wo α oft nicht gemittelt wird, sondern tatsächlich als Funktion des Ortes andere Werte annimmt, was zu anspruchsvollen mathematischen Simulationen führt.

[II]   Da das Kapitel über Konvektion, seiner komplexen Natur geschuldet, es uns schon nur sehr selten erlaubt, die Berechnungen mit angemessenem Aufwand nachzuvollziehen, werden wir auch auf eine Ableitung der Reynolds-Zahl verzichten. Den interessierten Leser und die motivierte Leserin möchte ich dafür wieder auf die Feynman-Lectures verweisen (Quelle [9]), die eine ausführliche mathematische Herleitung geben.

gleiche Reynolds-Zahl erreichen und schon können Sie die Ergebnisse aus Ihrem Modellversuch auf das tatsächliche System übertragen! Wie ist nun diese mächtige Reynolds-Zahl definiert?

$$\boxed{\mathrm{Re} = \frac{\rho \cdot d \cdot v}{\eta}} \tag{7.13}$$

Alle Größen aus der Gleichung kennen wir nun schon: ρ ist die Dichte des Fluids, d die charakteristische Länge, v die Geschwindigkeit des Fluids und η seine dynamische Viskosität. Schauen wir uns das Verhalten der Gleichung wie immer kurz an: Stellen Sie sich vor, Sie haben ein maßstabsgetreues Modell ihres Fliegers erzeugt. Dann haben Sie die Größe d verkleinert.[I] Dadurch sinkt ihre Reynolds-Zahl – Ihr Modell verhält sich nicht gleich wie der Flieger bei gleichen Windgeschwindigkeiten, Ihre Messungen wären sinnlos. Damit die Reynolds-Zahl wieder gleich wird, müssen Sie sie erhöhen. Dazu gibt es mehrere Möglichkeiten. Die einfachste ist es, die Geschwindigkeit des Fluids zu erhöhen, das wird auch in Windkanälen gemacht. Sie müssen Ihr Modell also mit einer höheren Windgeschwindigkeit umströmen, um dasselbe Verhalten zu erzielen, wie beim Original. Natürlich sind dieser Geschwindigkeitszunahme technische Grenzen gesetzt. Dann kann die Reynolds-Zahl trotzdem weiter erhöht werden, in dem man beispielsweise die Dichte ρ erhöht, etwa durch eine Erhöhung des Druckes. Außerdem kann die Viskosität des Mediums geändert werden – die Zähigkeit ist typischerweise eine Funktion der Temperatur, weshalb manche Windkanäle tatsächlich vollständig mit Stickstoff kühlbar sind. Es ist typischerweise so, dass die Viskosität eines Gases mit steigender Temperatur zunimmt, während die Viskosität von Flüssigkeiten mit steigender Temperatur abnimmt. Da η ja unterhalb des Bruchstriches steht, bedeutet eine Kühlung des Gases im Windkanal eine kleinere Viskosität und damit wieder eine höhere Reynolds-Zahl. Als letzter Punkt sei noch erwähnt, dass die Reynolds-Zahl auch ein Kriterium dafür ist, ob eine Strömung laminar oder turbulent ist. Überschreitet Sie einen kritischen Wert (dieser hängt wieder von vielen Parametern des Systems ab), so wird eine laminare Strömung durch kleinste Abweichungen turbulent und damit noch wesentlich schwerer beschreibbar.

Die Prandtl-Zahl schließlich enthält Informationen über die schon erwähnte Grenzschicht. Hier wird zwischen thermischer Grenzschicht und Strömungsgrenzschicht unterschieden. Die Strömungsgrenzschicht ist der Bereich oberhalb der festen Oberfläche, in dem die Geschwindigkeit des Fluides wesentlich verlangsamt ist, die thermische Grenzschicht ist der Bereich oberhalb der Oberfläche, in welchem die Temperatur auf die Temperatur des Fluids wechselt. Ist die Prandtl-Zahl genau 1, so sind beide Grenzschichten gleich groß, das ist typischerweise für Gase der Fall. Flüssigkeiten haben typischerweise eine Prandtl-Zahl über 1, hier ist die thermische Grenzschicht dünner als die Strömungsgrenzschicht. Prantlzahlen wesentlich kleiner als 1 treten nur bei flüssigen Metallen auf. Für Gase lässt sich die Prandtl-Zahl in einem mittleren Druckbereich (einige Zehntel bar bis etwa 10 bar) über die Formel

$$\mathrm{Pr} = \frac{4\kappa}{9\kappa - 5}$$

[I]   Prinzipiell ist es relativ egal, wo Sie die charakteristische Länge abmessen, Sie müssen nur immer den gleichen Abstand wählen, z.B. die Flügelspanne. Tatsächlich gibt es natürlich in der Fachliteratur Konventionen für die Wahl der charakteristischen Länge, diese Details sollen uns aber hier nicht berühren.

Tab. 7.3.: Einige Prandtl-Zahlen

Medium	Temperatur	Pr
Luft	273 K	0,718
Luft	773 K	0,719
Wasser	273 K	13,4
Wasser	373 K	1,75

abschätzen, wobei κ hier der bereits bekannte Isentropenexponent ist. Allgemein ist die Prandtl-Zahl definiert als

$$\mathrm{Pr} = \frac{\eta \cdot c_p}{\lambda}. \tag{7.14}$$

η ist wieder die dynamische Viskosität des Fluids, λ wieder die Wärmeleitfähigkeit. Mit c_p begegnet uns ein weiterer alter Bekannter, nämlich die Wärmekapazität bei konstantem Druck. Wir sehen auch, dass die Prandtl-Zahl für Flüssigkeiten mit steigender Temperatur sinken wird, weil dann die Zähigkeit geringer wird. Für Gase wird sie typischerweise das gegengleiche Verhalten zeigen, auch wenn der Effekt viel geringer ist. In Tabelle 7.3 sehen Sie, dass sich die Prandtl-Zahlen von Flüssigkeiten wesentlich stärker mit der Temperatur ändern, als jene von Gasen.

Will man statt einer erzwungenen eine freie Konvektion beschreiben, muss in der Formel zur Errechnung der Nusselt-Zahl die Reynolds-Zahl durch die Grashof-Zahl (Gr) ersetzt werden.

$$\mathrm{Nu} = \mathrm{Konstante} \cdot \mathrm{Gr}^m \cdot \mathrm{Pr}^n \quad \text{für freie Konvektion} \tag{7.15}$$

Man kann die Grashof-Zahl immer in eine äquivalente Reynolds-Zahl umrechnen und dann mit dieser weiter verfahren:

$$\mathrm{Re}_{\text{Äquiv.}} = \sqrt{0,4 \cdot \mathrm{Gr}}.$$

Trotzdem kann die Grashof-Zahl natürlich auch per se berechnet werden:

$$\mathrm{Gr} = \frac{\rho^2 \cdot g \cdot \alpha_V \cdot d^3 \cdot (T_{\mathrm{OF}} - T_\infty)}{\eta^2}. \tag{7.16}$$

Dabei sind uns viele Größen schon wieder bekannt: η ist die dynamische Viskosität, ρ die Dichte des Mediums, d die charakteristische Länge. g ist die Erdbeschleunigung[I], α der Wärmeausdehnungskoeffizient. Auch diesen kennen wir bereits und er beschreibt, wie sich das Volumen ändert, wenn sich die Temperatur ändert:

$$\alpha = \frac{1}{V}\left(\frac{dV}{dT}\right)_p.$$

Die beiden T's bezeichnen schließlich die Temperatur genau an der Oberfläche (T_{OF}) und beliebig weit davon entfernt (T_∞, das entspricht quasi der reinen Temperatur des Fluids).

Übung: Konvektion (Übung 17 auf Seite 284)

7.3. Wärmestrahlung

Beide Arten der Wärmeübertragung, die wir bisher behandelt haben, haben eine Gemeinsamkeit – es gibt stets ein *Medium*, innerhalb dessen sich die Wärme bewegt. Nun scheint es sich aber so zu verhalten, dass es durchaus Wärmeübertragung ohne Medium gibt – so erwärmt beispielsweise die Sonne die Erde, obwohl zwischen beiden ein sehr gutes Vakuum herrscht. Diese Beobachtung zwingt uns zu der Annahme, dass es so etwas wie *Wärmestrahlung* geben muss. Um diesen Effekt korrekt zu beschreiben, ist die *Quantenmechanik* unumgänglich. Nun ist es gewiss nicht möglich, im Rahmen dieses Kapitels eine erschöpfende oder auch nur ansatzweise umfassende Interpretation oder Erklärung der Quantenmechanik zu bieten – ich bitte Sie also um Verständnis, wenn hier einiges im Unklaren und Ungefähren verbleiben wird. Wer sich aber einen Einblick in die Quantenmechanik verschaffen will, der sei an zahlreiche Lehrbücher verwiesen, praktisch alle Standardlehrbücher der Physikalischen Chemie oder der Physik enthalten umfangreiche Kapitel über Quantenmechanik, so auch die Quellen [2;3;6;10;17;18]. Diese Bücher sind allerdings eher als Unterstützung zu einer Vorlesung über das Thema konzipiert und stehen – meiner Meinung nach – nur sehr schwer für sich alleine. Ich habe die Erfahrung gemacht, dass Bücher etwas älteren Datums oft viel mehr bemüht sind, der Leserin und dem Leser die Zusammenhänge zu erläutern, so kann ich Neueinsteigerinnen und Neueinsteigern das Buch „*Atom und Kosmos*" von Hans Reichenbach[19] sehr ans Herz legen. Es kommt praktisch ohne Formeln aus und erläutert die Grundzüge und Entstehung der Quantenmechanik auf eindrucksvolle Art und Weise. Ein wenig wissenschaftlicher ist Walter Wessels „*Kleine Quantenmechanik*"[20] einzustufen, die wichtige Formeln zeigt und interpretiert, aber längliche Ableitungen anderen Büchern überlässt. Schließlich enthält das Buch „Quantentheorie und Philosophie" verschieden Schriften von Werner Heisenberg[21], einem Mitbegründer der Quantenmechanik und dem Vater der bekannten Unschärferelation[II], wovon besonders das Kapitel „*Die Kopenhagener Deutung der*

[I] $g = 9{,}81\,\frac{m}{s^2}$

[II]

$$\Delta x \Delta p_x \sim h$$

Quantentheorie" erhellend wirken kann. Jedenfalls soll die Leserin und der Leser, die etwas über eine der bedeutendsten und wichtigsten Theorien der ganzen Wissenschaftsgeschichte erfahren will, nicht den Kopf in den Sand stecken, falls der erste Zugang zur Quantenmechanik ein wenig holprig erscheint – sie ist es auf jeden Fall wert, durchzuhalten.

7.3.1. Einschub: Ein kurzes Tête-à-tête mit der Quantenmechanik

Alles beginnt, wie so oft in der Wissenschaft, mit einer Beobachtung: Festkörper strahlen Licht ab, wenn man sie erhitzt. Wenn der Festkörper ein schwarzer Strahler[I] ist, dann ist dieses Licht unabhängig von der Natur des Feststoffes. Dieses Wissen ist schon lange verbreitet, zum Beispiel unter Schmieden. Diese nutzen schon seit Jahrhunderten die Tatsache aus, dass die Farbe der Glut eines Metallstückes typischerweise nicht von der Art des Metalls, sondern nur von der Temperatur abhängt – so beginnen beispielsweise Metalle knapp über 500 °C (773 K) rot zu glühen und erreichen bei circa 1300 °C (1573 K) Weißglut. Damit verfügt man über eine Möglichkeit, die Temperatur von Metall kontaktfrei zu bestimmen. Dieses Konzept wird auch heute noch im Pyrometer genutzt, mit dem schnelle Messungen von Temperaturen berührungsfrei möglich sind. Vor allem bei extremen Temperaturen sind Pyrometer oft einer der wenigen gangbaren Wege, eine Temperaturbestimmung durchzuführen.

Nun leuchten Objekte unterhalb von 500 °C typischerweise nicht im sichtbaren Bereich – mit der Entwicklung von entsprechenden Messgeräten konnte man aber zeigen, dass auch diese Stoffe elektromagnetische Wellen abstrahlen, nur eben nicht im sichtbaren Spektralbereich (circa 400 bis 700 nm Wellenlänge), sondern im Infraroten. Man stellte auch fest, dass das abgestrahlte Spektrum eine charakteristische Form hat – ein Beispiel sehen Sie in Abbildung 7.5 – und viele Frequenzen beinhaltet. Die Beschreibung dieser Kurve ist eine der größten Leistungen der modernen Physik. Lassen Sie uns dazu kurz rekapitulieren, wie man sich diesen Prozess der Wärmeabstrahlung vorstellte. Wir wissen bereits, dass die Temperatur mikroskopisch die Bewegung der Teilchen (in einem Festkörper die Schwingung der Teilchen um ihre Gitterposition) ist. Wir haben bereits festgestellt, dass das abgestrahlte Spektrum nur von der Temperatur des Körpers abhängt und in Abbildung 7.6 können Sie diesen Befund auch grafisch sehen.[II] Also muss die abgegebene Strahlung irgendwie mit diesen Schwingungen verbunden sein. Das allgemein akzeptierte Bild war, dass die Teilchen sich wie Oszillatoren (*„Schwinger"*) verhalten. Alle erhalten die gleiche mittlere Energie, die makroskopisch der Temperatur entspricht und schwingen dementsprechend stark. Nun ist ein weiterer Befund, dass ein Körper, wenn er Strahlung abgibt, Energie verlieren muss, seine innere Energie muss also abnehmen. Daher stellte man sich vor, dass einer der Oszillatoren spontan ein Photon (Lichtteilchen, vom griechischen φῶς, *phos*, Licht) aussendet. Dieses entspricht dem abgestrahlten Licht. Der Oszillator hat nun aber weniger Energie und schwingt schwächer. Da aber die Temperatur sich gleich verteilen wird, gleicht er seine Schwingung an die der umgebenden Oszillatoren an und alle schwingen wieder

---

[I]   Alles was wir hier sagen, gilt nur für idealisierte Festkörper, welche *schwarze Strahler* sind. Ein schwarzer Strahler kann jede Wellenlänge, die auf ihn trifft absorbieren – er reflektiert also kein Licht.

[II]   Beachten Sie, dass das Maximum der Verteilung mit steigenden Temperaturen nach rechts schiebt.

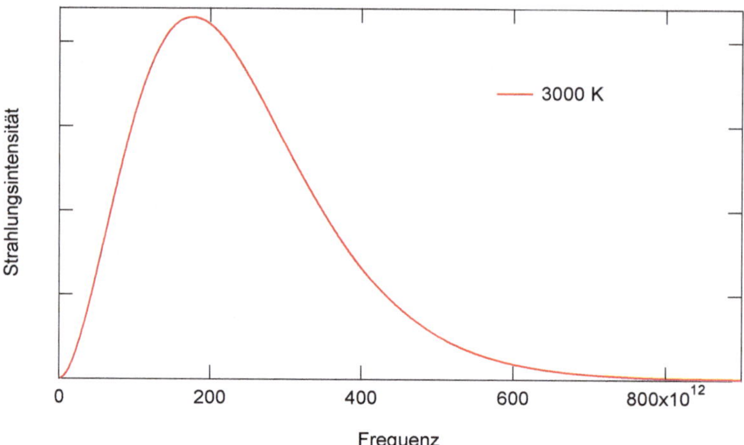

Abb. 7.5.: Strahlungsspektrum eines schwarzen Strahlers bei 3000 K.

gleich stark. Dieser Gedanke kommt im Rayleigh-Jeansschen Strahlungsgesetz zum Ausdruck, welches die Intensität der Strahlung als Funktion der Frequenz angibt:

$$I(\nu) = \frac{2 \cdot \pi \cdot c \cdot k \cdot T}{\left(\frac{c}{\nu}\right)^4}.$$

(7.17)

Dabei ist c die Lichtgeschwindigkeit im Vakuum[I], k die Boltzmannkonstante, T die Temperatur des Körpers und ν die Frequenz der abgegebenen Strahlung.[II] Gleichung 7.17 hat allerdings ein großes Problem: Während es bei tiefen Temperaturen das Verhalten ganz gut beschreibt, wird die Abweichung bei höheren Temperaturen enorm. In Abbildung 7.6 sehen Sie für die Temperatur 2500 K auch die berechnete Kurve nach dem Rayleigh-Jeansschen Gesetz eingezeichnet. Sie sehen, dass sie die Intensität von hochfrequenten (also kurzwelligen und energiereichen) Strahlen enorm überschätzt. Die Kurve steigt immer weiter an, während der tatsächliche Verlauf ein Maximum aufweist, nach welchem die Intensität höherfrequenter Strahlung wieder abnimmt. Das Gesetz von Rayleigh-Jeans steht damit im krassen Widerspruch zur Realität – würden solche hochfrequenten Strahlungen wirklich in dem Ausmaß abgegeben werden, wie in der Kurve in Abbildung 7.6, so würden Sie bereits eingeäschert werden, wenn Sie nur vor dem Feuer eines Kamines sitzen würden. Man nennt diese Abweichung auch *Ultraviolettkatastrophe*, weil Sie hochfrequente Anteile (wie z.B. Ultra-Violett-Strahlung) massiv überschätzt.

[I] $c \approx 299 \cdot 10^6\,\mathrm{m/s}$

[II] Beachten Sie das die Frequenz der Strahlung mit der Wellenlänge λ der Strahlung in einem inversen Zusammenhang steht:

$$\lambda = \frac{c}{\nu}.$$

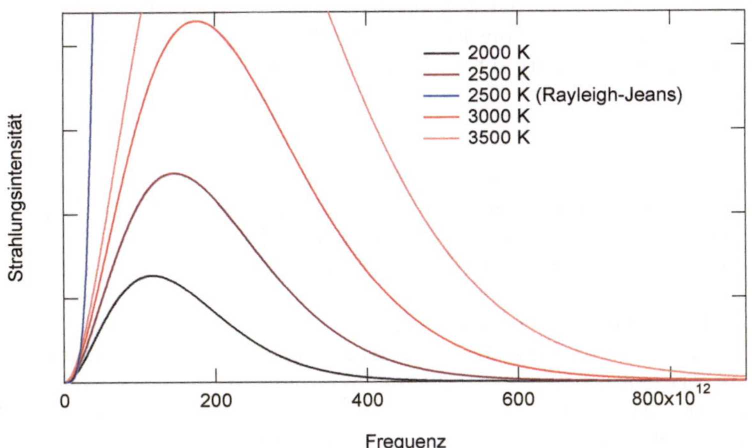

Abb. 7.6.: Strahlungsspektren eines schwarzen Strahlers bei verschiedenen Temperaturen

Dieses Problem hat die Physiker um die Jahrhundertwende ziemlich auf Trab gehalten. Erst Max Planck war in der Lage, hier Klärung zu verschaffen – aber Sie werden seine Antwort vielleicht nicht befriedigend finden. Ein Problem des von uns verwendeten Bildes der strahlenden Oszillatoren ist, dass bei hohen Temperaturen die Oszillatoren beliebig viel Energie auf einmal abstrahlen können.[I] Diesem Problem schob Planck einen Riegel vor, als er um die Weihnachtszeit im Jahre 1900 seine weltverändernde Quantenhypothese aufstellte und behauptete:

Die von den Oszillatoren abgestrahlte Energie ist nicht beliebig, sondern kann nur bestimmte Werte annehmen.

Planck gab auch eine Formel für die erlaubten Energien:

$$\boxed{E = n \cdot h \cdot \nu.}$$

(7.18)

Jetzt sollten wir erst einmal Luft holen – unsere letzte Behauptung, so unspektakulär sie momentan noch klingen mag, ist von einer solchen geistigen Ungeheuerlichkeit, dass das Beben, welches davon ausgelöst wurde, die Physik und alle Naturwissenschaften für immer verändert hat und es noch immer tut. Planck selbst war von seinem Ergebnis übrigens erst weder überzeugt, noch erfreut, weil er seinen Ansatz nur als *mathematischen*, nicht als *physikalischen* verstanden hat. Um eine Analogie zu gebrauchen: Wenn atomare Teilchen Autos wären, behauptet Planck hier, dass diese Autos nur mit 50 oder 100 oder 150 km/h fahren, aber *niemals* eine Geschwindigkeit dazwischen einnehmen können. Das widerspricht vollständig allen typischen Beobachtungen, die wir täglich machen! Energie erscheint uns auf eine natürliche Art und Weise kontinuierlich,

---

[I]   Energiereiche Strahlung und hochfrequente Strahlung sind dasselbe.

die Wissenschaft war vollkommen davon überzeugt, dass die Energie prinzipiell jeden beliebigen Wert annehmen kann – und dann kam Planck. Und weder Planck, noch ich, noch sonst irgendwer kann Ihnen eine Antwort auf die Frage geben, *warum* die Welt quantisiert und nicht kontinuierlich ist – die Wissenschaft hat einfach gezeigt, *dass* die Welt nun einmal so und nicht anders ist.

Schauen wir uns kurz an, warum dieser Ansatz das Problem von Rayleigh und Jeans (und der ganzen physikalischen Gemeinschaft um 1900) löst. Plancks Formel für die erlaubten Energiewerte ist bestechend einfach: Sie enthält die Frequenz der abgestrahlten Energie, eine Konstante (das Planck'sche Wirkungsquantum) h und die Quantenzahl n. n ist eine natürliche Zahl, also (0), 1, 2, ... und beschreibt den *Anregungszustand* des Oszillators. Da er ja nur diskrete Energiequanten aufnehmen und abgeben kann, kann man sagen, n ist die Anzahl an solchen Energiequanten, die mit dem Prozess assoziiert sind. Abbildung 7.7 sollte diese Erklärung ein wenig untermauern. In dieser Abbildung sehen Sie auf der x-Achse die Frequenz der abgestrahlten Teilchen (je höherfrequent, desto energiereicher). Auf der y-Achse ist die Energie der Photonen aufgetragen (berechnet mittels $E = n \cdot \mathrm{h} \cdot \nu$). Da n ja in der Quantentheorie nur diskrete Werte annehmen darf, gibt es nur gewisse Linien, auf denen erlaubte Zustände liegen, diese sind im Bild eingezeichnet. Es gäbe natürlich noch mehr und steilere Linien, ich habe aber der Übersicht halber nur die ersten zehn gezeichnet. Der rote Querstrich ist die Temperatur des Systems – kein Oszillator darf eine Energie abstrahlen, die oberhalb dieser Linie liegt. Jetzt sehen Sie, was passiert – wenn Sie in dem Plot nach rechts gehen (zu hohen Frequenzen) liegen nur mehr wenige erlaubte Zustände unterhalb der roten Linie. Das System kann also solche Quanten nur selten abstrahlen. Wenn Sie sich die Abbildung nach rechts weiter denken, stellen Sie fest, dass Sie zu einem Punkt kommen werden, an welchem *überhaupt keine* Zustände (außer jene mit $n = 0$, diese tragen aber keine Energie) mehr unterhalb der roten Linie liegen. Ein Photon von einer solchen Frequenz kann dann vom System nicht ausgesandt werden. Daher gehen alle Kurven in Abbildung 7.6 irgendwann wieder nach unten und gegen Null. In der klassischen Physik liegen die gezeichneten Striche beliebig dicht - es gibt also nicht nur welche für $n = 1, 2, 3, \ldots$, sondern für alle denkbaren Zahlen, also auch nicht-ganzzahlige n. Dann liegen aber bei jeder beliebigen Frequenz immer unendlich viele Linien unterhalb der roten Linie und das System könnte Licht von beliebiger Energie abstrahlen – das ist die bekannte UV-Katastrophe. Planck hat durch seinen genialen Einfall die Formel gefunden, die das Verhalten des schwarzen Strahlers richtig beschreibt, das *Planck'sche Strahlungsgesetz*[I]:

$$\boxed{\; I(\nu) \sim \frac{2 \cdot \pi \cdot \mathrm{h} \cdot \nu^3}{c^2} \cdot \frac{1}{\mathrm{e}^{\frac{\mathrm{h}\nu}{\mathrm{k}T}} - 1} \;} \tag{7.19}$$

[I]   Wir werden auch hier auf eine Ableitung verzichten.

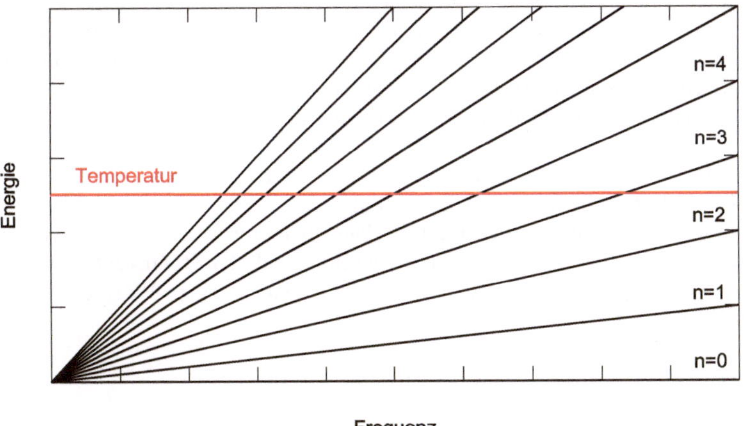

Abb. 7.7.: Schematische Darstellung der Verhinderung der UV-Katastrophe durch Plancks Quantisierung. Genauere Erläuterung siehe Fließtext. Bild inspiriert von Quelle [22]

7.3.2. Zurück zur Wärmestrahlung

Nun haben wir also in groben Zügen verstanden, was die Mechanismen und Probleme der Strahlung von Körpern waren, die die Physik so hatte. Mit der Planck'schen Quantenhypothese war der Weg frei für eine richtige Beschreibung der Wärmeübertragung durch Strahlung. Das betreffende Gesetz ist das *Stefan-Boltzmann-Gesetz*:

$$\boxed{\frac{\Delta Q}{\Delta t} = \epsilon \cdot \sigma \cdot A \cdot T^4.}$$

$$(7.20)$$

Das Gesetz stimmt nur differentiell exakt (also $\frac{Q}{dt}$ statt $\frac{\Delta Q}{\Delta t}$), weil sich in jedem Schritt die Temperatur T ändert. Wenn allerdings die Temperatur des Systems konstant gehalten wird (oder in guter Näherung konstant ist), ist auch die hier angegebene Form exakt. Das ϵ steht für den *Emissionsgrad*. Für einen perfekten schwarzen Strahler ist er immer 1, für einen perfekten Spiegel immer 0. Durch ihn können nicht perfekt schwarze Strahler ebenfalls beschrieben werden. A ist die betrachtete Fläche des Körpers. Es ist naheliegend, dass die abgestrahlte Wärme direkt mit der Fläche skaliert – hat ein Körper eine doppelt so große Oberfläche, dann tritt doppelt so viel Wärme pro Zeit hindurch. Es taucht auch noch ein σ auf – dies steht für die *Stefan-Boltzmann-Konstante* – eine Naturkonstante mit dem ungefähren Wert $5,67 \cdot 10^{-8} \frac{\mathrm{W}}{\mathrm{m}^2 \cdot \mathrm{K}^4}$.[I] Schließlich hängt

---

[I] Ohne auf die Ableitung einzugehen, σ setzt sich aus anderen Naturkonstanten zusammen:

$$\sigma = \frac{2 \cdot \pi^5 \cdot \mathrm{k}^4}{15 \cdot \mathrm{h}^3 \cdot c^2}$$

die abgestrahlte Wärme – nicht ganz überraschend – von der Temperatur ab. Der Einfluss der Temperatur ist allerdings sehr stark – so ändert sich die übertragene Wärmemenge pro Zeit mit der Temperatur in der vierten Potenz. Ein Körper mit einer Temperatur von 400 K strahlt 16 Mal so viel Wärme ab, wie ein 200 K warmer. Sie sehen den Einfluss der Temperaturen zweier Körper, welcher mittels Strahlung Wärme austauschen in Abbildung 7.8.

Bei der Wärmeübertragung durch Strahlung tritt ein weiteres Phänomen auf, welches es bisher nicht gab – hier wird auch Energie vom kalten auf den warmen Körper übertragen, allerdings immer weniger, als vom warmen auf den kalten. Dies bedeutet aber, dass man, wenn man den gesamten Wärmefluss zwischen zwei Körpern beschreiben will, das Stefan-Boltzmannsche Gesetz für beide Körper lösen und addieren muss. Damit ergibt sich ein Netto-Wärmefluss vom warmen auf den kalten Körper von:

$$\boxed{\frac{\Delta Q}{\Delta t} = \epsilon \sigma A (T_H^4 - T_K^4),} \tag{7.21}$$

wenn beide Körper das gleiche ϵ aufweisen. Besonders kompliziert kann alles werden, wenn ϵ auch noch variabel ist. Ein klassisches Beispiel dafür kennen Sie alle: Das Toasten einer Scheibe Toastbrot. Bei der Definition eines schwarzen Strahlers haben wir gesagt, dass er alle Wellenlängen absorbieren kann – ein Stoff mit einem geringen ϵ wird sich also bei Bestrahlung nur mäßig erwärmen. Eine Toastscheibe hat ein relativ geringes ϵ im Vergleich zu einem schwarzen Strahler ($\epsilon = 1$). Wenn also das Heizelement im Toaster angeht und die Scheibe mit Wärmestrahlung bestrahlt, erwärmt sich das Brot nur langsam. An einem Punkt allerdings tritt eine Bräunung des Brotes ein – diese dunklere Schicht hat nun aber ein viel größeres ϵ, kann also weitere Wärme effektiver aufnehmen. Dadurch wird die Schicht schnell schwarz und absorbiert dann die Wärmestrahlung noch besser. Daher kann ein Toast sehr schnell verkohlen.

Wichtig ist es, Wärmestrahlung gegenüber andere Formen von Strahlung abzugrenzen. Wärmestrahlung stammt nur aus der Temperatur eines Körpers und folgt annähernd einer Verteilung wie in Abbildung 7.5 auf Seite 160. So ist beispielsweise dass Erwärmen von Speisen mittel Mikrowellen *keine* Anwendung von Wärmestrahlung: Weder werden die Mikrowellen nur durch die Erwärmung eines Körpers erzeugt, noch haben Sie das charakteristische Spektrum, sondern weisen nur *eine* typische Frequenz der Strahlung auf.

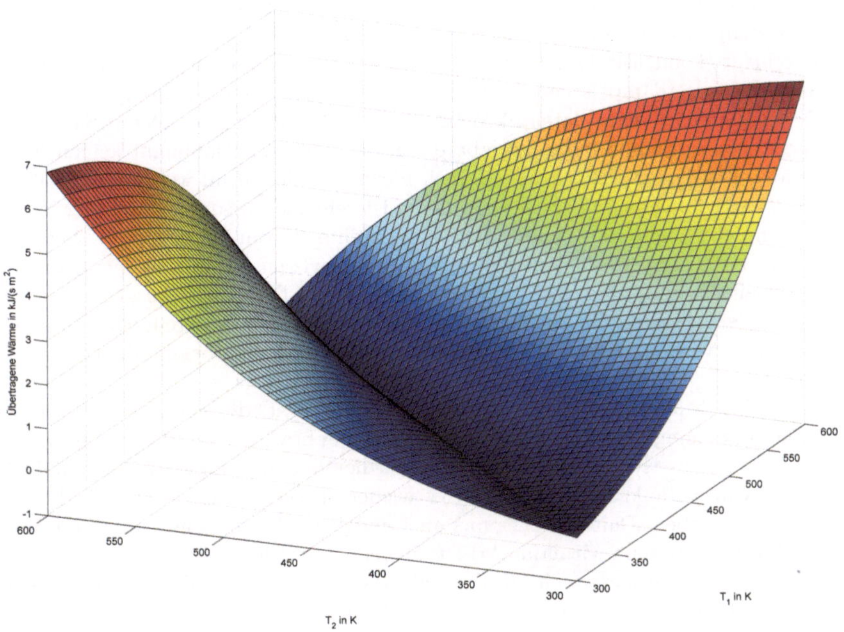

Abb. 7.8.: Ausgetauschte Wärme als Funktion der Temperaturen beider Körper (T_1 und T_2). Gilt $T_1 = 300\,\mathrm{K}$ und $T_2 = 600\,\mathrm{K}$, so werden bereits beinahe $7\,\mathrm{kJ/(s{\cdot}m^2)}$ ausgetauscht.

7.4. Wärmeübertrag durch latente Wärme

Eine letzte, eher unbekannte Möglichkeit, Wärme von A nach B zu transportieren, besteht in der Wärmeübertragung durch latente Wärme. Wir haben bereits früher festgestellt, dass Systeme eine gewisse Verdampfungs- und Schmelzenthalpie aufnehmen müssen, um zu verdampfen oder zu schmelzen. Diese Art von Wärmen nennt man auch *latente Wärmen*, weil Sie nicht zu einer Erhöhung der Temperatur beitragen und daher gewissermaßen „*versteckt*" sind (*latent* ist lateinisch für versteckt, verborgen). Das bedeutet aber auch Folgendes: Wenn Sie einen Liter Wasser verdampfen, dann führen Sie dem System sehr viel Wärme zu, die sich nicht in Form Temperaturerhöhung, sondern in Form von latenter Wärme manifestiert. Wir haben bereits mehrfach festgestellt, dass besonders bei Wasser hierzu überraschend große Energiemengen notwendig sind. Das System enthält also viel Energie. Wenn sich nun der Wasserdampf an einer Oberfläche niederschlägt (kondensiert) und dort wieder flüssig wird, muss diese Energie in irgendeiner Form aus dem Wasserdampf hinaus, sonst könnte er ja gar nicht verflüssigen. Das kondensierende Wasser gibt also seine (latente) Wärme an die Umgebung ab. Wenn Sie beispielsweise eine Speise in einem Bambusdämpfer zubereiten, dann hat das Dämpfgut keinen Kontakt mit der kochenden Flüssigkeit. Es wird aber auch nicht deshalb warm, weil es von heißem Dampf umgeben ist (beziehungsweise der Beitrag davon ist sehr klein), sondern weil der Wasserdampf auf dem Dämpfgut kondensiert und dabei seine latente Wärme an es abgibt. Diese Form der Wärmeübertragung kann so effizient sein, dass unter gewissen Rahmenbedingungen ein Gut im Dämpfer schneller erhitzt wird, als wenn man es kocht.[12] Daher sind besonders bei Systemen, bei denen Fluide auf kalten Oberflächen auskondensieren oder ausfrieren, eine stärkere Wärmeübertragung zu erwarten, als nur mit den drei anderen Methoden beschreibbar ist.

Sie haben natürlich alle schon einen Prozess kennen gelernt, der genau so funktioniert – der Kühlschrank, beziehungsweise die Kältemaschine. Dabei brachten wir auch ein Kältemittel zum Verdampfen, wobei es latente Wärme aufnimmt (die Verdampfungsenthalpie) und führten es dann auf die Kühlschrankrückseite, wo wir es wieder auskondensieren ließen und dabei die latente Wärme frei gaben. Damit war es uns auch möglich, Wärme vom kalten auf den warmen Körper zu übertragen, wenn wir dafür Arbeit aufwendeten. Dies gelang uns durch die Veränderbarkeit der anderen Parameter – in diesem Fall des Druckes. So stellten wir erst Bedingungen her, unter denen das Kältemittel verdunstet ist, danach welche, unter denen es wieder kondensiert. Sie sehen, dass so etwas mit den anderen drei Methoden nicht möglich sein sollte.

Es gibt zahllose andere Prozesse, bei denen ein Stoff erwärmt wird (wie die schon erwähnte Mikrowellenstrahlung), aber als Wärme*transport* kann man diese nicht bezeichnen, eher als Wärme*erzeugung*. Bei dem letzten erwähnten Mechanismus wird aber Wärme tatsächlich (in Form von latenter Wärme) von A nach B transportiert, wir ordnen ihn also mit Fug und Recht dem Kapitel Wärmetransport zu.

Übung: Numerische Cocktaildynamik (Übung 18 auf Seite 284)

8. Chemische Thermodynamik

I M RAHMEN DIESES GROSSKAPITELS wollen wir ein wenig mehr auf die Thermodynamik chemischer Reaktionen eingehen. Während wir uns bisher hauptsächlich mit den Einflussgrößen Druck, Temperatur und Volumen beschäftigt haben, werden wir nun den Term μdn näher ins Auge fassen. Sie erinnern sich an die Fundamentalgleichung der Thermodynamik:

$$dU = -pdV + TdS + \mu dn.$$

Dies wird nicht die einzige Gleichung von früher sein, die wir benötigen – wir werden uns sowieso innerhalb der chemischen Thermodynamik eher mit dG befassen. Die Theorie wächst also langsam heran, dazu ist es allerdings notwendig, die Wurzeln immer im Hinterkopf zu behalten. Ich werde in diesem Buch so gut es geht darauf hinweisen, wenn ein Gedanke aus dem vorderen Teil des Buches stammt, kann allerdings natürlich den Inhalt hier nicht komplett reproduzieren. Besonders in diesem Kapitel werden Sie feststellen, dass die Symbolvergabe in der fortgeschrittenen Thermodynamik noch umfassender (und teilweise auch unklarer) ist, als bisher. Wir werden zahlreiche Indices, Super- und Subskripte brauchen, um Größen halbwegs einwandfrei zu benennen. Machen Sie sich also schon mal auf wüste Konstrukte wie $\bar{\mu}^{\circ}_{\mathrm{H_2,Gas}}$ gefasst. Auch hat wieder die von mir bereits ausgesprochene Warnung Bestand: Die Symbolkonvention ist immer noch relativ uneinheitlich – achten Sie also beim Studium aus Büchern immer darauf, was welches Symbol denn nun wirklich bedeutet. So sind beispielsweise zahllose Symbole in Verwendung, um den Standardzustand anzuzeigen: $\bar{\mu}^{\circ}$, $\bar{\mu}^{0}$, $\bar{\mu}^{\ominus}$, $\bar{\mu}^{o}$ können Ihnen allesamt unterkommen. Besonders in diesem Kapitel sollten wir uns an die Anmerkung auf Seite 22 erinnern, dass in diesem Zweig der Thermodynamik die Einheiten praktisch immer pro Mol formuliert sind, obwohl es üblicherweise nirgends angegeben wird.

Im nächsten Kapitel werden wir uns also relativ ausführlich mit der chemischen Reaktion befassen. Viele (praktisch alle) grundlegenden Größen sind Ihnen bereits bekannt. Wie schon erwähnt, ist die Vergabe der Variablen relativ uneinheitlich – wenn Sie also aus verschiedenen Lehrbüchern lernen sollten, achten Sie darauf, was mit welchem Symbol gemeint ist. Außerdem befinden wir uns in diesem Kapitel – nach unserem Ausflug in Transportphänomene der Wärme – wieder auf dem sicheren Boden der klassischen Thermodynamik.

Da wir von nun an hauptsächlich chemische Reaktionen betrachten, ist das thermodynamische Potential unserer Wahl die *Gibbs-Energie G*. Nur zur Erinnerung sei an früher verwiesen, wo wir festgelegt haben, dass

$$G = H - TS,$$

© Springer Fachmedien Wiesbaden GmbH, ein Teil von Springer Nature 2018
W. Stadlmayr, *Thermodynamik – nicht nur für Nerds*,
https://doi.org/10.1007/978-3-658-23291-7_8

beziehungsweise in der für die Chemie von überragender Weise bedeutsamen Formulierung:

$$\boxed{\Delta G = \Delta H - T\Delta S.} \tag{8.1}$$

Diese Relation werden wir in den nun folgenden Kapiteln ständig benötigen.

8.1. Kurze Vorbemerkung – Der Standardzustand[I]

Innerhalb der chemischen Thermodynamik wird oft auf den sogenannten *„Standardzustand"* verwiesen. Hier gibt es viele verschiedene Sprachgebräuche und daher auch oft Verwirrung. Mit Standardzustand wird im engsten Sinne ein Zustand fixen Druckes (Standarddruck p°) und reiner Komponenten bezeichnet.[II] Die Temperatur ist in dieser engsten Formulierung *nicht* Teil des Standardzustandes – wobei aber manche Quellen die Temperatur auch in den Standardzustand mit aufnehmen und damit für Verwirrung sorgen. Der übliche Standarddruck beträgt 1 bar, aber selbst dieser ist nur von der IUPAC vorgeschlagen und kann anders gewählt werden. Die häufig gewählte Temperatur von 25 °C oder 298 K wird oft als *Normaltemperatur* bezeichnet.[III] Standardzustände können natürlich auch nur rein hypothetisch vorliegen, etwa ideale Gase oder Lösungen.

8.2. Die Gleichgewichtskonstante

Eine allgemeine chemische Reaktion soll Ausgangspunkt unser Betrachtungen sein:

$$|\nu_A|A + |\nu_B|B \rightarrow |\nu_C|C + |\nu_D|D.$$

ν_A, ν_B, ν_C und ν_D nennt man die *stöchiometrischen Faktoren*[IV], A und B sind die Edukte, C und D die Produkte. Hat so eine Reaktion das Gleichgewicht erreicht, so können im Allgemeinen die Konzentrationen von A, B, C und D vergleichbar sein – mikroskopisch bedeutet dies, dass die Hin- und Rückreaktion vergleichbar schnell sind. Dies wird durch den Doppelpfeil $\rightleftarrows$ angedeutet. Für manche Reaktionen liegt das Gleichgewicht allerdings so stark auf einer Seite, dass man in guter Näherung von einem vollständigen Umsatz sprechen kann, man verwendet dann nur mehr einen Einfachpfeil $\rightarrow$. Während so eine Reaktion abläuft, ändert sich die Menge an Teilchen von jeder Sorte, die vorliegt, diese Mengen sind n_A, n_B, n_C und n_D, ihre Änderungen sind dn_A, dn_B, dn_C und dn_D. An dieser Stelle müssen wir uns einfach an die verschiedenen thermodynamischen

---

[I]   Mein Dank für die Betonung der Notwendigkeit der Präzisierung dieses Begriffes geht an Norbert Memmel.

[II]   Das bedeutet, nach einer Reaktion liegt ein System eigentlich noch *nicht* im Standardzustand vor, die Komponenten müssten erst noch entmischt werden.

[III]   Das Zeichen für die Normaltemperatur ist in manchen Werken $T^{\ominus}$, was wir aber nicht verwenden.

[IV]   Hier ist Vorsicht bei der Wahl der Vorzeichen geboten. In diesem Buch soll die Konvention sein, dass die stöchiometrischen Koeffizienten negativ sind, wenn es sich um Edukte handelt (sie werden verbraucht) und positiv, wenn es sich um Produkte handelt (sie werden gebildet). Das hat den Vorteil, dass das Vorzeichen bei späteren Rechnungen nicht mehr händisch berücksichtigt werden muss.

Potentiale erinnern, die wir in den ersten Kapiteln kennen gelernt haben. Sie hingen unter anderem von der Änderung der Stoffmengen ab. So galt beispielsweise:

$$dG = V\,dp - S\,dT + \mu\,dn.$$

Wenn wir diese Gleichung für unsere Reaktion adaptieren, erhalten wir:

$$dG = V\,dp - S\,dT + \mu_A dn_A + \mu_B dn_B + \mu_C dn_C + \mu_D dn_D.$$

Es ist uns instinktiv klar, dass die Änderungen der Stoffmengen nicht unabhängig voneinander sind – daher suchen wir nun eine einzelne Größe, die den Verlauf der Reaktion beschreibt – die Reaktionslaufzahl ξ.

8.2.1. Der Fortschritt einer Reaktion – Die Reaktionslaufzahl

Ganz offensichtlich können die Änderungen der verschiedenen Stoffe verschieden groß sein - beziehen wir uns aber noch auf die stöchiometrischen Koeffizienten, werden sie gleich. So gilt:

$$\frac{dn_A}{\nu_A} = \frac{dn_B}{\nu_B} = \frac{dn_C}{\nu_C} = \frac{dn_D}{\nu_D}.$$

Hier sieht man auch gleich, dass es sinnvoll ist, die stöchiometrischen Koeffizienten von Edukten als negativ anzunehmen. dn_A ist negativ[I], aber ν_A wird auch negativ gewählt, so ergibt sich ein insgesamt positiver Ausdruck. Da alle Ausdrücke dasselbe sind, wollen wir ihnen einen gemeinsamen Namen geben:

$$\frac{dn_A}{\nu_A} = \frac{dn_B}{\nu_B} = \frac{dn_C}{\nu_C} = \frac{dn_D}{\nu_D} = d\xi.$$

ξ (sprich: Xi) ist die *Reaktionslaufzahl* und nimmt unter den von uns gewählten Konventionen immer positive Werte an. Je größer ξ, desto weiter ist die Reaktion fortgeschritten. ξ hat aber nicht die Einheit einer Zahl, sondern die Einheit Mol, weil die Änderung der Stoffmenge die Einheit Mol trägt und die stöchiometrischen Koeffizienten einheitenlos sind.[II] Setzen wir unsere neu gewonnene Größe in unsere Gleichung für die Gibbs-Energie ein:

$$dG = V\,dp - S\,dT + \mu_A \nu_A d\xi + \mu_B \nu_B d\xi + \mu_C \nu_C d\xi + \mu_D \nu_D d\xi.$$

[I] dn_A ist ja die Veränderung der Stoffmenge des Stoffes A. Da A ein Edukt ist, also verbraucht wird, nimmt seine Menge ab und die Änderung seiner Menge ist negativ.

[II] Deshalb empfiehlt die IUPAC auch den neueren Name *Umsatzvariable*.

Dies können wir recht elegant als

$$dG = V\,dp - S\,dT + \sum_i \mu_i \nu_i d\xi$$

darstellen. Unter typischen Reaktionsbedingungen sind Druck und Temperatur konstant, dann wird die Gleichung sofort zu:

$$dG = \sum_i \mu_i \nu_i d\xi.$$

Hier wird es ein wenig arbiträr – die IUPAC[I] hat die Festlegung getroffen, dass eine Ableitung eines thermodynamischen Potentiales nach $d\xi$ mit einem Δ bezeichnet wird.[II] Also beispielsweise: $\frac{dG}{d\xi} = \Delta G$. Natürlich ist diese Bezeichnung vorausschauend gemacht worden und das Δ steht auch hier wieder für eine Differenz – allerdings verhindert es an dieser Stelle eine formale Ableitung mittels Integration, die Sie vielleicht hätten durchführen wollen. Stattdessen teilen wir unsere Gleichung durch $d\xi$ und erhalten:

$$\boxed{\frac{dG}{d\xi} = \Delta G = \sum_i \mu_i \nu_i.} \tag{8.2}$$

Eine kurze Analyse zeigt uns, dass die Sache stimmig ist – wir haben früher festgestellt, dass G und μ eng miteinander verwandt sind, dass nämlich μ nichts anderes ist, als G_m. Nun stehen auf der rechten Seite der Gleichung im Wesentlichen Summen und Differenzen aus chemischen Potentialen, die noch mit den dimensionslosen stöchiometrischen Koeffizienten gewichtet sind.[III] Weiters wissen wir ja, dass das Potential G die Fähigkeit eines Systems beschreibt, chemische Reaktionen zu betreiben und auch, dass Systeme im Gleichgewicht nicht mehr in der Lage sind, dies zu tun. Wenn ΔG also 0 ist, ist die Reaktion im Gleichgewicht – und dies passiert genau dann, wenn die chemischen Potentiale von Produkten und Edukten sich gegenseitig aufheben. Ein schönes und sinnvolles Ergebnis!

Wir erkennen aber nicht nur, dass das System im Gleichgewicht ist, wenn $\Delta G = 0$ gilt. Wir sehen auch, was erfüllt sein muss, damit ΔG kleiner als Null ist. Dazu müssen die gewichteten chemischen Potentiale der Edukte größer sein, als die der Produkte. Eine unserer allerersten thermodynamischen Feststellungen war es aber, dass Stoffe mit einem größeren chemischen Potential andere Stoffe mit einem weniger großem chemischen Potential „ins Sein zwingen". Wenn also $\Delta G < 0$ gilt, so wird die von uns beschriebene Reaktion ablaufen. Umgekehrt für $\Delta G > 0$ – hier gilt die ganze Argumentation quasi „verkehrt" – die Rückreaktion wird freiwillig ablaufen.

[I] International **U**nion for **P**ure and **A**pplied **C**hemistry

[II] Manche Bücher benutzen auch die Zeichen Δ_R oder Δ_r (für **R**eaktion), wir werden aber so schon genug mit Super- und Subskripten zu tun haben und belassen es daher (wie viele andere Lehrbücher) beim einfachen Δ.

[III] Differenzen, weil ja durch die stöchiometrischen Faktoren ein Vorzeichen ins Spiel kommt: Wären alle stöchiometrischen Koeffizienten betragsmäßig 1, so stünde da ja: $\Delta G = -\mu_A - \mu_B + \mu_C + \mu_D$.

$$
\begin{array}{lll}
\Delta G < 0 & \text{Reaktion läuft ab} & \text{(exergon)} \\
\Delta G = 0 & \text{Reaktion im Gleichgewicht} & \\
\Delta G > 0 & \text{Rückreaktion läuft ab} & \text{(endergon)}
\end{array}
$$

An der Stelle soll noch einmal mit Nachdruck darauf hingewiesen werden, dass dies nichts darüber aussagt, ob die Reaktion während ihres Ablaufes Wärme abgibt oder Wärme aufnimmt – das Potential G enthält den Term für die Wärme ($T dS$) nicht.

8.2.2. Die Einführung der Gleichgewichtskonstanten

Nun wollen wir die Gleichgewichtskonstante K einführen. Dazu erinnern wir uns an das Kapitel über Phasengleichgewichte. Dort haben wir uns Gedanken über das chemische Potential einer Lösung gemacht und festgestellt, dass:

$$
\mu_i^{\text{Lösung}} = \mu_i^* + RT \ln x_i,
$$

wobei μ_i^* das chemische Potential des Reinstoffes war. Ohne es weiter zu beweisen, behaupten wir, dass die allgemeinere Form dieses Gedankens

$$
\boxed{\mu_i = \mu_i^\circ + RT \ln a_i} \tag{8.3}
$$

lautet. Hierbei ist μ_i natürlich das chemische Potential des Stoffes i und hängt von Druck und Temperatur ab. μ_i° ist das chemische Potential des Stoffes i an einem festgelegten Standardzustand.[I] a_i ist allgemein die *Aktivität* des Stoffes i[II], wird aber oft in guter Näherung durch die Stoffmengenkonzentration c_i oder $[i]$ ersetzt. Zur Aktivität sei gesagt, dass sie eine sehr schwer fassbare Größe ist und im Wesentlichen durch die Abweichung von realen Systemen von einem idealen Verhalten notwendig wird. Bei Lösungen wird sie oft mit der Konzentration assoziert, bei Gasen mit dem Dampfdruck, sie kann auch für den Molenbruch stehen. Bei Festkörpern ist ihr die Dichte nahe verwandt. Alle diese Größen haben gemeinsam, dass sie eine Aussage darüber treffen, wie viel von irgendetwas pro Volumenselement zu finden ist. Eine hohe Konzentration, ein hoher Partialdruck, ein hoher Molenbruch oder eine hohe Dichte sagen alle aus, dass wir viele der entsprechenden Teilchen pro Volumenselement finden werden. Alle aktivitätsartigen Größen haben diese Eigenschaft.

Wir setzen nun die Gleichung 8.3 in Gleichung 8.2 ein und zerlegen dabei das Ganze in zwei

---

[I] Oft wird als Standardzustand 1 bar benutzt benutzt, manchmal auch 1 atm. Die Temperatur, bei welcher Werte tabelliert sind, kann variieren und beträgt in der Physik häufig 273 K und in der Chemie 298 K.

[II] Die exakte Festlegung der Aktivität muss sich notwendigerweise auf den Standardzustand beziehen und lautet:

$$
a_i = e^{\frac{\mu_i - \mu_i^\circ}{RT}}
$$

Terme, wovon einer jeweils die chemischen Potentiale am Standardzustand und der andere die Aktivitäten beinhaltet:

$$\Delta G = \sum_i \nu_i \mu_i^\circ + RT \sum_i \nu_i \ln a_i.$$

Den vorderen Term nennen wir nun einfach ΔG°, die Reaktions-Gibbs-Energie bei Standardbedingungen[I]:

$$\Delta G = \Delta G^\circ + RT \sum_i \nu_i \ln a_i.$$

Nun folgen einige mathematische Taschenspielertricks, um den Ausdruck in eine etwas ansprechender Form zu bringen. Zuerst wissen Sie wahrscheinlich, dass $a \ln b = \ln b^a$ gilt, damit machen wir daraus:

$$\Delta G = \Delta G^\circ + RT \sum_i \ln a_i^{\nu_i}.$$

Weiters gilt die Relation $\ln a + \ln b = \ln (a \cdot b)$, damit können wir die Summe in ein Produkt überführen. Diesen Schritt wollen wir langsam vollziehen. Für unsere spezielle Reaktion würde dies Folgendes bedeuten:

$$\ln a_A^{\nu_A} + \ln a_B^{\nu_B} + \ln a_C^{\nu_C} + \ln a_D^{\nu_D} = \ln (a_A^{\nu_A} \cdot a_B^{\nu_B} \cdot a_C^{\nu_C} \cdot a_D^{\nu_D}).$$

Oder, allgemeiner formuliert:

$$\sum_i \ln a_i^{\nu_i} = \ln \prod_i a_i^{\nu_i}.$$

Das $\prod$-Zeichen symbolisiert dabei ein Produkt aus Größen, ganz gleich, wie das $\sum$-Symbol eine Summe darstellt. Beachten Sie, dass durch die negativen stöchiometrischen Koeffizienten der Edukte deren Aktivitäten *unterhalb* eines Bruchstriches stehen werden.[II] Damit hat unsere Gleichung schon eine schöne Form angenommen:

$$\boxed{\Delta G = \Delta G^\circ + RT \ln \left(\prod_i a_i^{\nu_i} \right).} \tag{8.4}$$

[I] Das ergibt sich auch ganz logisch – gehen wir genau an den Standardzustand, so werden alle Aktivitäten 1, der Logarithmus von 1 liefert aber immer 0 und es bleibt genau der vordere Term $\sum_i \nu_i \mu_i^\circ$ übrig.

[II] Weil $x^{-a} = \frac{1}{x^a}$. Wären beispielsweise alle stöchiometrischen Koeffizienten unserer Reaktion betragsmäßig eins, wäre der Ausdruck:

$$\ln \left(\frac{a_C \cdot a_D}{a_A \cdot a_B} \right).$$

Unsere klassische Thermodynamik gilt immer nur im thermodynamischen Gleichgewicht, sprich für den Fall das $\Delta G = 0$. Dann können wir die Standard-Gibbs-Energie ΔG° ausdrücken:

$$\Delta G^\circ = -RT \ln \left(\prod_i a_i^{\nu_i} \right).$$

Der letzte Schritt ist nun sehr leicht – den Ausdruck, der die Produkte der Aktivitäten hoch ihrer stöchiometrischen Faktoren enthält, wollen wir einfach die *Gleichgewichtskonstante* K nennen:

$$\boxed{\Delta G^\circ = -RT \ln K.} \tag{8.5}$$

8.2.3. Gedanken zur Gleichgewichtskonstanten

Mit der Gleichgewichtskonstante haben wir eine zentrale Größe der chemischen Thermodynamik etabliert. Wir wollen daher ein wenig darüber nachdenken, was für ein Verhalten sie zeigen kann. Aus Gleichung 8.5 folgt ziemlich unmittelbar:

$$\boxed{K = e^{-\frac{\Delta G^\circ}{RT}}.} \tag{8.6}$$

Offenbar hängt K von der Temperatur T und der Standard-Gibbs-Energie ΔG° ab. Letztere sagt etwas darüber aus, ob eine Reaktion unter Standardbedingungen abläuft, daher muss K das auch tun. Eine kurze Rechnung zeigt uns das Verhalten von K:

$\Delta G^\circ < 0$	$K > 1$	Reaktion läuft unter Standardbedingungen ab
$\Delta G^\circ = 0$	$K = 1$	Reaktion unter Standardbedingungen im Gleichgewicht
$\Delta G^\circ > 0$	$K < 1$	Rückreaktion läuft unter Standardbedinungen ab

In der Chemie wird die Aktivität a_i oft durch die Konzentration der Reaktanden (oder bei Gasen oft durch deren Drücke) ersetzt. Dann formuliert sie sich, salopp gesprochen, so:

$$\boxed{K_c = \frac{[\text{Produkte}]}{[\text{Edukte}]}.} \tag{8.7}$$

Das tiefgestellte C zeigt an, dass es sich um eine Gleichgewichtskonstante in Bezug auf Konzentrationen (und nicht etwa Drücke, das wäre K_P) handelt. Wir wollen uns ein Beispiel aus Quelle [23] anschauen, um die Bedeutung der Gleichgewichtskonstante besser fassen zu können.

Wir betrachten die folgende Gasphasen-Reaktion:

$$H_2 + I_2 \rightleftarrows 2HI$$

bei 698 K. Alle Reaktanden sind unter diesen Bedingungen gasförmig. Man führt eine Reihe von Experimenten durch, dabei werden verschiedene Anfangskonzentrationen der Reaktanden vorgelegt. Nach einiger Zeit sollte sich das thermodynamische Gleichgewicht eingestellt haben, dann werden die Konzentrationen der Reaktanden erneut bestimmt. Das Ergebnis sehen Sie in Tabelle 8.1

Tab. 8.1.: Beispiel für eine Gleichgewichtsreaktion. Daten aus Quelle [23].

Versuch #	Anfangs-konzentrationen in mol/l			Gleichgewichts-konzentrationen in mol/l		
	$[H_2]$	$[I_2]$	$[HI]$	$[H_2]$	$[I_2]$	$[HI]$
1	0,00000	0,00000	0,0150	0,00160	0,00160	0,0118
2	0,00932	0,00805	0,0000	0,00257	0,00130	0,0135
3	0,00104	0,00000	0,0145	0,00224	0,00120	0,0121

Sie sehen, dass die Tabelle einen sehr unregelmäßigen Eindruck macht. Bei jedem Versuch entstehen (wie auch zu erwarten war) verschiedene Mengen von allen Stoffen. Trotzdem besteht eine subtile Gemeinsamkeit. Bilden wir die allgemeine Gleichgewichtskonstante für die betreffende Reaktion

$$K_c = \frac{[HI]^2}{[H_2][I_2]}$$

und rechnen wir K_c für alle drei Versuche aus:

Tab. 8.2.: K_c für die Versuche aus Tabelle 8.1

Versuch #	K_c dimensionslos
1	$K_c = \frac{0{,}0118^2}{0{,}00160 \cdot 0{,}00160} = 54,4$
2	$K_c = \frac{0{,}0135^2}{0{,}00257 \cdot 0{,}00130} = 54,5$
3	$K_c = \frac{0{,}0121^2}{0{,}00224 \cdot 0{,}00120} = 54,5$

Die Einheit der Gleichgewichtskonstante ist variabel, in diesem speziellen Fall ist sie aber dimensionslos. Wir sehen, dass für K_c im Rahmen typischer Messgenauigkeiten dieselbe Zahl herauskommt. Die Gleichgewichtskonstante ist eine stark kondensierte Information über das Verhalten dieser Reaktion.

Weiters ist auch klar, dass die Gleichgewichtskonstante für genau eine Reaktion angegeben werden muss. Hätte unsere Reaktion

$$2\mathrm{HI} \rightleftarrows \mathrm{H}_2 + \mathrm{I}_2$$

gelautet, dann wäre die Gleichgewichtskonstante natürlich anders gewesen. Ein Blick auf Gleichung 8.7 zeigt uns, dass wir, wenn wir Produkte und Edukte vertauschen, genau Zähler und Nenner von K auswechseln, daher gilt stets:

$$K_{\mathrm{Hinreaktion}} = \frac{1}{K_{\mathrm{Rückreaktion}}}.$$

Weiters sehen wir natürlich sofort ein, dass dann auch $\Delta G°$ von der Formulierung der Reaktion abhängen muss, weil es sich ja via $\Delta G° = -RT \ln K$ durch K ausdrücken lässt. Da wir wissen, dass $\ln x = -\ln \frac{1}{x}$, schließen wir, dass

$$\Delta G°_{\mathrm{Hinreaktion}} = -\Delta G°_{\mathrm{Rückreaktion}}.$$

Wenn wir nun dieses Wissen in Gleichung 8.4 einsetzen, sehen wir, dass ebenso

$$\Delta G_{\mathrm{Hinreaktion}} = -\Delta G_{\mathrm{Rückreaktion}}$$

gilt. Schließlich sehen wir, wenn wir nun noch Gleichung 8.1 hinzunehmen, dass folgende Gleichungen gelten:

$$\Delta G_{\mathrm{Hinreaktion}} = \Delta H_{\mathrm{Hinreaktion}} - T \cdot \Delta S_{\mathrm{Hinreaktion}}$$

und

$$\Delta G_{\mathrm{Rückreaktion}} = -\Delta G_{\mathrm{Hinreaktion}} = -\Delta H_{\mathrm{Hinreaktion}} - T \cdot (-\Delta S_{\mathrm{Hinreaktion}}).$$

Durch einen einfachen Koeffizientenvergleich mit

$$\Delta G_{\mathrm{Rückreaktion}} = \Delta H_{\mathrm{Rückreaktion}} - T \cdot \Delta S_{\mathrm{Rückreaktion}}$$

schließen wir, dass

$$\Delta H_{\mathrm{Hinreaktion}} = -\Delta H_{\mathrm{Rückreaktion}}$$

und

$$\Delta S_{\mathrm{Hinreaktion}} = -\Delta S_{\mathrm{Rückreaktion}}.$$

Davon sollte uns nicht alles neu sein. Schon im Kapitel über Phasengleichgewichte haben wir festgestellt, dass die Schmelzenthalpie und die Erstarrungsenthalpie genau gegengleich gleich groß sind. Nun haben wir diese Erkenntnis thermodynamisch streng bewiesen und auf praktisch alle relevanten thermodynamischen Größen ausgedehnt. Langer Ableitung kurzer Sinn: Achten Sie daher stets darauf, *„wie herum"* eine Reaktion formuliert ist, wenn Sie Daten dazu einem Tabellenwerk entnehmen.

Übung: Gleichgewichtskonstante (Übung 19 auf Seite 285)

Wir sehen sofort, welche gewaltigen Folgen die Definition der Gleichgewichtskonstanten für die chemische Industrie hat – es kann durch Zugabe von Edukten und Produkten das Gleichgewicht auf eine Seite getrieben werden. Stellen Sie sich vor, Sie hätten eine Reaktion vom Typus

$$A + B \rightleftharpoons C,$$

wobei C Ihr Produkt ist, welches Sie verkaufen wollen. Die Edukte A und B müssen Sie beide zukaufen, allerdings ist B wesentlich teurer, als A. Dann kann es rentabel sein, einen großen Überschuss an A einzusetzen. Da ja $\frac{[C]}{[A][B]} = K =$ konstant gilt, muss die Reaktion unter diesen Bedingungen wesentlich stärker nach rechts (i.e. in Richtung des Produktes) laufen. Dabei wird ein immer größerer Anteil an B umgesetzt, was ökonomisch sinnvoll ist. Genauso kann der Umsatz optimiert werden, wenn man das Produkt C immer wieder dem Gleichgewicht entzieht. Dies ist allerdings aufgrund der technischen Umsetzung oft schwieriger, als eine Überschusszugabe, da der Prozess meist unterbrochen werden muss, um C zu entfernen. Dieser Entfernungsvorgang ist selber oft nicht unbedingt einfach, weil etwa alle Reaktanden in einer Lösung gemischt vorliegen könnten. In der chemischen Synthese und Analytik ist es ebenfalls eine übliche Vorgehensweise durch einen großen Überschuss vollständigen Umsatz zu erreichen. Das Prinzip, dass hinter all dem steht, ist das *Prinzip von Le Chatelier* und wird auf den nächsten Seiten noch genauer aufgegriffen werden.

8.2.4. Die Temperaturabhängigkeit der Gleichgewichtskonstanten

Wir haben bei unserem Beispiel-Versuch eine Temperatur angegeben. Das könnte in uns die Idee wecken, dass die Gleichgewichtskonstante von der Temperatur abhängt – und dies ist auch tatsächlich der Fall. Bevor wir uns auf die Ableitung der Temperaturabhängigkeit stürzen, wollen wir noch festhalten, dass es uns schon lange klar war, dass so eine Abhängigkeit existieren *muss* – das ist uns aus zahlreichen Reaktionen der Chemie bekannt (die Temperatur ändert die Gleichgewichtslage und damit die zu erwartende Ausbeute massiv). Wir wissen bereits, dass die Größe ΔG etwas darüber aussagt, ob ein Prozess spontan stattfindet, oder nicht. Weiters wissen wir aber auch, dass $\Delta G = \Delta H - T\Delta S$ gilt. ΔH ist die Reaktionsenthalpie und von Stoff zu Stoff verschieden. Wenn wir die Temperatur allerdings immer weiter hoch drehen, so sehen wir, dass der Ausdruck $T\Delta S$ im Vergleich zu ΔH sehr groß wird – er dominiert alleine das Verhalten des Systems. Bei hohen Temperaturen ist offenbar nur mehr die Entropie ausschlaggebend, was sinnig ist, weil sämtliche im System vorhandenen Wechselwirkungsenergien klein sind im Vergleich zur thermischen Energie. Damit sehen wir bereits, dass die Gleichgewichtskonstante im Allgemeinen von der Temperatur abhängen wird.

Nach diesen eher qualitativen Betrachtungen wollen wir nun die Temperaturabhängigkeit von K auch formal zeigen. Dazu benutzen wir die enge Verbindung zwischen K und G und schreiben Gleichung 8.6 etwas um:

$$\ln K = -\frac{\Delta G^\circ}{RT}.$$

Wenn wir nun wissen wollen, wie K von der Temperatur abhängt, dann können wir ebenso gut einfach schauen, wie $\ln K$ von der Temperatur abhängt. Der Grund ist bloße mathematische Einfachheit – auf Seite 180 finden Sie allerdings in der Fußnote den (auch nicht wesentlich komplizierteren) Weg, wenn Sie diese Vereinfachung nicht machen. Wenn wir also wissen wollen, wie sich $\ln K$ mit T ändert, müssen wir nichts weiter tun, als nach T abzuleiten:

$$\left(\frac{d\ln K}{dT}\right)_p = -d\left(\frac{\Delta G^\circ}{RT}\right)\frac{1}{dT}.$$

Damit wir so eine Ableitung durchführen können, müssen wir – wie schon oft zuvor in der Thermodynamik – andere Größen konstant halten, in diesem Fall den Druck. Nun machen wir uns unser Wissen darüber zunutze, dass man ein G immer in einen H- und einen S-Teil zerlegen kann:

$$\left(\frac{d\ln K}{dT}\right)_p = -d\left(\frac{\Delta H^\circ}{RT} - T\frac{\Delta S^\circ}{RT}\right)\frac{1}{dT}.$$

$$\left(\frac{d\ln K}{dT}\right)_p = -\frac{d\left(\frac{\Delta H^\circ}{RT} - \frac{\Delta S^\circ}{R}\right)}{dT}.$$

$$\left(\frac{d\ln K}{dT}\right)_p = -d\left(\frac{\Delta H^\circ}{RT}\right)\frac{1}{dT} - d\left(\frac{\Delta S^\circ}{R}\right)\frac{1}{dT}.$$

An dieser Stelle müssen wir zwei Feststellungen treffen, um weiter zu kommen: Nämlich, dass die Standard-Reaktions-Enthalpie ΔH° und die Standard-Reaktions-Entropie ΔS° oft in guter Näherung nicht von der Temperatur abhängen. Damit wird der Term $\frac{\Delta S^\circ}{R}$ komplett unabhängig von der Temperatur und fällt weg. Der Rest hat die simple Form von $\frac{\text{const}}{x}dx$, was eine einfache Ableitung[I] erlaubt:

$$\left(\frac{d\ln K}{dT}\right)_p = \frac{\Delta H^\circ}{RT^2}.$$

(8.8)

Diese Gleichung wird die *Van-'t-Hoff-Gleichung* oder auch *Van-'t Hoffsche Reaktionsisobare*[II] genannt.

Übung: Van-'t-Hoff (Übung 20 auf Seite 285)

Schauen wir uns das Verhalten der Gleichung kurz an. Entscheidend ist, ob auf der rechten Seite eine positive oder eine negative Zahl steht. Wenn eine positive dort steht, dann *steigt K* bei Temperaturerhöhung, wenn eine negative dort steht, *sinkt K* mit Temperaturerhöhung. Die einzige Größe, die rechts negativ werden kann, ist allerdings ΔH°, da R und T stets positive Zahlen sind. Tatsächlich unterscheidet man zwischen Fällen, in denen ΔH° größer, kleiner oder gleich 0 ist. Dies sagt aus, ob die Reaktion, wenn sie unter Standardbedingungen abläuft, Wärme abgibt, aufnimmt oder weder noch. (Benutzt man stattdessen ΔH, ändert sich natürlich an der qualitativen Aussage nichts, bloß gilt es unter den aktuell vorherrschenden Bedingungen.)

$\Delta H < 0$	Reaktion gibt Wärme ab	(exotherm)
$\Delta H = 0$	$\Delta Q = 0$	
$\Delta H > 0$	Reaktion nimmt Wärme auf	(endotherm)

Es gilt also offenbar, dass bei exothermen Reaktionen die Gleichgewichtskonstante mit zunehmender Temperatur abnimmt, während sie bei endothermen Reaktionen zunimmt. Dies ist eine quantitative Fassung eines Teils eines Gesetzes, dass die meisten von Ihnen wahrscheinlich noch aus der Mittelschule kennen: Dem *Prinzip von Le Chatelier*.

Das Prinzip von Le Chatelier besagt, dass ein System, wenn es einem äußeren Zwang ausgesetzt wird, so reagiert, dass die Wirkung des Zwangs minimal wird.

Genau das sehen wir in Gleichung 8.8 – wenn eine Reaktion beim Ablaufen Wärme produziert,

---

[I] Über

$$\text{const} \cdot \frac{1}{x}dx = \text{const} \cdot x^{-1}dx = \text{const} \cdot (-1) \cdot x^{-2} = -\frac{\text{const}}{x^2}$$

[II] Wenn es eine Van-'t Hoffsche Reaktions*isobare* gibt, dann gibt es auch eine *Van-'t Hoffsche Reaktionsisochore* – sie erhält man, wenn man nicht p, sondern V konstant hält:

$$\left(\frac{d\ln K}{dT}\right)_V = \frac{\Delta U^\circ}{RT^2}.$$

läuft die Reaktion weniger ab, wenn man von außen Wärme zuführt. Halbformal könnte man eine exotherme Reaktion ja so verstehen:

$$|\nu_A|A + |\nu_B|B \rightleftarrows |\nu_C|C + |\nu_D|D + \text{Wärme}.$$

Das Prinzip von Le Chatelier sagt nun, dass eine Zuführung von Wärme (i.e. eine Erhöhung der Temperatur) das Gleichgewicht dieser Reaktion auf die linke Seite treiben wird, weil man die Wärme wie ein Reaktionsprodukt verstehen kann. Ebenso würde eine Zugabe des Stoffes D die Reaktion auf die linke Seite treiben, weil er ebenfalls ein Produkt der Reaktion ist. Wäre die Reaktion endotherm:

$$|\nu_A|A + |\nu_B|B + \text{Wärme} \rightleftarrows |\nu_C|C + |\nu_D|D,$$

so wäre der Effekt natürlich genau umgekehrt, eine Zuführung von Wärme (Erhöhung der Temperatur) wird die Reaktion hier auf Seite der Produkte treiben. Damit haben wir (zumindest bezüglich der Temperatur) ein sehr allgemeines Prinzip wie das von Le Chatelier mittels der Thermodynamik untermauert.

Wir können die Gleichung 8.8 natürlich auch benutzen, um ein K bei einer beliebigen Temperatur auszurechnen, wenn wir K für die Reaktion an irgendeiner Stelle kennen. Dazu integrieren wir die Formel (und bringen vorher das dT auf die andere Seite):

$$\int_{K_1}^{K_2} d\ln K = \int_{T_1}^{T_2} \frac{\Delta H^\circ}{RT^2} dT$$

Die linke Seite ist schnell gelöst, rechts ziehen wir vors Integral, was nicht von T abhängt (wir haben ja schon vorher festgestellt, dass $\Delta H^\circ \neq f(T)$):

$$\ln K_2 - \ln K_1 = \frac{\Delta H^\circ}{R} \int_{T_1}^{T_2} \frac{1}{T^2} dT.$$

Weil $\ln a - \ln b = \ln \frac{a}{b}$ und $\int \frac{1}{x^2} dx = -\frac{1}{x}$ folgt:

$$\ln \frac{K_2}{K_1} = \frac{\Delta H^\circ}{R} \left(-\frac{1}{T}\right)\Big|_{T_1}^{T_2}$$

Einsetzen der Grenzen liefert schließlich die hilfreiche Formel[I][II]

$$\ln \frac{K_2}{K_1} = \frac{\Delta H^\circ}{R} \left(\frac{1}{T_1} - \frac{1}{T_2} \right).$$
(8.9)

Wir wollen damit eine echte und technisch relevante Reaktion betrachten, die Wassergas-Shift-Reaktion (WGSR):

$$CO + H_2O \rightleftarrows CO_2 + H_2.$$

Diese Reaktion wird beispielsweise dazu benutzt, möglichst CO-freien Wasserstoff zu erhalten. ΔH° für die Reaktion ist circa $-42\,kJ/mol$. Damit sehen wir bereits, dass die Reaktion unter Standardbedingungen exotherm ist, also Wärme abgibt. Wir erwarten also, dass die Reaktion mit steigender Temperatur schlechter abläuft. Tatsächlich ist die Gleichgewichtskonstante für diese Reaktion ziemlich gut erforscht, Sie sehen die Daten in Abbildung 8.1 in schwarz. Beachten Sie, dass solche Abbildungen meistens in einem $\ln K$ gegen $\frac{1}{T}$-Plot angezeigt werden. Hierbei sind tiefe Temperaturen auf der rechten Seite des Graphen zu finden (oberhalb des Graphen habe ich eine zweite Achse mit der „richtigen" Temperatur eingefügt). Als Vergleich habe ich verschiedene Werte für K mittels Gleichung 8.9 erstellt. Dazu muss K bei irgendeiner Temperatur bekannt sein, ich habe K bei $600\,K$ (ganz rechts) gewählt und mich darauf bezogen. Sie sehen dann, dass die von uns abgeleitete Formel bereits sehr gute Ergebnisse liefert – immerhin extrapolieren wir von 600 bis $2000\,K$. Wir werden uns in Kürze Gedanken über die Abweichung der beiden Kurven machen. Betrachten wir noch kurz das qualitative Verhalten. Mit steigender Temperatur (also im Graphen weiter links) sinkt die Gleichgewichtskonstante – das ist genau dass, was wir für eine exotherme Reaktion erwarten. Knapp über $1000\,K$ geht der Wert von $\ln K$ auf 0 zurück. Das bedeutet, dass auch ΔG° an dieser Stelle 0 wird. Da $\Delta G^\circ = -RT \ln K$, wissen wir auch, dass ΔG° bei höheren Temperaturen positiv wird – das bedeutet, bei diesen Temperaturen wird die Reaktion unter Standardbedingungen (z.B. gleich viel von jedem Stoff vorhanden) nicht mehr freiwillig ablaufen. Wenn Sie also gleiche Mengen von CO, H_2O, CO_2 und H_2 in ein Gefäß geben, dann wird unterhalb dieser Temperatur CO_2 und H_2 gebildet, bei genau der Temperatur wird es gar keine Reaktion geben und oberhalb dieser Temperatur wird sich CO und H_2O bilden.

Bei sehr hohen Temperaturen klaffen die tatsächlichen und von uns bestimmten Werten relativ weit auseinander. Der Grund dafür liegt unter anderem in der Tatsache, dass die Annahme, die Reaktionsenthalpie sei von der Temperatur vollständig unabhängig, nicht erfüllt ist. In Wirklichkeit hängt ΔH° von T ab – und wir kennen auch schon die Abhängigkeit. Im Kapitel

---

[I]   Wie versprochen finden Sie auch eine Ableitung, welche *ohne* Rückgriff auf den Logarithmus auskommt in den Appendices auf Seite 418.

[II]   Man könnte sich nun fragen, wie es zugeht, dass wir aus der Van-'t-Hoffschen-Gleichung durch Ableiten und Integrieren eine neue Erkenntnis gewinnen können, wo doch Ableiten und Integrieren Umkehrfunktionen sind. Betrachten Sie, dass in der Van't-Hoff-Gleichung nur K an den Standardbedingungen und bei der angegebenen Temperatur berechenbar ist. Das Neue, sprich die Möglichkeit, die Gleichgewichtskonstante auch an anderen Stellen zu berechnen, stammt daher, dass wir zwar ableiten, dann aber ein *bestimmtes* Integral bilden (also von T_1 bis T_2).

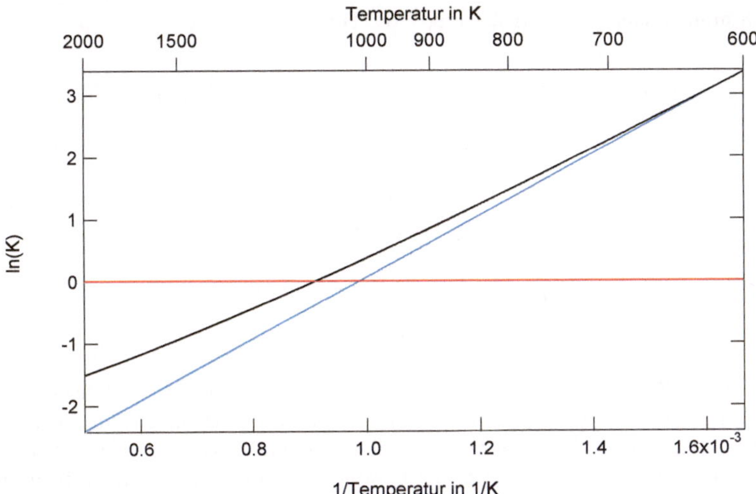

Abb. 8.1.: Temperaturabhängigkeit der Gleichgewichtskonstante der WGSR. Schwarz: Genaue Werte, Blau: Werte durch Van't-Hoff-Gleichung berechnet.

„*Wärmekapazität*" auf Seite 20 haben wir festgestellt, dass unter isobaren Bedingungen ΔH und C_p miteinander verknüpft sind. Daher können wir das ΔH° in unserer Gleichung durch seine temperaturabhängige Variante ΔH_T° ersetzen:

$$\Delta H_T^\circ = \Delta H_{T=0}^\circ + \int_0^T \Delta C_p^\circ dT.$$

$\Delta H_{T=0}^\circ$ wäre dann natürlich die Größe bei der Temperatur 0 und der Term, der bei einer endlichen Temperatur noch hinzukommt, wird durch die Integration bis zu der Temperatur erreicht. Das ΔC_p° ist die Summe der einzelnen C_p's der Stoffe, gewichtet mit ihren stöchiometrischen Koeffizienten:

$$\Delta C_p^\circ = \sum_i \nu_i C_{p,i}.$$

Wie schon beim Virialansatz, wird ΔC_p° oft mittels eines Potenzansatzes ausgedrückt:

$$\Delta C_p^\circ = A + BT + CT^2 + \dots$$

Gleichung 8.8 nimmt nach kurzer Ableitung[I] die Form:

$$\left(\frac{d\ln K}{dT}\right)_p = \frac{\Delta H_{T=0}^\circ}{RT^2} + \frac{1}{RT^2}\left(AT + \frac{1}{2}BT^2 + \frac{1}{3}CT^3 + \dots\right)$$

an. Nach Integration[II] erhält man die Gleichgewichtskonstante als Funktion von $\Delta H_{T=0}^\circ$, T, den Konstanten A, B, C, ... und der Integrationskonstanten I:

$$\ln K = -\frac{\Delta H_{T=0}^\circ}{RT^2} + \frac{A}{R}\ln T + \frac{B}{2R}T + \frac{C}{6R}T^2 + \dots + I.$$

Die Konstanten A, B, C, ... können manchmal einer zugrunde liegenden Theorie entnommen werden oder müssen experimentell bestimmt werden. Die Integrationskonstante I muss in jedem Fall durch eine Messung bestimmt werden. Da die Annahme, dass ΔH° nicht von der Temperatur abhängt, aber sehr oft sehr gut erfüllt ist, wollen wir uns mit diesem Problem nicht mehr weiter befassen.

8.2.5. Die Druckabhängigkeit der Gleichgewichtskonstanten

Vormals haben wir die Gleichgewichtskonstante als Funktion der Temperatur bei konstantem Druck berechnet – es liegt nahe, nun die Gleichgewichtskonstante bei konstanter Temperatur als Funktion des Druckes zu behandeln. Wir wählen wieder die logarithmierte Form von Gleichung 8.6 als Ausgangspunkt:

$$\ln K = -\frac{\Delta G^\circ}{RT}.$$

Diesmal wollen wir die Änderung von K (oder $\ln K$) mit dem Druck analysieren, also leiten wir nach dp ab, während wir die Temperatur konstant halten:

$$\left(\frac{d\ln K}{dp}\right)_T = -d\left(\frac{\Delta G^\circ}{RT}\right)_T\frac{1}{dp}.$$

Da wir uns auf eine fixe Temperatur beschränkt haben, können wir einiges von der Differentiation ausschließen:

$$\left(\frac{d\ln K}{dp}\right)_T = -\frac{1}{RT}d\left(\frac{\Delta G^\circ}{dp}\right)_T.$$

[I]   Welche wir aber hier nicht durchführen wollen.
[II] Die wir ebenfalls nicht auszuführen brauchen.

Wir müssen also ΔG° nach dem Druck ableiten. Wir kennen die allgemeine Form von dG ja bereits zur Genüge:

$$dG = V\,dp - S\,dT + \mu\,dn.$$

Nun ist aber T in unserem Beispiel konstant, also gilt $S\,dT = 0$. Ebenso fällt der μdn-Term aus, denn die Gleichgewichtskonstante ist ja gerade das Verhältnis der Stoffmengen am Gleichgewicht. Wenn wir nun statt dG noch dG° betrachten, bleibt damit nur mehr:

$$dG^\circ = V^\circ dp$$

beziehungsweise

$$\frac{dG^\circ}{dp} = V^\circ.$$

Integrieren wir auf ΔG° auf und setzen wir dieses in unsere Ausgangsgleichung ein, so erhalten wir:

$$\boxed{\left(\frac{d\ln K}{dp}\right)_T = -\frac{\Delta V^\circ}{RT}.} \tag{8.10}$$

ΔV° ist dabei die Volumensänderung, die diese Reaktion unter Standardbedingungen begleitet. Nun ist es bei Flüssigkeiten und Festkörpern im Allgemeinen so, dass die Volumsänderung bei einer Reaktion sehr gering ausfällt. Typische Werte für ΔV° werden im Wedler (Quelle [3]) mit $10^{-6}\,\mathrm{m^3/mol}$ angegeben. Setzt man für T etwa Raumtemperatur ein, ergibt sich der rechte Term zu ungefähr $-10^{-4}/\mathrm{bar}$. Das bedeutet, dass sich die Gleichgewichtskonstante bei Flüssigkeiten und Feststoffen bei Veränderung des Druckes nur im Subpromillebereich ändern wird. Wir werden die Temperaturabhängigkeit für solche Arten von Reaktionen getrost vernachlässigen können, sofern die Drücke nicht von enormen Ausmaßen sind. Ganz anders, sobald Gase im Spiel sind – hier kann ΔV° wesentlich größer sein (etwa $10^{-2}\,\mathrm{m^3/mol}$), daher ist der Einfluss auf die Gleichgewichtskonstante wesentlich größer. Wenn wir uns auf ideale Gase beschränken, gilt

$$\left(\frac{d\ln K_x}{dp}\right)_T = -\frac{\Delta V^\circ}{RT}.$$

Bei Gasen sind verschiedene Arten der Angabe von K gebräuchlich, je nachdem, welche Größen eingesetzt werden. Dieses können die Drücke, die Stoffmengenanteile oder die Konzentrationen sein. Dementsprechend redet man von K_p, K_x oder K_c. Bei Drücken wird außerdem oft auf den Standarddruck p° normiert[I], dann spricht man von $K_{\frac{p}{p^\circ}}$. Außer K_x sind aber alle Angaben der

---

[I]   Die Gleichgewichtskonstante wäre dann für unsere Beispielreaktion etwa

$$K_{\frac{p}{p^\circ}} = \frac{\left(\frac{p_C}{p^\circ}\right)^{\nu_C}\left(\frac{p_D}{p^\circ}\right)^{\nu_D}}{\left(\frac{p_A}{p^\circ}\right)^{\nu_A}\left(\frac{p_B}{p^\circ}\right)^{\nu_B}}.$$

Gleichgewichtskonstanten für ideale Gase nicht vom Druck abhängig.

Auch in diesem Fall haben wir wieder eine quantitative Formulierung des Prinzips von Le Chatelier abgeleitet. Denn wir behaupten Folgendes: Wenn bei einer Reaktion das Volumen vergrößert wird ($\Delta V^\circ > 0$), dann sinkt die Gleichgewichtskonstante mit steigendem Druck ($\frac{d\ln K}{dp} < 0$), wegen des negativen Vorzeichen. Bei umgekehrten Verhalten, wenn also bei einer Reaktion das Volumen verkleinert wird ($\Delta V^\circ < 0$), ist es genau umgekehrt. Wenn wir also den Druck erhöhen, bevorzugt die Reaktion in stärkerem Maße die Seite, die weniger Volumen in Anspruch nimmt. So ist es eine Art Faustregel unter Chemikerinnen und Chemikern, dass viele Reaktionen, welche auch gasförmige Reaktanden beinhalten, unter Druckerhöhung auf jene Seite tendieren, auf welcher weniger gasförmige Reaktanden vorliegen. So könnte man beispielsweise vermuten, dass die Reaktion $A_\text{gasf.} + B_\text{gasf.} \rightleftarrows C_\text{gasf.}$ bei Druckerhöhung eher in Richtung C tendieren wird, weil die insgesamte Anzahl an gasförmigen Molekülen minimiert wird. Das gilt natürlich nur bei Annahme eines idealen Gases und ist nur eine überschlagsmäßige Abschätzung, trifft aber oft zu.

8.2.6. Bestimmung der Gleichgewichtskonstanten

Die Gleichgewichtskonstante kann auf mehrerlei Art und Weise bestimmt werden. Oft bestimmt man die Drücke oder Konzentrationen der Reaktanden, um damit direkt auf K schließen zu können. Eine der schnellsten und genauesten, aber auch eher aufwändigen Methoden hierzu wäre (für Drücke) die Massenspektrometrie. Bei der Bestimmung von Konzentrationen muss darauf geachtet werden, dass die Analyse nicht das Gleichgewicht selbst verschiebt, falls sie chemisch erfolgt. Oft macht man sich auch zu Nutze, dass man das Gleichgewicht praktisch *einfrieren* kann, wenn man das System schnell abkühlt oder verschiedene Reaktion sehr verschiedene Geschwindigkeiten haben.

Unter gewissen Bedingungen kann die Gleichgewichtskonstante auch besonders einfach aus der Messung des Drucks erfolgen. Stellen wir uns vor, wir wollten K für folgende Reaktion bestimmen[I]:

$$\frac{1}{2}\text{N}_2 + \frac{3}{2}\text{H}_2 \rightleftarrows \text{NH}_3.$$

Zweckmäßigerweise wollen wir K mithilfe von Drücken formulieren:

$$K_p = \frac{p_{\text{NH}_3}}{p_{\text{N}_2}^{\frac{1}{2}} p_{\text{H}_2}^{\frac{3}{2}}}.$$

Wir füllen unser Gefäß nun nur mit N_2 und H_2 und kennen daher die Startdrücke $p_{\text{N}_2}^0$ und $p_{\text{H}_2}^0$. Da zur Entstehung von einem Mol NH_3 genau ein halbes Mol N_2 und drei halbe Mol H_2 verbraucht werden, können wir die Drücke zum Zeitpunkt t durch die Startdrücke und den Druck von NH_3 ausdrücken:

$$p_{\text{NH}_3}$$

[I] Unter Bedingungen, bei denen alle Reaktanden gasförmig vorliegen.

$$p_{N_2} = p_{N_2}^0 - \frac{1}{2}p_{NH_3}$$

$$p_{H_2} = p_{H_2}^0 - \frac{3}{2}p_{NH_3}$$

Der Gesamtdruck zu jeder Zeit ist natürlich

$$p = p_{NH_3} + p_{N_2} + p_{H_2}.$$

In diese Gleichung setzen wir nun die Ausdrücke für p_{N_2} und p_{H_2} ein:

$$p = p_{NH_3} + p_{N_2}^0 - \frac{1}{2}p_{NH_3} + p_{H_2}^0 - \frac{3}{2}p_{NH_3} = p_{N_2}^0 + p_{H_2}^0 - p_{NH_3}.$$

Auflösen nach p_{NH_3} liefert

$$p_{NH_3} = p_{N_2}^0 + p_{H_2}^0 - p.$$

Dieses Ergebnis setzen wir wiederum in die Gleichungen für p_{N_2} und p_{H_2} ein:

$$p_{N_2} = p_{N_2}^0 - \frac{1}{2}\left(p_{N_2}^0 + p_{H_2}^0 - p\right)$$

und

$$p_{H_2} = p_{H_2}^0 - \frac{3}{2}\left(p_{N_2}^0 + p_{H_2}^0 - p\right).$$

Auflösen der Klammern liefert:

$$p_{N_2} = \frac{1}{2}p_{N_2}^0 - \frac{1}{2}p_{H_2}^0 + \frac{1}{2}p$$

und

$$p_{H_2} = -\frac{3}{2}p_{N_2}^0 - \frac{1}{2}p_{H_2}^0 + \frac{3}{2}p.$$

Damit haben wir Ausdrücke für p_{NH_3}, p_{N_2} und p_{H_2}, welche alle nur noch vom Gesamtdruck p und den (bekannten) Startdrücken von N_2 und H_2 abhängen. Wir setzen alle diese Ausdrücke in K ein und erhalten:

$$K_p = \frac{p_{N_2}^0 + p_{H_2}^0 - p}{\left(\frac{1}{2}p_{N_2}^0 - \frac{1}{2}p_{H_2}^0 + \frac{1}{2}p\right)^{\frac{1}{2}} \left(-\frac{3}{2}p_{N_2}^0 - \frac{1}{2}p_{H_2}^0 + \frac{3}{2}p\right)^{\frac{3}{2}}}.$$

Die einzige Veränderliche auf der rechten Seite dieses Ausdrucks ist p und damit leicht zu bestimmen. Wir können also in diesem Fall die Gleichgewichtskonstante über eine simple Messung des Gesamtdrucks gewinnen, wenn wir vorher etwas Hirnschmalz hineinstecken. Diese Ableitung funktioniert natürlich nur bei Annahme von idealen Gasen und nur bei Reaktionen, in denen sich die Anzahl der Gasmoleküle ändert.

Wie wir in den nächsten Abschnitten noch genauer sehen werden, ist eine der ganz großen Stärken dieser Betrachtungsweisen die Austauschbarkeit und Allgemeingültigkeit von Daten und Informationen untereinander. Betrachten wir wieder die bereits erwähnte Wassergas-Shift-Reaktion

$$CO + H_2O \rightleftharpoons CO_2 + H_2.$$

Die Gleichgewichtskonstante, formuliert mittels Drücken, ist für diese Reaktion

$$K_p = \frac{p_{CO_2} \cdot p_{H_2}}{p_{CO} \cdot p_{H_2O}}.$$

Man kann sich nun zu Nutze machen, dass sowohl Wasser, als auch CO_2 über folgende Reaktionen mit Sauerstoff im Gleichgewicht stehen:

$$\text{Hilfsreaktion 1: } H_2O \rightleftharpoons H_2 + \frac{1}{2}O_2$$

$$\text{Hilfsreaktion 2: } CO_2 \rightleftharpoons CO + \frac{1}{2}O_2$$

und für beide Reaktionen kann eine eigene Gleichgewichtskonstante formuliert werden:

$$K_p^{HR1} = \frac{p_{H_2} \cdot p_{O_2}^{\frac{1}{2}}}{p_{H_2O}}$$

$$K_p^{\mathrm{HR2}} = \frac{p_{\mathrm{CO}} \cdot p_{\mathrm{O_2}}^{\frac{1}{2}}}{p_{\mathrm{CO_2}}}.$$

Bei der Wassergas-Shift-Reaktion liegen nun Wasser und Kohlendioxid gleichzeitig vor, daher müssen auch beide Gleichgewichte gleichzeitig erfüllt sein. Das bedeutet wiederum, dass der Partialdruck von Sauerstoff, der ja auf beiden rechten Seiten von beiden Gleichungen steht, gleich sein muss. Wir lösen also beide Gleichungen nach $p_{\mathrm{O_2}}^{\frac{1}{2}}$ auf und setzen dann gleich:

$$\frac{K_p^{\mathrm{HR1}} \cdot p_{\mathrm{H_2O}}}{p_{\mathrm{H_2}}} = \frac{K_p^{\mathrm{HR2}} \cdot p_{\mathrm{CO_2}}}{p_{\mathrm{CO}}}.$$

Stellen wir die Gleichung ein wenig um:

$$\frac{K_p^{\mathrm{HR1}}}{K_p^{\mathrm{HR2}}} = \frac{p_{\mathrm{CO_2}} \cdot p_{\mathrm{H_2}}}{p_{\mathrm{CO}} \cdot p_{\mathrm{H_2O}}}.$$

Wir sehen nun aber, dass der rechte Teil genau der Ausdruck ist, den wir suchen, nämlich die Gleichgewichtskonstante der Wassergas-Shift-Reaktion:

$$\frac{K_p^{\mathrm{HR1}}}{K_p^{\mathrm{HR2}}} = K_p.$$

Damit haben wir das Problem der Bestimmung von K für die WGSR auf elegante Art und Weise auf andere Gleichgewichtskonstanten zurückgeführt. Wenn wir K_p^{HR1} und K_p^{HR2} bereits aus früheren Experimenten oder Tabellen, in denen wir nachgeschlagen haben, kennen, so kennen wir auch das gesuchte K!

Nun ist es gewiss nicht praktisch, Gleichgewichtskonstanten für alle möglichen Reaktionen unter allen möglichen Bedingungen zu messen. Daher wird man oft versuchen, die Gleichgewichtskonstante zu berechnen. Dazu gibt es viele Möglichkeiten – beispielsweise kann man sie oft aus thermodynamischen Daten wie der der Standard-Gibbs-Energie ausrechnen, man kann die Van't-Hoffsche Reaktionsisobare integrieren oder die Gleichgewichtskonstante mithilfe der Theorie der statistischen Thermodynamik aus mikroskopischen Größen berechnen. Wir werden uns hier nicht näher mit den einzelnen Möglichkeiten befassen, aber in Kapitel 8.3.6 noch einmal kurz zu diesen Gedanken zurückkehren, wenn wir das Konzept von Standardbildungsenthalpien und Standard-Gibbs-Energien etabliert haben.

8.2.7. Gleichgewichtskonstantenartige Größen

Die Gleichgewichtskonstante ist in der Chemie ein ubiquitäres Phänomen. Sie taucht in allen Bereichen auf. Da manche speziellen Größen der Gleichgewichtskonstanten sehr ähnlich und besonders häufig sind, wollen wir uns ihnen kurz widmen.

8.2.7.1. Säuredissoziationskonstanten

Reaktionen von Säuren und Basen gehören zu den grundlegendsten Bereichen der Chemie. Wenn man sich auf Brønsted-Säuren[I] beschränkt, ist die Säuredissoziationskonstante (oft auch nur Säurekonstante) ein Maß für die Stärke der Säure. Stellen wir uns eine beliebige Säure HA vor. Die Dissoziation in Wasser ist folgende Reaktion:

$$HA + H_2O \rightleftharpoons A^- + H_3O^+.$$

Die Gleichgewichtskonstante für solche Reaktionen ist leicht bestimmbar – wir wollen für die Formulierung mit Konzentrationen arbeiten, was für niedrige Konzentrationen eine sehr gute Näherung ist:

$$K = \frac{[A^-][H_3O^+]}{[HA][H_2O]}.$$

Nachdem wir durch Benutzung der Konzentrationen anstatt der Aktivitäten sowieso nahegelegt haben, dass die Stoffe in relativ verdünntem Ausmaß vorliegen, ist auch klar, dass sich die Konzentration von Wasser bei der Gleichgewichtseinstellung nur sehr wenig ändern – daher zieht man diese für die Formulierung der Säuredissoziationskonstanten einfach heraus:

$$K_S = K \cdot [H_2O] = \frac{[A^-][H_3O^+]}{[HA]}. \tag{8.11}$$

Wir sehen, je größer die Säurekonstante K_S, desto saurer ist ein Stoff. Gleichsam kann man natürlich für die Reaktion einer Base

$$B + H_2O \rightleftharpoons BH^+ + HO^-$$

eine *Basenkonstante* aufstellen:

$$K_B = \frac{[BH^+][HO^-]}{[B]}. \tag{8.12}$$

[I]   Brønsted-Säuren sind in der Lage, H^+-Ionen abzugeben.

Beide Größen tauchen oft in etwas anderer Form auf – häufig bildet man den negativen dekadischen Logarithmus von K_S und K_B. Für diese Operation benutzt man gerne das Zeichen p[I]:

$$pK_S = -\log K_S$$

$$pK_B = -\log K_B$$

Je kleiner der pK_S oder pK_B sind, desto stärker ist die Säure, respektive Base. Säure- und Basenkonstante können in Wasser leicht ineinander umgerechnet werden:

$$pK_S + pK_B = 14.$$

Daraus folgt unmittelbar, dass eine starke Säure immer eine korrespondierende schwache Base hat und umgekehrt. Wenn also HCl (eine sehr starke Säure) einen pK_S von -6 hat, dann hat die korrespondierende Base (Cl^-) einen pK_B von $+20$ (und ist damit sehr schwach). Schätzen wir kurz überschlagsmäßig ab, was das bedeutet: In Gleichung 8.11 wollen wir annehmen, dass $[H^+]$ und $[Cl^-]$ in gleichem Maße vorhanden sind. Da ja $K_S = 10^{-pK_S} = 10^6$, bedeutet dies, dass

$$10^6 = \frac{[Cl^-]^2}{[HCl]}$$

und damit

$$[Cl^-] = \sqrt{10^6 \cdot [HCl]} = 1000 \cdot \sqrt{[HCl]}.$$

Es existieren also wesentlich mehr $[Cl^-]$-Ionen, als $[HCl]$-Moleküle. Eine weitere Anmerkung noch: Wenn Sie kurz das Verhältnis pK_S zu K_S betrachten, sehen Sie schnell, mit welcher thermodynamischen Größe pK_S verwandt ist. Es ist dies die Gibbs-Energie. Um $\Delta G°$ aus einer Gleichgewichtskonstanten zu berechnen, haben wir den negativen *natürlichen* Logarithmus aus ihr gezogen (und das Ergebnis mit RT multipliziert), um aus einer Säurekonstanten einen pK_S-Wert zu machen, ziehen wir den negativen *dekadischen* Logarithmus (und haben eben keinen multiplikativen Faktor).

[I] Diese Konventionen kennen Sie wahrscheinlich bereits vom pH-Wert, wo ja das p ebenfalls für einen negativ dekadischen Logarithmus steht, in dem Fall den negativ dekadischen Logarithmus der H^+-Konzentration:

$$pH = -\log[H^+].$$

8.2.7.2. Löslichkeitsprodukte

Auch das in der Chemie sehr bekannte Löslichkeitsprodukt ist eine Art Gleichgewichtskonstante. Es ist dabei die Lösereaktion eines Salzes oder anderen Stoffes formuliert, der sich dissoziativ in Wasser oder einem anderen Lösungsmittel löst:

$$AB_{fest} \rightleftharpoons A^+_{gelöst} + B^-_{gelöst}.$$

Wenn man die Gleichgewichtskonstanten für diese Reaktion aufstellt, erhält man:

$$K = \frac{[A^+][B^-]}{[AB]}.$$

[AB] ist ja die Konzentration des Feststoffes, diese ist zwar von seiner Dichte abhängig, aber vom Lösegleichgewicht unabhängig. Daher zieht man sie aus der Betrachtungsweise heraus und hat schon das Löslichkeitsprodukt (oft L genannt):

$$\boxed{L = K \cdot [AB] = [A^+][B^-].} \tag{8.13}$$

L ist für ein Salz bei einer Temperatur eine fixe Zahl, beispielsweise bei $298\,\mathrm{K}$ für Silberchlorid (AgCl) circa $1,7 \cdot 10^{-10}$ oder für Quecksilbersulfid (HgS) $1,6 \cdot 10^{-54}$. Sie sehen sofort, dass HgS wesentlich schwerer in Wasser löslich ist, als AgCl. Das momentan tatsächlich vorliegende Produkt $[A^+][B^-]$ nennt man das *Ionenprodukt*. Damit kann man Lösungen in drei Klassen unterscheiden:

Ionenprodukt	$< L$	Lösung ist nicht gesättigt	(mehr AB kann sich lösen)
Ionenprodukt	$= L$	Lösung ist gesättigt	(Lösung im GGW)
Ionenprodukt	$> L$	Lösung ist übersättigt	(AB fällt als Feststoff aus)

8.2.7.3. Komplexbildungskonstanten

Komplexe sind Verbindungen, bei denen verschiedene Liganden sich um ein zentrales Metallatom koordinieren. Speziell ist ihnen, dass die Elektronen, die für die Bindung notwendig sind, *beide* vom gleichen Atom stammen (*dative* Bindung). Komplexe sind in der Chemie von großer (auch technischer) Wichtigkeit, da sie beispielsweise überragende Eigenschaften als Katalysatoren aufweisen. Machen Sie sich nicht allzu viele Sorgen, wenn Sie die genaue Natur der Komplexe in diesem kurzen Exkurs nicht verstehen – es reicht für unsere momentanen Zwecke völlig, wenn Sie ein rudimentäres, instinktives Verständnis davon haben. Ein Merkmal für die Stabilität eines Komplexes ist seine *Komplexbildungskonstante* – dazu betrachtet man eine Reaktion, bei welcher das zentrale Metallatom M anfangs nur von Wasser koordiniert ist (auch Wasser ist ein Ligand) und dieses dann vom eigentlichen Liganden ersetzt wird:

$$[M(H_2O)_n]^{m+} + nL \rightleftharpoons [ML_n]^{m+} + nH_2O.$$

Beachten Sie hierbei, dass Komplexe ebenfalls in eckigen Klammern angeschrieben werden, dass hier aber *nicht* die Konzentration gemeint ist. Die Komplexbildungskonstante ist ähnlich der Säurekonstanten, auch hier wird die Konzentration des Wassers herausgezogen:

$$K_{\text{Komp.}} = \frac{[[ML_n]^{m+}]}{[[M(H_2O)_n]^{m+}]\,[L]^n}. \tag{8.14}$$

Obwohl die Komplexchemie ein hochkompliziertes Gebiet ist, kann man auch hier mit grundlegenden thermodynamischen Überlegungen weit kommen. Dazu ein schönes Beispiel: Es gibt spezielle Komplexe, bei denen ein Ligandenmolekül mit mehreren Atomen an das Zentralatom bindet – so einen Komplex nennt man *Chelat-Komplex* (vom griechischen Χηλή, *chelé*, der Schere des Krebses). Es wurde nun beobachtet, dass Chelat-Komplexe wesentlich stabiler sind, als andere – und obwohl Sie wahrscheinlich noch nicht allzu viel über Komplexe wissen, können Sie schon verstehen, warum. Betrachten wir zwei Komplexe, Sie sehen sie in Abbildung 8.2. Es ist häufig so, dass die Liganden bei einem Komplex in Form eines Oktaeders um das Zentralatom angeordnet sind. Der einzige Unterschied ist in diesem Fall, dass einmal (8.2(a)) die Liganden Methylamin sind, das andere Mal (8.2(b)) Ethylendiamin. Letzteres kann mit zwei Stickstoffatomen koordinieren und ist daher ein Chelat-Ligand. Beide Komplexe sehen sich sehr ähnlich.

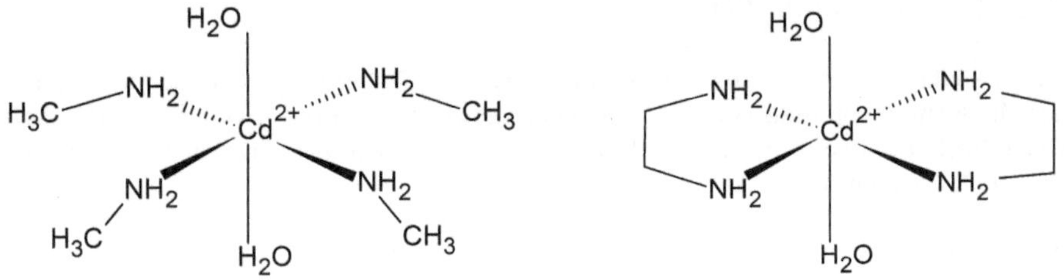

(a) Ein einfacher Cd-Komplex

(b) Ein Cd-Chelat-Komplex

Abb. 8.2.: Zwei ähnliche Komplexe

Trotzdem ist die Komplexbildungskonstante für den rechten bei 298 K im Bereich 10^{10}, für den linken nur etwa $3 \cdot 10^6$. Woher stammt dieser Unterschied von mehreren Größenordnungen? Immerhin ist der rechte Komplex zehntausend mal so stabil, wie der linke. Wagen wir uns mit unserem thermodynamischen Verständnis an dieses Problem. Wir haben schon mehrfach festgestellt, dass Gleichgewichtskonstanten und ΔG's Hand in Hand gehen. Wir nehmen also (richtig) an, dass die Bildung des Komplexes in 8.2(b) ein wesentlich negativeres ΔG aufweist. Nun kann dies zwei Gründe haben – entweder sind die ΔH's der Reaktionen so unterschiedlich, oder die ΔS's. Chemisch gesehen gibt es keinen wirklich guten Grund, warum die Reaktionsenthalpien sich massiv unterscheiden sollten – ob an dem koordinierenden Stickstoff nun ein Methyl oder ein bisschen mehr hängt, sollte die Reaktivität nicht so entscheidend beeinflussen (und tatsächlich, die beiden Reaktionsenthalpien sind praktisch gleich, mit zweimal circa $-57\,\mathrm{kJ/mol}$). Bleiben noch die Reaktionsentropien. Sollten diese verschieden sein? Betrachten wir beide Reaktionen, die die Bildung der Komplexe beschreiben:

$$[\mathrm{Cd(H_2O)_6}]^{2+} + 4\mathrm{H_3C\text{-}NH_2} \rightleftarrows [\mathrm{Cd(H_2N\text{-}CH_3)_4(H_2O)_2}]^{2+} + 4\mathrm{H_2O}$$

und

$$[\mathrm{Cd(H_2O)_6}]^{2+} + 2\mathrm{H_2N\text{-}CH_2\text{-}CH_2\text{-}NH_2} \rightleftarrows [\mathrm{Cd(H_2N\text{-}CH_2\text{-}CH_2\text{-}NH_2)_2(H_2O)_2}]^{2+} + 4\mathrm{H_2O}.$$

Bei der oberen Reaktion gehen 5 Edukte in die Reaktion ein, 5 Produkte treten aus der Reaktion aus. Ganz anders bei der unteren Reaktion: Hier treten bloß 3 Moleküle in die Reaktion ein, aber ebenfalls 5 aus. Wir erinnern uns daran, dass die Entropie ja mit der Anzahl der Mikrozustände skaliert ($S = \mathrm{k}\ln w$) und dass die Anzahl der Mikrozustände sicher höher ist, wenn wir mehr verschiedene „*Teile*" haben. Daher bevorzugt die Entropie klar die untere Reaktion. Da die Entropie bei der Bildung eines Komplexes meistens absinkt (die freien Liganden haben wesentlich mehr Freiheitsgrade, als die gebundenen), sind beide Entropien negativ, aber die für die untere Reaktion ist viel weniger negativ, als die für die obere. Tatsächlich sind die Entropien $-67\,\mathrm{J/(mol}$ K) für die obere und $-14\,\mathrm{J/(mol}$ K) für die untere Reaktion. Damit haben wir das Rätsel über die verschiedenen Stabilitäten aber schon qualitativ gelöst – Grund für die überraschende Stabilität des Chelat-Komplexes ist die Entropie!

Werfen wir spaßeshalber noch die Zahlen in eine schnelle Überschlagsrechnung (wir tun etwa so, als wäre die Komplexbildungskonstante die Gleichgewichtskonstante). Wir haben die ΔH- und ΔS-Werte für beide Reaktionen, mehr brauchen wir eigentlich nicht. Damit berechnen wir ΔG bei 298 K und rechnen dieses ΔG dann in $K_{\mathrm{Komp.}}$ um.

Obere Reaktion: $\Delta H = -57\,\mathrm{kJ/mol}$, $\Delta S = -67\,\mathrm{J/(mol}$ K)

$$\Delta G = \Delta H - T\Delta S = -37\,\mathrm{kJ/mol}$$

$$K_{\mathrm{Komp.}} = \mathrm{e}^{-\frac{\Delta G}{RT}} \approx 3 \cdot 10^6$$

Untere Reaktion: $\Delta H = -57\,\text{kJ/mol}$, $\Delta S = -14\,\text{J/(mol K)}$

$$\Delta G = \Delta H - T\Delta S = -53\,\text{kJ/mol}$$

$$K_{\text{Komp.}} = e^{-\frac{\Delta G}{RT}} \approx 2 \cdot 10^{10}$$

Tatsächlich haben wir mit unsere sehr einfachen Rechnung die beiden Komplexbildungskonstanten ziemlich gut herausgebracht. Es zeigt sich wieder einmal, dass die Thermodynamik – allen Näherungen und Vernachlässigungen zum Trotz – eine mächtige Theorie ist.

8.3. Reaktionsenthalpien

Wir werden nun daran gehen, thermodynamische Parameter aus (relativ) wenigen tabellierten Einträgen errechnen zu können. Dazu werden wir wieder ein uns wohlbekanntes Konzept gebrauchen – das Konzept der Zustandsfunktion.

8.3.1. Die Standardbildungsenthalpie

Jede chemische Verbindung besteht aus den Elementen. Wenn man eine Verbindung aus ihren Elementen aufbaut, wird entweder Wärme frei (dann ist der Bildungsprozess exotherm) oder es ist Wärme dazu notwendig (dann ist der Bildungsprozess endotherm). Die freiwerdende oder notwendige Wärme wird als *Bildungsenthalpie* bezeichnet, bei Standardbedingungen sinnvollerweise als *Standardbildungsenthalpie*. Wir benutzen die thermodynamischen Größen stets nur als Differenzen und damit relativ, niemals absolut. Wir benutzen also stets ein ΔH oder ein dH, aber nie ein reines H. Daher ist die absolute Festlegung der Energieskala egal.[I] Man hat daher folgende (arbiträre) Übereinkunft getroffen – die stabilsten Formen der Elemente erhalten den Wert $0\,\text{kJ/mol}$. Es ist hier darauf zu achten, dass die stabilste Form nicht immer die atomare ist (so sind H_2, O_2, N_2, F_2, Cl_2, Br_2, I_2 stabiler als ihre atomaren Formen) und dass manchmal verschiedene Modifikationen vorliegen können (so kann beispielsweise C als Diamant oder Graphit vorliegen, Graphit ist aber die stabilere Modifikation, deshalb wird sie als Referenzpunkt herangezogen). Es soll nochmals darauf hingewiesen werden, dass diese Festlegung willkürlich ist. Nun kann man jeder Verbindung eine Standardbildungsenthalpie ΔH_B° zuweisen.[II] So ist beispielsweise ΔH_B° von Ethin (C_2H_2) $+227\,\text{kJ/mol}$, während ΔH_B° von Ethan (C_2H_6) $-85\,\text{kJ/mol}$ ist. Das bedeutet, dass bei der Reaktion

$$2C + 3H_2 \rightleftharpoons C_2H_6$$

[I] Beziehungsweise ist eine Festlegung der Energieskala gar nicht möglich (außer einer arbiträren). Das ist ein wesentlicher Unterschied zwischen den Grundgrößen Energie und Entropie – die letztere hat einen absoluten Wert, die erstere nicht.

[II] Oft auch als ΔH_f° für **f**ormation angegeben.

eine Wärme von $-85\,$kJ pro Mol gebildetem C_2H_6 frei wird. Diese Reaktion ist also exotherm. Die Reaktion

$$2C + H_2 \rightleftharpoons C_2H_2$$

im Gegensatz verbraucht $227\,$kJ pro Mol gebildetem C_2H_2, ist also endotherm. Typischerweise bezeichnet ein sehr negatives ΔH_B° eine sehr stabile Verbindung, weil für die umgekehrte Reaktion, die Zerlegung des Stoffes in die Elemente sehr viel Wärme zugeführt werden muss. Tabellen mit den ΔH_B°-Werten für einige wichtige Verbindungen finden sich praktisch im Anhang jeden Chemielehrbuches. Dabei ist immer der Wert für die Herstellung der Verbindung aus den Elementen angegeben (Sie erinnern sich, die Reaktionsrichtung ist für die Vorzeichen der thermodynamischen Daten entscheidend).

Nun könnten Sie sich fragen, wozu wir diese neue Größe eingeführt haben – Sie werden ihren Nutzen im nächsten Abschnitt kennen lernen.

8.3.2. Der Satz von Hess

Es gibt nun eine enorme Vielzahl an denkbaren chemischen Reaktionen. Wenn man von jeder die bei der Reaktion umgesetzte Enthalpie messen müsste, wäre dies ein unbewältigbarer Aufwand. Hier kommt uns der *Satz von Hess* zu Gute. Bereits 1840 stellte Germain Henri Hess fest, dass sich die Reaktionsenthalpie einer Reaktion, die über Zwischenschritte abläuft, additiv aus den Reaktionsenthalpien der einzelnen Schritte zusammensetzt. Das klingt erst einmal nach nicht viel – damit ist bloß ausgesagt, dass falls eine Reaktion vom Typ

$$A + B \rightleftharpoons C + D \rightleftharpoons E + F$$

ist, und wir die Reaktionsenthalpien der ersten und zweiten Teilreaktion kennen, die Gesamtreaktionsenthalpie die Summe dieser beiden Werte ist. Das überrascht uns eigentlich nicht weiter – immerhin ist H ja eine Zustandsfunktion, also nicht vom Weg abhängig. Aber jetzt geht es los – sollten wir also einen zweiten Reaktionsmechanismus finden, der zu anderen Zwischenprodukten führt, so dass

$$A + B \rightleftharpoons C' + D' \rightleftharpoons E + F,$$

dann erwarten wir auf jeden Fall *dieselbe* Gesamtreaktionsenthalpie. H ist ja eine Zustandsfunktion und von daher *muss es egal sein*, wie wir von $A + B$ nach $E + F$ kommen, ΔH muss – unabhängig vom Weg – immer gleich sein. Wir haben diesen Gedanken bisher oft bei Änderungen der Variablen p, V oder T benutzt, aber nie bei Änderung der Stoffmengen n (was einer Reaktion entspricht). Es gibt aber keinen Grund, darauf weiter zu verzichten, vor allem, da es ein mächtiges Werkzeug darstellt. Denn schließlich kann man jede Reaktion über den Zwischenschritt der Elemente führen. Wenn wir also irgendeine Reaktion beschreiben wollen, zerlegen wir die Edukte in ihre Elemente und bauen die Produkte aus den Elementen auf – die mit diesen Reaktionen assoziierten Enthalpien sind aber genau die Standardbildungsenthalpien!

Formal könnte man sagen:

$$\boxed{\Delta H^{\circ}_{\text{Reaktion}} = \sum \Delta H^{\circ}_{\text{B,Produkte}} - \sum \Delta H^{\circ}_{\text{B,Edukte}}}$$
(8.15)

beziehungsweise

$$\boxed{\Delta H^{\circ}_{\text{Reaktion}} = \sum_{i} \nu_i \Delta H^{\circ}_{\text{B,i}}.}$$
(8.16)

8.3.3. Die Berechnung von Standardreaktionsenthalpien

Wir wollen gleich die Probe aufs Exempel machen. Betrachten wir eine Reaktion, die wir bisher nicht betrachtet haben, zum Beispiel die Hydrierung von Ethin:

$$C_2H_2 + 2H_2 \rightleftarrows C_2H_6.$$

Obwohl wir eigentlich nichts über diese Reaktion oder ihren Mechanismus wissen, können wir die bei dieser Reaktion umgesetzte Enthalpie berechnen. Dazu gehen wir folgenden Umweg und zerlegen erst das Ethin in seine Elemente (die beiden zusätzlichen H_2-Moleküle stecken wir gleich in unsere Reaktion hinein, dann geht sich am Schluss alles glatt aus.)

$$\text{Hilfsreaktion 1: } C_2H_2 + 2H_2 \rightleftarrows 2C + 3H_2$$

und bauen dann aus diesen Elementen das Ethanmolekül auf

$$\text{Hilfsreaktion 2: } 2C + 3H_2 \rightleftarrows C_2H_6.$$

Die jeweiligen Enthalpien können wir leicht mittels Gleichung 8.15 berechnen.

$$\Delta H^{\circ}_{\text{HR1}} = 2\Delta H^{\circ}_B(C) + 3\Delta H^{\circ}_B(H_2) - 2\Delta H^{\circ}_B(H_2) - \Delta H^{\circ}_B(C_2H_2)$$

$$\Delta H^{\circ}_{\text{HR2}} = \Delta H^{\circ}_B(C_2H_6) - 3\Delta H^{\circ}_B(H_2) - 2\Delta H^{\circ}_B(C)$$

Die Enthalpie der Gesamtreaktion ergibt sich einfach als Summe der Enthalpien der Hilfsreaktionen, H ist ja – wir werden nicht müde, es zu betonen – eine Zustandsfunktion:

$$\Delta H^{\circ}_{\text{GR}} = \Delta H^{\circ}_{\text{HR1}} + \Delta H^{\circ}_{\text{HR2}} = \Delta H^{\circ}_B(C_2H_6) - \Delta H^{\circ}_B(C_2H_2) - 2\Delta H^{\circ}_B(H_2).$$

Die Standardbildungsenthalpie von H_2 ($\Delta H^\circ_B(H_2)$) ist aber per Konvention 0, weil das die stabilste Form des Elements Wasserstoff ist. Damit bleibt:

$$\Delta H^\circ_{GR} = \Delta H^\circ_B(C_2H_6) - \Delta H^\circ_B(C_2H_2).$$

Damit stehen aber auf der rechten Seite nur mehr Standardbildungsenthalpien, wie sie tabelliert sind – die speziellen Werte haben wir auf Seite 193 kennen gelernt. Setzen wir also für $\Delta H^\circ_B(C_2H_6) = -85\,\text{kJ/mol}$ und $\Delta H^\circ_B(C_2H_2) = +227\,\text{kJ/mol}$ ein, so erhalten wir

$$\Delta H^\circ_{GR} = -312\,\text{kJ/mol}.$$

Damit haben wir die Standardreaktionsenthalpie für diese neue Reaktion einfach so berechnet! Wenn wir Ethin zu Ethan hydrieren, werden pro Mol mehr als $300\,\text{kJ}$ an Wärme frei.

8.3.4. Abseits des Standardzustandes

Die thermodynamischen Werte sind in Nachschlagewerken stets bei einem Standardzustand und meist nur bei einigen ausgesuchten Temperaturen angegeben, da es nicht durchführbar ist, sie bei allen Temperaturen und Drücken zu bestimmen. Vielleicht will man aber manchmal Werte abseits der Standardbedingungen oder vorgegebenen Temperaturen berechnen. Wie wir die Enthalpie bei einer anderen Temperatur als angegeben ausrechnen, haben wir im Wesentlichen schon auf Seite 181 dargelegt: eine leichte Abwandlung der Formel bringt uns zu

$$\boxed{\Delta H_T = \Delta H_{T^\circ} + \int_{T^\circ}^{T} \Delta C_p dT.} \tag{8.17}$$

T° ist die Temperatur aus dem Tabellenwerk. Auf Seite 181 haben wir uns auf die frühere halbformale Ableitung berufen. Mit dem Wissen, dass das Δ einer thermodynamischen Größe auch immer die Ableitung nach der Reaktionslaufzahl ξ bedeutet, kann man das auch strenger zeigen. Wir suchen ja quasi die Änderung von ΔH mit der Temperatur und wollen dann über alle Temperaturen integrieren und dies zu H bei der bekannten Temperatur dazu zählen:

$$\Delta H_T = \Delta H_{T^\circ} + \int_{T^\circ}^{T} \left(\frac{d\Delta H}{dT}\right)_p dT.$$

Wir befassen uns nur mehr mit der Änderung von ΔH mit der Temperatur, dazu halten wir den Druck wie immer zweckmäßigerweise konstant:

$$\left(\frac{d\Delta H}{dT}\right)_p = \left(\frac{d\frac{dH}{d\xi}}{dT}\right)_p = \left(\frac{d^2 H}{d\xi dT}\right)_p$$

Auch von früher noch gut bekannt ist der *Satz von Schwarz*, welcher es uns hier erlaubt, die Differentiationsreihenfolge umzudrehen:

$$\left(\frac{d^2 H}{d\xi dT}\right)_p = \left(\frac{d^2 H}{dT d\xi}\right)_p = \left(\frac{d\frac{dH}{dT}}{d\xi}\right)_p$$

Schließlich wissen wir noch, dass $\left(\frac{dH}{dT}\right)_p = C_p$, weshalb

$$\left(\frac{d\frac{dH}{dT}}{d\xi}\right)_p = \left(\frac{dC_p}{d\xi}\right)_p = \Delta C_p.$$

Also, in Kurzfassung:

$$\left(\frac{d\Delta H}{dT}\right)_p = \Delta C_p,$$

was beim Rückeinsetzen in unsere Ausgangsgleichung uns genau zu Gleichung 8.17 führt. Diese Gleichung ist einer der *Kirchhoffschen Sätze*.[I]

Ganz ähnlich hatten wir uns in Kapitel 8.2.5 bereits mit Druckabhängigkeiten befasst. Wir wollen ohne weitere Ableitung einfach glauben, dass die Abhängigkeit der Enthalpie vom Druck durch die Gleichung

$$\Delta H_p = \Delta H_p^\circ + \int_{p^\circ}^{p} \left(\Delta V - T\left(\frac{d\Delta V}{dT}\right)_p\right) dp \tag{8.18}$$

gegeben ist. Wie schon für die Gleichgewichtskonstante ist auch hier die Abhängigkeit sehr gering, wenn keine gasförmigen Phasen beteiligt sind. Hier wird allerdings das komplette Integral auch dann 0, wenn es sich um ideale Gase handelt. Da also die Reaktionsenthalpie für flüssige

---

[I] Der andere Kirchhoffsche Satz lautet

$$\Delta U_T = \Delta U_{T^\circ} + \int_{T^\circ}^{T} \Delta C_V\, dT$$

und feste Phasen nur sehr schwach, für ideale Gase sogar gar nicht vom Druck abhängt, ist die Temperaturabhängigkeit von H meist wesentlich wichtiger, als dessen Druckabhängigkeit.

8.3.5. Bestimmung von Reaktionsenthalpien

Nun haben wir bereits öfters auf die tabellierten Reaktionsenthalpien zurückgegriffen – wir könnten uns an dieser Stelle fragen, wie man diese experimentell gewinnt. Tatsächlich werden wir zwei Möglichkeiten kurz diskutieren: Die Messung mittels eines Bombenkalorimeter und die Messung mittels DSC.

8.3.5.1. Mittels Bombenkalorimeter

Ein Bombenkalorimeter ist nichts anderes als eine sehr gut isolierte Thermoskanne. Ein beliebter Versuch, den zahllose Chemiestudentinnen und -studenten zu absolvieren hatten, ist die Bestimmung der Lösungsenthalpie eines Salzes. Dazu wird Wasser in einem Bombenkalorimeter auf die gewünschte Temperatur gebracht und das Salz ebenfalls. Im Kalorimeter ist ein Thermofühler, der die Temperatur ständig misst. Die (vorher gewogene) Menge Salz wird nun ins Wasser gekippt – je nach Art des Salzes kommt es dabei entweder zu einem Temperaturanstieg (exothermes Lösen) und Temperaturabfall (endothermes Lösen). Nun muss nur mehr bestimmt werden, wie viele Joule notwendig sind, um einen solchen Temperaturanstieg zu produzieren. Man bestimmt dies typischerweise dadurch, dass man ein Heizelement bekannter Leistung in das Gefäß einbringt und für eine bekannte Zeit betreibt. Dadurch kann die errechnete Energiemenge (Leistung mal Zeit) mit einer Temperaturänderung korreliert und andere Temperaturänderungen wiederum in Joule rückübersetzt werden. Und damit ist die Enthalpie für diese Reaktion schon bestimmt.

8.3.5.2. Mittels Differential Scanning Calorimetry (DSC)

Wesentlich genauer und diffiziler arbeitet die Differential Scanning Calorimetry, kurz DSC. Dies ist ein Gerät, welches zwei thermisch isolierte Zellen hat, in denen eine Probe eingebracht werden kann. Die zweite Zelle bleibt typischerweise leer und dient als Referenz. Nun werden beide Zellen langsam geheizt und gleichzeitig ihre Temperatur bestimmt. Die Heizleistung wird jeweils so gewählt, dass die Temperatur in beiden Zellen gleich ist. Solange nun keine Reaktion eintritt, ist dazu im Wesentlichen (die Proben sind meist klein) die gleiche Leistung notwendig. Passiert jedoch eine endo- oder exotherme Reaktion, so gibt es plötzlich einen Wärmeunter- oder -überschuss und eine der beiden Zellen muss stärker geheizt werden. Trägt man den Unterschied in beiden benötigten Heizleistungen auf, erhält man das gesuchte Spektrum. Die Fläche eines Peaks entspricht dann direkt der umgesetzten Energie, sprich die Reaktionsenthalpie lässt sich leicht bestimmen, wenn man die Peakfläche einmal kalibriert hat. Vor allem für Glasübergänge von Polymeren ist die DSC eine mächtige und viel genutzte Methode.

8.3.6. Nachtrag – Berechnung von K aus Standard-Gibbs-Energien

In Kapitel 8.2.6 haben wir verschiedene Möglichkeiten kennen gelernt, um K experimentell zu bestimmen. Tatsächlich ist es natürlich wieder sehr unhandlich (oder eher unmöglich), dies für *alle* denkbaren Reaktionen durchzuführen. Wir suchen daher eine Methode, K aus möglichst wenigen Daten zu erzeugen. Hier kommt uns die Thermodynamik wieder zu Hilfe. Gleich wie wir in den vorigen Kapiteln die Standard-Bildungs-Enthalpie ΔH_B° eingeführt und benutzt haben, gibt es dasselbe auch für G. Man spricht dann von der Standard-Bildungs-Gibbs-Energie ΔG_B°. Diese wird auch oft *Freie Standard-Bildungs-Enthalpie* genannt, wir haben aber bisher stets G als Gibbs-Energie bezeichnet und werden dies auch weiter tun, selbst wenn uns das zu solchen Begriffsungetümen führt. Die ΔG_B°-Werte (oft auch ΔG_f° für formation) sind ebenfalls in zahlreichen Büchern tabelliert. Die Standard-Reaktions-Gibbs-Energie $\Delta G_{\text{Reaktion}}^\circ$ kann dann ganz analog wie für die Standard-Reaktions-Enthalpie auf Seite 195 erzeugt werden:

$$\boxed{\Delta G_{\text{Reaktion}}^\circ = \sum \Delta G_{\text{B,Produkte}}^\circ - \sum \Delta G_{\text{B,Edukte}}^\circ} \tag{8.19}$$

beziehungsweise

$$\boxed{\Delta G_{\text{Reaktion}}^\circ = \sum \nu_i \Delta G_{\text{B,i}}^\circ .} \tag{8.20}$$

Blicken wir mit diesem Wissen noch einmal auf die Wassergas-Shift-Reaktion, die wir schon auf Seite 180 kennen gelernt haben:

$$CO + H_2O \rightleftarrows CO_2 + H_2.$$

Wir möchten die Gleichgewichtskonstante bei 1000 K für diese Reaktion bestimmen. Dazu schlagen wir die ΔG_B° bei 1000 K in einem umfangreichen Nachschlagewerk für thermodynamische Daten nach und finden dort:

Stoff	$\Delta G_B^\circ(1000\,\text{K})$
CO	$-200,6\,\text{kJ/mol}$
H_2O	$-192,5\,\text{kJ/mol}$
CO_2	$-395,8\,\text{kJ/mol}$
H_2	$0\,\text{kJ/mol}$

Die stabilsten Modifikationen der Elemente (hier H_2) haben wieder per Konvention den Wert 0. Bilden wir also $\Delta G_{\text{Reaktion}}^\circ$:

$$\Delta G_{\text{Reaktion}}^\circ = \Delta G_B^\circ(CO_2) + \Delta G_B^\circ(H_2) - \Delta G_B^\circ(CO) - \Delta G_B^\circ(H_2O) = -2,7\,\text{kJ/mol}.$$

Wir setzen dieses Ergebnis in die Gleichung für K ein:

$$K = e^{-\frac{\Delta G_{\text{Reaktion}}^\circ}{RT}} = 1,384.$$

In Abbildung 8.1 auf Seite 181 haben wir die Abhängigkeit der Gleichgewichtskonstanten (beziehungsweise ihres natürlichen Logarithmus) gegen die Temperatur gezeichnet. Wenn wir den schwarzen Strich bei circa 1000 K betrachten, so ist der Wert von $\ln K$ ungefähr zwischen $\frac{1}{4}$ und $\frac{1}{3}$, das entspricht K-Werten von $1,284$ und 1.396. Die Übereinstimmung mit unserem Wert von 1.384 ist überzeugend.

Übung: Standardreaktionsenthalpien (Übung 21 auf Seite 286)

8.3.7. Das h-X- oder Mollier-Diagramm

Eine wichtige technische Anwendung ist die Vorhersage des Verhaltens feuchter Luft, so zum Beispiel beim Trocknen von Stoffen mittels Trocknungsluft. Das relevante Diagramm ist das *Mollier-Diagramm*. Da es wieder eine sehr informationsdichte Form der Repräsentation ist, wollen wir es uns ganz langsam und Schritt für Schritt ansehen. Das Mollier-Diagramm ist ein schiefwinkliges Diagramm – x- und y-Achse stehen also nicht normal aufeinander. Auf der x-Achse ist der Dampfgehalt[I] aufgetragen. In einem $30°$ Winkel dazu sind die Isenthalpen aufgetragen. Linien gleicher Enthalpie sind also in diesem Diagramm gerade Linien, die eine negative Steigung von $60°$ relativ zur Waagerechten haben. Ein Grundgerüst des Mollier-Diagrammes finden Sie in Abbildung 8.3. Was wir als nächstes in unser Diagramm eintragen, sind Kurven, die eine gleiche relative Luftfeuchtigkeit φ[II] aufweisen. Sie sehen in Abbildung 8.4 drei beispielhafte solche Kurven eingetragen. Von besonderer Wichtigkeit ist die unterste Kurve – hier gilt $\varphi = 1$, die Luft ist also hier mit Wasserdampf gesättigt. Unterhalb dieser Kurve ist die Luft übersättigt, man spricht auch von *nebelig*, weil hier kleine Wassertröpfchen auskondensieren. Solche Luft kann keinen Wasserdampf aufnehmen, ist also für die Trocknung ungeeignet. Wichtiger ist der Bereich oberhalb dieser Kurve, weil die Luft hier nicht gesättigt ist. Schließlich wollen wir eine letzte Information zu unserem Diagramm hinzufügen – Isothermen, also Linien gleicher Temperatur. Diese sind ebenfalls schief und haben eine leicht positive Steigung, wobei Isothermen höherer Temperatur eine stärkere Steigung zeigen. Abbildung 8.5 ist also ein vollständiges Mollier-Diagramm und unterscheidet sich kaum mehr von einem tatsächlichen (dies zeigt nur mehr Linien). Falls Sie sich nun fragen, wo der Druck in diesem Diagramm ist, dann ist das eine gute Frage. Ein typisches Mollier-Diagramm ist für einen fixen Druck gezeichnet, macht also nur Aussagen über isobare Prozesse. Sie können nun in einem Mollier-Diagramm (ganz analog zum log(p),H-Diagramm aus dem Kapitel 6.3) verschiedene Prozesse studieren. Betrachten Sie Abbildung 8.5 – stellen Sie sich einen Punkt bei $60\,°C$ und einer relativen Luftfeuchtigkeit von $0,4$. Damit sind seine anderen Parameter natürlich schon festgelegt: Solche Luft hat einen Dampfgehalt von $54\,g/kg$ und die Enthalpie beträgt $200\,kJ/kg$. Wenn Sie diese Luft nun abkühlen, so nimmt die relative Feuchtigkeit zu. Bei circa $42\,°C$ erreichen Sie die Linie, welche $\varphi = 1$

[I]   Der Dampfgehalt ist der Quotient aus der Masse des Wasserdampfes und der trockenen Luft: $X = \frac{m_D(\mathrm{H_2O})}{m_L}$, seine Einheit ist g Wasserdampf pro kg trockener Luft: g/kg.

[II]   Die relative Luftfeuchtigkeit ist der Quotient aus dem momentan in der Luft vorhandenen Wasserdampf und dem der Sättigungsdampfmasse (also der maximal als Wasserdampf vorliegenden Menge, bevor es zur Auskondensation kommt) des Wasserdampfs: $\varphi = \frac{m_D(\mathrm{H_2O})}{m_{D,max}(\mathrm{H_2O})}$. Damit ist es eine einheitenlose Größe.

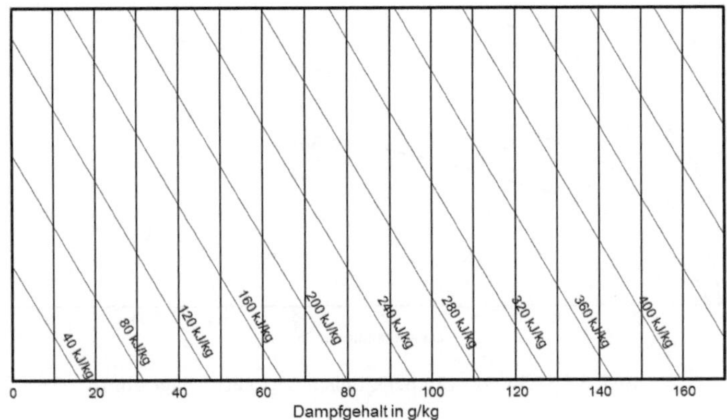

Abb. 8.3.: Prinzipieller Aufbau des Mollier-Diagramms.

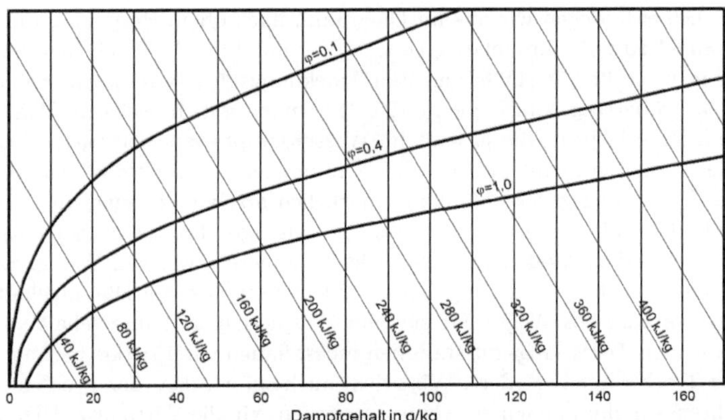

Abb. 8.4.: Prinzipieller Aufbau des Mollier-Diagramms. Kurven gleicher relativer Luftfeuchtigkeit sind hinzugenommen.

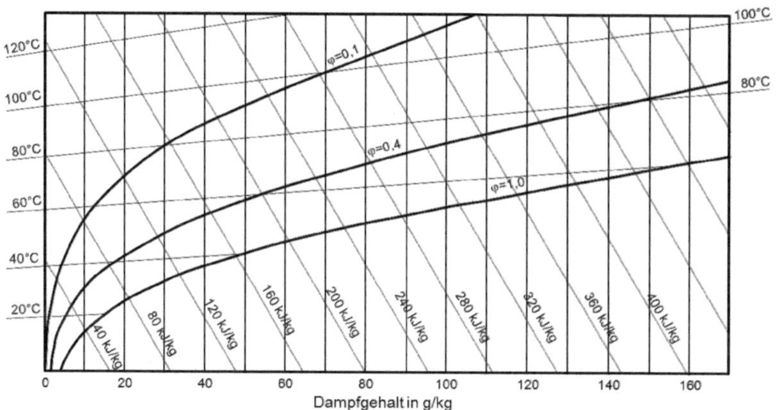

Abb. 8.5.: Ein vollständiges Beispiel-Mollier-Diagramm.

symbolisiert (Punkt P_2) – man nennt diesen Punkt den Taupunkt. Kühlen Sie die Luft weiter ab, so werden sich flüssige Nebeltröpfchen bilden. Erwärmen Sie stattdessen von P_1 ausgehend die Luft, dann sinkt ihre relative Feuchtigkeit. Falls Sie sie auf 90 °C erwärmen, auf $\varphi \approx 0,12$. Die Enthalpie beträgt dann circa 230 kJ/kg.

Interessanter ist es natürlich, echte Trocknungsvorgänge im Mollier-Diagramm zu verfolgen.[I] Wir starten mit natürlicher Luft ($T = 293$ K; $\varphi = 0,6$, $X = 10$ g/kg). Die Trocknungsluft wird nun vorgeheizt. Dabei bewegen wir uns im Diagramm nach oben. Heizt man die Luft in einem Vorwärmer auf 80 °C, so sinkt ihre relative Feuchtigkeit auf $0,03$ ab. Nun bringt man diese warme Trocknungsluft in Kontakt mit einem feuchten Trocknungsgut. Wir wissen, was nun geschieht. Die Trocknungsluft überträgt Enthalpie an das Trocknungsgut, in welchem Wasser verdunstet. Dabei wird die latente Wärme, die ja jetzt im Wasserdampf gespeichert ist, wieder in die Luft eingetragen, die Enthalpie bleibt also gleich – wir bewegen uns entlang einer Isenthalpe. Die Temperatur des Trocknungsgases nimmt nun natürlich ab, wir bewegen uns also nach unten, der Dampfgehalt der Luft steigt, wir bewegen uns also gleichzeitig nach rechts. Wir können jeder Stelle Stelle aus dem Mollier-Diagramm leicht ableiten, wie viel Wasser wir bisher dem Trocknungsgut entzogen haben. Anfangs hatte unsere Luft ja einen Dampfgehalt von 10 g/kg. An einem Punkt entlang des Weges hat sie zum Beispiel einen Dampfgehalt von 25 g/kg. Da dieses Wasser aus dem Trocknungsgut stammen muss, haben wir 15 g/kg an Wasser vom Trocknungsgut in die Trockenluft befördert. Wir sehen auch sofort, dass der Prozess ein natürliches Ende hat – führen wir ihn einfach so weiter, erreichen wir die Sättigung: Hier kann die Luft aber keinen weiteren Wasserdampf mehr aufnehmen, die Trocknungsluft ist gesättigt. Bei vielen technischen Anwendungen wird auch während der Trocknung noch erwärmt. Dann nimmt die Enthalpie bei der Trocknung zu (man führt ja Wärme zu), so ein Weg würde nach oben verändert, seine Steigung ist also weniger negativ. Die genaue Steigung hängt natürlich von der bei

---

[I]   Für eine Umsetzung der folgenden Ausführungen schlagen Sie am Besten die entsprechende Übungsaufgabe.

der Heizung eingebrachten Energie ab.

Mittels des Mollier-Diagrammes kann der zum Trocknen notwendige Wärmebedarf berechnet werden. Das ist ganz leicht – die Wärme, die wir einbringen müssen, muss genau der Differenz der Enthalpien entsprechen, mit denen wir in den Prozess hineingehen und wieder herauskommen. Für unseren Prozess beginnen wir mit einer Enthalpie von circa $45\,$kJ/kg und enden bei circa $103\,$kJ/kg – wir müssen also ganz offensichtlich $58\,$kJ/kg an Wärme zuführen. Gleichzeitig skaliert der Ausdruck mit der Masse der Feuchtigkeit, die in der Trockenluft (m_D) vorliegt:

$$\boxed{\Delta Q \sim m_D \cdot \Delta H,} \tag{8.21}$$

wobei wie üblich $\Delta H = H_{\text{Ende}} - H_{\text{Anfang}}$ gilt. Diese Formel gilt nur, falls Sie nicht unterhalb der $\varphi = 1$-Kurve liegen. Stellen Sie sich vor, Sie möchten unter diesen Bedingungen $1000\,$kg von einem Feuchtigkeitsgehalt von 50 auf $5\,\%$ trocknen. Dann müssen Sie dem Feuchtgut $450\,$kg Feuchtigkeit entziehen. Bei realen Trocknungsvorgängen arbeitet man immer mit einem Überschuss an Trocknungsluft. Dazu benutzt man einen Luftüberschussfaktor von $1,2$ bis $1,5$. Man benutzt also 20 bis $50\,\%$ mehr Luft, als man brauchen würde[I].

Damit ergibt sich für unser Beispiel eine notwendige Wärmemenge von

$$\Delta Q = 450\,\text{kg} \cdot 58\,\text{kJ/kg} = 26100\,\text{kJ} \approx 26\,\text{MJ}.$$

Es gibt natürlich auch Formeln, welche es erlauben die Größen direkt und genauer auszurechnen, so kann beispielsweise die spezifische Enthalpie auch mittels der folgenden Formel berechnet werden:

$$H = c_{p,\text{Luft}}(T - 273) + \left(c_{p,\text{d}}X_{\text{d}} + c_{p,\text{fl}}X_{\text{fl}} + c_{p,\text{f}}X_{\text{f}}\right)(T - 273) + X_{\text{d}}\Delta H_{\text{Verd.}} - X_{\text{f}}\Delta H_{\text{Schm.}} \tag{8.22}$$

Hierbei stehen d, fl und f jeweils für die Dampf-, Flüssigkeits- oder feste Phase und die c's für die spezifischen Wärmekapazitäten (pro kg). Die X stehen für die Beladungen in g/kg. Die Formel ist allgemein gültig – auch für andere Stoffe, als Wasser. Wir wollen anhand dieser Formel unsere Abschätzung überprüfen. Wir berechnen H für den Ausgangspunkt ($20\,°$C, $X_{\text{d}} = 10\,$g/kg) und für die geheizte Luft. Dazu können wir in unserer allgemeinen Formel alles streichen, was wir

---

[I]   Dies führt zur Einführung des praktischen spezifischen Luftbedarfes l^*, welcher der Proportionalitätsfaktor in der Formel ist, wenn man Sie exakt auslegt:

$$\Delta Q = l^* \cdot m_D \cdot \Delta H$$

nicht brauchen. So kommt beim Aufheizprozess weder flüssiges noch festes Wasser vor. Unsere Formel vereinfacht sich damit zu:

$$H = c_{p,\text{Luft}} \cdot (T - 273) + (c_{p,\text{d}} \cdot X_{\text{d}}) \cdot (T - 273) + X_{\text{d}} \cdot \Delta H_{\text{Verd.}}.$$

Wir setzen konkrete Zahlen ein ($c_{p,\text{Luft}} = 1,004\,\text{kJ}/(\text{kg K})$, $c_{p,\text{d}} = 1,860\,\text{kJ}/(\text{kg K})$, $\Delta H_{\text{Verd.}} = 2500\,\text{kJ/kg}$) und erhalten bei $20\,°\text{C}$:

$$H(20\,°\text{C}) = 1,004\frac{\text{kJ}}{\text{kg K}} \cdot 20\,\text{K} + \left(1,860\frac{\text{kJ}}{\text{kg K}} \cdot 0,01\right) \cdot 20\,\text{K} + 0,01 \cdot 2500\frac{\text{kJ}}{\text{kg}}.$$

Damit ergibt sich

$$H(20\,°\text{C}) = 45,45\,\text{kJ/kg}.$$

Genau gleich verläuft die Rechnung für $80\,°\text{C}$:

$$H(80\,°\text{C}) = 1,004\frac{\text{kJ}}{\text{kg K}} \cdot 80\,\text{K} + \left(1,860\frac{\text{kJ}}{\text{kg K}} \cdot 0,01\right) \cdot 80\,\text{K} + 0,01 \cdot 2500\frac{\text{kJ}}{\text{kg}},$$

das Ergebnis ist

$$H(80\,°\text{C}) = 106,8\,\text{kJ/kg}.$$

Die Enthalpiedifferenz, die wir mit $58\,\text{kJ/kg}$ abgeschätzt haben, beträgt also nach exakter Rechnung:

$$\Delta H = H(80\,°\text{C}) - H(20\,°\text{C}) = 61,4\,\text{kJ/kg},$$

was ein zufriedenstellendes Ergebnis ist.

Übung: Trocknungsprozesse (Übung 22 auf Seite 286)

8.4. Elektrochemische Reaktionen

Wir wollen uns an dieser Stelle einem weiteren, sehr bedeutenden Gebiet der Chemie zuwenden und versuchen, seiner mittels thermodynamischer Betrachtungen habhaft zu werden – wir wollen uns mit *elektrochemischen Reaktionen* befassen.

8.4.1. Reduktion und Oxidation – Redoxreaktionen

Alle elektrochemischen Reaktionen laufen als Redoxreaktionen ab.[I] Obwohl Sie wahrscheinlich bereits wissen, was Redoxreaktionen sind, hier noch einmal zur Erinnerung: Eine Redoxreaktion besteht aus zwei Teilreaktionen, der Oxidation und der Reduktion (daher stammt dann auch das Kofferwort Red-Ox): Bei der *Oxidation* gibt ein Stoff ein Elektron ab

$$A \rightarrow A^+ + e^-,$$

während bei der *Reduktion* ein Stoff ein Elektron aufnimmt

$$B + e^- \rightarrow B^-.$$

Addiert man beide Gleichungen zusammen, erhält man die gesamte Redoxreaktion:

$$A + B \rightarrow A^+ + B^-.$$

Eine Redoxreaktion ist also im Grunde nichts Besonderes, bloß dass ein Reaktionspartner eben ein Elektron (oder auch mehrere) ist. Da dieses nicht isoliert existieren kann, muss es von einem anderen Reaktanden aufgenommen werden – in der endgültigen Redoxgleichung kommt das Elektron deshalb schließlich nicht mehr vor. Der Stoff A wäre in dem Fall selbst ein *Reduktionsmittel*, seine Oxidationszahl wird bei der Reaktion erhöht. Der Stoff B ist ein *Oxidationsmittel*, seine Oxidationszahl wird bei der Reaktion vermindert. Spezielle Formen der Redoxreaktion

---

[I] Eine einfache und oft funktionierende Methode (es gibt zahlreiche verschiedene), um aus zwei Teilgleichungen eine Gesamtreaktion aufzustellen, ist die Folgende:

Falls die Reaktion in saurer, wässriger Lösung stattfindet:

1. Ausgleichen aller Elemente außer H und O (Massenerhalt)

2. Ausgleichen von O mit H_2O (wässrig)

3. Ausgleichen von H mit H^+ (sauer)

4. Ladung mit e^- ausgleichen (Ladungserhalt)

5. So addieren, dass e^- wegfallen (elektrische Neutralität)

Falls die Reaktion in basischer, wässriger Lösung stattfindet:

1. Ausgleichen der Elemente außer H und O (Massenerhalt)

2. Ausgleichen von O mit H_2O (wässrig)

3. Ausleichen von H mit H_2O und gleich viel OH^- auf der anderen Seite (basisch)

4. Ladung mit e^- ausgleichen (Ladungserhalt)

5. So addieren, dass e^- wegfallen (elektrische Neutralität)

sind die *Redoxkomproportionierung* und die *Redoxdisproportionierung* – es sind dies Redoxreaktionen, wo entweder vor der Reaktion beide Stoffe verschiedene, danach aber gleiche Oxidationsstufen aufweisen (Komproportionierung) oder umgekehrt (Disproportionierung). Wird nun bei einer Redoxreaktion ein elektrischer Strom freigesetzt oder muss die Reaktion durch einen elektrischen Strom erzwungen werden, so spricht man von einer *elektrochemischen* Reaktion. Die Fähigkeit eines Stoffes, Oxidations- oder Reduktionsreaktionen durchzuführen, wird als *Redoxpotential* bezeichnet, wir werden uns um diese Größe in späteren Abschnitten (Abschnitte 8.4.10 und 8.4.11) noch genauer kümmern.

8.4.2. Kurze Vorarbeit: Was ist ein elektrisches Potential?

Im nächsten Abschnitt auf Seite 208 werden wir den Begriff des elektrischen Potential benötigen. Daher führen wir eine Grundgleichung der Elektrostatik hier ein:

$$\boxed{F = \frac{q_1 \cdot q_2}{4 \cdot \pi \cdot \varepsilon_r \cdot \varepsilon_0 \cdot r^2} \cdot} \tag{8.23}$$

Diese Gleichung beschreibt, was für eine Coulomb-Kraft F zwischen zwei unbewegten Ladungen wirkt. q_1 und q_2 sind dabei die Größe der Ladungen in Coulomb, r der Abstand zwischen beiden Ladungen. ε_0 ist eine Naturkonstante (die *Dielektrizitätskonstante* des Vakuums).[I] Wenn zwischen den beiden Ladungen kein Vakuum, sondern ein Medium vorliegt, wird dies durch die *relative Dielektrizitätskonstante* beziehungsweise moderner *Permittivität* ε_r, welche stoffspezifisch ist, korrigiert. Die Coulomb-Kraft wird kleiner, wenn die Ladungen weiter voneinander entfernt sind, was durchaus Sinn macht. Sie nimmt mit dem Quadrat des Abstandes ab. Ebenso wird die Wechselwirkung klein, wenn ε_r groß ist. So hat beispielsweise Methanol eine etwa drei bis vier Mal größere Permittivität als Glas, was bedeutet, dass sich Ladungen in Methanol weniger stark spüren. Ebenso wird die Kraft groß, wenn die Ladungen groß sind. Die Ladungen beinhalten aber auch die Richtung der Kraft. Sind beide Ladungen positiv oder beide Ladungen negativ, so ist die Kraft insgesamt positiv, was bedeutet, dass sich die beiden Ladungen abstoßen. Ist eine positiv, eine negativ, ist das Vorzeichen von F negativ und beide Ladungen ziehen einander an.

Wenn wir aber die Kraft kennen, dann können wir auch immer die *Arbeit* berechnen. Wir erinnern uns an unser Grundlagenkapitel, wo wir festgestellt haben, dass

$$W = F ds$$

beziehungsweise

$$\Delta W = \int_{s_1}^{s_2} F ds.$$

[I] $\quad \varepsilon_0 = 8{,}854 \cdot 10^{-12} \, \frac{\text{C}}{\text{V} \cdot \text{m}}$

Damit können wir die *elektrische Arbeit* berechnen – damit ist jene Arbeit gemeint, die notwendig ist (oder frei wird), wenn man zwei Ladungen aus unendlich fernem Abstand auf den Abstand r bringt. Man wählt den unendlichen Abstand als Bezugspunkt, weil dort die Coulomb-Kraft verschwinden muss – je ferner sich zwei Ladungen sind, desto geringer ist ja F, im Unendlichen muss F also gegen 0 gehen. Wir setzen also Gleichung 8.23 in ΔW ein und finden, dass

$$\Delta W_{\text{elek.}} = - \int_{\tilde{r}=\infty}^{\tilde{r}=r} \frac{q_1 \cdot q_2}{4 \cdot \pi \cdot \varepsilon_r \cdot \varepsilon_0 \cdot \tilde{r}^2} d\tilde{r}.$$

Falls Sie sich an dieser Stelle fragen, was die Tilde über dem r soll, dies ist nur der Tatsache geschuldet, dass die Integrationsgrenzen und die Größe, nach der integriert wird, nicht gleich bezeichnet sein sollten. Wir müssen hier ein Minus vor das Integral schreiben, weil die Richtung der Kraft und der Bewegung einander entgegen gerichtet sind (so war es auch bei Druck und Volumen, wo der zugehörige Ausdruck ja auch $-pdV$ war). Wir sehen sofort, dass kaum etwas von unserer Gleichung vom Abstand abhängt, daher ziehen wir möglichst viel vor das Integral:

$$\Delta W_{\text{elek.}} = - \frac{q_1 \cdot q_2}{4 \cdot \pi \cdot \varepsilon_r \cdot \varepsilon_0} \cdot \int_{\tilde{r}=\infty}^{\tilde{r}=r} \frac{1}{\tilde{r}^2} d\tilde{r}.$$

Da ja bekanntermaßen $\int \frac{1}{x^2} dx = -\frac{1}{x}$,[I] können wir die Gleichung auflösen, die Grenzen einsetzen ($\frac{1}{\infty}$ geht gegen 0) und schreiben:

$$\boxed{\Delta W_{\text{elek.}} = \frac{q_1 \cdot q_2}{4 \cdot \pi \cdot \varepsilon_r \cdot \varepsilon_0 \cdot r}.} \tag{8.24}$$

Sind also q_1 und q_2 bezüglich des Vorzeichens gleich, so müssen wir Arbeit aufwenden, weil sich die Teilchen ja abstoßen, daher nimmt das System Arbeit auf (positives Vorzeichen von ΔW). Sind q_1 und q_2 von verschiedenem Vorzeichen, so ziehen sich die Teilchen an, das System leistet also Arbeit, wenn sich beide annähern (negatives Vorzeichen von ΔW).

Da wir ja Arbeit an den Teilchen verrichten (oder die Teilchen Arbeit verrichten lassen), wenn wir sie vom Unendlichen auf den Abstand r bringen, muss diese Energie ja irgendwo gespeichert sein. Da es kaum eine andere Möglichkeit gibt, vermuten wir, dass die Energie in Form von potentieller Energie gespeichert wird. Wenn wir alle anderen Quellen potentieller Energie (zum Beispiel Gravitation) vernachlässigen, bedeutet dies für die potentielle Energie von Teilchen 1:

$$E_{\text{pot.}} = q_1 \cdot \frac{q_2}{4 \cdot \pi \cdot \varepsilon_r \cdot \varepsilon_0 \cdot r} = q_1 \cdot \phi.$$

Der zweite Teil wird als das vom Teilchen 2 erzeugte Potential bezeichnet und mit ϕ abgekürzt. Natürlich kann dieses Potential nicht nur von einem Teilchen, sondern auch von ausgedehnten

---

[I] Wegen $\int \frac{1}{x^2} dx = \int x^{-2} dx = \frac{x^{-1}}{-1} = -x^{-1} = -\frac{1}{x}$.

Körpern herrühren, die prinzipielle Idee bleibt aber gleich. Ein elektrisches Potential beschreibt den Einfluss auf die potentielle Energie von ladungstragenden Systemen.

8.4.3. Das elektrochemische Potential

Wenn wir Teilchen betrachten, die an elektrochemischen Prozessen teilnehmen, müssen wir unsere bisherige Theorie nur ein wenig adaptieren. In elektrochemischen Systemen gibt es sogenannte *elektrische Potentiale* – bisher hatten wir in unser Thermodynamik immer (ohne es explizit zu sagen) das elektrische Potential Null gesetzt. Wenn dem nicht mehr so ist, müssen wir *eine* unserer sechs Grundgrößen[I] anpassen – und zwar das chemische Potential.

Wie wir bereits ganz am Anfang erwähnt haben, ist das chemische Potential die „*ihm innewohnende Tendenz, seine Existenz zu beenden, durch Zersetzung, Reaktion, oder sonst wie.*" Stellen wir uns vor, es herrsche das elektrische Potential ϕ. Dieses Potential kann – falls es nicht Null ist – positiv oder negativ sein. Sie wissen vermutlich schon, dass es ein Grundprinzip der Natur ist, dass sich Ladungen genau dann anziehen, wenn sie verschiedene Vorzeichen tragen und abstoßen, falls sie gleiche Vorzeichen tragen. Genauso ist es hier: Wenn ein positiv geladenes Teilchen sich in einem Bereich positiven Potentials befindet, „*will es weg*". Es hat im Vergleich zu einem potentialfreien System also eine höhere Energie die mit seinem Vorliegen in diesem Zustand assoziiert ist und damit eine größere Triebkraft, sein So-Vorliegen zu beenden, zum Beispiel durch Reaktion, aber auch durch Bewegung an einen anderen Ort weniger positiven Potentials. Diese Veränderung ist aber genau so, als wäre sein chemisches Potential höher!

Wie schaut es umgekehrt aus – stellen wir uns vor, wir hätten ein negativ geladenes Teilchen in einem Bereich positiven Potentials. Dann wird seine Energie abgesenkt, es ist „*gerne*" dort, wo es ist, sein Bestreben, seinen Zustand zu verändern, ist gering, seine Reaktivität niedriger, als wenn kein elektrisches Potential vorhanden wäre. Das ist wiederum genau derselbe Effekt, als würden wir das chemische Potential dieses Teilchens absenken.

Versuchen wir, uns halbformal eine Gleichung auszudenken, die genau dieses Verhalten beschreibt: Dazu erfinden wir eine neue Größe, das *elektrochemische Potential* der Phase i, $\bar{\mu}_i$. Diese Größe soll das um den Effekt des elektrischen Potentials korrigierte chemische Potential sein. Es ist also sicher legitim, wenn wir sagen, dass das elektrochemische Potential mit dem chemischen Potential korrelieren soll:

$$\bar{\mu}_i \sim \mu_i + \text{Korrektur des Einflusses des elektrischen Potentials.}$$

Nun müssen wir uns noch überlegen, wie diese Korrektur aussehen könnte. Experimente zeigen, dass die Ladung des Teilchens wesentlich darüber bestimmt, wie stark der Einfluss des elektrischen Potentials ist. Im krassesten Fall ist das Teilchen neutral, also ungeladen, dann verschwindet der Einfluss des elektrischen Potentials vollständig. Sie wissen vermutlich, dass die Ladung des Elektrons, e, circa $1{,}602 \cdot 10^{-19}$ C beträgt und auch die *Elementarladung* genannt

---

[I]　Sie erinnern sich: Druck p, Volumen V, Temperatur T, Entropie S, chemisches Potential μ und Stoffmenge n.

wird, weil es die kleinste mögliche Einheit der Ladung ist. Daher wird es zweckmäßig sein, die Ladung unseres Teilchens in Vielfachen dieser Elementarladung auszudrücken.

$$\text{Ladung eines Teilchens der Sorte } i = e \cdot z_i$$

z_i ist die Ladung unseres Teilchens.[I] Ein einfach positiv geladenes Teilchen (zum Beispiel ein H^+-Ion) hätte ein z_i von $+1$, ein doppelt negativ geladenes Teilchen (zum Beispiel O^{2-}) hätte -2 und alle ungeladenen Teilchen hätten ein z_i von 0. Das chemische Potential wird typischerweise für je ein Mol des betrachteten Systems angegeben, wir wollen das auch beim elektrochemischen Potential so beibehalten. Daher müssen wir nicht den Einfluss *eines* Teilchens, sondern den von *einem Mol* Teilchen in unsere Korrektur einflechten. Die Umrechnung erfolgt relativ zwanglos mittels der Avogadro-Konstanten N_A[II]. Jetzt haben wir unsere Gleichung schon fast zusammen – wir haben den ganzen Effekt des Teilchens berücksichtigt. Es gibt aber natürlich noch eine weitere Art, in das System einzugreifen: Wir können das elektrische Potential selbst verändern. Wir wollen hier ebenfalls die naheliegende und empirisch bewiesene Tatsache zur Kenntnis nehmen, dass ein starkes elektrisches Potential einen stärkeren Effekt liefert, als ein schwaches. Damit haben wir unsere Gleichung schon:

$$\bar{\mu}_i = \mu_i + N_A \cdot z_i \cdot e \cdot \phi.$$

Da N_A und e Naturkonstanten sind, ist auch deren Produkt eine Naturkonstante – die Faraday-Konstante F.[III] Damit haben wir eine schöne Formel für das elektrochemische Potential erzeugt:

$$\boxed{\bar{\mu}_i = \mu_i + z_i F \phi.} \tag{8.25}$$

Überprüfen wir kurz, ob die Gleichung den Forderungen genügt, die wir an sie stellen. Wenn das Teilchen positiv geladen ist ($z_i > 0$) und das wirkende elektrische Potential positiv ist ($\phi > 0$), dann ist das elektrochemische Potential höher, als das chemische ($\bar{\mu}_i > \mu_i$). Dieses Teilchen ist also, im Vergleich zum potentialfreien Fall, destabilisiert, energiereicher, reaktiver – das ist genau das Ergebnis, welches wir erwarten. Sind beide Werte negativ ($z_i < 0$, $\phi < 0$) resultiert dasselbe Ergebnis. Ist aber einer der beiden Werte negativ, der andere positiv (also entweder ein negativ geladenes Teilchen in einem positiven elektrischen Potential oder ein positiv geladenes Teilchen in einem negativen elektrischen Potential), so ist das elektrochemische Potential niedriger, als das chemische ($\bar{\mu}_i < \mu_i$), diese Teilchen sind dann besonders stabilisiert und eher träge – ebenfalls genau das richtige Ergebnis. Mit steigender Ladung oder steigendem Potential steigt der Effekt wie gefordert und schließlich werden auch die trivialen Fälle richtig wiedergegeben: Falls das Teilchen überhaupt nicht geladen ist ($z_i = 0$), dann hat das elektrische Potential keinen Einfluss darauf und $\bar{\mu}_i = \mu_i$. Ebenso fallen chemisches und elektrochemisches Potential zusammen, wenn

---

[I]   Achten Sie hier darauf, z_i nicht mit Z_i, der Kernladungszahl, zu verwechseln.

[II] $N_A = 6{,}022 \cdot 10^{23}$ Teilchen pro Mol

[III] $F = N_A \cdot e = 6{,}022 \cdot 10^{23}\,\text{mol}^{-1} \cdot 1{,}602 \cdot 10^{-19}\,\text{C} \approx 96485\,\frac{\text{C}}{\text{mol}}$. Die Faraday-Konstante sagt aus, welche Ladung ein Mol Elektronen hat.

das Potential Null ist ($\phi = 0$). Damit haben wir unsere Gleichung zur Genüge seziert und haben nun ein gewisses Vertrauen in sie. Außerdem vermuten wir, dass der Begriff des Gleichgewichts unter diesen Bedingungen bedeutet, dass alle Reaktionspartner das gleiche *elektrochemische Potential* $\bar{\mu}$ haben. Wir erinnern uns, bisher bedeutete Gleichgewicht unter Reaktionspartnern, dass sie dasselbe chemische Potential μ haben. Nun gilt im elektrochemischen Gleichgewicht, falls Druck und Temperatur konstant sind:

$$\boxed{\Delta G_{\text{Reaktion}} = \sum_i \nu_i \bar{\mu}_i = 0.} \tag{8.26}$$

Haben zwei Phasen ein verschiedenes elektrisches Potential, so kommt es zu einer *Galvani-Spannung* an der Grenze zwischen ihnen.

8.4.4. Arten von Elektroden: Metall/Metallionenelektroden

Betrachten wir zu aller erst einen besonders einfachen Fall. Wir führen einen festen Metallstab in eine wässrige Lösung des gleichen Metalls ein. Das könnte zum Beispiel ein Kupferstab in einer Kupfersulfatlösung sein, wie in Abbildung 8.6. Allgemein kann sich nun entweder der Stab auflösen oder es können sich Kupfer-Ionen aus der Lösung abscheiden. Obwohl eine solche Zelle nicht lauffähig ist (daher nennt man sie auch Halbzelle), wollen wir trotzdem vorerst so weitermachen, als würde die Reaktion ablaufen können. Später werden wir zwei Halbzellen zu einer (wirklich lauffähigen) ganzen Zelle kombinieren. Es gilt also folgende allgemeine Gleichung:

$$\text{M}^{z+}_{\text{Lsg.}} + z e^- \rightleftharpoons \text{M}_{\text{fest}}.$$

Wir haben bereits festgestellt, dass im Gleichgewicht die elektrochemischen Potentiale der Produkte gleich den elektrochemischen Potentialen der Edukte sein müssen, oder, anders formuliert, im Gleichgewicht muss gelten:

$$\bar{\mu}_{\text{M,fest}} - \bar{\mu}_{\text{M}^{z+},\text{Lsg.}} - z \cdot \bar{\mu}_{e^-,\text{Metall}} = 0.$$

Bei der ganzen Schwemme an Subskripten wollen wir noch einmal kurz überlegen, was die einzelnen Symbole bedeuten. $\bar{\mu}_{\text{M,fest}}$ ist das elektrochemische Potential des Metalles im festen Zustand (zum Beispiel das Kupfer im Stab). $\bar{\mu}_{\text{M}^{z+},\text{Lsg.}}$ ist das elektrochemische Potential des Metalls in der Lösung (also des Kupfers in der CuSO_4-Lösung). $\bar{\mu}_{e^-,\text{Metall}}$ ist schließlich das elektrochemische Potential der Elektronen im festen Metall (also der Elektronen im Kupferstab). Damit können wir sogleich unsere Gleichung vereinfachen: Schließlich wissen wir, dass das feste Metall ungeladen ist, daher fallen sein chemisches und sein elektrochemisches Potential zusammen (das elektrische Potential hat keine Auswirkung auf neutrale Teilchen):

$$\mu_{\text{M,fest}} - \bar{\mu}_{\text{M}^{z+},\text{Lsg.}} - z \cdot \bar{\mu}_{e^-,\text{Metall}} = 0.$$

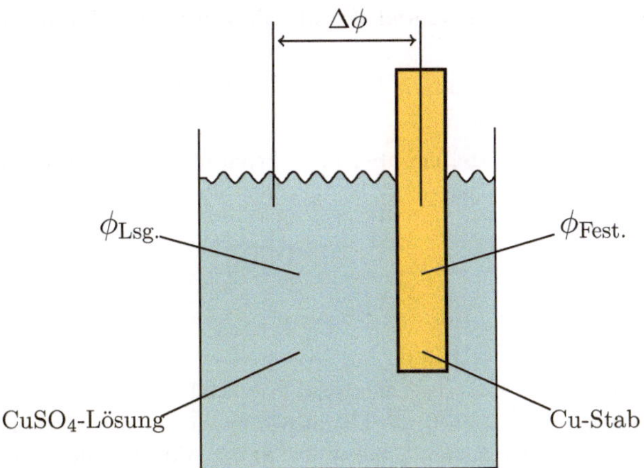

Abb. 8.6.: Ein Beispiel für eine Metall/Metallionenelektrode: Ein Kupferstab in einer CuSO$_4$-Lösung.

Für die anderen beiden Terme können wir aber mittels Gleichung 8.25 ebenfalls auf das chemische Potential wechseln, denn wir wissen, dass

$$\bar{\mu}_{\mathrm{M}^{z+},\mathrm{Lsg.}} = \mu_{\mathrm{M}^{z+},\mathrm{Lsg.}} + z\mathrm{F}\phi_{\mathrm{Lsg.}}$$

und

$$\bar{\mu}_{e^-,\mathrm{Metall}} = \mu_{e^-,\mathrm{Metall}} - \mathrm{F}\phi_{\mathrm{Metall}}.$$

In der unteren Gleichung gilt $z = -1$, weil Elektronen immer die Ladung -1 tragen. Wir setzen diese beiden Ergebnisse weiter in unsere Gleichung ein und formen ein wenig um:

$$\mu_{\mathrm{M},\mathrm{fest}} - (\mu_{\mathrm{M}^{z+},\mathrm{Lsg.}} + z\mathrm{F}\phi_{\mathrm{Lsg.}}) - z \cdot (\mu_{e^-,\mathrm{Metall}} - \mathrm{F}\phi_{\mathrm{Metall}}) = 0$$

$$\mu_{\mathrm{M},\mathrm{fest}} - \mu_{\mathrm{M}^{z+},\mathrm{Lsg.}} - z\mathrm{F}\phi_{\mathrm{Lsg.}} - z \cdot \mu_{e^-,\mathrm{Metall}} + z \cdot \mathrm{F}\phi_{\mathrm{Metall}} = 0$$

$$z\mathrm{F}\phi_{\mathrm{Metall}} - z\mathrm{F}\phi_{\mathrm{Lsg.}} = \mu_{\mathrm{M}^{z+},\mathrm{Lsg.}} + z \cdot \mu_{e^-,\mathrm{Metall}} - \mu_{\mathrm{M},\mathrm{fest}}$$

$$\Delta\phi = \frac{1}{z\mathrm{F}} \left(\mu_{\mathrm{M}^{z+},\mathrm{Lsg.}} + z \cdot \mu_{e^-,\mathrm{Metall}} - \mu_{\mathrm{M},\mathrm{fest}} \right)$$

unter der Konvention, dass $\Delta\phi = \phi_{\mathrm{Metall}} - \phi_{\mathrm{Lsg.}}$. Damit sind wir schon weit gediegen. Jetzt wollen wir es aber wirklich wissen und benutzen noch Gleichung 8.3 von Seite 171 – diese sagt uns nämlich, wie das chemische Potential der Metallionen in der Lösung von ihrer Aktivität abhängt:

$$\mu_{\mathrm{M}^{z+},\mathrm{Lsg.}} = \mu^{\circ}_{\mathrm{M}^{z+},\mathrm{Lsg.}} + RT \ln a_{\mathrm{M}^{z+}}.$$

Dasselbe würde auch für $\mu_{\mathrm{M,fest}}$ gelten, aber die Aktivität in einem festen reinen Metall kann nicht verändert werden und hat den Wert 1.[I] Ebenso verhält es sich für die Elektronen. Wir lassen beide Erkenntnisse einfließen und erhalten so

$$\Delta\phi = \frac{1}{z\mathrm{F}} \left(\mu^{\circ}_{\mathrm{M}^{z+},\mathrm{Lsg.}} + z \cdot \mu^{\circ}_{e^{-},\mathrm{Metall}} - \mu^{\circ}_{\mathrm{M,fest}} \right) + \frac{RT}{z\mathrm{F}} \ln a_{\mathrm{M}^{z+}}.$$

Schließlich legen wir noch fest, dass das chemische Potential eines Elektrons in einer Metallelektrode den Wert Null hat ($\mu^{\circ}_{e^{-},\mathrm{Metall}} = 0$).[II] Damit wären wir eigentlich schon am Ende, aber eine letzte Vereinfachung noch. Den Zustand, bei welchem die Aktivität des gelösten Metalls genau den Wert 1 annimmt, bezeichnet man als Standardzustand mit der Standardpotentialdifferenz $\Delta\phi^{\circ}$. Daher gelangen wir nun endlich zur relativ schlanken Formel:

$$\boxed{\Delta\phi = \Delta\phi^{\circ} + \frac{RT}{z\mathrm{F}} \ln a_{\mathrm{M}^{z+}}.} \tag{8.27}$$

Vielleicht sagen Sie sich an dieser Stelle: *„Nun gut, machen wir uns daran, verschiedene Werte zu messen und zu tabellieren!“*. Falls Sie so denken, dann sind sie auf jeden Fall auf dem rechten Wege, eine gute Wissenschafterin oder ein guter Wissenschafter zu werden, Sie werden aber auch gleich eine herbe Enttäuschung hinnehmen müssen. Weder das $\Delta\phi^{\circ}$ (die Standardgalvanispannung), noch das $\Delta\phi$ (die Galvanispannung) können an sich gemessen oder berechnet werden. Das hat den Grund, dass das von uns beschriebene System erst eine elektrochemische *Halbzelle* ist. Wir werden sehen, dass, wenn wir eine zweite Halbzelle hinzunehmen, wir in der Lage sind, relativ zueinander Messungen durchzuführen. Wenn wir eine zweite Halbzelle dazu schalten, landen wir zum Beispiel beim *Daniell-Element* (Abschnitt 8.4.8).

8.4.5. Arten von Elektroden: Gaselektroden

Eine Gaselektrode ist vom Aufbau ähnlich wie eine Metall/Metallionenelektrode, die Reaktion ist aber eine ganz andere. Wieder taucht ein Metallstab in eine Lösung, dieses Mal ist der Metallstab aber ein Edelmetall und nimmt nicht an der Reaktion teil, sondern tauscht bloß

[I]   Wir wollen uns kurz überlegen, warum das so ist. In einem festen Metall ist die Aktivität mit der Dichte assoziiert. Beim Standardzustand muss die Aktivität 1 sein. Nun kann man aber die Dichte von einem Metall bei halbwegs normalen Bedingungen nicht verändern (Sie sind gerne eingeladen, zu versuchen, einen Metallblock durch Druck zu komprimieren). Daher muss die Aktivität im Wesentlichen gleich bleiben, wie am Standardzustand, solange keine extremen Druckbedingungen herrschen. Daher ist die Aktivität von Metallen immer ungefähr 1.

[II] Das dürfen wir wieder, weil die Energie, wie schon oft erwähnt, keine absolute Skala hat – wir legen Sie einfach so fest, dass $\mu^{\circ}_{e^{-},\mathrm{Metall}} = 0$, weil uns das am Besten passt (weil in jeder Redoxreaktion ein Elektron vorkommt und damit *immer* ein Term 0 wird).

Elektronen mit der Lösung aus (während sich im Metall/Metallionenelektrodenfall ja entweder der Stab auflöste oder sich Feststoff am Stab abschied). In der Lösung befinden sich Ionen, welche durch Elektronenaustausch in ein Gas umgewandelt werden können und genau jenes Gas wird an der Edelmetallelektrode entlang geblubbert. Zum Beispiel könnten sich in der Lösung Cl^--Ionen befinden, dann würde die Elektrode von Chlor-Gas umspült, wären die Ionen H^+, dann würde als Gas Wasserstoff gewählt werden. Da die Wasserstoff-Elektrode von zentraler Bedeutung für uns sein wird, benutzen wir sie hier direkt als Beispiel – Sie sind aber wahrscheinlich ohne Weiteres in der Lage, unsere Gleichungen für andere Systeme zu generalisieren. Bei der Wasserstoffelektrode liegt das Gleichgewicht

$$H^+_{\text{Lsg.}} + e^- \rightleftharpoons \frac{1}{2} H_{2,\text{Gas}}$$

vor. Wenn diese Reaktion im Gleichgewicht steht, muss die Summe ihrer elektrochemischen Potentiale gewichtet mit den stöchiometrischen Faktoren Null ergeben, wie wir auf Seite 210 festgehalten haben:

$$\frac{1}{2}\bar{\mu}_{H_2,\text{Gas}} - \bar{\mu}_{e^-} - \bar{\mu}_{H^+_{\text{Lsg.}}} = 0.$$

Legen wir also los und setzen erst einmal alles ein, was wir schon aus dem vorigen Kapitel wissen:

$$\bar{\mu}_{H^+,\text{Lsg.}} = \mu_{H^+,\text{Lsg.}} + F\phi_{\text{Lsg.}} = \mu^{\circ}_{H^+,\text{Lsg.}} + RT \ln a_{H^+} + F\phi_{\text{Lsg.}}.$$

$$\bar{\mu}_{e^-,\text{Metall}} = \mu_{e^-,\text{Metall}} - F\phi_{\text{Metall}} = -F\phi_{\text{Metall}}$$

Damit sind wir schon bei:

$$\frac{1}{2}\bar{\mu}_{H_2,\text{Gas}} + F\phi_{\text{Metall}} - \mu^{\circ}_{H^+,\text{Lsg.}} - RT \ln a_{H^+} - F\phi_{\text{Lsg.}} = 0.$$

Die Differenz $\phi_{\text{Metall}} - \phi_{\text{Lsg}}$ nennen wir wieder zweckmäßig $\Delta\phi_{\text{NHE}}$ (für Normalwasserstoffelektrode, normal hydrogen electrode) und bringen den Rest auf die andere Seite:

$$F\Delta\phi_{\text{NHE}} = \mu^{\circ}_{H^+,\text{Lsg.}} + RT \ln a_{H^+} - \frac{1}{2}\bar{\mu}_{H_2,\text{Gas}}.$$

Nun wenden wir uns $\bar{\mu}_{H_2,\text{Gas}}$ zu. Das Gas ist selber nicht geladen, das elektrische Potential hat also keinen Einfluss darauf. Elektrochemisches und chemisches Potential sind eins:

$$\bar{\mu}_{H_2,\text{Gas}} = \mu_{H_2,\text{Gas}}.$$

Vielleicht wissen Sie es schon, ansonsten glauben Sie es vorerst einfach – was in Lösungen die Aktivität war, ist in Gasen die *Fugazität* f [I]. Sie wird stets auf einen Standarddruck p° bezogen und damit kann das chemische Potential in zwei Teile aufgespalten werden: Einmal das chemische Potential bei eben diesem Standarddruck und den Rest, der die Fugazität beinhaltet. Wir sagen also, in voller Analogie zur Aktivität bei der Lösung:

$$\mu_{H_2,Gas} = \mu^\circ_{H_2,Gas} + RT \ln \frac{f}{p^\circ}.$$

Auch dieses setzen wir wieder ein:

$$F\Delta\phi_{NHE} = \mu^\circ_{H^+,Lsg.} + RT \ln a_{H^+} - \frac{1}{2}\mu^\circ_{H_2,Gas} - \frac{1}{2}RT \ln \frac{f}{p^\circ}.$$

Jetzt kommt wieder mathematische Magie: Wegen $x \ln y = ln y^x$ und $\ln x - \ln y = \ln \frac{x}{y}$ bauen wir unsere Formel um zu

$$F\Delta\phi_{NHE} = \mu^\circ_{H^+,Lsg.} - \frac{1}{2}\mu^\circ_{H_2,Gas} + RT \ln \frac{a_{H^+}}{\sqrt{f/p^\circ}}$$

und weiter zu

$$\Delta\phi_{NHE} = \frac{\mu^\circ_{H^+,Lsg.} - \frac{1}{2}\mu^\circ_{H_2,Gas}}{F} + \frac{RT}{F} \ln \frac{a_{H^+}}{\sqrt{f/p^\circ}}.$$

Sie ahnen bereits, was nun passiert. Falls wir genau zum Standardzustand gehen, werden die Aktivität a_{H^+} und der Ausdruck f/p° genau zu 1 – damit fällt der ganze hintere Teil weg. Den Rest nennen wir wieder die Standardgalvanispannung $\Delta\phi^\circ_{NHE}$ und schon landen wir bei:

$$\boxed{\Delta\phi_{NHE} = \Delta\phi^\circ_{NHE} + \frac{RT}{F} \ln \frac{a_{H^+}}{\sqrt{f/p^\circ}}.} \tag{8.28}$$

An dieser Stelle sind zwei wichtige Bemerkungen fällig. Wir haben ja bereits behauptet, dass es unmöglich ist, die Werte einer einzelnen Halbzelle zu bestimmen. Schaltete man zwei Halbzellen gegeneinander, so kann man aber auch nur relative Größen bestimmen – es ist nur möglich, die Differenz zwischen den Galvani-Potentialen zweier Halbzellen zu bestimmen. Das sollte uns nicht

---

[I]   Die Fugazität erlaubt ein Beibehalten des Rechenapparates, den wir für das ideale Gas entwickelt haben, während wir auf ein reales Gas wechseln. Sie wird durch den Fugazitätskoeffizienten ϕ aus dem idealen Druck errechnet:

$$f = \phi \cdot p.$$

Hierbei wird der Fugazitätskoeffizient (der selber eine Funktion des Druckes ist, bei kleinen Drücken geht er, wie wir bereits wissen, immer gegen 1) oft experimentell bestimmt.

weiter schockieren – in der Thermodynamik sind wir es bereits gewohnt, dass wir meist nur mit relativen Größen arbeiten (zum Beispiel ΔU, ΔS, ΔQ, ...) und sehr selten mit absoluten. So können wir eben auch hier in der Elektrochemie nur relative Größen angeben, das wäre ja nicht weiter schlimm. Nun hat man sich aber aus Gründen der Effizienz auf eine Konvention geeinigt. Würde man einfach nur alle Halbzellen gegeneinander messen, hätte man eine unüberschaubare Vielzahl an relativen Potentialen. Damit das Ganze etwas überblickbar wird, hat man einfach die Festlegung getroffen, einer beliebigen Halbzelle einen beliebigen Wert zuzuschreiben und alle anderen Halbzellen relativ zu diesem Wert anzugeben. Und Sie vermuten bereits richtig – wir haben die Normalwasserstoffelektrode deshalb en détail durchgedacht, weil genau *sie* es ist, die als Referenzelektrode dient. Man legt nämlich per Konvention fest:

$$\boxed{\Delta\phi^{\circ}_{\text{NHE}} \stackrel{!}{=} 0.} \tag{8.29}$$

Eine sehr bedeutende Folge dieser Festlegung ist die Möglichkeit, eine *elektrochemische Spannungsreihe* anzuschreiben. Sie finden eine solche im Appendix jedes typischen Lehrbuchs und wir werden uns später (in Kapitel 8.4.11) noch näher mit ihr befassen.

Die zweite wichtige Feststellung ist die, dass die Gleichungen für die Metall/Metallionenelektrode (Gleichung 8.27) und die Gaselektrode (Gleichung 8.28) sich ziemlich ähnlich sehen. Wir wollen es daher wagen, eine allgemeine Gleichung anzugeben, die Redoxreaktionen an beliebigen Elektroden beschreibt:

$$\boxed{\Delta\phi = \Delta\phi^{\circ} + \frac{RT}{|z|\text{F}} \ln \frac{\text{Ox.}^{\nu_{\text{Ox.}}}}{\text{Red.}^{\nu_{\text{Red.}}}}.} \tag{8.30}$$

Ox. und Red. sind die jeweiligen Aktivitäten, Konzentrationen, Fugazitäten oder Drücke der oxidierten oder reduzierten Form. Die ν's sind wie immer die stöchiometrischen Koeffizienten und können der Reaktionsgleichung entnommen werden. Aus praktikablen Gründen wird nur mehr die Anzahl der Elektronen in die Rechnung einbezogen, aber nicht mehr, ob sie entstehen oder verbraucht werden ($|z|$ hat im Vergleich zu z kein Vorzeichen). Sie sehen sofort, dass Sie aus Gleichung 8.30 sofort Gleichung 8.28 erzeugen können. Die oxidierte Form ist H^+, daher steht oberhalb des Bruchstriches die Aktivität desselben, die reduzierte Form ist H_2, daher steht unten die Fugazität von Wasserstoffgas. Da in der Reaktionsgleichung nur ein halbes H_2 vorkommt, ist die Fugazität hoch ein Halb zu nehmen (was dasselbe ist, wie die Quadratwurzel zu ziehen). Außerdem sehen wir, dass in der Reaktionsgleichung ein Elektron übertragen wird, daher ist $|z| = 1$. Das war es schon – Gleichung 8.28 liegt vor uns.

8.4.6. Arten von Elektroden: Redoxelektroden

Obwohl alle Reaktionen an Elektroden Redoxreaktionen sind, wird – aus historischen Gründen – nur diese Art von Elektroden *Redoxelektroden* genannt. Hier muss ein Reaktand in Lösung sein, egal, ob er in oxidierter oder reduzierter Form vorliegt. Die Elektrode selbst dient – wie bei der Gaselektrode – nur dazu, Elektronen bereitzustellen oder aufzunehmen. Die Reaktion lautet also:

$$\text{Ox.}_{\text{Lsg.}} + ze^- \rightleftharpoons \text{Red.}_{\text{Lsg.}}^{z-}.$$

Ein Beispiel wäre eine Pt-Elektrode, die in eine Eisen-Lösung eintaucht. Da Eisen als zwei- und dreiwertiges Ion in Lösung vorliegen kann, kommt es zum Gleichgewicht:

$$\text{Fe}^{3+} + e^- \rightleftharpoons \text{Fe}^{2+}.$$

Da wir in den vorherigen Kapiteln schon eine saubere Vorarbeit geleistet haben, tun wir uns nun sehr leicht – es gilt natürlich einfach wieder Gleichung 8.30, falls wir diese Arten von Elektroden beschreiben wollen. Faszinierend ist, dass wir hier die Möglichkeit haben, das Gleichgewicht einer Reaktion durch Anlegen einer Spannung zu verschieben. Wir können ja an die Elektroden eine externe Potentialdifferenz (eine Spannung) anlegen, damit zwingen wir $\Delta\phi$ auf irgendeinen fixen Wert. Die Aktivitäten (oder Konzentrationen) der Stoffe müssen sich nun so verändern, dass Gleichung 8.30 wieder gilt.

8.4.7. Arten von Elektroden: Elektroden zweiter Art

Ebenso können wir sogenannte *Elektroden zweiter Art* nun sehr schnell verstehen. Eine Elektrode zweiter Art besteht aus einem Metall, welches von einer Schicht eines unlöslichen Salzes MX umhüllt ist und in eine gesättigte Lösung der entsprechenden Ionen eintaucht. Ein Beispiel wäre die Silber-Silberchlorid-Elektrode, bei der ein Silberstab mit einer Schicht Silberchlorid in eine Lösung eintaucht, welche Ag^+- und Cl^--Ionen enthält. Bei Aufnahme eines Elektrons spaltet sich das unlösliche Salz also in zwei Teile auf – das Metall M, welches an der Elektrode fest wird, und das Anion X^{z-}, welches in Lösung geht. Die Reaktion lautet daher:

$$\text{MX}_{\text{fest}} + ze^- \rightleftharpoons \text{M}_{\text{fest}} + \text{X}_{\text{Lsg.}}^{z-}.$$

Wieder benutzen wir Gleichung 8.30 und erhalten so schnell:

$$\Delta\phi = \Delta\phi^\circ + \frac{RT}{|z|\text{F}} \ln \frac{a_{\text{MX}_{\text{fest}}}}{a_{\text{M}_{\text{fest}}} \cdot a_{\text{X}^{z-}}}.$$

Nachdem wir nun schon oft festgestellt haben, dass die Aktivität von Feststoffen näherungsweise 1 ist, vereinfacht sich dies weiter zu:

$$\Delta\phi = \Delta\phi^\circ + \frac{RT}{|z|\text{F}} \ln \frac{1}{a_{\text{X}^{z-}}} = \Delta\phi^\circ - \frac{RT}{|z|\text{F}} \ln a_{\text{X}^{z-}}.$$

Wie wir sehen, hängt die Potentialdifferenz nur von der Aktivität der Ionen in Lösung ab. Diese wird aber vom Löslichkeitsprodukt des unlöslichen Salzes MX bestimmt. Da ja eine riesige Menge an unlöslichem Salz in der Lösung ist, ist die Lösung immer gesättigt, das bedeutet $a_{X^{z-}}$ ist konstant. Damit ist aber auch $\Delta\phi$ konstant. Das erklärt den Nutzen von Elektroden zweiter Art – sie werden als Referenzelektroden eingesetzt, weil sie einfach herzustellen sind und dann immer ein fixes Potential aufweisen. Bestimmt man einmal ihre relative Lage zur Normalwasserstoffelektrode (eine gesättigte Silber-Silberchlorid-Elektrode hat beispielsweise ein Potential von $0,198\,\mathrm{V}$ gegenüber der NHE), kann man mit ihnen alle Messungen durchführen.

8.4.8. Zwei halbe geben eine ganze: Die elektrochemische Zelle

Nun haben wir die ganze Zeit nur einzelne Halbzellen bearbeitet – es wird endlich Zeit, zusammenzuführen, was zusammengehört. Wenn man also zwei Halbzellen zusammenschaltet, erhält man eine ganze *elektrochemische Zelle*. Je nach Betriebsrichtung unterscheidet man weiter zwischen *galvanischen Zellen* – diese produzieren Strom aus chemischer Energie – und *Elektrolysezellen* – bei ihnen wird ein Strom verwendet, um eine chemische Reaktion zu erzwingen. Eine historische Zelle ist das *Daniell-Element* (bereits 1836 von John Frederic Daniell entwickelt). Hier tauchen ein Kupfer- und ein Zinkstab in seine Sulfatlösung des jeweiligen Kations. Die beiden Halbzellen müssen durch eine Salzbrücke verbunden werden, um den Stromkreis zu schließen. Die Salzbrücke muss aber mit Diaphragmen verschlossen werden, damit die Cu^{2+}- und Zn^{2+}-Ionen nicht einfach durch diffundieren. Schließt man nun zwischen beiden Elektroden ein hochohmiges Voltmeter an (damit kein Strom fließen kann), wie in Abbildung 8.7 dargestellt, dann misst man unter Normalbedingungen eine Spannung von $1,10\,\mathrm{V}$. Das bedeutet, wir haben zum ersten Mal eine Möglichkeit, eine Aussage über die $\Delta\phi$'s zu treffen:

$$\Delta\phi_{\mathrm{Kupfer}} - \Delta\phi_{\mathrm{Zink}} = 1,10\,\mathrm{V}.$$

Über die Vorzeichenwahl werden wir uns im nächsten Kapitel Gedanken machen. Wichtig ist hier noch die Festlegung, dass diejenige Elektrode, an welcher die Reduktion stattfindet, *Kathode* genannt wird, diejenige, an welcher die Oxidation stattfindet *Anode*. Die beiden Teilreaktionen im Daniell-Element sind beispielsweise:

$$Cu^{2+} + 2e^- \rightarrow Cu$$

und

$$Zn \rightarrow Zn^{2+} + 2e^-,$$

was zur Gesamtreaktion

$$Zn + Cu^{2+} \rightarrow Zn^{2+} + Cu$$

führt. Da an der Kupferelektrode die Reduktion stattfindet, ist sie die Kathode, der Zinkstab ist die Anode.

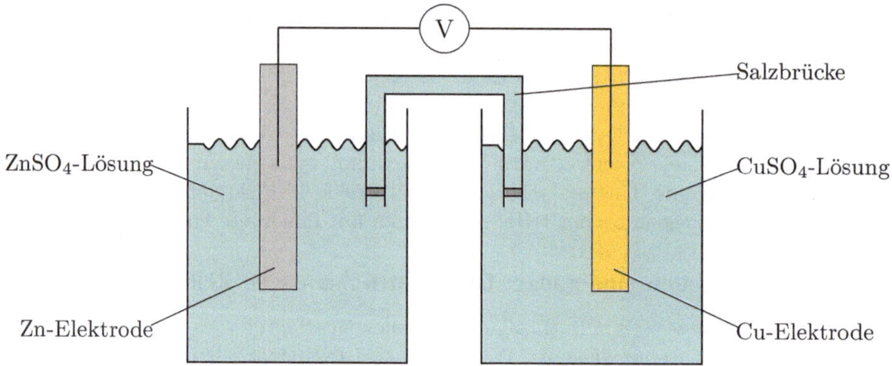

Abb. 8.7.: Das Daniell-Element

8.4.9. Elektrochemischen Zellen: Schreibweise und Vorzeichen

Natürlich ist es unpraktikabel, jedes Mal den verwendeten Aufbau in Worten zu beschreiben (*„Eine elektrochemische Zelle, bei welcher in einer Halbzelle ein Kupferstab in eine Kupfersulfatlösung taucht, welche mit einer Salzbrücke mit einer zweiten Halbzelle verbunden ist, in welcher ein Zinkstab in eine Zinksulfatlösung taucht"*) zu beschreiben, so wie wir es bisher gehandhabt haben. Daher gibt es eine kurze Schreibweise für elektrochemische Zellen. Es werden dabei alle an der Reaktion beteiligten Stoffe angeschrieben. Außerdem werden Phasengrenzen durch einen senkrechten Strich $(|)^{(I)}$ angezeigt. Ein doppelter Strich $(\|)$ symbolisiert die Salzbrücke (also den Wechsel von einer Halbzelle auf die andere). Um Verwirrung zu vermeiden wurde außerdem festgelegt, dass die Halbzelle, in welcher die Oxidation stattfindet, auf der linken Seite des Doppelstrichs und das weiters die festen Elektroden jeweils an den äußeren Enden des Ausdrucks stehen sollen. Damit ergibt sich für unser Daniell-Element folgende Schreibweise:

$$\mathrm{Zn_{fest} \,|\, ZnSO_{4,Lsg.} \,\|\, CuSO_{4,Lsg.} \,|\, Cu_{fest}}$$

Ebenso wurde die Wahl des Vorzeichens via Konvention festgelegt. Bei Berechnungen ist immer die rechte Halbzelle minus die linke zu rechnen. Darum erhielten wir für $\Delta\phi_{\mathrm{Kupfer}} - \Delta\phi_{\mathrm{Zn}}$ genau $+1,10\,\mathrm{V}$ und nicht $-1,10\,\mathrm{V}$. Es sei nochmals darauf hingewiesen dass die gesamte Vorzeichenkonvention hier nur eines ist – eben *Konvention*. Es gilt in (zumindest allen für uns relevanten Bereichen) der Physik das Prinzip der *Ladungskonjugation*. Das bedeutet, dass man ein System, in welchem jede Ladung genau in ihr Gegenteil verändert würde (in der also Elektronen die Ladung $+e$, Protonen die Ladung $-e$ und Neutronen immer noch die Ladung 0 trügen), nicht vom ursprünglichen System unterscheiden kann – es zeigt das genau gleiche Verhalten. Das bedeutet, schon die Festlegung, dass Elektron sei „*negativ*" geladen, ist nichts weiter als eine Übereinkunft. Hätte man damals entschieden, zu behaupten, dass Elektron wäre positiv geladen (und das Proton natürlich dann negativ), die Physik und Chemie wäre heute fast gleich

---

[I]   In vielen Büchern wird aber auch ein ganz normaler Solidus (/) verwendet.

gut beschrieben (nur, dass man bei Ladungen halt immer andere Zeichen benutzen müsste: $+$ statt $-$ und vice versa).

8.4.10. Reduktionspotential und die elektromotorische Kraft

Auf Seite 206 haben wir angekündigt, dass wir ein Maß suchen, um die Fähigkeit eines Stoffes, Oxidation oder Reduktion zu betreiben, zu klassifizieren. So wie wir im vorherigen Abschnitt die $\Delta\phi_{\text{Kupfer}} - \Delta\phi_{\text{Zn}}$ benutzt haben, wollen wir nun ganz allgemein das *Elektrodenpotential gegenüber der Normalwasserstoffelektrode* oder das *Reduktionspotential E* eines Stoffes definieren als:

$$E_i = \phi_{\text{fest}}^{i} - \phi^{\text{NHE}}$$
(8.31)

beziehungsweise für den Standardzustand das Standardreduktionspotential E°

$$E_i^\circ = \phi_{\text{fest}}^{\circ,i} - \phi^{\circ,\text{NHE}}$$
(8.32)

Setzen wir diese beiden neuen Größen in Gleichung 8.30 ein, dann erhalten wir eine überragend wichtige Gleichung der Elektrochemie, die sogenannte *Nernst-Gleichung*:

$$E = E^\circ + \frac{RT}{|z|\text{F}} \ln \frac{\text{Ox.}^{\nu_{\text{Ox.}}}}{\text{Red.}^{\nu_{\text{Red.}}}} \cdot$$
(8.33)

Damit kann man den Wert für E für eine beliebige Halbzelle ausrechnen. Wenn man nun zwei beliebige Halbzellen zusammenschaltet (und nicht mehr gegen die NHE), dann wird die Spannung ΔE zwischen beiden herrschen:

$$\Delta E = E_{\text{Rechts}} - E_{\text{Links}}$$
(8.34)

Dabei müssen wir uns natürlich wieder an die Konvention halten, dass die Reduktion auf der rechten Seite angeschrieben wird. ΔE wird historisch die *elektromotorische Kraft* (EMK) genannt, obwohl es physikalisch keine Kraft, sondern eine Spannung ist. Andere Begriffe wie *Urspannung* führen eher eine Exotendasein und konnten sich bisher noch nicht durchsetzen. Will man direkt in die Nernst-Gleichung einsetzen, müssen alle Reaktionspartner im hintersten Term (dem Logarithmus) berücksichtigt werden. Diese Gleichung wird die *allgemeine Nernst-Gleichung* genannt und lautet für beliebige Reaktionen:

$$\Delta E = \Delta E^\circ - \frac{RT}{|z|\text{F}} \ln \prod_i a_i^{\nu_i} \cdot$$
(8.35)

Achten Sie darauf, dass in dieser allgemeinen Formulierung ein Minus-Zeichen vor dem zweiten Term steht. Dies ist der Allgemeinheit der Gleichung geschuldet: Indem wir $E_i = \phi^i_{\text{fest}} - \phi^{\text{NHE}}$ festlegten, haben wir bestimmt, dass der Stoff i immer derjenige Stoff ist, der reduziert wird. Dadurch erhalten wir die Reduktionskraft (diese ist typischerweise tabelliert). Wollten wir die Oxidationskraft, müssten wir die Reaktion umgekehrt formulieren, dann würden aber genau die Aktivitäten am Bruch vertauscht werden. Da man aber aus $(\ln \frac{b}{a})$ leicht $(-\ln \frac{a}{b})$ machen kann, sehen wir, dass das Vorzeichen von der Formulierung der Reaktion abhängt. Damit können wir aber einen spannenden Konnex zur grundlegenden thermodynamischen Größe ΔG spannen. Denn $\prod_i a_i^{\nu_i}$ ist ja nichts anderes als die Gleichgewichtskonstante K, falls das System im Gleichgewicht ist. Im Gleichgewicht wird aber E genau 0 werden – solange Potentialunterschiede im System sind, ist es nämlich sicher nicht im Gleichgewicht (eine geladene Batterie ist *nicht* im thermodynamischen Gleichgewicht). Daher erhalten wir für den Fall des Gleichgewichts:

$$0 = \Delta E^\circ - \frac{RT}{|z|\text{F}} \ln K.$$

Dies schreiben wir zu

$$-\Delta E^\circ = \frac{1}{|z|\text{F}} \cdot (-RT \ln K)$$

um und erkennen sofort, dass, wegen $\Delta G^\circ = -RT \ln K$ gelten muss:

$$\boxed{\Delta G^\circ = -|z|\text{F}\Delta E^\circ.} \tag{8.36}$$

Analog gilt:

$$\boxed{\Delta G = -|z|\text{F}\Delta E.} \tag{8.37}$$

Wir stellen fest, dass ΔG und ΔE eng miteinander verwandt sind – ist eines Null, muss auch das andere Null sein. Allerdings ist das Vorzeichen anders: Eine Reaktion läuft freiwillig ab, wenn ΔG kleiner als 0, aber damit auch wenn ΔE größer als 0 ist.

$\Delta G < 0$	$E > 0$	Galvanische Zelle
$\Delta G = 0$	$E = 0$	Keine Reaktion
$\Delta G > 0$	$E < 0$	Elektrolysezelle

8.4.11. Die elektrochemische Spannungsreihe

Damit haben wir nun genug Vorarbeit geleistet und können ins Herz der Elektrochemie vorstoßen – zur elektrochemischen Spannungsreihe. Sie sehen einen Auszug aus derselben in Tabelle 8.3 auf Seite 222 – eine umfassendere finden Sie wiederum in Tabellenwerken oder dem Internet. Jetzt wollen wir ein wenig mit der kondensierten Information dieser Tabelle spielen. Erinnern Sie sich an das Daniell-Element (Seite 217) – könnten wir nur mittels der Spannungsreihe vorhersagen, was passiert? Die beiden Halbzellen beim Daniell-Element waren Cu in einer $CuSO_4$-Lösung und Zn in einer $ZnSO_4$-Lösung. Wir suchen also diejenigen Reaktionen, in denen Cu^{2+} und Zn^{2+} vorkommen. Ein Blick in Tabelle 8.3 liefert uns die Zahlen: $+0,337\,V$ für Kupfer, $-0,762\,V$ für Zink. Damit wissen wir aber schon, in welcher Halbzelle welche Reaktion ablaufen wird. Schauen wir uns an, warum: In der elektrochemischen Spannungsreihe sind alle Reaktionen als Reduktionen (Elektronenaufnahme) formuliert. In einer Halbzelle muss allerdings eine Oxidationsreaktion ablaufen, sonst geht sich die Elektronenbilanz nicht aus. Wir haben also zwei Möglichkeiten – entweder wir drehen die Reaktion mit Zink um, oder die mit Kupfer. Lassen wir interessehalber einmal das Kupfer oxidiert werden: Dann brauchen wir die Reaktion $Cu \rightarrow Cu^{2+} + 2e^-$. Erzeugen wir das Ergebnis erst mit unseren Konventionen. Wir haben festgelegt, dass die Oxidation immer auf der linken Seite steht, also lautet die Beschreibung dieser Zelle:

$$Cu_{\text{fest}} \,|\, CuSO_{4,\text{Lsg.}} \,||\, ZnSO_{4,\text{Lsg.}} \,|\, Zn_{\text{fest}}.$$

Wenn wir dann ΔE berechnen wollen, dann nutzen wir einfach die Merkformel $\Delta E = E_{\text{Rechts}} - E_{\text{Links}}$. In unserem Fall bedeutet dies, $\Delta E = E_{\text{Zink}} - E_{\text{Kupfer}} = -0,762 - 0,337 \approx -1,1\,V$. Wir haben aber gerade festgestellt, dass eine Reaktion nur abläuft, wenn sie ein positives ΔE aufweist. Diese Reaktion hat ein negatives ΔE, wird also *nicht* ablaufen. Tatsächlich ist es – wie wir schon festgestellt haben – so, dass das Zink oxidiert und das Kupfer reduziert wird. Dann erhalten wir genau den Wert von $+1,1$ Volt, den wir bereits auf Seite 217 erwähnt haben.

Man kann den Wert immer nach diesem einfachen Algorithmus ausrechnen, allerdings erreicht man dasselbe Ergebnis natürlich auch, wenn man darüber nachdenkt. Denn beim „*Umdrehen*" der Reaktion muss sich ja auch ihr $E°$-Wert ändern. Aus Gleichung 8.36 wissen wir aber auch schon, wie. Dreht man eine Reaktion um, dann wechselt ΔG sein Vorzeichen, da ΔG und ΔE durch die Gleichung nur über den Vorfaktor $-|z|F$ verbunden sind, sehen wir sofort ein, dass auch ΔE genau sein Vorzeichen ändern muss. Das gilt natürlich ganz analog für $\Delta E°$. Dies kann nur erreicht werden, wenn die $E°$-Werte ebenfalls ihr Vorzeichen ändern, wenn man die Reaktion umgekehrt formuliert.[I] Also hätte man – um bei unserem Beispiel von oben zu bleiben – auch einfach sagen können, wenn man die Reaktion für das Kupfer umdreht, dann muss man eben mit einem $E°$-Wert von $-0,337$ rechnen und hätte dann einfach beide Werte addiert und ebenfalls $-1,1$ Volt erhalten. Es ist allerdings trotzdem wichtig, die konventionalisierte Schreibweise (Oxidation links, Reduktion rechts) einzuhalten. Außerdem dürfte die Wahrscheinlichkeit, Fehler zu machen, wesentlich geringer sein, wenn man sich streng an den Algorithmus hält.

Wir ahnen auch schon, was es bedeutet, wenn ein negatives ΔE für eine von uns ersonnene Kombination von Halbzellen herauskommt. Wir haben eben festgestellt, dass die Reaktion $Zn^{2+} + Cu \rightarrow Zn + Cu^{2+}$ ein negatives ΔE (und damit ein positives ΔG) aufweist und so nicht abläuft. Wenn wir aber wollen, dass diese Reaktion geschehen soll, so haben wir in der Elektrochemie ein Mittel in der Hand, dies zu erreichen. Während es in der „*normalen*" Chemie nicht immer einfach ist, dass Reaktionsgleichgewicht zu verschieben, können wir genau das

---

[I] Sie können das leicht selbst beweisen, in dem Sie eine beliebige Zelle gegen die NHE berechnen und die Reaktion der beliebigen Zelle umdrehen.

Tab. 8.3.: Ein Teil der elektrochemischen Spannungsreihe

Stoff	Reaktion			E° (in Volt)	
Gold	Au^+	$+e^-$	$\to Au$	$+1,692$	
	Au^{3+}	$+3e^-$	$\to Au$	$+1,498$	
Platin	Pt^{2+}	$+2e^-$	$\to Pt$	$+1,118$	
Palladium	Pd^{2+}	$+2e^-$	$\to Pd$	$+0,951$	
Silber	Ag^+	$+e^-$	$\to Ag$	$+0,800$	
	Ag^{2+}	$+2e^-$	$\to Ag$	$+1,980$	
Kupfer	Cu^+	$+e^-$	$\to Cu$	$+0,521$	
	Cu^{2+}	$+2e^-$	$\to Cu$	$+0,337$	
Wasserstoff	$2H^+$	$+2e^-$	$\to H_2$	0	(per Def.)
Blei	Pb^{2+}	$+2e^-$	$\to Pb$	$-0,126$	
Zinn	Sn^{2+}	$+2e^-$	$\to Sn$	$-0,138$	
Nickel	Ni^{2+}	$+2e^-$	$\to Ni$	$-0,257$	
Eisen	Fe^{2+}	$+2e^-$	$\to Fe$	$-0,447$	
	Fe^{3+}	$+3e^-$	$\to Fe$	$-0,030$	
Zink	Zn^{2+}	$+2e^-$	$\to Zn$	$-0,762$	
Chrom	Cr^{2+}	$+2e^-$	$\to Cr$	$-0,913$	
	Cr^{3+}	$+3e^-$	$\to Cr$	$-0,407$	
Mangan	Mn^{2+}	$+2e^-$	$\to Mn$	$-1,185$	
Aluminium	Al^{3+}	$+3e^-$	$\to Al$	$-1,662$	
Natrium	Na^+	$+e^-$	$\to Na$	$-2,710$	
Kalium	K^+	$+e^-$	$\to K$	$-2,931$	
Lithium	Li^+	$+e^-$	$\to Li$	$-3,040$	

hier sehr einfach erreichen, indem wir ein externes Potential anlegen. Wenn wir also von außen eine Spannungsquelle anschließen, betreiben wir die Zelle als *Elektrolysezelle* und können die Reaktion erzwingen. Dabei ist das Potential, welches wir anlegen müssen, um eine Reaktion zu erzwingen, natürlich umso größer, je negativer ΔE ausfällt. Schließlich kommen bei „echten" Systemen oft Phänomene wie eine *Überspannung* vor, welche zu Abweichungen zwischen den von uns theoretisch berechneten und experimentell erhaltenen Größen führt.

Übung: Chloralkalielektrolyse (Übung 23 auf Seite 286)

8.4.12. Bestimmung von Standard-Bildungs-Gibbs-Energien von Ionen in Lösung

Eine weitere wichtige Erkenntnis ist, dass wir mittels der elektrochemischen Spannungsreihe die Standard-Bildungs-Gibbs-Energien von Ionen berechnen können. In Kapitel 8.3.6 auf Seite 198 haben wir ja Standard-Bildungs-Gibbs-Energien benutzt, um K zu berechnen. Kommt nun in einer Reaktion ein Ion in Lösung vor, so ist es notwendig, auch dessen ΔG_B°-Wert zu kennen. Dieser ist nun bestimmbar, wenn man sich auf eine weitere Konvention einigt:

Die Standard-Bildungs-Gibbs-Energie des H^+-Ions in Wasser hat den Wert 0.

Schauen wir uns an, wie wir uns diese Festlegung zu Nutze machen können. Sagen wir, wir wollten den ΔG_B°-Wert eines Al^{3+}-Ions bestimmen. Dann bedenken wir folgende Reaktion, die wir in einer elektrochemischen Zelle ablaufen lassen können:

$$\mathrm{Al_{fest}} + 3\mathrm{H}^+ \rightarrow \mathrm{Al}^{3+} + \frac{3}{2}\mathrm{H}_2.$$

Die Standard-Reaktions-Gibbs-Energie ist damit:

$$\Delta G_{\mathrm{Reaktion}}^\circ = \Delta G_{B,\,\mathrm{Produkte}}^\circ - \Delta G_{B,\,\mathrm{Edukte}}^\circ =$$

$$= \frac{3}{2}\Delta G_{B,\,\mathrm{H}_2}^\circ + \Delta G_{B,\,\mathrm{Al}^{3+}}^\circ - \Delta G_{B,\,\mathrm{Al,\,fest}}^\circ - 3\Delta G_{B,\,\mathrm{H}^+}^\circ.$$

$\Delta G_{B,\,\mathrm{H}_2}^\circ$ und $\Delta G_{B,\,\mathrm{Al,\,fest}}^\circ$ sind per Konvention 0, weil es die stabilsten Formen der Elemente sind. Durch unsere neue Festlegung ist aber auch $\Delta G_{B,\,\mathrm{H}^+}^\circ = 0$ und es bleibt nur mehr:

$$\Delta G_{\mathrm{Reaktion}}^\circ = \Delta G_{B,\,\mathrm{Al}^{3+}}^\circ.$$

Die Standard-Reaktions-Gibbs-Energie für die Reaktion und die Standard-Bildungs-Gibbs-Energie des Aluminium-Ions sind also ein und dasselbe. Die Standard-Reaktions-Gibbs-Energie $\Delta G_{\mathrm{Reaktion}}^\circ$

können wir aber direkt mittels Gleichung 8.36 berechnen, falls wir ΔE° kennen. ΔE° erhalten wir nun aber genau aus der elektrochemischen Standardreihe: Die beiden Halbreaktionen sind ja genau:

$$3H^+ + 3e^- \rightarrow \frac{3}{2}H_2$$

und

$$Al \rightarrow Al^{3+} + 3e^-.$$

E° für die erste Reaktion ist per Definition Null. Die zweite Reaktion finden wir aber nicht in Tabelle 8.3 – nur ihre Umkehrung:

$$Al^{3+} + 3e^- \rightarrow Al$$

mit einem E° von $-1,662\,\mathrm{V}$. Wir wissen aber inzwischen, dass wir die Reaktion einfach umdrehen dürfen, wenn wir das Vorzeichen von E° wechseln. Daher hat die von uns gesuchte Halbreaktion ein E° von $+1,662\,\mathrm{V}$. Da Wasserstoff eben Null hat, ist das ΔE° für unsere Gesamtreaktion $+1,662\,\mathrm{V}$. Nun setzen wir ein und berechnen $\Delta G^\circ_{\mathrm{Reaktion}}$:

$$\Delta G^\circ_{\mathrm{Reaktion}} = -|z|F\Delta E^\circ = -(3 \cdot 96485 \cdot 1,662) = -481074\,\mathrm{J/mol} \approx -481\,\mathrm{kJ/mol}.$$

Da aber – wie schon festgestellt – $\Delta G^\circ_{\mathrm{Reaktion}}$ und $\Delta G^\circ_{B,\,Al^{3+}}$ genau das gleiche sind, kennen wir damit auch die Standard-Bildungs-Gibbs-Energie von einem Aluminium-Ion in Wasser:

$$\Delta G^\circ_{B,\,Al^{3+}} \approx -481\,\mathrm{kJ/mol}.$$

Schlagen wir in einem Tabellenwerk nach, so finden wir beispielsweise den Wert $-485\,\mathrm{kJ/mol}$ – wieder einmal eine beeindruckende Übereinstimmung.

8.4.13. Die Temperaturabhängigkeit der elektromotorischen Kraft

Nun wollen wir uns noch – ganz in Analogie zu den Kapiteln 8.2.4 und 8.2.5 – fragen, wie die Temperatur- und Druckabhängigkeit der Elektromotorischen Kraft ΔE, welche ja eine zentrale Größe der Elektrochemie darstellt, berechnen können. Beginnen wir mit der Temperaturabhängigkeit, wir wollen also in Erfahrung bringen, wie sich die elektromotorische Kraft ändert, wenn sich die Temperatur ändert (wobei wir, wie Sie wahrscheinlich schon vermuten, den Druck konstant halten):

$$\left(\frac{d\Delta E}{dT}\right)_p = ?$$

Wir nutzen die enge Verknüpfung von ΔE und ΔG und stellen die Gleichung

$$\left(\frac{d\Delta E}{dT}\right)_p = \left(\frac{d\frac{-\Delta G}{|z|\mathrm{F}}}{dT}\right)_p$$

auf. Wir sehen sofort ein, dass die Zahl der übertragenen Elektronen $|z|$ und die Faraday-Konstante F nicht von der Temperatur abhängen dürfen und ziehen sie vor das Differenzial:

$$\left(\frac{d\Delta E}{dT}\right)_p = -\frac{1}{|z|\mathrm{F}}\left(\frac{d\Delta G}{dT}\right)_p.$$

Nun müssen wir also feststellen, wie sich ΔG ändert, wenn sich T ändert. Da die Stoffmenge und der Druck konstant sind, muss dieser Term sich zu

$$\left(\frac{d\Delta G}{dT}\right)_p = -\Delta S$$

ergeben.[I] Damit erhalten wir:

$$\boxed{\left(\frac{d\Delta E}{dT}\right)_p = \frac{\Delta S}{|z|\mathrm{F}}} \tag{8.38}$$

und natürlich wieder analog für Standardbedingungen

$$\boxed{\left(\frac{d\Delta E^\circ}{dT}\right)_p = \frac{\Delta S^\circ}{|z|\mathrm{F}}.} \tag{8.39}$$

[I] Ausgehend von der Gleichung

$$dG = V\,dp - S\,dT + \mu\,dn$$

benutzen wir den Δ-Operator (der ja für $\frac{d}{d\xi}$ steht).

$$d\left(\frac{dG}{d\xi}\right) = \frac{dV}{d\xi}dp - \frac{dS}{d\xi}dT + \frac{d\mu}{d\xi}dn$$

$$d\left(\Delta G\right) = \Delta V\,dp - \Delta S\,dT + \Delta\mu\,dn$$

Da unter unseren Bedingungen p und n konstant bleiben, ergibt sich:

$$d\left(\Delta G\right)_{p,n} = -\Delta S\,dT$$

$$\frac{d\Delta G}{dT} = -\Delta S$$

Das bedeutet, die elektromotorische Kraft einer Reaktion nimmt mit steigender Temperatur zu, falls die mit der Reaktion assoziierte Entropieänderung positiv ist und sinkt mit steigender Temperatur, falls diese Entropieänderung negativ ist. Die Entropieänderung wird beispielsweise dann besonders positiv sein, wenn insgesamt bei einer Reaktion Gas entsteht (Gas hat viel mehr Freiheitsgrade, daher eine sehr hohe Entropie). Umgekehrt haben Reaktionen ein besonders negatives ΔS, wenn in ihrem Verlauf Gas verbraucht wird. So hat die Reaktion $2H_2 + O_2 \rightarrow 2H_2O$ beispielsweise ein negatives ΔS von $-327\ \frac{J}{K \cdot mol}$. Entropieänderungen einer Reaktionen können ebenso leicht aus Tabellen berechnet werden, wie ΔG- oder ΔH-Werte. In den Nachschlagewerken, in denen Sie Werte für ΔG_B° und ΔH_B° finden, finden Sie meist auch eine Spalte mit S°.[I] Wollen Sie ein ΔS° für eine Reaktion berechnen, so nehmen Sie einfach die folgende, intuitiv wohl schon vermutete Formel:

$$\boxed{\Delta S_{\text{Reaktion}}^\circ = \sum S_{\text{Produkte}}^\circ - \sum S_{\text{Edukte}}^\circ} \qquad (8.40)$$

beziehungsweise

$$\boxed{\Delta S_{\text{Reaktion}}^\circ = \sum \nu_i S_{\text{i}}^\circ .} \qquad (8.41)$$

Beachten Sie allerdings, dass die Werte für S° typischerweise in *Joule* pro Mol und Kelvin angegeben wird, während die Werte für ΔG_B° und ΔH_B° meist in *Kilojoule* pro Mol angegeben werden. So waren die Werte für die oben beschriebene Reaktion:

Stoff	S° (in $\frac{J}{K \cdot mol}$)
H_2	$+131$
O_2	$+205$
H_2O	$+70$

was zu $\Delta S_{\text{Reaktion}}^\circ = (2 \cdot 70) - (2 \cdot 131) - 205 = -327\ \frac{J}{K \cdot mol}$ führte. Der Wert für $\Delta S_{\text{Reaktion}}^\circ$ ist also negativ, weil das Produkt eine wesentlich geringere Entropie hat, als die beiden Edukte. Bei einer Reaktion, bei der aber netto weder Gasteilchen gebildet, noch verbraucht werden, wird $\Delta S_{\text{Reaktion}}^\circ$ besonders klein. Denken wir noch einmal kurz an unser Daniell-Element – die Gesamtreaktion lautete:

$$Zn + Cu^{2+} \rightarrow Zn^{2+} + Cu.$$

Beziehen wir da notwendigen Daten:

[I]   Hier gibt es kein Δ, da sich das S direkt auf die Entropie, die ein Mol des Stoffes aufweist, bezieht. Anders als die Energie, die ja keinen Fixpunkt hat (wir haben den Energienullpunkt in diesem Buch sehr oft arbiträr irgendwo hingelegt, zum Beispiel in die stabilste Form der Elemente), hat die Entropie durch den dritten Hauptsatz der Thermodynamik einen absoluten Bezugspunkt.

Stoff	S°
	(in $\frac{\text{J}}{\text{K}\cdot\text{mol}}$)
Zn	$+42$
Zn^{2+}	-112
Cu	$+33$
Cu^{2+}	-100

Achten Sie hierbei darauf, dass solvatisierte Ionen auch eine formal negative Entropie aufweisen können.[1] Die Zahlen setzen wir einfach in Gleichung 8.40 ein und erhalten:

$$\Delta S^\circ_{\text{Reaktion}} = +33 - 112 - (42 - 100) = -21\,\frac{\text{J}}{\text{K}\cdot\text{mol}}$$

Die Zahl ist extrem klein – Sie sehen also, dass die Temperaturabhängigkeit der EMK eher schwach ausgeprägt ist, für den Fall, dass die Gesamtzahl an Gasteilchen gleich bleibt, sogar verschwindend gering.

8.4.14. Die Druckabhängigkeit der elektromotorischen Kraft

Zu guter Letzt werfen wir noch einen Blick auf die Druckabhängigkeit der EMK. Dazu stellen wir wieder unsere Startgleichung auf:

$$\left(\frac{d\Delta E}{dp}\right)_T = \left(\frac{d\frac{-\Delta G}{|z|\text{F}}}{dp}\right)_T = -\frac{1}{|z|\text{F}}\left(\frac{\Delta G}{dp}\right)_T.$$

In voller Analogie zur Temperaturabhängigkeit erhalten wir:

$$\boxed{\left(\frac{d\Delta E}{dp}\right)_T = -\frac{\Delta V}{|z|\text{F}}} \tag{8.42}$$

beziehungsweise

$$\boxed{\left(\frac{d\Delta E^\circ}{dp}\right)_T = -\frac{\Delta V^\circ}{|z|\text{F}}.} \tag{8.43}$$

Wir sehen wieder, dass hier das Prinzip von Le Chatelier erfüllt ist: Falls ΔV positiv ist (bei der Reaktion wird das Volumen größer, im Allgemeinen bedeutet das meistens, dass Gas en-

---

[1] Das hat den Grund, dass hier zwei konkurrierende Effekte greifen: Einerseits steigt die Entropie durch die Lösung des Stoffes, andererseits wird ein Ion in Wasser durch eine Hydrathülle stabilisiert. Die Hydrathülle ist relativ stark geordnet, verringert also die Entropie wieder. Welcher Effekt am Ende überwiegt, hängt vom Ion ab. Die Entropieänderung im Wasser wird quasi dem Ion zugeschlagen. Die negativen Entropien sind also eher ein „Rechenbehelf" und sollten nicht als ernsthaft negativ verstanden werden.

steht), so wird ΔE mit steigendem Druck sinken. Ein weniger positives ΔE bedeutet, dass die Reaktion weniger gut läuft, das Gleichgewicht also eher zu den Edukten verschoben wird. Das System weicht also dem äußeren Zwang (dem Druck) aus, in dem es seine gasförmigen Anteile minimiert. Genau das gleiche gilt natürlich umgekehrt. Bedeutend ist dies wiederum besonders dann, wenn Gase während der Reaktion entstehen oder verbraucht werden. Da das eingenommene Volumen eines Gases im Vergleich zur korrespondierenden Flüssigkeit oder dem korrespondierenden Festkörper wesentlich größer ist[I], wird dann ΔV – welches sich natürlich wieder zu $\Delta V = V_{\text{Produkte}} - V_{\text{Edukte}}$ berechnet – sehr groß und der Einfluss auf die EMK kann dann sehr ausgeprägt sein.

Übung: Elektrochemie (Übung 24 auf Seite 287)

[I]   Nach einer Faustregel in etwa um den Faktor 1000.

9. Kinetik & Katalyse – Über die Thermodynamik hinaus

B IS JETZT HABEN WIR UNS – mit Ausnahme von Kapitel 7 – hauptsächlich in den Gebieten der klassischen Thermodynamik bewegt. Das nächste Kapitel bricht vollständig mit diesem Trend – hier geht es um die Disziplin der *Kinetik* (vom griechischen χίνησις, *kinesis*, Bewegung). Die Kinetik befasst sich mit etwas, was die Thermodynamik vollständig außen vor lässt, nämlich mit der *Geschwindigkeit von Reaktionen*. Bis jetzt haben wir immer vom Gleichgewicht gesprochen, welches eine Reaktion anstrebt. Dabei haben wir uns nie gefragt, *wie lange* es dauern wird, bis eine Reaktion dieses Gleichgewicht erreicht. Genau hier kommt die Kinetik ins Spiel. Ihre technische Bedeutung ist damit sofort augenscheinlich – es hilft wenig, wenn ein Gleichgewicht stark auf der Seite der Produkte liegt, aber die Einstellung des Gleichgewichts viele Millionen Jahre dauert. Wenn man versucht, die Einstellung des Gleichgewichts zu beschleunigen, landet man bei der Wissenschaft der *Katalyse*, welche genau dieses erreichen will – die schnellere Einstellung des chemischen Gleichgewichts, *ohne* dabei die Lage des Gleichgewichtes selber zu verschieben.

9.1. Schnelle Vorbemerkung: Die Regel von de L'Hospital

Wir werden es im Zuge der Kinetik manchmal mit Gleichungen zu tun kriegen, die sich für gewisse Einsetzungen nicht mehr lösen lassen. Zum Beispiel können wir den folgenden Ausdruck für die Einsetzung von $x = 1$ nicht direkt lösen:

$$y = \frac{\ln x}{1 - x}$$

Für $x = 1$ erhalten wir einen undefinierten Ausdruck:

$$y(x = 1) = \frac{\ln 1}{1 - 1} = \frac{0}{0}.$$

© Springer Fachmedien Wiesbaden GmbH, ein Teil von Springer Nature 2018
W. Stadlmayr, *Thermodynamik – nicht nur für Nerds*,
https://doi.org/10.1007/978-3-658-23291-7_9

Tauchen bei solchen Operationen Ausdrücke wie $\frac{0}{0}$ oder $\frac{\infty}{\infty}$ auf, kann die Regel von de L'Hospital helfen.[I] Sie besagt, dass der Grenzwert in einem solchen Fall berechnet werden kann, in dem man die beiden Ableitungen von Zähler und Nenner bildet:

$$\lim_{x \to x_0} \frac{f(x)}{g(x)} = \lim_{x \to x_0} \frac{f'(x)}{g'(x)} \qquad \text{falls} \quad \frac{f(x)}{g(x)} = \frac{0}{0} \text{ oder } \frac{\infty}{\infty}$$

(9.1)

Versuchen wir damit, uns unserem Ausdruck zu nähern:

$$\lim_{x \to 1} \frac{\ln x}{1 - x} = \lim_{x \to 1} \frac{\frac{d(\ln x)}{dx}}{\frac{d(1-x)}{dx}} = \lim_{x \to 1} \frac{\frac{1}{x}}{-1} = \lim_{x \to 1} -\frac{1}{x}$$

Nun können wir den Grenzübergang machen:

$$\lim_{x \to 1} -\frac{1}{x} = -\frac{1}{1} = -1$$

Daher wissen wir nun:

$$y(x = 1) = -1$$

Manchmal kann es auch vorkommen, dass die Regel mehrfach hintereinander ausgeführt werden muss. Behalten Sie die Regel im Hintergrund, manchmal ermöglicht sie Lösungen, die sonst nicht zugänglich sind.

9.2. Warum ist eine Reaktion überhaupt gehindert?

Wir wollen von der prinzipiellen Frage ausgehen, warum eine chemische Reaktion überhaupt außerhalb des Gleichgewichts vorgefunden werden kann – denn dies ist ja ganz offenbar der Fall (und das ist auch gut so, wenn alle Reaktionen im chemischen Gleichgewicht wären, die Welt wäre sicher ein sehr langweiliger und lebloser Ort). Um dies zu verstehen, müssen wir uns kurz ein paar Gedanken über einen *Reaktionsmechanismus* machen, also darüber, was wir wirklich meinen, wenn wir sagen:

$$|\nu_A|A + |\nu_B|B \rightleftarrows |\nu_C|C + |\nu_D|D.$$

A, B, C und D sind in Wirklichkeit komplizierte Moleküle, sprich jeder der Buchstaben entspricht einer sich ständig ändernden Anordnung von Atomen im Raum, die allesamt wechselwirken und vibrieren. Damit eine Reaktion stattfinden kann, müssen viele Bedingungen erfüllt sein. Bedenken Sie nur die allertrivialste: *Damit A und B miteinander reagieren können, müssen*

[I]   Wobei $\frac{0}{0}$-Ausdrücke „besser" sind, da bei $\frac{\infty}{\infty}$ gewährleistet sein muss, dass die Divergenz „*bestimmt*" ist. Wir werden akzeptieren, dass das eine Einschränkung ist und uns nicht fragen, was es genau bedeutet.

sie sich beide am selben Ort befinden. Was beinahe lächerlich naheliegend scheint, hat bereits weitreichende Implikationen – zum Beispiel erwarten wir mit diesem Wissen, dass die beiden Reaktionen

$$A_{fest} + B_{fest} \rightleftarrows C_{fest}$$

und

$$A_{gasf.} + B_{gasf.} \rightleftarrows C_{gasf.}$$

verschieden schnell sind. Wenn alle Stoffe als Gase (oder prinzipiell als Fluide) vorliegen, dann können sich alle Reaktanden relativ frei im Raum bewegen. Diese Bewegung ist im Vergleich zum Austausch von Atomen in Festkörpern sehr schnell – es passiert also oft, dass ein Teilchen A und ein Teilchen B sich treffen und reagieren könnten.[I] Anders im Festkörper – hier sitzen die Atome A und die Atome B auf ihren festen Plätzen und tauschen eher selten ihre Positionen. Daher ist es ein seltenes Ereignis, dass A und B zueinander finden und zu C reagieren können. Und tatsächlich zeigt uns die Empirie, dass Reaktionen, die nur zwischen Festkörpern stattfinden, typischerweise sehr viel langsamer ablaufen, als Reaktionen mit Fluiden.

9.3. Kinetische Konzepte am Beispiel der S_N1- und S_N2-Reaktion

Um weiter die Komplexität dessen zu zeigen, was wir oftmals leichtfertig in einer Zeile als chemische Reaktion anschreiben und um exemplarisch einige wichtige Konzepte zu erarbeiten, wollen wir uns um zwei Paradebeispiele der Chemie kümmern: Die S_N1- und S_N2-Reaktion. Das S_N steht dabei für **n**ukleophile **S**ubstitution. Wir werden nicht weiter auf die chemischen Hintergründe eingehen, dies findet in der entsprechenden chemischen Fachliteratur seinen Platz, nur so viel sei gesagt, dass dabei typischerweise ein mehrfach substituiertes Kohlenstoffatom einen Substituenten verliert und dafür ein Nukleophil gewinnt. Man könnte also sagen:

$$CR_3X + Nu^- \to CR_3Nu + X^-.$$

Tatsächlich kann diese Reaktion, je nach Art der Reaktanden, auf zwei völlig unterschiedliche Arten (mit unterschiedlichen Geschwindigkeitsgesetzen) erfolgen: Eben als S_N1- oder S_N2-Reaktion. Die Zahl sagt uns, ob die Reaktion *unimolekular* (S_N1) oder *bimolekular* (S_N2) stattfindet. Da von den beiden Reaktionen der Mechanismus sehr gut untersucht ist, eignen sie sich hervorragend als Beispiele.

9.3.1. Die S_N2-Reaktion

Schauen wir uns zuerst eine S_N2-Reaktion an. Eine prinzipielle S_N2-Reaktion ist in Abbildung 9.1(a) gezeigt. Sie geschieht immer als *Rückseitenangriff*. Dabei nähert sich das Nukleophil Nu⁻ dem tetraedrisch umgebenen Kohlenstoffatom von der genau anderen Seite, wie das X-Atom gebunden ist. Wenn es sich genug angenähert hat und die Reaktion beginnt, wird ein so genannter

---

[I] Sie müssen aber noch nicht reagieren – die räumliche Nähe ist eine notwendige, aber keine hinreichende Bedingung.

Übergangszustand ausgebildet. Hier ist der Kohlenstoff nicht mehr tetraedrisch, sondern trigonal bipyramidal, die beiden Substituenten Nu und X sind beide weiter vom C weg, als in einer „normalen" Struktur, beide Bindungen sind also labilisiert. Schließlich wird die C-X-Bindung gebrochen, X^- verlässt das Molekül und das Nukleophil ist nun an den Kohlenstoff gebunden. Es ist wichtig zu erwähnen, dass der Übergangszustand nicht isoliert werden kann (im Gegensatz zu dem bei der S_N1-Reaktion auftauchenden *Zwischenprodukt*) – er ist energetisch instabil. Jetzt ahnen wir auch schon, warum diese Reaktion nicht immer völlig ungehindert abläuft – falls eine Reaktion dem gezeigten Mechanismus folgt, so muss sie ja erst den – energetisch sehr ungünstigen – Übergangszustand ausbilden. Genau die Energie, die notwendig ist, um den Übergangszustand zu bilden, wird die Aktivierungsenergie (E_A) genannt.

Wir sehen also, dass zwei Sachen die Reaktionsgeschwindigkeit bestimmen sollten – einmal wie

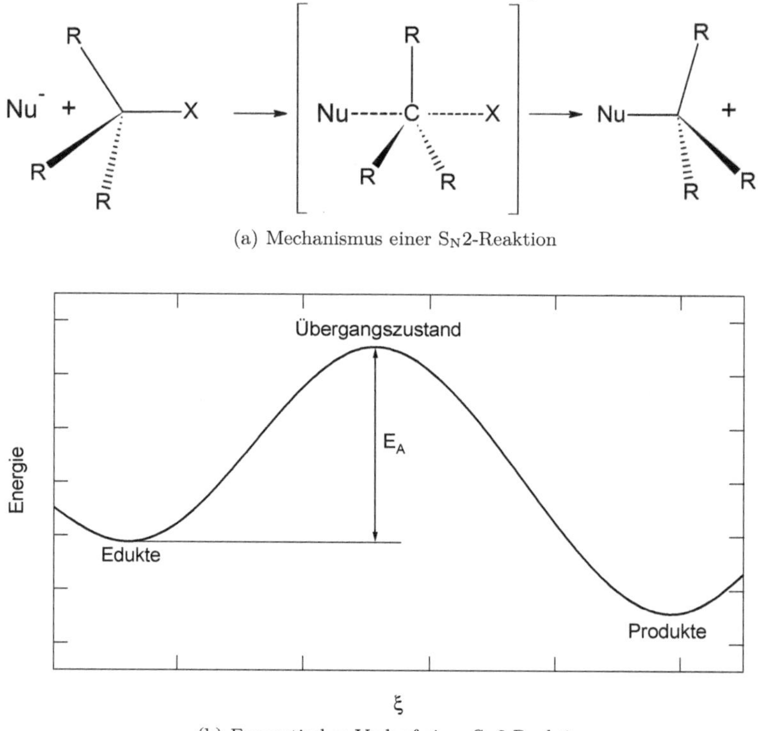

(a) Mechanismus einer S_N2-Reaktion

(b) Energetischer Verlauf einer S_N2-Reaktion

Abb. 9.1.: Eine S_N2-Reaktion

oft überhaupt die beiden Reaktanden zu einander finden und zweitens wie „*leicht*" die Reaktion verlaufen kann. Letzteres lässt sich direkt aus der Aktivierungsenergie ablesen: Ist diese sehr groß, dann ist es sehr unwahrscheinlich, dass die Einzelreaktion Erfolg hat. Warum ist das so? Ganz offenbar ist die Aktivierungsenergie eine Energie, die aufgewandt werden muss, um die Reaktion zu bewältigen – sie wird verbraucht, um den (relativ zu Produkten und Edukten energiereichen) Übergangszustand herzustellen. Diese Energie muss in den Edukten gespeichert sein – das bedeutet sofort, dass die Reaktion bei hohen Temperaturen schneller verlaufen wird, weil die Teilchen dann im Mittel mehr kinetische Energie mitbringen und E_A leichter „*bezahlen*" können. Wir führen also eine neue Größe ein, die *Geschwindigkeitskonstante* k.[I] Wir wissen also, k hängt von E_A und von T ab:

$$k = f(E_A, T).$$

Wir werden uns später darum kümmern, wie genau die Abhängigkeit ist. Nun wollen wir erst die zweite Einflussgröße betrachten, die Wahrscheinlichkeit, dass überhaupt ein Stoß zwischen beiden Partnern passieren kann. Diese Wahrscheinlichkeit wird natürlich genau dann hoch, wenn die Konzentration an beiden Reaktanden hoch ist.[II] Daher stellen wir fest, dass die Reaktionsgeschwindigkeit v_{S_N2} für unsere S_N2-Reaktion wie folgt zusammensetzt:

$$v_{S_N2} = k_{S_N2} \cdot [CR_3X] \cdot [Nu^-].$$

Wir sehen also, dass wir die Reaktionsgeschwindigkeit unter anderem dadurch erhöhen können, indem wir die Konzentration des Nukleophils erhöhen – bei der S_N1-Reaktion wird dies, wie wir feststellen werden, nicht gehen.

Die Geschwindigkeit einer Reaktion entspricht außerdem immer der Änderung der Konzentration eines Reaktanden mit der Zeit – so wird beispielsweise Nu^- verbraucht und in gleichem Maße X^- gebildet, daher gilt:

$$v_{S_N2} = -\frac{d[Nu^-]}{dt} = +\frac{d[X^-]}{dt}$$

9.3.2. Die Reaktionsordnung

Tatsächlich gibt es verschiedene Reaktionsordnungen – damit ist gemeint, wie die Potenz ist, mit der ein Reaktand in der Geschwindigkeitsgleichung vorkommt. Die Gleichung

$$\frac{d[Nu^-]}{dt} = -k_{S_N2} \cdot [CR_3X] \cdot [Nu^-]$$

[I]   Achten Sie darauf, die Geschwindigkeitskonstante k nicht mit der Gleichgewichtskonstanten K zu verwechseln. Weiter Verwechslungsmöglichkeiten bietet die *Boltzmannkonstante*, die in diesem Buch ebenfalls als k bezeichnet wird – meist ergibt sich aber aus dem Kontext, was gemeint ist.

[II] Sind die Konzentrationen sehr niedrig, so geschehen Stöße zwischen beiden Reaktanden sehr selten.

ist daher erster Ordnung bezüglich sowohl $[CR_3X]$ als auch $[Nu^-]$. Es gibt daher verschiedene Fälle, die sich dahingehend unterscheiden, wie schnell ein Reaktand seine Konzentration ändert. Die *Gesamtreaktionsordnung* ist dabei einfach die Summe aller einzelnen Reaktionsordnungen der Reaktanden. Achten Sie darauf, dass hier immer von verschiedenen Edukten ausgegangen wird ($A + B \rightarrow P$ und nicht $2A \rightarrow P$) und dass sich für gleiche Edukte die Formeln leicht ändern. Eine umfassende Tabelle finden Sie auf Seite 345.

Reaktionsordnung bezüglich A	Gleichung	Anmerkungen
0. Ordnung	$\frac{d[A]}{dt} = -k_0$	sehr selten
1. Ordnung	$\frac{d[A]}{dt} = -k_1[A]$	z.B. Kernzerfall
2. Ordnung	$\frac{d[A]}{dt} = -k_2[A]^2$	Zweierstoß
3. Ordnung	$\frac{d[A]}{dt} = -k_3[A]^3$	sehr selten

Reaktionen nullter Ordnung sind sehr selten. Bei ihnen hängt die Geschwindigkeit, mit der A verbraucht wird, nicht von der Konzentration von A ab. Damit ist bereits klar, dass diese Reaktionsordnung nicht beliebig lange bestehen kann, da sonst negative Konzentrationen das Ergebnis wären.

Häufiger sind Reaktionen erster Ordnung oder unimolekulare Reaktionen. Diese heißen so, weil ein Eduktmolekül zu einem Produktmolekül wird, ohne dazu einen Partner zu benötigen. Klassisches Beispiel sind der radioaktive Kernzerfall und verschiedene katalysierte Reaktionen. Das Ergebnis, der typische exponentielle Abfall, ist in Abschnitt 9.3.5 auf Seite 238 hergeleitet.

Bei einer Reaktion zweiter Ordnung oder einer bimolekularen Reaktion müssen sich zwei Reaktanden treffen, um die Reaktion vollziehen zu können. Diese ist eine der häufigsten Kinetiken. Ist allerdings eines der beiden Edukte in krassem Überschuss vorhanden, so kann die Reaktion trotzdem das Verhalten einer Reaktion erster Ordnung zeigen, weil sich die Konzentration des Stoffes praktisch nicht ändert. Man spricht dann von einer Reaktion „pseudo-erster" Ordnung.

Reaktionen dritter Ordnung oder trimolekulare Reaktionen sind schon deshalb sehr selten, weil es sehr unwahrscheinlich ist, dass sich drei Reaktanden zufällig an der gleichen Stelle im Raum treffen. Man nimmt an, dass die Reaktion $3H \rightarrow H_2 + H$ einem trimolekularen Geschwindigkeitsgesetz folgt.

Prinzipiell spricht nichts gegen noch höhere Reaktionsordnungen, da allerdings die Wahrscheinlichkeit, dass sich vier oder mehr Teilchen richtig im Raum treffen, sehr tief ist, müssten diese *sehr* unwahrscheinlich sein. Tatsächlich sind auch noch keine solchen Reaktionen bekannt. Tatsächlich kommen oft auch Mischungen der Reaktionsordnung vor, weil mehrere Teilreaktionen beteiligt sind. Wir wollen uns in den folgenden Kapiteln nur auf unimolekulare Reaktionen beschränken, wenn nicht anders erwähnt.

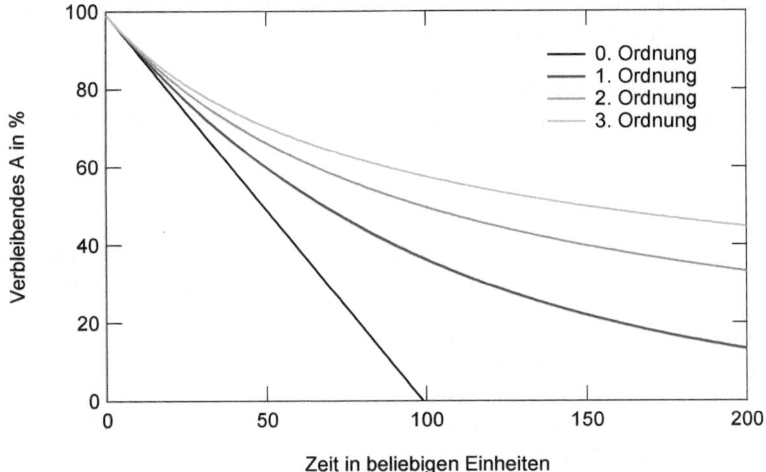

Abb. 9.2.: Vergleich verschiedener Reaktionskinetiken. Für alle wurde das gleiche k angenommen, das Ergebnis wurde numerisch ermittelt.

9.3.3. Aktivierungsenergie und Geschwindigkeitskonstante

Nun wollen wir kurz darauf eingehen, wie E_A, k und T zusammenhängen. Wie man in Abbildung 9.1(b) gut erkennen kann, entspricht die Aktivierungsenergie derjenigen Energie, die die Reaktanden mindestens haben müssen, damit sie reagieren können.[I] Wir suchen also den Anteil der Teilchen, die mindestens die Aktivierungsenergie aufbringen können – laut der Boltzmanngleichung[II] ist dies aber genau der Term $e^{-\frac{E_A}{RT}}$. Bei einer gegebenen Temperatur gibt also der Ausdruck $e^{-\frac{E_A}{RT}}$ die *Wahrscheinlichkeit* (zwischen 0 und 1) an, dass ein Stoß zwischen zwei Reaktanden zu einer erfolgreichen Reaktion führt. Diese wird noch mit einem sogenannten *präexponentiellen Faktor A* multipliziert, um die Geschwindigkeitskonstante zu erhalten:

$$\boxed{k = A \cdot e^{-\frac{E_A}{RT}}.}$$ (9.2)

Unter gewissen Reaktionsbedingungen kann der Faktor A als *Frequenzfaktor* verstanden werden, er gibt dann an, wie oft pro Sekunde ein Stoß durchgeführt wird.[III] k ist dann ein Maß für

---

[I]   Oft wird hier die Metapher eines Berges gewählt, wobei die Reaktion eine Kugel ist, die bewegt wird. Will man eine Kugel von Edukt zu Produkt „*rollen*", so muss man ihr anfangs eine gewisse Mindestenergie mitgeben, damit sie den Apex des Berges überwinden kann – ansonsten rollt sie wieder an den Ausgangspunkt zurück. Diese Mindestenergie entspricht genau der Aktivierungsenergie.

[II]   Wir werden hier aus Zeitgründen nicht weiter auf die Boltzmanngleichung eingehen, sondern nur ihre Folgen diskutieren.

[III]   In der Praxis wird hier für Berechnungen häufig als erste Schätzung ein Wert von etwa 10^{13} Versuchen pro Sekunde verwendet.

die Anzahl an erfolgreichen Stößen. Die Gleichung 9.2 ist eine der wichtigsten Gleichungen der Kinetik und wird *Arrhenius-Gleichung* genannt.

Befassen wir uns noch kurz mit dieser zentralen Gleichung. Sie haben sicher die Ähnlichkeit zur Gleichgewichtskonstanten bemerkt – wenn Sie zu Gleichung 8.6 auf Seite 173 zurückgehen, finden Sie dort:

$$K = e^{-\frac{\Delta G^{\circ}}{RT}}.$$

Beide Gleichungen weisen die charakteristische Komponente $e^{-\frac{\text{Energie}}{RT}}$ auf. Das Teilen einer Energie durch RT tritt häufig auf. Sie werden feststellen, dass die Größe RT selbst die Einheit einer Energie hat, man nennt sie auch die *thermische Energie*. Dadurch ist der gesamte Ausdruck $\frac{\text{Energie}}{RT}$ dimensionslos. Man normiert also die charakteristische Energie auf die vorherrschende thermische Energie. Nun ist Folgendes klar – ist die notwendige (die charakteristische) Energie hoch im Vergleich zur verfügbaren thermischen Energie, dann ist zum Beispiel $\frac{E_A}{RT} \gg 1$. Dann haben wir e hoch eine sehr große, negative Zahl – das gibt aber ein Ergebnis sehr nahe Null. Wenn also die für eine Reaktion notwendige Energie viel größer ist, als die zur Verfügung stehende thermische Energie, dann wird die Reaktion praktisch nicht ablaufen. Umgekehrt, falls die thermische Energie sehr groß im Vergleich zur für die Reaktion notwendigen Energie ist, dann ist $\frac{E_A}{RT} \approx 0$. Da $e^0 = 1$ bedeutet das, dass die Reaktion maximal schnell ablaufen wird, weil praktisch jeder Stoß zu einer erfolgreichen Reaktion führt.

Bevor wir weiter im Stoff vorstoßen möchte ich Ihnen eine – wie ich finde – besonders schöne und eindrucksvolle Anwendung der eben erstellten Formel zeigen. In einem kurz vor der Jahrtausendwende veröffentlichten Paper haben Zanoni, Peri und Bruno sich mit dem Bräunungsverhalten von Brot befasst. [24] Obwohl die Mechanismen, welche zu einer Bräunung eines Brotes im Ofen führen, sicherlich sehr komplex sind, fanden die Autoren, dass der Bräunungsgrad des Brotes, welchen sie als ΔE bezeichneten, asymptotisch gegen einen Wert ΔE_∞ läuft – dieser entspricht dem verbrannten Brot, irgendwann wird es nicht mehr dunkler. Sie fanden den Zusammenhang:

$$\Delta E_\infty - \Delta E = e^{-kt}.$$

Für k setzten sie folgende Formel an:

$$k = k_0 \cdot e^{-\frac{E_A}{RT}}.$$

Da finden wir genau unsere Arrhenius-Gleichung und sie beschreibt das Verhalten gut. Bei einer Wahl von $k_0 = 42000\,\text{s}^{-1}$ und $E_A = 64\,\text{kJ/mol}$ fanden die Autoren sehr gute Übereinstimmung (für die gegebenen Bedingungen) mit den Experimenten. Man sieht also, dass man mit diesen Anfangs sehr abstrakt wirkenden Konzepten durchaus relevante Beschreibungen von komplexen Vorgängen in der Welt anstellen kann.

9.3.4. Konzept des geschwindigkeitsbestimmenden Schrittes

Häufig (zum Beispiel bei einer S_N1-Reaktion) geschehen mehrere Reaktionen hintereinander. Schematisch könnte eine solche Reaktion so aussehen:

$$A \xrightarrow{k_1} B \xrightarrow{k_2} C.$$

Wie Sie sicher schon bemerkt haben, müssten wir das System für diesen Fall durch drei gekoppelte Differentialgleichungen beschreiben:

$$\frac{d[A]}{dt} = -k_1[A]$$

$$\frac{d[B]}{dt} = +k_1[A] - k_2[B]$$

$$\frac{d[C]}{dt} = +k_2[B].$$

Eine Schwierigkeit hier wäre es, die Konzentration von B als Funktion von t zu berechnen. Sie können die Gleichung durch Umstellen auf folgende Form bringen:

$$\frac{d[B]}{dt} + k_2[B] = k_1[A].$$

Diese Gleichung ist eine Gleichung vom Typ

$$\frac{dy}{dx} + Py = Q,$$

eine solche Gleichung hat die Lösung

$$y = \frac{\int e^{\int P dx} Q dx + \text{Konstante}}{e^{\int P dx}}.$$

Wir werden uns hier und jetzt nicht mit dem mathematischen Beweis befassen, ihn aber später unbedingt führen. Sie brauchen genau die gleichen Formeln falls Sie die Streeter-Phelps-

Gleichung[I] bearbeiten wollen, mit welcher Sie zum Beispiel in der Wasserreinhaltung zu tun haben könnten.[II] Daher lautet die Lösung für [B] – die Herleitung findet sich in Appendix B.6 auf Seite 416 – folgendermaßen:

$$[B] = \frac{k_1}{k_2 - k_1}[A]_0 \left(e^{-k_1 t} - e^{-k_2 t}\right).$$

Manchmal kann man aber auch viel einfacher zu Ergebnissen gelangen, daher wollen wir nun nicht den schwierigen Weg gehen, sondern einfach auf zwei Grenzfälle achten, die auftreten können und die die Betrachtung von solchen Systemen einfacher machen.[III] Der erste spezielle Fall tritt ein, falls $k_1 \gg k_2$ gilt. Dann bedeutet dies, dass sich A sehr schnell in B umwandelt und dann langsam zu C weiter reagiert. Unter diesen Bedingungen kann man sich vorstellen, dass jedes A sofort zu B wird, und dann langsam zu C weiterreagiert. Dann kann man die Umwandlung von A zu B praktisch „vernachlässigen". Die gesamte Reaktion läuft dann mit der Geschwindigkeit k_2 ab, man sagt, der zweite ist der *geschwindigkeitsbestimmende Schritt*. Das genaue Gegenteil gilt, falls $k_1 \ll k_2$. Hier läuft die Gesamtreaktion praktisch mit der Geschwindigkeit von k_1 ab. So ist es oft ausreichend, den langsamsten (geschwindigkeitsbestimmenden) Schritt zu kennen, um die Geschwindigkeit der ganzen Reaktion abzuschätzen – ein hilfreiches Konzept, welches wir gleich bei der $S_N 1$-Reaktion brauchen werden.

9.3.5. Analytische Lösung für eine unimolekulare Reaktion

Wir wollen es uns aber auf der anderen Seite nicht nehmen lassen, für den einfachen Fall einer einzelnen unimolekularen Reaktion eine analytische Lösung anzugeben. Wir wollen also wissen, wie die momentane Konzentration von A in der Reaktion

$$A \overset{k}{\to} B$$

[I] Bebrachten Sie – ohne jetzt die genaue Bedeutung der Zeichen zu kennen (es geht um das Verhalten von gelöstem Sauerstoff in einem fließenden Gewässer), nur die formale Ähnlichkeit:

$$D = \frac{k_1}{k_2 - k_1}L_a\left(e^{-k_1 t} - e^{-k_2 t}\right) + D_a e^{-k_2 t}$$

[II] Die benutzte *Methode der Lagrange-Variation der Konstanten* wird in den wenigsten Büchern explizit besprochen, Sie brauchen sie aber, um die Gleichung zu lösen. In vielen Büchern finden Sie lediglich die Bemerkung, dass „*diese Differentialgleichung eine Standardform hat*" oder ähnliches, was nicht sehr hilfreich ist. In Appendix B.6 finden Sie eine Erklärung, wie Sie eine solche Gleichung lösen können.

[III] Überhaupt können nur sehr spezielle Fälle von solchen Gleichungssystemen analytisch bearbeitet werden. Meistens ist es einfacher und zweckmäßiger, numerische Lösungen – zum Beispiel mit einem Mathematikprogramm – zu benutzen.

zu jedem Zeitpunkt t aussieht. Wenn viel A vorhanden ist, wird viel A zerfallen, daher ist die Änderung von A mit der Zeit – und damit die Reaktionsgeschwindigkeit – gegeben durch:

$$\frac{d[A]}{dt} = -k[A]$$

beziehungsweise

$$\frac{d[B]}{dt} = +k[A]$$

Diese Gleichungen sind so grundlegend, dass wir versucht sind, sie unbewiesen zu glauben, wir werden sie aber in Abschnitt 9.3.8 aus noch grundlegenderen Annahmen herleiten. Vorerst wollen wir sie einfach als wahr annehmen. Wir ahnen bereits, dass hier A zum Zeitpunkt t nur davon abhängt, wie groß die Konzentration von A am Anfang war ($[A]_0$). Damit wir das auch beweisen können, formen wir unsere Gleichung ein wenig um:

$$\frac{d[A]}{[A]} = -kdt.$$

Nun integrieren wir beide Seiten – dabei müssen wir rechts die Grenzen vom Zeitpunkt $\tilde{t} = 0$ bis zum Zeitpunkt $\tilde{t} = t$ wählen und links die jeweils an diesen Zeitpunkten vorliegenden Konzentrationen[I]:

$$\int_{[\tilde{A}]=[A]_0}^{[\tilde{A}]=[A]} \frac{d[\tilde{A}]}{[\tilde{A}]} = \int_{\tilde{t}=0}^{\tilde{t}=t} -kd\tilde{t}.$$

Da die Geschwindigkeitskonstante nicht von der Zeit abhängt, ziehen wir sie vor das Integral:

$$\int_{[\tilde{A}]=[A]_0}^{[\tilde{A}]=[A]} \frac{1}{[\tilde{A}]} d[\tilde{A}] = -k \int_{\tilde{t}=0}^{\tilde{t}=t} d\tilde{t}.$$

Inzwischen wissen wir, wie diese Integrale zu lösen sind und erhalten

$$\ln[\tilde{A}] \Big|_{[\tilde{A}]=[A]_0}^{[\tilde{A}]=[A]} = -k\tilde{t} \Big|_{\tilde{t}=0}^{\tilde{t}=t},$$

was schnell zu

$$\ln\frac{[A]}{[A]_0} = -kt$$

[I] Falls Sie nicht wissen, woher die Tilden in den folgenden Gleichungen stammen, sollten Sie auf Seite 207 nachblättern.

und schließlich

$$\boxed{[A] = [A]_0 \cdot e^{-kt}} \tag{9.3}$$

wird. Damit haben wir bewiesen, was wir vermuteten: Die Konzentration von A zu irgendeinem Zeitpunkt ($[A]$) hängt nur davon ab, wie viel A am Anfang da war ($[A]_0$), wie viel Zeit verstrichen ist (t) und wie groß die Geschwindigkeitskonstante (k) ist. Es ist damit ein Zerfallsgesetz, wie es in der Natur oft vorkommt (zum Beispiel beim radioaktiven Zerfall: $N(t) = N(0) \cdot e^{-\lambda t}$) und beschreibt eine exponentielle Abnahme.

Übung: Verschiedene Kinetiken (Übung 25 auf Seite 288)

Wie schon erwähnt, sind radioaktive Zerfälle klassische Beispiele für Reaktionen erster Ordnung. Bei Ihnen ist eine oft benutzte Größe die Halbwertszeit, also jene Zeit, in der die Hälfte des Stoffes zerfällt. Diese können wir nun ganz einfach berechnen, denn nach Ablauf der Halbwertszeit $\tau_{1/2}$ ist die Konzentration genau auf die Hälfte der Startkonzentration abgesunken:

$$\frac{[A]_0}{2} = [A]_0 e^{-k\tau_{1/2}}$$

$$\frac{1}{2} = e^{-k\tau_{1/2}}$$

$$\ln\frac{1}{2} = -k\tau_{1/2}$$

$$-\frac{\ln\frac{1}{2}}{k} = \tau_{1/2}$$

Via $\ln\frac{1}{x} = -\ln x$ kommen wir zu:

$$\boxed{\tau_{1/2} = \frac{\ln 2}{k}} \tag{9.4}$$

für Reaktionen erster Ordnung.

9.3.6. Die S_N1-Reaktion

Der Mechanismus einer S_N1-Reaktion ist wesensverschieden von dem einer S_N2-Reaktion – er passiert in zwei Schritten. Als erstes labilisiert sich die C-X-Bindung im Edukt „alleine", ohne dass die Anwesenheit eines Nukleophils notwendig wäre. Dabei passiert das System wieder einen Übergangszustand mit einer langen C-X-Bindung. Schließlich wird ein X^- abgespalten, ein trigonaler Kohlenstoff bleibt zurück. Dieser ist positiv geladen (ein sogenanntes *Carbokation*) und ein *Zwischenprodukt*. Ein Zwischenprodukt ist etwas wesentlich anderes, als ein Übergangszustand – es kann isoliert werden und ist (meta)-stabil (also ein lokales Minimum in der Energie, siehe Abbildung 9.3(c)).

Trotzdem ist dieses Zwischenprodukt sehr reaktiv – sobald es ein Nukleophil findet, wird es damit reagieren. Das bedeutet, die Aktivierungsenergie für die zweite Reaktion ist sehr gering (i.e. wenn sich ein Zwischenprodukt und ein Nukleophil treffen, dann ist es sehr wahrscheinlich, dass sie auch miteinander erfolgreich reagieren). In anderen Worten, die Geschwindigkeitskonstante der zweiten Reaktion ist sehr viel höher, als jene der ersten. Im Abschnitt über den geschwindigkeitsbestimmenden Schritt (Abschnitt 9.3.4) haben wir aber festgestellt, dass für diesen Sonderfall die Gesamtgeschwindigkeitskonstante nur mehr von der ersten Reaktion abhängt und wir die zweite Reaktion vernachlässigen können. Dann ist es aber so, dass die Reaktion eine unimolekulare Reaktion ist – der Reaktand braucht keinen Partner zu treffen, sondern kann überall und jederzeit „alleine" zerfallen. Wir erwarten also eine Reaktionsgeschwindigkeit, die nur von der Konzentration von CR_3X abhängt.[I] Tatsächlich finden wir also eine Reaktionsgeschwindigkeit von

$$v_{S_N1} = k_{S_N1} \cdot [CR_3X],$$

wobei k_{S_N1} nur von der Aktivierungsenergie der ersten Reaktion abhängt (der Höhe des ersten Hügels in Abbildung 9.3(c)). Das ist sinnvoll, denn wenn man genug thermische Energie hat, um diesen Berg zu überwinden, wird man den zweiten sowieso schaffen. S_N1-Reaktion und S_N2-Reaktion unterscheiden sich übrigens nicht nur in ihren Geschwindigkeitsgesetzen. Bedingt durch den Mechanismus kommt es auch zu einem faszinierenden Unterschied in der stereochemischen Konfiguration der Produkte. Da sich bei der S_N2-Reaktion beide Moleküle treffen, muss das Nukleophil notwendigerweise „gegenüber" vom X angreifen, weil ihm ja sonst das X im Weg wäre. Bei einer S_N1-Reaktion ist das nicht notwendig – da erst das X abgespalten wird, kann das Nukleophil danach von beiden Seiten angreifen. Falls das Edukt optisch aktiv ist, bildet sich also im Falle einer S_N1-Reaktion ein racemisches Gemisch (50 : 50) von beiden Enantiomeren, während bei der S_N2-Reaktion nur *ein* Produkt gebildet werden kann.

	Reaktions- mechanismus	Reaktions- geschwindigkeit	Übergangs- zustände	Zwischen- produkte	stereochem. Konf.
S_N1	Unimolekular	$k_{S_N1} \cdot [CR_3X]$	2	1	Rac. Gemisch
S_N2	Bimolekular	$k_{S_N2} \cdot [CR_3X][Nu^-]$	1	0	Inv. der Konf.

[I] Das ist natürlich nur eine *Näherung*. Das können Sie ganz leicht feststellen, in dem Sie gedanklich die Konzentration an Nu^- gegen Null gehen lassen. Wenn Sie überhaupt kein Nukleophil mehr in Ihrer Reaktionslösung haben, wird es auch aller Wahrscheinlichkeit nach keine nukleophile Substitutionsreaktion mehr geben.

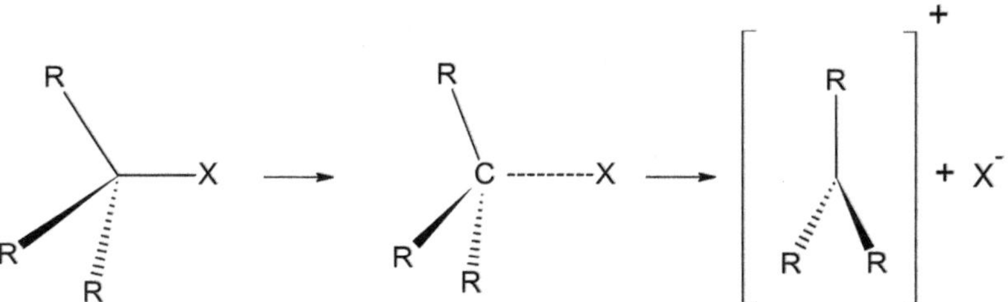

(a) Mechanismus einer S_N1-Reaktion: Erster Schritt

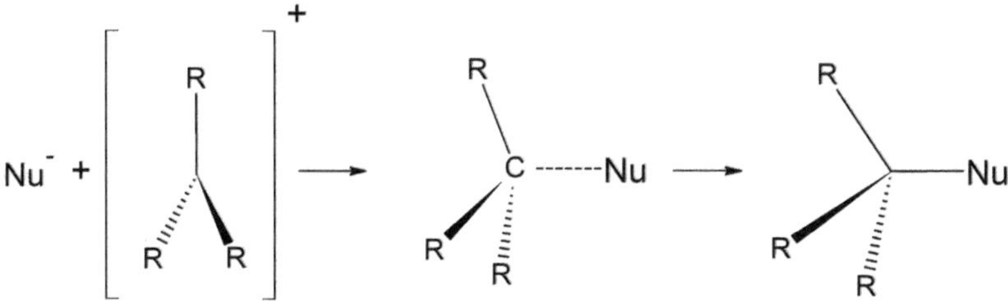

(b) Mechanismus einer S_N1-Reaktion: Zweiter Schritt

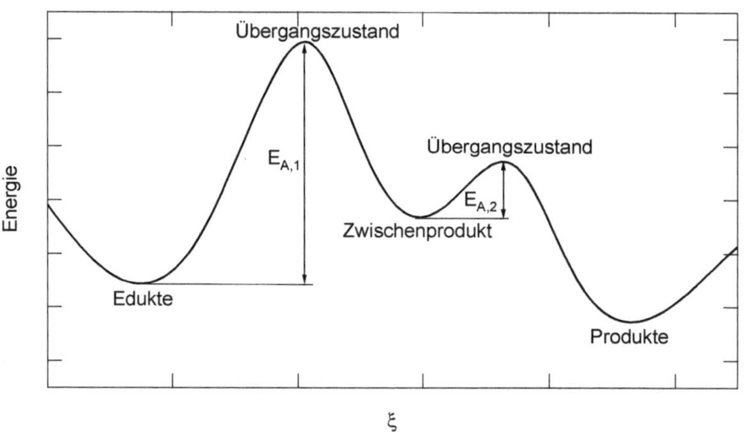

(c) Energetischer Verlauf einer S_N1-Reaktion

Abb. 9.3.: Eine S_N1-Reaktion

9.3.7. Das Konzept quasistationärer Zustände

Wir haben in Abschnitt 9.3.4 behauptet, dass der mathematische Aufwand, um solche Systeme von gekoppelten Differentialgleichungen analytisch zu beschreiben, explosionsartig anwächst, wenn die Zahl der Reaktionen steigt. Oft kann hier der Komplexitätsgrad enorm reduziert werden, wenn man die Näherung des quasistationären Zustandes einführt. Betrachten wir noch einmal die einfache Reaktionskaskade aus Abschnitt 9.3.4:

$$\mathrm{A} \xrightarrow{k_1} \mathrm{B} \xrightarrow{k_2} \mathrm{C}.$$

Hier gibt es drei Konzentrationen, die sich ändern können, die von A, B und C. Wir wären daran interessiert, zu erfahren, wie schnell sich C – das Endprodukt – bildet. Die Änderungen werden – ebenfalls wie in Abschnitt 9.3.4 – durch drei Differentialgleichungen beschrieben:

$$\frac{d[\mathrm{A}]}{dt} = -k_1[\mathrm{A}]$$

$$\frac{d[\mathrm{B}]}{dt} = +k_1[\mathrm{A}] - k_2[\mathrm{B}]$$

$$\frac{d[\mathrm{C}]}{dt} = +k_2[\mathrm{B}].$$

Nun sind wir aber schon schlauer, als wir es in Abschnitt 9.3.4 waren – wir wissen aus Abschnitt 9.3.5, dass die Konzentration von A durch die Gleichung 9.3:

$$[\mathrm{A}] = [\mathrm{A}]_0 \cdot \mathrm{e}^{-k_1 t}$$

ausgedrückt werden kann, falls der Zerfall unimolekular ist. Trotzdem kämen wir an dieser Stelle nicht leicht weiter.

Jetzt bringen wir unsere Quasistationärität ins Spiel. Ich behaupte, dass sich die Konzentration an B nach einer kurzen Einlaufphase kaum mehr ändert, dass also $\frac{d[\mathrm{B}]}{dt} \approx 0$. Diese Annahme stimmt vor allem dann sehr gut, wenn $k_2 \gg k_1$. Dann passiert Folgendes, wenn man von Startbedingungen ausgeht, in denen nur A vorliegt: Anfangs existiert sehr viel A, also reagiert sehr viel A zu B – die Konzentration an B wächst. Da aber nun mehr B vorliegt, reagiert auch immer mehr B zu C weiter und die insgesamte Konzentration an B bleibt stets gering. Die beiden Flüsse werden bald annähernd gleich sein, das heißt, es entsteht und vergeht annähernd gleich viel B in einer bestimmten Zeit – die Konzentrationsänderung von B wird damit verschwindend klein. Dieses Verhalten kann sehr gut in den Abbildungen 9.4 und 9.5 bestätigt werden. Hier werden jeweils für zwei Fälle die exakte und die durch die Näherung generierte Lösung verglichen. In Abbildung 9.4 ist $k_2 \gg k_1$, sodass die Näherung ihren Zweck sehr gut erfüllt – beide Kurvensätze schauen praktisch ident aus. In Abbildung 9.5 ist $k_2 < k_1$ und die beiden Ergebnisse divergieren erheblich. Solange die Annahme von $k_2 \gg k_1$ aber erfüllt ist, vereinfacht sich so die weitere Rechnung erheblich – so schreiben wir die zweite Differentialgleichung schnell um zu:

$$\frac{d[\mathrm{B}]}{dt} \approx 0 = +k_1[\mathrm{A}] - k_2[\mathrm{B}]$$

und gelangen zu

$$[\mathrm{B}] = \frac{k_1}{k_2}[\mathrm{A}].$$

Dies und unser Wissen über A setzen wir wiederum in die dritte Gleichung ein und erhalten:

$$\frac{d[\mathrm{C}]}{dt} = +k_2[\mathrm{B}] = +k_2 \cdot \frac{k_1}{k_2}[\mathrm{A}] = k_1[\mathrm{A}] = k_1[\mathrm{A}]_0 \cdot \mathrm{e}^{-k_1 t}.$$

Damit hängt die Änderung der Konzentration des Endproduktes C nur mehr von der Anfangskonzentration von A und der Geschwindigkeitskonstanten der ersten Reaktion ab. Wir integrieren die Gleichung wieder, nachdem wir das dt auf die andere Seite bringen und beachten, dass am Anfang kein C vorliegt ($[\mathrm{C}]_0 = 0$):

$$\int_{[\tilde{\mathrm{C}}]=0}^{[\tilde{\mathrm{C}}]=[\mathrm{C}]} d[\tilde{\mathrm{C}}] = \int_{\tilde{t}=0}^{\tilde{t}=t} k_1[\mathrm{A}]_0 \cdot \mathrm{e}^{-k_1 t} dt.$$

Holen wieder vor das Integral, was nicht von den Integranden abhängt:

$$\int_{[\tilde{\mathrm{C}}]=0}^{[\tilde{\mathrm{C}}]=[\mathrm{C}]} d[\tilde{\mathrm{C}}] = k_1[\mathrm{A}]_0 \int_{\tilde{t}=0}^{\tilde{t}=t} \mathrm{e}^{-k_1 t} dt.$$

Dann integrieren wir aus:

$$[\tilde{\mathrm{C}}]\ \Big|_{[\tilde{\mathrm{C}}]=0}^{[\tilde{\mathrm{C}}]=[\mathrm{C}]} = k_1[\mathrm{A}]_0 \left(-\frac{\mathrm{e}^{-k_1 \tilde{t}}}{k_1}\right)\ \Big|_{\tilde{t}=0}^{\tilde{t}=t}$$

Einsetzen der Grenzen liefert schließlich und endlich:

$$[\mathrm{C}] = [\mathrm{A}]_0 \left(-\mathrm{e}^{-k_1 t} - (-\mathrm{e}^0)\right).$$

was sich dank $e^0 = 1$ zur formvollendeten Formel

$$\boxed{[C] = [A]_0 \left(1 - e^{-k_1 t}\right)} \tag{9.5}$$

umbauen lässt. Nun haben wir also – mit irgendwie vertretbarem mathematischen Aufwand – eine Formel hergeleitet, die die Konzentration des Endproduktes als Funktion der Startkonzentration des ersten Eduktes, der Zeit und der Geschwindigkeitskonstanten der ersten Reaktion angibt. Bevor wir uns unserer angemessenen Begeisterung hingeben, wollen wir noch testen, ob die Formel das von uns erwartete Verhalten widerspiegelt. Dazu betrachten wir, wie sich $[C]$ verhält, wenn wir verschiedene Einsetzungen machen. Betrachten wir als erstes den Fall $t = 0$ – dann sollte, so war unsere Vorgabe, noch überhaupt kein C gebildet sein, also $[C] = 0$ gelten. Tatsächlich liefert die Einsetzung genau dieses Ergebnis. Betrachten wir das andere Extrem – wenn wir sehr, sehr lange warten, dann sollte sich alles A in C umwandeln.[I] Setzen wir also $t = \infty$ ein. Sie können mit ihrem Taschenrechner schnell feststellen, dass e hoch eine sehr negative Zahl eine sehr kleine Zahl gibt – so dürfen wir mit Fug und Recht annehmen, dass $e^{-\infty} = 0$ gelten sollte. Damit kommt aber genau das von uns erwartete $[C]_{t=\infty} = [A]_0$ heraus. Auch gedankliche Einsetzungen für k_1 und $[A]_0$ offenbaren qualitativ sinnvolles Verhalten: Für größere $[A]_0$ erwarten wir trivialerweise auch größere $[C]$ (außer beim Zeitpunkt $t = 0$, bei dem die Konzentration von C immer Null ist), was genau aus unserer Formel folgt. Und schließlich, je größer k_1 ist, desto größer sollte $[C]$ sein – und auch diese Anforderung erfüllt die Gleichung mit Bravour: e hoch eine große negative Zahl wird sehr klein, wir ziehen daher einen kleineren Betrag von der Eins ab und $[C]$ wird größer.

[I] Das ist natürlich nur deshalb so, weil wir in unserem Ansatz keine Rückreaktion zulassen. Wäre unsere Gleichung

$$A \rightleftarrows B \rightleftarrows C,$$

so wäre nicht notwendigerweise damit zu rechnen, dass nach Ablauf einer sehr langen Zeit nur mehr C vorliegt.

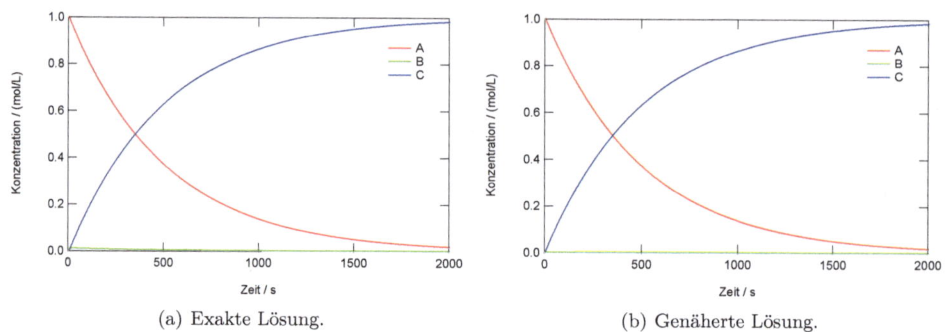

(a) Exakte Lösung. (b) Genäherte Lösung.

Abb. 9.4.: Vergleich der exakten Lösung mit der genäherten (durch Verwendung des Konzepts der quasistationärer Zustände generiert). $k_2 = 1000 k_1$.

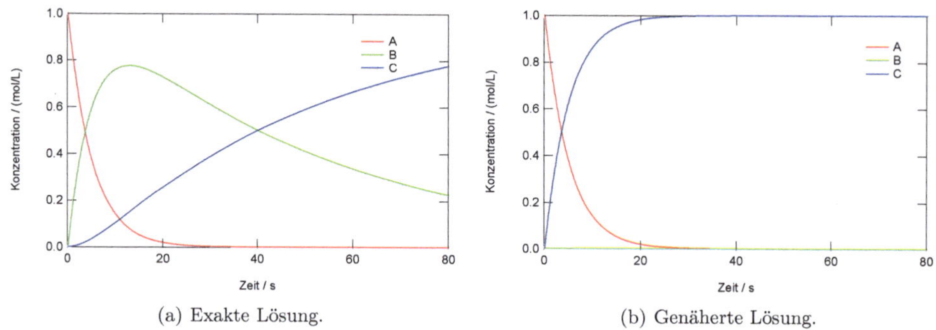

(a) Exakte Lösung. (b) Genäherte Lösung.

Abb. 9.5.: Vergleich der exakten Lösung mit der genäherten (durch Verwendung des Konzepts der quasistationärer Zustände generiert). $k_2 = \frac{1}{10} k_1$.

9.3.8. Der Lindemann-Hinshelwood-Mechanismus

Wir haben auf Seite 239 bereits darauf hingewiesen, dass die Gleichung für unimolekulare Reaktionen ($A \xrightarrow{k} B$)

$$\frac{d[B]}{dt} = k[A]$$

instinktiv richtig zu sein scheint. Wir wollen aber selbst diese Gleichung aus den untersten Prinzipien der Naturwissenschaft herleiten. Das Schöne an der 1921 von Frederick Lindemann aufgestellten Erklärung und Herleitung ist die Tatsache, dass die eine experimentelle Überprüfung der Gleichung (und damit der dahinterliegenden Theorie erlaubt). Lindemann ging also von einer Reaktion aus, bei der ein Stoff A sich zu einem Produkt B zersetzt oder umwandelt:

$$A \rightarrow B.$$

Der Prozess hat natürlich eine Aktivierungsenergie – damit A zu B umwandeln kann, muss es diese Aktivierungsenergie erhalten. Woher kann nun ein einzelnes Molekül diese Energie beziehen? Wir wollen annehmen, dass die Reaktion in einer (anfangs) reinen Gasphase aus dem Stoff A geschieht. Dann sollte die einzige Möglichkeit, Energie aufzunehmen, ein Stoß mit einem anderen Teilchen sein. Durch die Temperatur haben die Teilchen eine gewisse Geschwindigkeitsverteilung und bei Stößen besteht die Möglichkeit, dass ein Teilchen nachher mehr Energie trägt als vorher, manchmal sogar genug, um die Aktivierungsbarriere zu überwinden. Der erste Schritt der Reaktion ist also genau so ein Stoß:

$$A + A \xrightarrow{k_1} A^* + A.$$

A^* ist dabei ein A-Molekül mit genügend Energie, um die Aktivierungsbarriere prinzipiell zu überwinden. Der Reaktionsteilschritt ist nun mit einer eigenen Geschwindigkeitskonstante k_1 assoziiert. Außerdem ist klar, dass er quadratisch von der Konzentration an A abhängen muss, weil sich zwei A-Moleküle treffen müssen. Für die Bildungsgeschwindigkeit von A^* gilt also

$$\frac{d[A^*]}{dt} = k_1[A]^2.$$

Was kann nun dieses energiereiche Teilchen mit seiner Energie anfangen?[I] Im Wesentlichen hat es nur zwei Möglichkeiten: Entweder es gibt seine Energie an ein anderes Teilchen ab, oder es wandelt sich ins Produkt um. Wir sehen also, dass das zu Grunde liegende Konzept die Energieerhaltung ist. Betrachten wir erst den wenig spektakulären Fall, bei dem das Teilchen bei einem weiteren Stoß einen Teil seiner Energie an ein anderes überträgt, und zwar so viel, dass danach beide nicht genug Energie haben, um die Aktivierungsbarriere zu überwinden. Dazu

---

[I]   Diese Energie kann zum Beispiel in Form von Schwingungen des Moleküls im selben gespeichert sein.

muss notwendigerweise (wieder aufgrund der Energieerhaltung) das getroffene Teilchen vorher weniger Energie haben, als es zur Aktivierung braucht (es muss also ein A und kein A^* sein). Diesen Prozess nennt man *Desaktivierung*. Wir untersuchen also die Reaktion:

$$A^* + A \xrightarrow{k_{-1}} A + A.$$

Da diese Reaktion genau die Umkehrung von unserer ersten Reaktion ist, geben wir der Geschwindigkeitskonstante den Namen k_{-1}. Diese Reaktion verbraucht A^* mit der Geschwindigkeit

$$\frac{d[A^*]}{dt} = -k_{-1}[A^*][A].$$

Schließlich gibt es noch den wesentlich interessanteren Fall, bei dem ein angeregtes A (also ein A^*) seine Energie nutzt, um zu B zu zerfallen:

$$A^* \xrightarrow{k_2} B.$$

Hier muss sich das A^*-Molekül mit niemandem treffen und die Reaktion verbraucht ebenfalls A^*, allerdings mit der Geschwindigkeit:

$$\frac{d[A^*]}{dt} = -k_2[A^*].$$

Es gibt natürlich zahllose andere denkbare Reaktionen (etwa $A^* + A^* \to A^* + A^*$, bei welchem nur Energie übertragen wird), die uns aber alle nicht zu interessieren brauchen, weil sie die Konzentration an A^* nicht ändern. Die Gesamtänderung von A^* können wir also erfahren, wenn wir einfach alle Teiländerungen summieren:

$$\frac{d[A^*]}{dt} = +k_1[A]^2 - k_{-1}[A^*][A] - k_2[A^*].$$

Sie ahnen schon, was jetzt kommt – A^* ist ja praktisch ein Zwischenzustand bei der Reaktion von A nach B – wie wir in Kapitel 9.3.7 dargelegt haben, können wir annehmen, dass sich seine Konzentration nach einer kurzen Einlaufphase für lange Zeit relativ konstant halten wird – dann wird aber $\frac{d[A^*]}{dt}$ Null:

$$0 = +k_1[A]^2 - k_{-1}[A^*][A] - k_2[A^*],$$

was wir über

$$k_1[A]^2 = +k_{-1}[A^*][A] + k_2[A^*] = (+k_{-1}[A] + k_2)\,[A^*]$$

zu

$$\frac{k_1[\mathrm{A}]^2}{(k_{-1}[\mathrm{A}] + k_2)} = [\mathrm{A}^*]$$

umformen. Wir möchten eigentlich genau die Bildungsgeschwindigkeit vom Produkt B erfahren. Diese ist ja

$$\frac{d[\mathrm{B}]}{dt} = k_2[\mathrm{A}^*].$$

Wir setzen also den eben bestimmten Term für A* ein und erhalten:

$$\frac{d[\mathrm{B}]}{dt} = k_2 \frac{k_1[\mathrm{A}]^2}{(k_{-1}[\mathrm{A}] + k_2)} = \frac{k_1 k_2[\mathrm{A}]^2}{(k_{-1}[\mathrm{A}] + k_2)}.$$

Offenbar hängt die Konzentrationsänderung von B in komplizierter Weise von der Konzentration von A ab – das ist aber nicht das, was wir erwarteten. Bedenken wir aber kurz unser System: Bei typischen Bedingungen ist die Konzentration (in Gasen verwenden wir den Partialdruck) von A sehr groß[(I)], außerdem ist die Desaktivierung typischerweise sehr schnell im Vergleich zur Weiterreaktion von A* zu B. Das bedeutet aber wiederum, dass $k_{-1}[\mathrm{A}]$ wesentlich größer als k_2 sein wird, weil [A] groß ist. Damit können wir aber in guter Näherung behaupten, dass:

$$k_{-1}[\mathrm{A}] + k_2 \approx k_{-1}[\mathrm{A}].$$

Das bedeutet, dass unter dieser Näherung unsere Formel sich zu

$$\frac{d[\mathrm{B}]}{dt} = \frac{k_1 k_2[\mathrm{A}]^2}{(k_{-1}[\mathrm{A}] + k_2)} \approx \frac{k_1 k_2}{k_{-1}} \frac{[\mathrm{A}]^2}{[\mathrm{A}]} = \frac{k_1 k_2}{k_{-1}}[\mathrm{A}]$$

vereinfacht. Als letztes fassen wir die drei einzelnen k's zu einem gesamten k zusammen:

$$k = \frac{k_1 k_2}{k_{-1}}$$

[(I)] Das bedeutet, es gibt sehr viele Stöße. Man kann sich leicht ein abgeschätztes Bild davon machen, wie viele Stöße dies sind. Aus der kinetischen Gastheorie folgt für die Stöße, die pro Sekunde eine Fläche der Größe A treffen, die Formel

$$Z = \frac{pA}{\sqrt{2\pi m k T}}.$$

Setzen wir typische Größen ein: Ein Druck von $100\,000\,\mathrm{Pa}$, eine Temperatur von $300\,\mathrm{K}$, als Masse nehmen wir 32 atomare Masseneinheiten für ein Gas mit der Masse von Sauerstoff. Als Fläche wählen wir eine Fläche, die in etwa so groß ist, wie ein Molekül. Kleine Moleküle haben typische Ausdehnungen von einigen Angström ($1\,\text{Å} = 10^{-10}\,\mathrm{m}$). Nehmen wir eine Länge von $3\,\text{Å}$, erhalten wir eine Fläche von ungefähr $10^{-19}\,\mathrm{m}^2$. Die exakten Zahlen sind uns aber eigentlich egal, es geht um eine Abschätzung. Die Stoßzahl pro Fläche und Sekunde ist dann ungefähr $2,7 \cdot 10^{10}$, also sehr, sehr groß.

und landen damit bei unserer gesuchten Gleichung:

$$\boxed{\frac{d[\text{B}]}{dt} = k[\text{A}].}$$

$$(9.6)$$

Die Änderung der Konzentration des Produktes hängt also in erster Ordnung von der Konzentration des Eduktes ab. Das Faszinierende an unserer Herleitung, die im Wesentlichen auf dem Prinzip der Energieerhaltung beruht, ist, dass sie experimentell überprüft werden kann. Denn unsere Vorhersage gilt nur, solange $k_{-1}[\text{A}] \gg k_2$ Nun kann man experimentell den Partialdruck von A sehr weit erniedrigen, dann gilt stattdessen die Relation $k_{-1}[\text{A}] \ll k_2$. Bei sehr niedrigen Drücken sollte sich unsere Formel also nun via

$$k_{-1}[\text{A}] + k_2 \approx k_2$$

zu

$$\frac{d[\text{B}]}{dt} = \frac{k_1 k_2 [\text{A}]^2}{(k_{-1}[\text{A}] + k_2)} \approx \frac{k_1 k_2 [\text{A}]^2}{k_2}$$

vereinfachen. Das bedeutet

$$\boxed{\frac{d[\text{B}]}{dt} = k_1 [\text{A}]^2.}$$

$$(9.7)$$

Bei sehr niedrigen Drücken sollte die Bildung von B also *quadratisch* mit dem Partialdruck von A ansteigen, während bei höheren Drücken lineares Verhalten erwartet wird. Tatsächlich hat sich der Lindemann-Hinshelwood-Mechanismus in sehr vielen Fällen bewährt.[I]

> Übung: Reaktionsgeschwindigkeiten (Übung 26 auf Seite 289)

> Übung: Kinetische Reaktionsführung (Übung 27 auf Seite 289)

9.4. Kinetik & Thermodynamik

Wie Sie in den letzten paar Kapiteln gesehen haben, ist die Kinetik ebenfalls eine starke Theorie, um die Eigenschaften von Reaktionen zu beschreiben. Sie hat durchaus Schnittflächen und Be-

---

[I]   Natürlich gibt es allerlei exotische Fälle und Grenzfälle, die nicht mehr durch dieses – doch sehr einfache – Modell beschrieben werden. Dann muss man auch zu komplexeren Beschreibungen wechseln, etwa dem Rice-Ramsperger-Kassel-Modell (RRK) oder dem Rice-Ramsperger-Kassel-Marcus-Modell (RRKM) die auch die verschiedene Verteilung der Energie über die einzelnen Freiheitsgrade des Moleküls mit einbeziehen.

rührungspunkte mit der Thermodynamik und beide Theorien gemeinsam genutzt können mehr liefern, als je eine allein, wie Sie in Kapitel 10 auf Seite 257 sehen werden. Hier soll nur *ein* Fall beispielhaft diskutiert werden, in welchem die Kinetik auf thermodynamische Ergebnisse führen kann. Im Allgemeinen kann man etwa die Gleichgewichtskonstante einer Reaktion durch Kenntnis der Geschwindigkeitskonstanten berechnen.[I] Betrachten wir die einfachste Gleichgewichtsreaktion:

$$\mathrm{A} \underset{k_{-1}}{\overset{k_1}{\rightleftharpoons}} \mathrm{B}$$

Die entsprechenden Ratengleichungen wären offenbar:

$$\frac{d[\mathrm{A}]}{dt} = -k_1[\mathrm{A}] + k_{-1}[\mathrm{B}]$$

$$\frac{d[\mathrm{B}]}{dt} = +k_1[\mathrm{A}] - k_{-1}[\mathrm{B}]$$

Diese sind im Allgemeinen schon nicht mehr so leicht zu lösen – wir machen es uns hier aber einfach und betrachten nur den Fall, dass die Reaktion bereits ins Gleichgewicht gelaufen ist, dann gilt:

$$\frac{d[\mathrm{A}]_{\mathrm{GGW}}}{dt} = -\frac{d[\mathrm{B}]_{\mathrm{GGW}}}{dt} = 0.$$

Wir bezeichnen die Konzentrationen nun mit dem Suffix GGW, um anzuzeigen, dass die Gleichungen nur im Gleichgewicht gelten.[II] Da wir ja auf K schließen wollen, stellen wir je ein $[\mathrm{A}]_{\mathrm{GGW}}$ und ein $[\mathrm{B}]_{\mathrm{GGW}}$ aus den Ratengleichungen frei. Aus

$$-k_1[\mathrm{A}]_{\mathrm{GGW}} + k_{-1}[\mathrm{B}]_{\mathrm{GGW}} = 0$$

holen wir

$$[\mathrm{A}]_{\mathrm{GGW}} = \frac{k_{-1}[\mathrm{B}]_{\mathrm{GGW}}}{k_1}$$

heraus, aus

$$+k_1[\mathrm{A}]_{\mathrm{GGW}} - k_{-1}[\mathrm{B}]_{\mathrm{GGW}} = 0$$

[I] Offenbar ist die Gleichgewichtskonstante auf irgendeine Art und Weise in einem Konzentrations-Zeit-Diagramm kodiert – gehen wir zum Beispiel ganz nach rechts, also in Richtung sehr hoher Zeiten, dann läuft das System ins Gleichgewicht. Lesen wir also bei $t \approx \infty$ die Konzentrationen ab und bilden den Quotienten, sollte er sehr nahe an K herankommen.

[II] Dies tun wir nur im Kinetik-Teil explizit, da sonst meist implizit klar war, dass wir Gleichgewichtskonzentrationen meinen.

nehmen wir

$$[B]_{\mathrm{GGW}} = \frac{k_1 [A]_{\mathrm{GGW}}}{k_{-1}}.$$

Nun können wir in K einsetzen, denn dies ist ja die Konzentration der Produkte durch die der Edukte im Gleichgewicht:

$$K = \frac{[B]_{\mathrm{GGW}}}{[A]_{\mathrm{GGW}}} = \frac{\frac{k_1 [A]_{\mathrm{GGW}}}{k_{-1}}}{\frac{k_{-1} [B]_{\mathrm{GGW}}}{k_1}}.$$

Das können wir leicht vereinfachen auf

$$K = \frac{k_1^2 [A]_{\mathrm{GGW}}}{k_{-1}^2 [B]_{\mathrm{GGW}}}.$$

Nun setzen wir wieder unseren Ausdruck für $[A]_{\mathrm{GGW}}$ ein und erhalten:

$$K = \frac{k_1^2 \frac{k_{-1} [B]_{\mathrm{GGW}}}{k_1}}{k_{-1}^2 [B]_{\mathrm{GGW}}}.$$

Kürzt man alles weg, erhält man den schönen Ausdruck

$$K = \frac{k_1}{k_{-1}}.$$

Kennt man also k_1 und k_{-1}, so kennt man K. Umgekehrt ist das im Allgemeinen nicht der Fall – nur, weil man K kennt, kann nicht eindeutig auf k_1 und k_{-1} geschlossen werden.

9.5. Katalyse

Wir haben nun zur Genüge gesehen, dass die Gleichgewichtslage einer Reaktion und die Reaktionsgeschwindigkeit zwei ganz verschiedene Dinge sind. Während letztere mit steigender Temperatur immer zunimmt, kann sich das Gleichgewicht mit steigender Temperatur auch verschlechtern (im Sinne einer geringern Ausbeute an Produkten). Auch sind der Möglichkeit zur Reaktionsbeschleunigung durch Temperaturerhöhung praktische Grenzen gesetzt – viele Reaktanden zersetzen sich bei gewissen Temperaturen irreversibel. Es gilt also, die Gleichgewichtseinstellung einer Reaktion bei einer (eventuell experimentell vorgeschriebenen) Temperatur zu beschleunigen. Jemand, der dies versucht, betreibt *Katalyse* (vom griechischen κατάλυσις, *katalysis*, Auflösung). Wir wissen nun auch, dass wir eigentlich nur eine Möglichkeit haben, die Gleichgewichtseinstellung zu beschleunigen – wir müssen die Geschwindigkeitskonstante k größer machen. Der präexponentielle Faktor ist typischerweise nicht für Veränderungen zugänglich,

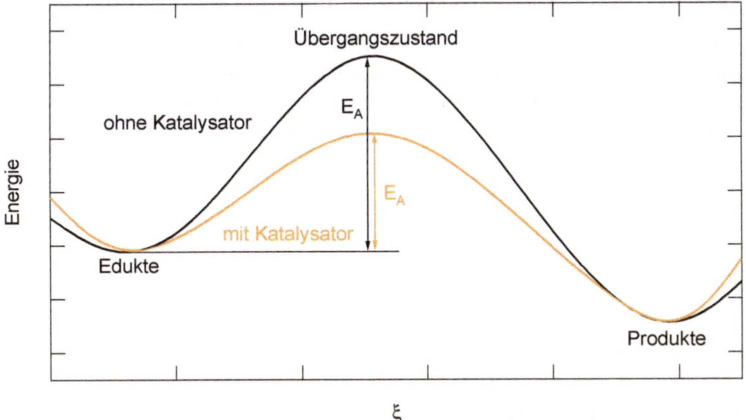

Abb. 9.6.: Eine unkatalysierte (schwarz) und eine katalysierte (orange) Reaktion.

also bleibt nur mehr eine Möglichkeit, um den gewünschten Effekt zu erreichen – man muss die Aktivierungsenergie E_A herabsetzen (siehe Abbildung 9.6). Um die Aktivierungsenergie zu beeinflussen, ist es notwendig, den Übergangszustand energetisch zu stabilisieren – dies kann auf mannigfaltige Art geschehen, zum Beispiel dadurch, dass man die Reaktanden an einer Metalloberfläche adsorbiert. Wir wollen das Wichtigste noch einmal festhalten, nämlich dass ein Katalysator

- das Reaktionsgleichgewicht *nicht* verschiebt

- selbst bei der Reaktion *nicht* verbraucht wird

- einen kinetischen, aber *keinen* thermodynamischen Effekt hat

Die wirtschaftliche Bedeutung der Katalyse ist unüberschätzbar – 80 % aller chemischen Produkte werden mittels katalytischen Prozessen gefertigt, die durch Katalyse erzielte Wertschöpfung ist gigantisch.[I] Je nach Art unterscheidet man verschiedene Bereiche der Katalyse: homogene, heterogene und Biokatalyse.

In der *homogenen Katalyse* befinden sich die Reaktanden und der Katalysator beide in derselben Phase – sie liegen also entweder als Gas oder als Flüssigkeit vor. In der *heterogenen Katalyse* sind die Aggregatszustände von Reaktand und Katalysator unterschiedlich – oft ist der Katalysator ein Feststoff und wird von einem Fluid umströmt, welches aus den Reaktanden besteht oder sie enthält. *Biokatalyse* schließlich geschieht mithilfe von Enzymen. Diese haben oft außerordentlich hohe Selektivität und Aktivität.[II]

[I] Im Jahre 2008 waren es nach vorsichtigen Schätzungen rund 1 200 000 000 000 Euro.

[II] Hohe Aktivität bedeutet dabei, dass viel Produkt pro Zeit entsteht, während eine hohe Selektivität darauf hinweist, dass praktisch keine Nebenprodukte entstehen.

9.5.1. Konzepte der heterogenen Katalyse: Langmuir-Hinshelwood

Der Langmuir-Hinshelwood- und der Eley-Rideal-Mechanismus sind zwei Idealfälle für Reaktionsmechanismen, die in der heterogenen Katalyse eine Rolle spielen. Sie befassen sich mit der Reaktion von gasförmigen Reaktanden an festen Katalysatoren. Im Falle des Langmuir-Hinshelwood-Mechanismus werden beide Reaktanden an der Oberfläche adsorbiert:

$$A_{gasf.} + \# \rightarrow A_{ads.}$$

$$B_{gasf.} + \# \rightarrow B_{ads.}$$

$\#$ steht dabei für einen freien Adsorptionsplatz am Katalysator. Die beiden adsorbierten Spezies sind typischerweise mobil und bewegen sich auf dem Katalysator herum. Dabei stoßen sie irgendwann zusammen und reagieren:

$$A_{ads.} + B_{ads.} \rightarrow C_{ads.} + \#$$

Diese Reaktion läuft nun wesentlich leichter (geringere Aktivierungsenergie) ab, als die entsprechende Reaktion in der Gasphase. Danach verlässt das Produkt die Oberfläche wieder durch Desorption:

$$C_{ads.} \rightarrow C_{gasf.} + \#.$$

Man nimmt an, dass beispielsweise die katalytische Oxidation von CO zu CO_2 im Wesentlichen durch einen Langmuir-Hinshelwood-Mechanismus beschrieben werden kann.

9.5.2. Konzepte der heterogenen Katalyse: Eley-Rideal

Ein zweiter Grenzmechanismus ist der nach Eley-Rideal. Hierbei wird nur ein Reaktand am Katalysator adsorbiert:

$$A_{gasf.} + \# \rightarrow A_{ads.}.$$

Der zweite Reaktionspartner kommt aus der Gasphase, trifft das adsorbierte erste Teilchen und reagiert mit ihm. Das Produkt wird dadurch in die Gasphase geschleudert:

$$A_{ads.} + B_{gasf.} \rightarrow C_{gasf.} + \#.$$

Die meisten bedeutenden Reaktionen laufen eher nach dem Langmuir-Hinshelwood-Mechanismus, es sind aber inzwischen auch Reaktionen, die eng einem Eley-Rideal-Verhalten folgen, entdeckt worden, zum Beispiel die Reaktion von Wasserstoff und Deuterium zu HD:

$$H_{gasf.} + D_{ads.} \rightarrow HD_{gasf.}$$

Überhaupt muss man sich vor Augen halten, dass die tatsächliche Aufklärung eines Reaktionsmechanismus sehr schwierig ist, da sie auf winzigen Längen- und Zeitskalen stattfindet und auch sehr kompliziert sein kann. Insofern sollte man die Mechanismen nach Langmuir-Hinshelwood und Eley-Rideal (und auch andere) als Grenzfälle verstehen.

9.5.3. Konzepte der heterogenen Katalyse: Das Sabatier-Prinzip

Eine der Herausforderungen in der heterogenen Katalyse besteht darin, dass die adsorptive Bindung nicht zu stark, aber auch nicht zu schwach sein darf. Ist die Bindung zu schwach, adsorbieren die Reaktanden erst gar nicht und die Reaktion kann nicht geschehen. Ist die Bindung aber zu stark, so bleibt das Produkt am Katalysator „*kleben*" und ist damit auch verloren. Außerdem ist dann die Beweglichkeit der Reaktanden auf der Oberfläche sehr gering, so dass sie nicht in sinnvoller Zeit zueinander finden können. Dieses Konzept, dass die Wechselwirkung zwischen Katalysator und Reaktand „*genau richtig*" sein muss, wird *Sabatier-Prinzip* – nach dem Chemiker Paul Sabatier – genannt. Ein Beispiel für diese Problematik ist in Abbildung 9.7 dargestellt. Solche Kurven nennt man wegen ihrer charakteristischen Form auch „*Vulkankurven*". In dieser Abbildung sehen Sie katalytische Daten zur Zersetzung von Ameisensäure (HCOOH). Auf der x-Achse ist die Bildungsenthalpie des jeweiligen Metall-Formiat-Salzes angegeben, was ein Maß für die Stärke der Wechselwirkung zwischen Metall und Reaktand ist. Geringe Werte für weisen hier auf eine schwache Wechselwirkung hin – auf der linken Seite des Plots ist also die Adsorption sehr langsam, weil der Reaktand nicht stark mit dem Metallkatalysator wechselwirkt. Ganz rechts ist die Wechselwirkung sehr stark, die Adsorption geschieht sehr schnell, aber nun ist Desorption extrem langsam. Beides ist nicht optimal. Dies sieht man auf der y-Achse. Hier ist jene Temperatur aufgetragen, bei der die Reaktion eine gewisse Geschwindigkeit erreicht. Beachten Sie, dass die y-Achse aus historischen Gründen „*umgekehrt*" wird, also tiefe Temperaturen oben sind. Um also diejenige Reaktionsrate zu erreichen, die ein Platin-Katalysator bei 350 K erzielt, muss ein eisenbasierter Katalysator auf über 500 K erhitzt werden. Pt ist also für diese Reaktion wesentlich geeigneter.

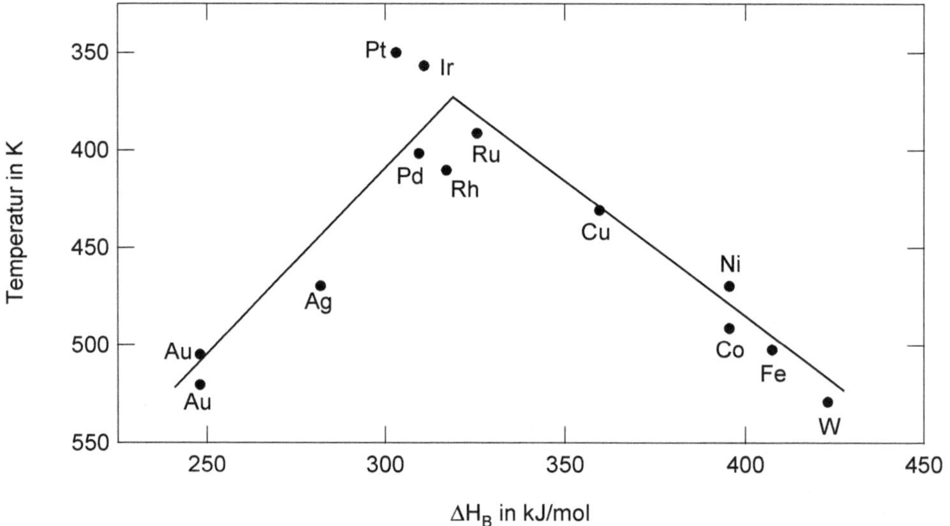

Abb. 9.7.: Eine typische Vulkankurve

10. Ein sehr schönes Beispiel zum Schluss: Spinodale Zersetzung[I]

„FINIS CORONAT OPUS" heißt es – und genau in diesem Geiste wollen wir unseren Ausflug in die Thermodynamik beschließen. Wir wollen also ein komplexes System betrachten und einen auftretenden Effekt verstehen, indem wir unser gebündeltes Wissen über Thermodynamik und Kinetik darauf anwenden. Wir werden dabei zahlreiche Konzepte nutzen, die wir kennen gelernt haben und genau verstehen, warum passiert, was passiert. Beginnen wir wieder mit unserer Beobachtung: Wenn man zwei Metalle mischen will, so bildet sich in manchen Fällen eine Legierung, andere sind nicht mischbar. Dieser Effekt hängt von der Temperatur ab – wir wissen bereits, dass bei genügend hohen Temperaturen die Entropie dafür sorgt, dass sich alles mischt. Daher kann es passieren, dass sich ein gemischtes System, kühlt man es ab, wieder entmischt. Beim erneuten Aufheizen kommt es dabei zu einer *Hysterese* – der Mischungspunkt beim Aufheizen und der Entmischungspunkt beim Abkühlen fallen *nicht* auf die gleiche Temperatur (griechisch ὕστερος, *hysteros*, später). Wir wollen nun verstehen, warum dass so sein kann. Bei Festkörpern benutzt man meist die freie Energie A zur Beschreibung, das wollen wir hier auch tun. Zusätzlich sei gesagt, dass für das *Segregationsverhalten*[II] genau die gleiche Theorie zur Anwendung kommen kann, bloß in einer etwas komplizierteren Form, weil die Oberfläche im Vergleich zum Volumen sehr klein ist und dieser Tatsache im Modell Rechnung getragen werden muss.

Wir wollen nun also ein System beschreiben, dass aus zwei festen Komponenten A und B besteht. Am Anfang müssen wir nun ein paar Tatsachen als gegeben hinnehmen. Ich bin mir sicher, Sie wären prinzipiell in der Lage, die benutzten Formeln auch abzuleiten, aber dazu ist viel Zeit notwendig, wir werden daher aus Zeitgründen davon absehen. Sie finden allerdings die Ableitung der zentralen Gleichung im Appendix auf Seite 420. Erst einmal postulieren wir Folgendes:

$$A = -A_A - A_B + A_{\text{Misch}}.$$

Damit sagen wir nichts Besonderes aus – wir behaupten, die freie Energie eines gemischten Systems (A) setzt sich zusammen aus der freien Energie der einzelnen Komponenten, wenn sie nicht gemischt sind (A_A und A_B) und dem Beitrag, den die Mischung macht (A_{Misch}). Uns braucht fürderhin nur mehr A_{Misch} zu interessieren – wir sehen sofort, dass die Mischung bevorzugt ist, falls $A_{\text{Misch}} < 0$. Dass gesamte A wird ja im Gleichgewicht minimiert – A kann also nur dann kleiner sein als die freien Energien der Einzelsubstanzen, wenn A_{Misch} negativ ist. Was nun

---

[I]   Einen guten Teil der Idee für dieses Kapitel verdanke ich Dr. Norbert Memmel.

[II]   Damit wird beschrieben, ob die Mischung aus zwei Stoffen (typischerweise Metallen) sich an der Oberfläche mit einer Spezies anreichert.

© Springer Fachmedien Wiesbaden GmbH, ein Teil von Springer Nature 2018
W. Stadlmayr, *Thermodynamik – nicht nur für Nerds*,
https://doi.org/10.1007/978-3-658-23291-7_10

kommt, wollen wir aus der *statistischen Thermodynamik* übernehmen.[I] Ich behaupte, die freie Mischungsenergie A_{Misch} setzt sich so zusammen:

$$A_{\text{Misch}} = nRT\left(\frac{\Omega_{AB}}{RT}x_A x_B + x_A \ln x_A + x_B \ln x_B\right).$$

(10.1)

Die meisten der verwendeten Zeichen kennen Sie bereits: Über n, R, und T verlieren wir keine weiteren Worte mehr. x_A und x_B sind natürlich die Molenbrüche der Komponenten A und B, beide gehen von 0 bis 1 und sind nicht voneinander unabhängig ($x_A + x_B = 1$). Bleibt nur mehr die Frage, was Ω_{AB} ist. Ω_{AB} ist der sogenannte *Wechselwirkungsparameter*, er setzt sich aus

$$\Omega_{AB} = ZN_A\omega_{AB}$$

zusammen. Z ist die Zahl der nächsten Nachbarn, die ein Atom im Kristallgitter hat, N_A ist die Avogadrokonstante. Bleibt wieder ein Omega zu klären, diesmal ein kleines: ω_{AB}. Dieses setzt drei Energien miteinander in Bezug: Die Bindungsstärke einer A-A-Bindung, E_{AA}, die Bindungsstärke einer B-B-Bindung, E_{BB}, und die Bindungsstärke einer A-B-Bindung, E_{AB}:

$$\omega_{AB} = \frac{1}{2}E_{AA} + \frac{1}{2}E_{BB} - E_{AB}.$$

ω_{AB} wird also negativ, wenn die A-B-Bindung stärker ist als die A-A- und B-B-Bindung. Wir erwarten, dass sich unter solchen Bedingungen eher eine Mischung herstellt – wenn die A-B-Bindung stark ist, bedeutet dies ja, dass das System gerne A und B beieinander sieht. Damit haben wir schon mehr oder weniger eine Deutung des Termes $\frac{\Omega_{AB}}{RT}x_A x_B$ gewonnen – er ist die energetische Wechselwirkung, die die beiden Komponenten beim Mischen erfahren. Das Ganze macht wieder Sinn, wenn wir uns – wie immer – die Abhängigkeiten anschauen. Trivial wird es, wenn x_A oder x_B Null sind – dann ist die Mischung keine Mischung, sondern eine Reinsubstanz und der ganze Term fällt daher auch weg. Am größten ist der Einfluß der Mischungsenergie natürlich genau dann, wenn A und B gleich groß sind. Dann besteht das System zur Hälfte aus jeder Spezies, was bedeutet, dass es maximal viele Wechselwirkungen zwischen beiden gibt. Da der gesamte Term mit $x_A x_B$ skaliert, könnnen wir das qualitative Verhalten des Termes zeichnen, wie in Abbildung 10.1 geschehen – hier sehen wir auch, dass es einen qualitativen Unterschied macht, ob Ω_{AB} positiv oder negativ ist. Wird Ω_{AB} sehr negativ, so bedeutet dies, dass die Mischung im Vergleich zum entmischten Zustand sehr stark stabilisiert ist und deshalb wird die freie Energie des Systems sehr klein – wir erwarten dann also das Vorliegen einer Mischung. Wenn Ω_{AB} positiv ist, so bedeutet dies, dass die Mischung energetisch *nicht* bevorzugt ist – trotzdem kann es zu einer kommen, wie wir gleich sehen werden.

[I] Wobei es uns bereits möglich ist, zumindest den entropischen Beitrag exakt zu bestimmen, und den energetischen sinnvoll anzunehmen. Bei Interesse können Sie dies gerne selbst versuchen, ansonsten finden Sie im Anhang auf Seite 420 eine Herleitung.

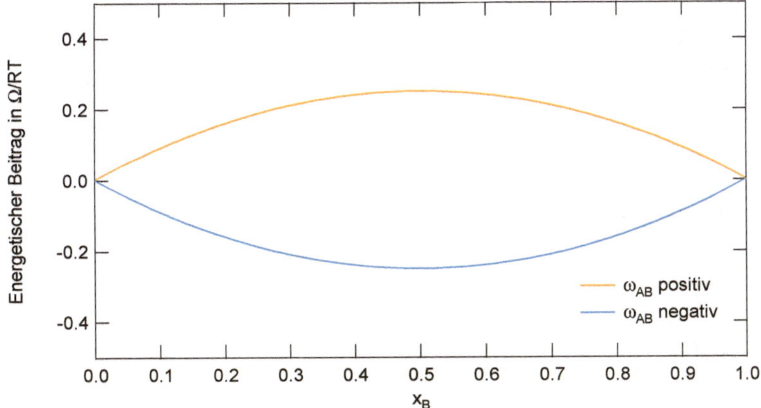

Abb. 10.1.: Energetischer Beitrag zur Mischung in Einheiten von Ω/RT. Positive Werte destabilisieren die Mischung, negative stabilisieren sie. Der maximale Beitrag tritt immer bei einer 50 : 50-Mischung auf.

Bleibt noch der Term $x_A \ln x_A + x_B \ln x_B$ – wir vermuten schon: Wenn der eben diskutierte Term die *energetischen* Einflüsse darstellt, stellt dieser wohl die *entropischen* dar. Und so ist es auch – schauen wir uns den Beitrag der Entropie in Abbildung 10.2 an. Wir stellen sofort einen massiven Unterschied zum energetischen Einfluss fest – der Einfluss der Entropie ist *immer* negativ. Das überrascht uns nicht weiters – natürlich wird die Entropie immer Mischungen bevorzugen!

Damit können wir schon zwei qualitativ unterschiedliche Fälle unterscheiden – entweder ist der energetische Einfluss stabilisierend oder destabilisiernd für die Mischung. Ist er stabilisierend, so ist der Fall trivial – da die Entropie sowieso immer die Mischung bevorzugt, wird das System unter diesen Bedingungen immer am liebsten als Gemisch bestehen, es gibt niemals Entmischung. Interessanter wird es, wenn wir uns den Fall anschauen, in welchem Ω_{AB} positiv ist – darauf werden wir uns ab jetzt beschränken. Hier wird die Energie eine Entmischung bevorzugen, die Entropie eine Mischung. Wird es nun unter diesen Bedingungen eine Mischung geben, oder nicht? Wir ahnen bereits, dass dies von der Temperatur abhängt, beziehungsweise vom Verhältnis Ω_{AB} zu RT. Ist dieses Verhältnis *klein*, dann ist die Temperatur *hoch* im Vergleich zu Ω_{AB}, wir erwarten dann eine Mischung (weil die Entropie die Mischung bevorzugen wird und bei ausreichend hohen Temperaturen die Entropie immer die dominierende Größe ist). Tatsächlich erhalten wir für sehr große T ein Minimum bei einer 50 : 50-Zusammensetzung, unter solchen Bedingungen wird sich das System immer mischen. Ebenso klar ist es, falls wir eine sehr tiefe Temperatur (i.e. ein sehr hoher Wert für Ω_{AB}/RT) wählen – dann ist die Mischung immer destabilisiert und das System mischt sich nie. Richtig interessant wird es aber im Zwischenbereich – rund um $\Omega_{AB}/RT = 2$. Werfen Sie einen Blick auf Abbildung 10.3 – hier ist die freie Mischungsenergie des Systems als Funktion der Zusammensetzung gezeigt (das ist also eine Kurve, die durch Summierung von den zwei Abbildungen 10.1 (Energie) und 10.2 (Entropie) entsteht). Sie

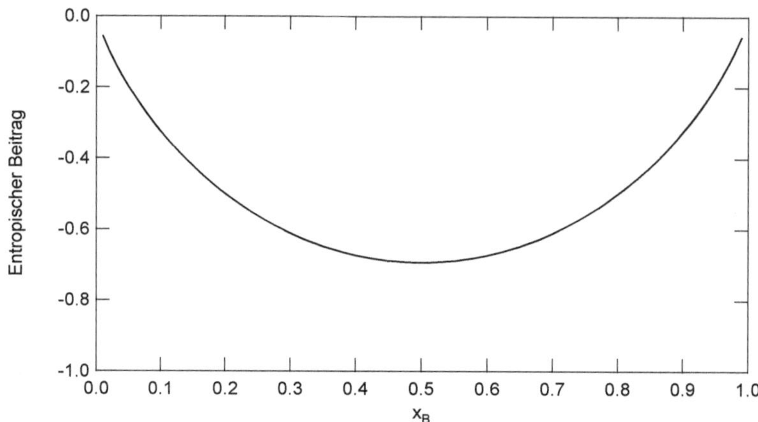

Abb. 10.2.: Entropischer Beitrag zur Mischung. Es gibt nur negative Beiträge (die Entropie bevorzugt immer die Mischung). Das Minimum ist immer bei einer 50 : 50-Mischung.

sehen verschiedene Kurven für verschiedene Temperaturen eingezeichnet. Es könnte Ihnen nun auffallen, dass etwa die Kurve für $\Omega_{AB}/RT = 1,6$ *zwei* Minima (bei $x_B \approx 0,13$ und $x_B \approx 0,87$) hat. Was sollen nun diese zwei Minima bedeuten? Nun, es bedeutet nichts anderes, als dass es für dieses System unter diesen Umständen am energetisch günstigsten ist, wenn es sich partiell entmischt und in zwei Systeme zerfällt, welche jeweils eine Zusammensetzung von 13 % beziehungsweise 87 % an B haben.

Jetzt wird es aber besonders spannend. Betrachten wir nur mehr die Kurve bei $\Omega_{AB}/RT = 1,6$ (Abbildung 10.4) und stellen wir uns vor, wir hätten ein System mit einer nominellen Zusammensetzung von 20 % B. Wir wollen wissen, wie sich das System verhält. Wir sehen, dass bei dieser Zusammensetzung kein Minimum der freien Energie vorliegt, das System ist also in keinem Gleichgewichtszustand. Um einen solchen zu erreichen, müsste das System sich partiell entmischen und in zwei Phasen zerfallen, wovon eine circa 13%, eine circa 87 % B enthält. Dazu müsste sich also ein Teil des Systems nach links Richtung 13% B bewegen. Dieser hat kein Problem, da die freie Energie dieses Teilsystems abnimmt, wird sogar Energie frei. Gleichzeitig muss sich aber der Rest des Systems an B anreichern, um in Richtung 87 % zu gehen. Dabei steigt aber bis zu einer Zusammensetzung von 50 : 50 die freie Energie an. Man könnte also sagen, ein Teilsystem muss eine Aktivierungsenergie überwinden. Nun haben wir ja allerdings die Energie, die beim Bewegen nach links des ersten Systems frei wird und könnten diese benutzen, um die notwendige Energie des zweiten Teilsystems zu „*bezahlen*". Allerdings geht die Rechnung an diesem Punkt nicht auf: Die Steigung der Kurve wird nämlich hier steiler. Wenn wir also nach links gehen, dann erhalten wir weniger Energie, als wir beim nach rechts gehen verbrauchen. Das bedeutet, dass dieses System sich zwar thermodynamisch verändern will, allerdings kinetisch gehemmt ist. Anders wäre es bei einer nominellen Zusammensetzung von 55 % B – hier fällt die Kurve nach rechts steiler ab, so dass das Teilsystem, welches sich nach rechts bewegt, mehr Energie frei wer-

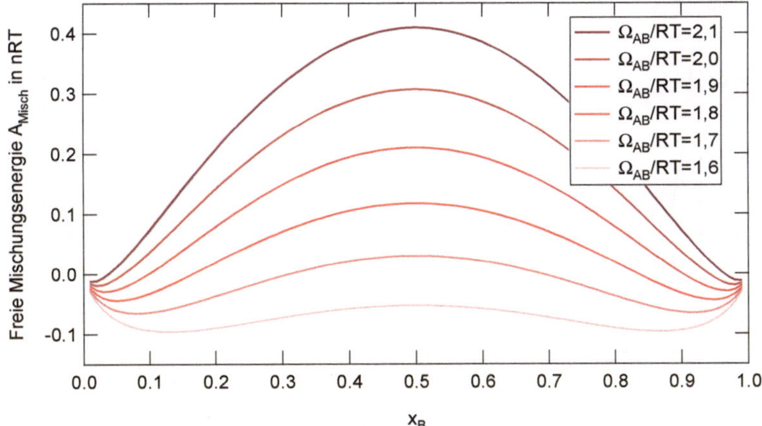

Abb. 10.3.: Die freie Mischungsenergie als Funktion von Zusammensetzung (x_B) und Temperatur. Oberhalb von $\Omega_{AB}/RT = 2$ hat die Kurve keine Minima mehr (i.e. die Mischung ist nicht stabil.).

den lässt, als das andere verbraucht. Hier wird sich also das System auf jeden Fall entmischen, es gibt keinen effektiven Aktivierungsberg, der überwunden werden muss.

Wir sehen also, was die Bedingung dafür ist, dass die Entmischung kinetisch überhaupt nicht gehindert ist – die Kurve muss eine konvexe Krümmung haben. Dies wiederum bedeutet, dass die zweifache Ableitung der freien Mischungsenergie A_{Misch} kleiner als Null sein muss, also:

$$\text{Spontane (nicht gehinderte) Entmischung, falls } \frac{d^2 A_{\text{Misch}}}{dx_B^2} \leq 0.$$

Wir müssen also nur A_{Misch} zwei Mal nach x_B ableiten. Dazu drücken wir erst in Gleichung 10.1 x_A durch $1 - x_B$ aus:

$$A_{\text{Misch}} = nRT \left(\frac{\Omega_{AB}}{RT}(1 - x_B)x_B + (1 - x_B)\ln(1 - x_B) + x_B \ln x_B \right).$$

Dann leiten wir das erste und zweite Mal nach x_B ab – prinzipiell werden Sie inzwischen in der Lage sein, eine solche Differentiation zu vollziehen, daher werde ich hier nur mehr die Eckdaten der Ableitung angeben:

$$\frac{dA_{\text{Misch}}}{dx_B} = nRT \left[\frac{\Omega_{AB}}{RT}(1 - 2x_B) + (-1)\ln(1 - x_B) + (1 - x_B)\left(\frac{(-1)}{1 - x_B} \right) + \ln x_B + \left(x_B \frac{1}{x_B} \right) \right]$$

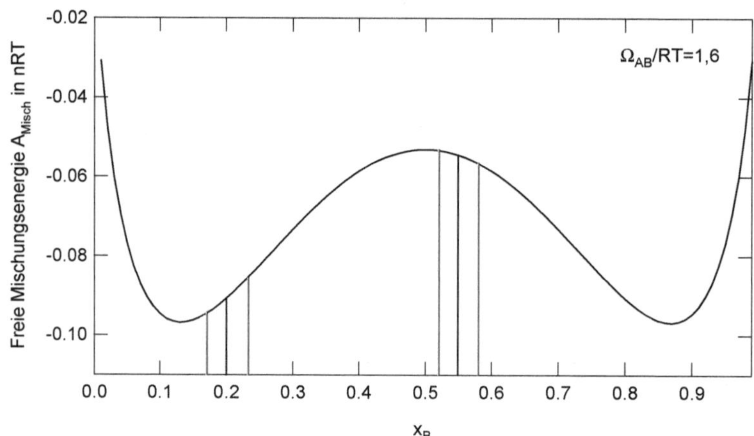

Abb. 10.4.: Verhalten eines Systems mit der nominellen Zusammensetzung von 20 % oder 55 % *B*.

$$\frac{dA_{\mathrm{Misch}}}{dx_B} = nRT\left[\frac{\Omega_{AB}}{RT}\left(1 - 2x_B\right) - \ln\left(1 - x_B\right) + \ln x_B\right]$$

$$\frac{d^2 A_{\mathrm{Misch}}}{dx_B^2} = nRT\left[\frac{\Omega_{AB}}{RT}\left(-2\right) - \frac{(-1)}{1 - x_B} + \frac{1}{x_B}\right]$$

$$\frac{d^2 A_{\mathrm{Misch}}}{dx_B^2} = nRT\left[-2\frac{\Omega_{AB}}{RT} + \frac{1}{1 - x_B} + \frac{1}{x_B}\right]$$

Weil aber $x_A = 1 - x_B$, können wir weiter schreiben:

$$\frac{d^2 A_{\mathrm{Misch}}}{dx_B^2} = nRT\left[-2\frac{\Omega_{AB}}{RT} + \frac{1}{x_A} + \frac{1}{x_B}\right]$$

$$\frac{d^2 A_{\mathrm{Misch}}}{dx_B^2} = nRT\left[-2\frac{\Omega_{AB}}{RT} + \frac{x_B + x_A}{x_A x_B}\right]$$

Wir benutzen sofort wieder, dass $x_A + x_B = 1$ und erhalten:

$$\frac{d^2 A_{\mathrm{Misch}}}{dx_B^2} = nRT\left[-2\frac{\Omega_{AB}}{RT} + \frac{1}{x_A x_B}\right]$$

Unsere Forderung war, dass der ganze Ausdruck kleiner gleich Null sein muss:

$$nRT \left[-2\frac{\Omega_{AB}}{RT} + \frac{1}{x_A x_B} \right] \leq 0$$

Da nRT niemals kleiner als Null sein kann, muss der Ausdruck in der Klammer kleiner als Null werden, damit die Ungleichung erfüllt ist:

$$-2\frac{\Omega_{AB}}{RT} + \frac{1}{x_A x_B} \leq 0$$

Diese Ungleichung kann wiederum nur erfüllt werden, wenn

$$\boxed{2\frac{\Omega_{AB}}{RT} \geq \frac{1}{x_A x_B}} \tag{10.2}$$

Am einfachsten ist spontane Entmischung immer zu erreichen, wenn die Zusammensetzung genau 50 : 50 ist, daher können wir eine Grenze angeben, oberhalb derer es niemals zu spontaner Entmischung kommen wird, beziehungsweise unterhalb derer es frühestens spontane Entmischung geben kann, wenn wir für $x_A = x_B = 0,5$ einsetzen:

$$2\frac{\Omega_{AB}}{RT} \geq \frac{1}{0,25}$$

$$2\frac{\Omega_{AB}}{RT} \geq 4$$

$$\frac{\Omega_{AB}}{RT} \geq 2$$

$$\boxed{\Omega_{AB} \geq 2RT} \tag{10.3}$$

Damit haben wir gezeigt, was ich in der Bildunterschrift von Abbildung 10.3 nur behauptet habe – wenn die Wechselwirkungsenergie Ω_{AB} größer ist, als das Doppelte der thermischen Energie, so kommt es zu keiner Mischung, sondern zu spontaner Entmischung.

Jetzt wollen wir aber uns selbst noch die Krone aufsetzen und das Phasendiagramm eines solchen Gemisches vorhersagen. Wir wollen ein Zusammensetzungs-Temperatur-Phasendiagramm erzeugen. Natürlich bringt es wieder nichts, eine absolute Temperatur zu betrachten, wir werden also wieder die beiden Größen RT (thermische Energie) und Ω_{AB} (charakteristische Energie) aufeinander beziehen und diese Größe benutzen. Wir könnten natürlich Ω_{AB}/RT benutzen, das Diagramm sieht aber einem Phasendiagramm ähnlicher, wenn wir RT/Ω_{AB} benutzen, daher werden wir Letzteres tun. Wir können bereits alle Punkte spontaner Entmischung berrechnen und zwar, in dem wir Gleichung 10.2 benutzen. Nun wollen wir noch diejenigen Punkte wissen, ab welchen es thermodynamisch besser wäre, zu entmischen, aber noch eine kinetische Hinderung vorliegt. Dazu nehmen wir die erste Ableitung (die haben wir schon vor ein paar Seiten generiert) und setzen diese Null:

$$\frac{dA_{\mathrm{Misch}}}{dx_B} = nRT\left[\frac{\Omega_{AB}}{RT}\left(1 - 2x_B\right) - \ln\left(1 - x_B\right) + \ln x_B\right] = 0$$

Da nRT nicht Null werden kann[I], muss der Ausdruck in der Klammer Null werden:

$$\left[\frac{\Omega_{AB}}{RT}\left(1 - 2x_B\right) - \ln\left(1 - x_B\right) + \ln x_B\right] = 0$$

$$\frac{\Omega_{AB}}{RT}\left(1 - 2x_B\right) = \ln\left(1 - x_B\right) - \ln x_B$$

$$\frac{\Omega_{AB}}{RT}\left(1 - 2x_B\right) = \ln\frac{\left(1 - x_B\right)}{x_B}$$

$$\frac{\Omega_{AB}}{RT} = \frac{\ln\frac{\left(1 - x_B\right)}{x_B}}{\left(1 - 2x_B\right)}$$

Nun drehen wir die Brüche um, weil wir das Ganze ja so auftragen wollen:

$$\frac{RT}{\Omega_{AB}} = \frac{\left(1 - 2x_B\right)}{\ln\frac{\left(1 - x_B\right)}{x_B}}$$

Schließlich folgt wieder ein bisschen mathematisch-physikalische Zauberei: Da ja

$$1 - 2x_B = 1 - x_B - x_B = \left(1 - x_B\right) - x_B = x_A - x_B$$

und

$$\ln\frac{1 - x_B}{x_B} = \ln\frac{x_A}{x_B} = \ln x_A - \ln x_B,$$

[I]   Außer für triviale Fälle, wie $n = 0$ (keine Teilchen, sprich es gibt kein System) oder $T = 0$ (absoluter Nullpunkt).

folgt:

$$\frac{RT}{\Omega_{AB}} = \frac{x_A - x_B}{\ln x_A - \ln x_B}$$

Damit haben wir es aber: Wir haben nun eine Möglichkeit, die Punkte jener Linie zu berechnen, ab welcher es thermodynamisch besser für das System wäre, sich zu entmischen – diese Linie wird die *Binodale* genannt. Ebenso leicht zaubern wir aus Gleichung 10.2 jene Punkte, ab welchen das System keine kinetische Hinderung mehr verspühren wird, wenn es entmischt, diese Linie nennt man die *Spinodale*. Beide Kurven kommen in Einheiten von RT/Ω_{AB} heraus:

$$\boxed{\text{Punkte der Binodalen} = \frac{x_A - x_B}{\ln x_A - \ln x_B}} \qquad (10.4)$$

$$\boxed{\text{Punkte der Spinodalen} = 2x_A x_B} \qquad (10.5)$$

Mit einem Programm wie Matlab oder Excel berechnen wir beide für verschiedene Zusammensetzungen und erhalten Abbildung 10.5. Das ist ein unglaublich umfassendes Ergebnis. Wir wollen kurz resümieren, was wir hier festgestellt haben. Wir haben eine sogar quantitative Aussage darüber gemacht, wie sich ein System verhalten wird, wenn es eine Wechselwirkungsenergie hat, die einer Mischung entgegen wirkt und wir die Temperatur verändern. Wir stellen fest, dass wir bei sehr hohen Temperaturen (RT/Ω_{AB} groß) *immer* eine Mischung des Systems erreichen können. Senken wir die Temperatur ab, erreichen wir einen Punkt, an dem wir die Binodale schneiden (wir können diesen Punkt sogar ausrechnen, wenn wir Ω_{AB} kennen) – ab hier wäre es für das System thermodynamisch günstiger, sich zu entmischen, aber eine kinetische Hinderung kann dieses unterbinden. Kühlen wir weiter ab, schneiden wir die Spinodale (die wir ebenfalls vollständig berechnet haben), spätestens hier wird sich das System spontan entmischen, weil es keine kinetische Hinderung mehr gibt – diesen Prozess nennt man *spinodale Dekomposition*. Es ist nachgerade unglaublich, was wir alles über solche Systeme gelernt haben, nur indem wir Gleichung 10.1 für wahr annahmen und unser gesamtes Wissen aufbrachten. Viele echte Phasendiagramme (zum Beispiel Kupfer-Nickel) zeigen sehr große Ähnlichkeit mit unserer Vorhersage, das ist ein starker Hinweis darauf, dass unsere Annahmen nicht ganz verkehrt sein können. Abweichungen (zum Beispiel dass das Maximum bei vielen echten Phasendiagrammen nicht bei exakt 50 : 50 liegt) lassen sich durch die getroffenen Näherungen erklären, die weiter unten noch genauer diskutiert werden. Nun schließt sich endlich der Kreis zu der von uns am Kapitelanfang getroffenen Beobachtung. Wenn wir bei einer beliebigen Zusammensetzung ein System abkühlen, wird es, sofern wir es nicht mit einem Impfkristall animpfen oder sehr lange stehen lassen (dann geht die Kinetik immer in die Thermodynamik über), erst bei der Temperatur entmischen, bei der wir die Spinodale schneiden. Ein Beispiel wäre Abbildung 10.6: Wir hätten ein System mit einer nominellen Zusammensetzung von in etwa 75 % B. Wir kühlen das System ab und treffen die Binodale. Jetzt wäre die Entmischung energetisch stabiler, geschieht aber aus kinetischen Gründen nicht. Wenn wir die Spinodale schneiden, ist keine Aktivierungsenergie mehr notwendig und die Entmischung findet statt. Nun heizen wir dasselbe System wieder auf. Wir passieren die Spinodale von unten, was sollte dabei passieren? Natürlich gar nichts! Die

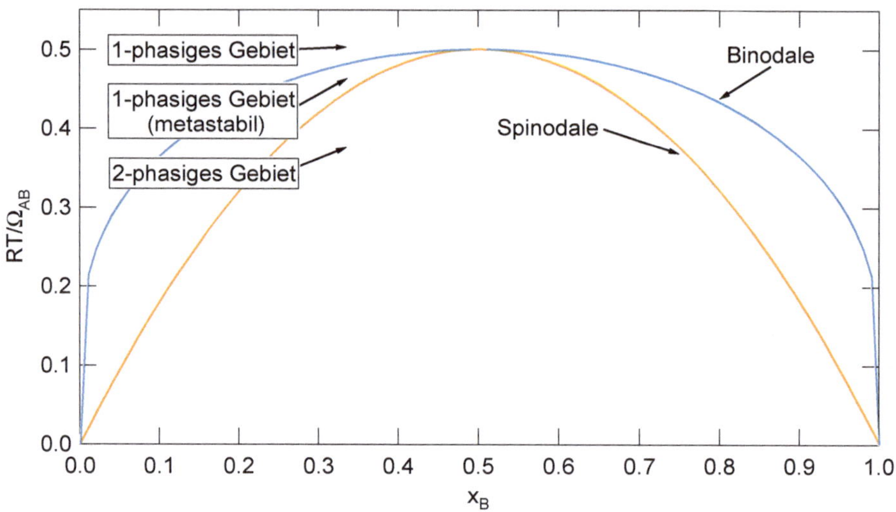

Abb. 10.5.: Von uns vorhergesagtes Phasendiagramm mit binodaler und spinodaler Grenzlinie.

entmischte Form ist ja bereits unterhalb der Binodalen stabil und genau diese entmischte Form liegt vor. Das System wird also überhaupt nichts machen, bis wir die Binodale schneiden – ab jetzt ist die Mischung energetisch günstiger. Mit dieser ist aber keine zusätzliche Energie mehr verbunden, deshalb mischt sich das System. Mischung und Entmischung beim Aufheizen und Abkühlen geschehen an verschiedenen Punkten – wir sagen also die (tatsächlich beobachtete) Hysterese voraus. Es gibt nur drei Punkte in unserem Phasendiagramm, an denen der Effekt nicht auftritt – an den zwei trivialen $x_B = 0$ und $x_B = 1$ (dann ist das System keine Mischung mehr), aber auch bei genau einer 50 : 50-Mischung. Hier treffen sich Spinodale und Binodale, das System mischt und entmischt also bei der gleichen Temperatur. Bei aller angemessenen Freude, wir sollten trotzdem kurz überlegen, ob und wo unser Modell Grenzen hat. Eine der Annahmen, die wir getätigt haben, um das Modell abzuleiten (welches übrigens unter dem Namen *regular solution model* bekannt ist), welche mit Sicherheit bestritten werden kann, ist die, dass wir für alle Atome die gleiche Umgebung annahmen, als wir $\Omega_{AB} = Z N_A \omega_{AB}$ festlegten. Diese Näherung kann erfüllt sein, muss es aber nicht. Wir erwarten also, dass besonders Systeme, bei denen die verschiedenen Spezies verschiedene Umgebungen sehen, besonders stark von unserem Modell abweichen könnten. Außerdem soll nicht der Eindruck erweckt werden, als ob es unmöglich wäre, dass das System zwischen Binodaler und Spinodaler entmischt – dieser Vorgang ist nur kinetisch gehemmt. Allen Einschränkungen zum Trotz ist unser Ergebnis ein sehr grundlegendes und faszinierendes.

Zu guter Letzt sei noch erwähnt, dass dieses Modell auch auf wesentlich komplexere Systeme ausgedehnt werden kann. So lassen sich beispielsweise mit der Flory-Huggins-Theorie in ternären Phasendiagrammen Spinodale und Binodale berechnen. Dies ist vor allem beim Erzeugen

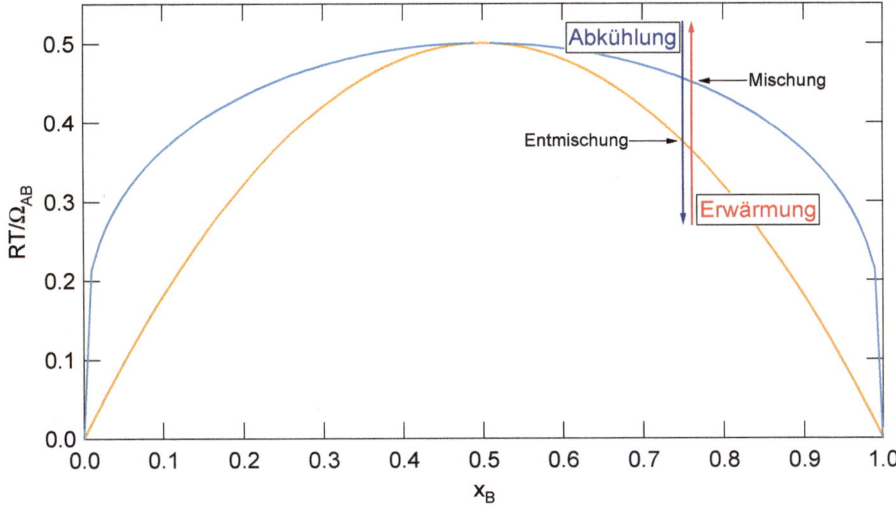

Abb. 10.6.: Grund für die beobachtete Hysterese beim Erwärmen/Abkühlen.

von Polymermembranen von Relevanz, wo ein Polymer in einem Solvent gelöst und dann in ein Nonsolvent-Fällungsbad geleert wird. Hierbei fällt das Polymer aus und wird fest. Die Lage der Spinodal- und Binodallinie haben wesentlichen Einfluss etwa auf die Porosität des entstehenden Polymers. Ein Beispiel wäre hierzu die Veröffentlichung „*Correlation between macrovoid formation and the ternary phase diagram for polyethersulfone membranes prepared from two nearly similar solvents*" von Barzin und Sadatnia aus dem Jahre 2008.[13] Man sieht schnell, dass die Gleichungen der Flory-Huggins-Theorie unserer Gleichung 10.1 sehr ähneln:

$$\frac{\Delta G_{\text{Misch}}}{RT} = \left(\phi_1 \ln \phi_1 + \phi_2 \ln \phi_2 + \frac{\phi_3}{m} \ln \phi_3 + X_{12}\phi_1\phi_2 + X_{23}\phi_2\phi_3 + X_{13}\phi_1\phi_3 \right) \cdot (n_1 + n_2 + mn_3).$$

Hierbei steht als Subskript jeweils 1 für das Nonsolvent, 2 für das Solvent und 3 für das Polymer. Weiters sind die ϕ's jeweils die Volumensprozent, aus denen die Lösung besteht, m ist der Polymerisationsgrad, die n's sind die Anzahl der Mole. Vor allem die Ausdrücke der Natur $\phi_i \ln \phi_i$ sehen dem entropischen Beitrag aus Gleichung 10.1 sehr ähnlich. Die Rolle von Ω übernimmt hier X, wobei es natürlich nicht mehr *einen* Wechselwirkungsparameter gibt, sondern *drei* – jeweils einen für die Wechselwirkungspaare Nonsolvent-Solvent (X_{12}), Solvent-Polymer (X_{23}) und Nonsolvent-Polymer (X_{13}).

Teil II.

Übungsaufgaben

- Die Aufgaben wurden alle von mir selbst erstellt, damit sie optimal zum Inahlt der einzelnen Kapitel passen. Sie wurden alle mehrmals redigiert und sollten im Wesentlichen fehlerfrei sein. Sollten Sie dennoch einmal irgendwo einen Fehler vermuten, bitte ich Sie dringend um Meldung des selben per E-Mail.

- Die Aufgaben beziehen sich nicht immer direkt auf die Stellen im Buch, an denen sie aufgeführt sind. Manchmal sind sie auch als Wiederholung und Auffrischung gedacht.

- Obwohl die Lösungen in diesem Buch enthalten sind, sollten Sie diese nicht vorschnell zu Rate ziehen. Benutzen Sie erst einmal eine Zeit Ihren eigenen Verstand, Sie werden sehen, manchmal kann naturwissenschaftlich-mathematische Knobelei richtig Spaß machen.

Es folgen einige allgemeine Tipps und Ansätze, um verschiedene Probleme anzugehen.

- Es gibt für praktisch alle mathematischen Probleme eine Unzahl an Lösungen. Zögern Sie daher nicht, einen anderen Weg einzuschlagen. Fast alle Ergebnisse stammen von mir und sind teilweise kreative Lösungen und Beweise, die sich sicher auch eleganter führen lassen. (Zum Beispiel auf Seite 353 der Trick k_2 durch $k_1 \cdot x$ auszudrücken war einfach ein Ansatz von mir, der mir zielführend erschien. man kann sicher auch ganz andere Ansätze wählen.)

- Wenn Sie differenzieren, integrieren et cetera, sein Sie *genau*, auch wenn es Ihnen beinahe penibel vorkommt. Das richtige Ergebnis ist oft schwer genug zu erreichen – Fehler, die aus Schlampigkeit gemacht werden, vernebeln sehr schnell den Weg. Achten Sie auch auf eine saubere Notation, schreiben Sie Indices, Sub- und Superskripte an, und so weiter.

- Nutzen Sie die Methode der Einheitenanalyse. Sie kann Ihnen sehr oft helfen, falsche Ausdrücke zu identifizieren.

- Sehr oft ist es extrem vorteilhaft, Grenzüberlegungen anzustellen. Stellen Sie sich vor, Sie hätten irgendeine Formel aufgestellt, welche von verschiedenen Faktoren (z.B. T, p, ...) abhängt. Testen Sie sie auf Plausibilität, in dem Sie sich fragen, was für verschiedene Grenzfälle passiert, zum Beispiel:

  - $T \to 0$
  - $T \to \infty$
  - $p \to 0$
  - $p \to \infty$
  - ...

  Hier ist oft bereits extrem viel Erkenntnis zu holen.

- Machen Sie es sich beim Integrieren, Differenzieren, und so weiter einfach – ziehen Sie immer alles raus, was nicht von der Variable abhängt, zerlegen Sie Summen und Differenzen in Einzelintegrale, usw. Oft wirkt ein Differential im ersten Moment übermächtig, verliert aber schnell seinen Schrecken, wenn Sie es systematisch analysieren.

- Sein Sie vertraut mit einfachen Rechenregeln – hier ist es enorm hilfreich, sattelfest zu sein. Wichtige Äquivalenzumformungen sind unter anderem:

- Logarithmen: $\ln a + \ln b = \ln (a \cdot b)$
- Logarithmen: $\ln a - \ln b = \ln \frac{a}{b}$
- Kehrwert: $\frac{1}{x} = x^{-1}$
- Allgemein Differenzieren: $\frac{dx^n}{dx} = n \cdot x^{n-1}$
- Allgemein Integrieren: $\int x^n dx = \frac{1}{n+1} x^{n+1}$

- Manchmal müssen Sie einen Ausdruck nicht unbedingt vollständig auswerten. Eventuell müssen Sie nur wissen, ob er zum Beispiel positiv oder negativ ist. Wollen Sie etwa feststellen, ob ein Wert ein Maximum ist, müssen Sie die zweite Ableitung bilden und diese muss kleiner als Null sein. Stellen Sie sich vor, Sie hätten folgendes Ergebnis erreicht:

$$0 > e^{-\frac{\ln x}{x-1}} - x e^{-\frac{x \ln x}{x-1}}.$$

Hier können Sie schnell sehr umfassende Ergebnisse erreichen, wenn Sie einfach mehrere Fälle unterscheiden, nämlich ob x kleiner oder größer als 1 ist und dann beide Fälle durchrechnen. Bloß für den Fall das $x = 1$ wird es kompliziert, vielleicht finden Sie hier aber auch eine Lösung.

11. Übungsaufgaben

Übung 1 Grundlagen:
(Lösungen Seite 293)

Sie sollten in der Lage sein, die meisten der folgenden Fragen mit Ihrem grundlegenden Verständnis der Thermodynamik zu beantworten (Die letzte Gruppe an Fragen ist etwas kniffeliger, aber geben Sie nicht gleich auf!):

- Stellen Sie sich eine neue thermodynamische Größe vor – die molare Entropie S_m. Sie ist definiert als die Entropie des Systems geteilt durch die Stoffmenge. Ist diese neue Größe extensiv oder intensiv?

- Kann sich die innere Energie eines Systems ändern, wenn V, S und n konstant gehalten werden?

- Kann sich die innere Energie eines Systems ändern, wenn p, T und μ konstant gehalten werden?

- Formulieren Sie dG für eine einfache chemische Reaktion ($A \rightleftarrows B$) bei konstantem Druck und konstanter Temperatur (durchaus übliche Bedingungen bei Reaktionen). Beantworten Sie davon ausgehend folgende Fragen:

  – Formulieren Sie so um, dass das dG nur mehr von *einer* natürlichen Variable (n_A) abhängt (Hinweis: n_A und n_B sind nicht unabhängig)

  – Führen Sie die Konvention $\mu_A - \mu_B = \Delta\mu$ in Ihre Gleichung ein. Was geschieht, wenn $\Delta\mu$ größer als 0 ist? Was, falls es kleiner ist? Was sagen Sie voraus, falls $\Delta\mu = 0$? (Bedenken Sie, dass es das Bestreben eines Systems ist, ins Gleichgewicht zu gelangen und dass dieses erreicht ist, falls $dG = 0$)

  – Man sagt, eine „*Reaktion ist im Gleichgewicht*", falls $dG = 0$. Gibt es für eine Reaktion im Gleichgewicht noch Teilchenumwandlung (auf makroskopischer Ebene)? Stellen Sie eine Vermutung darüber an, ob es auf mikroskopischer Ebene noch Teilchenumwandlung gibt und diskutieren Sie Ihre Antwort.

- Typischerweise sinkt die Entropie eines Systems, wenn man bei konstanter Temperatur den Druck erhöht ($\left(\frac{dS}{dp}\right)_T < 0$). Können Sie einen Grund dafür angeben? (Benutzen Sie die Maxwell-Relationen)

  – Wasser (H_2O) zeigt zwischen 0 und 4 °C eine *Dichteanomalie* – das bedeutet, seine Dichte wird beim Erwärmen größer, i.e. es zieht sich beim Erwärmen zusammen. Stellen Sie eine Vermutung darüber an, was dies für die Struktur von

© Springer Fachmedien Wiesbaden GmbH, ein Teil von Springer Nature 2018
W. Stadlmayr, *Thermodynamik – nicht nur für Nerds*,
https://doi.org/10.1007/978-3-658-23291-7_11

Wasser bei diesen Temperaturen bedeutet und wie diese Strukturen vom Druck abhängen.

– Sie wissen durch ein Experiment, dass sich der Druck in einem Gas erhöht, wenn Sie es bei konstantem Volumen erhitzen. Wie denken Sie, wird sich die Entropie des Gases ändern, wenn Sie es bei konstanter Temperatur auf ein größeres Volumen ausdehnen?

– Nehmen Sie an, Sie wissen, dass sich bei freiwillig ablaufenden Prozessen die Entropie im Universum erhöht oder gleich bleibt. Nehmen Sie weiters an, dass Sie ein ideales Gas (Gasteilchen spüren keine Wechselwirkungen) in einem vollkommen (wärme)dichten Behälter haben (i.e. es kann keine Entropie aus der Umgebung aufnehmen oder an sie abgeben). Ohne in den Behälter hineinzuschauen – ist es aufgrund Ihrer Erkenntnisse aus der vorigen Frage wahrscheinlich, dass sich das gesamte Gas in einer Ecke des Behälters sammelt? Wenn nein, warum nicht?

Übung 2 Arbeit und Leistung:
(Lösungen Seite 295)

- Es geht in dieser Übung um die Volumensarbeit. Es gilt hier, dass

$$\Delta W_{\mathrm{Vol}} = \int_{V_A}^{V_E} -p \cdot dV.$$

(Achtung, hier sind die beiden Größen einander entgegengerichtet – wenn das Volumen verkleinert wird (Stempel nach unten), so wächst der Druck in die Gegenrichtung; daher muss das Vorzeichen ein $-$ sein: $\Delta W_{\mathrm{Vol}} = \int_{V_A}^{V_E} -p \cdot dV$. Lassen Sie sich auch nicht durch die gewählten Größen irritieren – der Druck ist ja definiert als Kraft pro Fläche, daher muss dann das Volumen statt eines Weges benutzt werden, damit die Definition der Kraft weiterhin stimmt:

$$\text{Arbeit} = \frac{\text{Kraft}}{\text{Fläche}} \cdot \text{Volumen} = \text{Kraft} \cdot \text{Weg}$$

$$\frac{\text{N}}{\text{m}^2} \cdot \text{m}^3 = \text{N} \cdot \text{m} = \text{J} = \text{Einheit der Arbeit}$$

Man wählt den Druck, weil er *nicht* von der Fläche abhängt und damit angenehmeres Rechnen erlaubt.) Unter gewissen experimentellen Bedingungen (reversible, isotherme Prozessführung) gilt, dass $p \cdot V = $ konstant. Nehmen Sie an, dass solch ein Prozess vorliegt.

- Lösen Sie das Integral auf, sodass die Arbeit nur mehr von Anfangs- und Endvolumen abhängt (und eventuell einer Konstanten), aber nicht mehr vom Druck

- Fertigen Sie eine Skizze in Analogie zum Hub- und Beschleunigungsfall in diesem
  Kapitel an

- Sie haben zwei Stempel, welche mit idealen Gasen gefüllt sind. Sie komprimieren
  einen von $10\,\mathrm{m}^3$ auf $1\,\mathrm{m}^3$, den anderen von $1\,\mathrm{m}^3$ auf $0,1\,\mathrm{m}^3$. Wie verhalten sich
  die beiden dazu notwendigen Arbeiten?

- Um eine gewisse Wärmemenge ΔQ zu übertragen, brauchen Sie bei einer Leistung
  von $10\,\mathrm{W}$ genau $100\,\mathrm{s}$. Welche Leistung benötigen Sie, um dieselbe Wärmemenge in
  $10\,\mathrm{s}$ umzusetzen?

Übung 3 Gleichgewichte, Zustände, Prozesse:
(Lösungen Seite 296)

- Phasen:

  - Sie haben einen Kolben vor sich, der zur Hälfte mit Wasser gefüllt ist. Darüber
    befindet sich Luft. Wie viele Phasen liegen in dem Kolben vor?

  - Sie geben einen Eiswürfel in den Kolben. Wie viele Phasen liegen nun vor? Nach
    einer gewissen Zeit ist der Eiswürfel geschmolzen. Wie viele Phasen liegen nun
    vor?

  - Sie füllen zwei Bechergläser – eines mit Wasser, eines mit Öl. Die Bechergläser
    sind randvoll (i.e. es ist keine Luftphase dabei). Nun geben Sie in beide Gläser
    je eine Brise Kochsalz. Sie rühren um und warten kurz. Wie viele Phasen sind
    in den Gläsern?

- Gleichgewichte:

  - Sie sehen einen Ottomotor, der mit etwa 300 Umdrehungen pro Minute arbei-
    tet. Befindet sich der Motor im thermodynamischen Gleichgewicht? Falls Nein,
    welche Gleichgewichte sind verletzt?

  - Sie schalten den Motor ab und lassen ihn auskühlen. Befindet er sich nachher
    jetzt im thermodynamischen Gleichgewicht? Falls Nein, welche Gleichgewichte
    sind verletzt?

  - Sie finden eine geladene Batterie. Befindet sie sich im thermodynamischen Gleich-
    gewicht? Falls Nein, welche Gleichgewichte sind verletzt?

  - Sie entladen die Batterie vollständig. Befindet sie sich jetzt im thermodynami-
    schen Gleichgewicht? Falls Nein, welche Gleichgewichte sind verletzt?

  - Befinden *Sie selbst* sich im thermodynamischen Gleichgewicht? Falls Nein, wel-
    che Gleichgewichte sind verletzt?

- Die spezifische Entropie eines Stoffes ist geringer als seine Entropiedichte. Was wissen Sie damit über den Stoff?

- Kann die Zeit t eines Systems eine Zustandsfunktion sein?

- Zustände und Prozesse:
  Stellen Sie sich eine beliebige Wärmekraftmaschine vor, die einen beliebigen Kreisprozess durchführt (bei einem Kreisprozess wird die Maschine den selben Zustand zyklisch wieder erreichen). Sie bauen diese Maschine und berechnen alle Kenngrößen. Außerdem gelingt es Ihnen, die Größen *absolut* zu berechnen (wir wollen hier nicht fragen, wie). Sie kennen am Ausgangspunkt Ihres Kreisprozesses also die innere Energie U, die in der Maschine gespeicherte Entropie S, ebenso die in einem Zyklus umgesetzte Wärme Q und Arbeit W. Eine Kommilitonin besucht Sie und schlägt einige Änderungen an der Maschine vor, welche Sie auch ausführen. Der Ausgangspunkt des Kreisprozesses bleibt dabei unverändert, alle anderen Punkte nicht notwendigerweise.

  – Können Sie – ohne Berechnung – die Größen S, U, Q und W am Ausgangspunkt bestimmen?

  – Ihre Kommilitonin erzählt Ihnen von einer neuen Größe, dem *Wirkungsgrad*. Er ist der Quotient aus der geleisteten Arbeit durch die ins System eingetragener Wärme. Ist der Wirkungsgrad von Ihrer ursprünglichen Maschine notwendigerweise ident mit dem der überarbeiteten?

Übung 4 Leistungszahl und Wirkungsgrad:
(Lösungen Seite 297)

- Kann die Leistungszahl größer als 1 sein? Wenn Ja, warum, wenn Nein, warum?

- Sie führen einer Wärmekraftmaschine $500\,\mathrm{kJ}$ an Wärme zu. Die Maschine liefert daraufhin für eine Stunde eine Leistung von $100\,\mathrm{W}$. Wie groß ist der Wirkungsgrad dieser Maschine?

- Sie betreiben eine Wärmepumpe, die Leistungszahl ist 2,3. Wenn alle Schritte ideal und verlustfrei ablaufen, wie groß wäre die Leistungszahl für die selbe Maschine, wenn Sie sie als Kälteanalage betreiben?

Übung 5 Das ideale Gas:
(Lösungen Seite 298)

- Sie geben ein Gefäß mit starrem Volumen einem Kollegen zur Verwahrung und verbieten ihm streng, das Gefäß je zu öffnen. Der Druck im Gefäß ist $120000\,\mathrm{Pa}$, die Temperatur beträgt $30\,^\circ\mathrm{C}$. Er gibt Ihnen das Gefäß einige Tage später zurück, der Innendruck beträgt $100000\,\mathrm{Pa}$. Darauf angesprochen meint Ihr Kollege, dies liege an den wesentlich kälteren Temperaturen (es hat an jenem Tag nur 10 °C). Hat Ihr Kollege das Gefäß geöffnet?

- Sie haben zwei Gefäße mit beweglichem Stempel, welche je $0,1$ mol eines idealen, einatomigen Gases enthalten. Druck und Volumen von beiden sind gleich: $p = 100000$ Pa, $V = 0,0025\,\mathrm{m}^3$. Sie komprimieren das erste Gefäß isotherm und das zweite adiabatisch auf einen Druck von 200000 Pa.

  – Bevor Sie rechnen – welches Volumen ist größer?

  – Berechnen Sie beide Volumina.

  – Zeigen Sie, wie sich allgemein das Volumen bei adiabatischer Kompression zu isothermer Kompression verhält, wenn der Ausgangspunkt und der Enddruck gleich sind.

Übung 6 Freie Energieänderung:
(Lösungen Seite 300)

- Sie führen zwei Prozesse durch (1 und 2), bei denen Sie ein ideales Gas jeweils auf ein bestimmtes Volumen isotherm expandieren. Einmal ist das Volumen doppelt, einmal achtmal so groß, wie das Anfangsvolumen. Wie verhalten sich die Änderungen der freien Energie zueinander, also was ist $\frac{\Delta A_1}{\Delta A_2}$?

Übung 7 Kreisprozesse berechnen:
(Lösungen Seite 301)

- Ein weiteres wichtiges Diagramm ist das T,S-Diagramm. Hier wird die umgesetzte Entropie auf der x-, die Temperatur auf der y-Achse aufgetragen. Skizzieren Sie ein T,S-Diagramm für Prozess aus Kapitel 3.2.

- Stellen Sie sich eine Maschine vor, die wie die im Kapitel 3.2 bearbeitete funktioniert, bei welcher aber der erste Schritt (Kompression) nicht isotherm, sondern adiabatisch erfolgt (auf gleichen Enddruck).

  – Bevor Sie zu rechnen beginnen – welche Veränderungen erwarten Sie aufgrund Ihres thermodynamischen Wissens?

  – Beschreiben Sie eine mögliche Art, diesen Prozess durchzuführen

  – Berechnen Sie ΔU, ΔQ, ΔW und ΔS für alle Einzelschritte und den Gesamtprozess (benutzen Sie $C_V = \frac{3}{2}R$ und $C_p = \frac{5}{2}R$ für ideale, einatomige Gase)

  – Zeichnen Sie ein p,V- und ein p,T-Diagramm

  – Ist dieser Prozess reversibel?

Übung 8 Der Carnot-Prozess:
(Lösungen Seite 302)

- Wir werden im nächsten Kapitel feststellen, dass die molare Gibbs-Energie das selbe
  ist, wie das chemische Potential. Wenn Sie diese Annahme vorerst zur Kenntnis nehmen, um wieviel ändert sich das chemische Potential eines idealen Gases, wenn Sie es
  bei 60 °C isotherm von 3 bar auf 30 bar komprimieren?

Übung 9 Reale Gase:
(Lösungen Seite 304)

- Zeigen Sie durch Einheitenanalyse, dass in der Van-der-Waals-Gleichung a die Einheit
  $\frac{\text{bar·m}^6}{\text{mol}^2}$ und b die Einheit $\frac{\text{m}^3}{\text{mol}}$ haben können.

- Zwei Gasflaschen stehen bei 298 K unter 200 bar Druck. Eine beinhaltet Helium, eine
  Sauerstoff. Nehmen Sie an, dass He sich wie ein ideales Gas verhält, während sich O_2
  näherungsweise nach der Van-der-Waals-Gleichung verhalten soll. Der Kompressionsfaktor unter diesen Bedingungen ist $Z = 0,903$.

  - Berechnen Sie die molaren Volumina von He und O_2.

  - Berechnen Sie den Ausdruck für b in der Van-der-Waals-Gleichung, wenn $a =$
    $1,378 \frac{\text{bar·dm}^6}{\text{mol}^2}$.

  - Da b ja das Volumen ist, welches die Teilchen belegen, kann daraus auch das
    Volumen eines Teilchens berechnet werden. Unter der Annahme, dass die Sau-
    erstoffmoleküle harte Kugeln sind, gilt: $b = N_A \cdot V_K$, wobei N_A die Avogadro-
    Konstante $(6,022 \cdot 10^{23})$ ist und V_K das Volumen einer Kugel. Exakter bestimmte
    Van-der-Waals die Formel zu $b = 4 \cdot N_A \cdot V_K$, aber wir wollen die einfachere und
    eingängiere Formulierung behalten. Der Faktor vier kommt aus der Ableitung
    Van-der-Waals, dass die Kugeln ungefähr das vierfache an Volumen einnehmen,
    wenn sie in Bewegung sind. Berechnen Sie den Radius, den eine solche hypotheti-
    sche O_2-Kugel einnimmt. Vergleichen Sie ihn mit dem in der Literatur bekannten
    van-der-Waals Radius von O_2: $1,52\,\text{Å}$.

Übung 10 Kritische Größen und komplexe Zustandsgleichungen:
(Lösungen Seite 310)

- Ein Argonatom ist circa $2,3\,\text{Å}$ $(2,3 \cdot 10^{-10}\,\text{m})$ groß. Der Van-der-Waals-Koeffizient
  $a = 0,1373 \frac{\text{Pa m}^6}{\text{mol}^2}$. Kann Argon bei Raumtemperatur mittels isenthalper Entspannung
  verflüssigt werden?

- Ein starres Bauteil wurde mit CO_2 getestet. Bei 600 K stellte sich ein molares Volumen von $5,8 \cdot 10^{-5} \frac{m^3}{mol}$ und ein Druck, der gerade noch als sicher gilt, ein. Kann die gleiche Menge He bei der gleichen Temperatur eingesetzt werden?

Stoff	$p_{krit.}$	$V_{m,krit.}$	$T_{krit.}$
	Pa	m^3/mol	K
CO_2	$7,4 \cdot 10^6$	$9,4 \cdot 10^{-5}$	304,2
He	$2,3 \cdot 10^5$	$5,8 \cdot 10^{-5}$	5,2

- Je nach dem, ob in der letzten Aufgabe die Grenze über- oder unterschritten wurde: Berechnen Sie, wieviel mal mehr Helium Sie benutzen können, bevor Sie die Grenze erreichen, beziehungsweise auf welchen Faktor Sie die Heliummenge begrenzen müssen, um den Wert zu unterschreiten.

Übung 11 Wärmeausgleich:
(Lösungen Seite 306)

- Sie haben zwei Metallblöcke. Einer ist aus Silber, wiegt 1 kg und hat 600 K, der andere ist aus Aluminium, wiegt 3 kg und hat 300 K. Welche Temperatur stellt sich ein, wenn Sie beide in Kontakt bringen und abwarten? Nehmen Sie dazu an, dass keine Wärme in die Umgebung entweichen kann (i.e. das Experiment findet in einem Bombenkalorimeter statt). $c_{Ag} = 235 \frac{J}{kg\,K}$, $c_{Al} = 896 \frac{J}{kg\,K}$. *Hinweis*: Erstellen Sie dazu eine Gleichung, die erst allgemein die übertragene Wärme als Funktion der anderen Größen ausdrückt, bevor Sie die speziellen Größen einsetzen.

- Für die letzte Aufgabe mussten Sie eine Gleichung für $\Delta Q(T_{Al}, T_{Ag}, m_{Al}, m_{Ag}, c_{Al}, c_{Ag})$ selber erstellen. Es steht zu vermuten, dass dabei ein Fehler passiert sein könnte. Versuchen Sie, auf möglichst viele Arten, die Plausibilität der Gleichung zu testen – auf formal-mathematische, aber auch naturwissenschaftlich-physikalische Gesichtspunkte hin.

Übung 12 Die Hauptsätze:
(Lösungen Seite 312)

Denken Sie kurz über die beschriebenen Sachverhalte nach. Welche der beschriebenen Situationen sind physikalisch möglich? Wenn eine Situation nicht möglich ist, welchen Hauptsatz verletzt sie? Erläutern Sie jeweils Ihre Wahl kurz.

- Sie füllen reines Wasser mit Raumtemperatur in ein Dewar-Gefäß. Sie verschließen das Gefäß und warten eine Stunde. Dann entnehmen Sie das komplette Wasser und messen seine Temperatur. Sie beträgt 80 °C.

- Sie füllen reines Wasser mit Raumtemperatur in ein Dewar-Gefäß. Sie verschließen das Gefäß und warten eine Stunde. Dann entnehmen Sie das Wasser und teilen es auf zwei gleiche Bechergläser auf. Sie messen beide Temperaturen, eine ist knapp über 0 °C, die andere bei circa 40 °C.

- Sie füllen reines Wasser mit Raumtemperatur in ein Dewar-Gefäß. Dann geben Sie eine größere Menge eines Salzes zu (das Salz hat ebenfalls Raumtemperatur). Sie warten, bis sich das Salz vollständig gelöst hat. Danach ist die Temperatur des Wassers

  — erhöht

  — erniedrigt

  — gleich

- Eine Kommilitonin behauptet, eine Maschine kreiert zu haben, die unabhängig von der Ausgangstemperatur eine Kühlrate von 10 K/s erreicht.

- Ein Kommilitone behauptet, aufgrund der Gleichungen in diesem Buch und durch empirische Untersuchungen von Mäusen herausgefunden zu haben, dass Mäuse in der Lage sind, die Gesamtentropie im Universum abnehmen zu lassen.

Übung 13 Phasengleichgewichte:
(Lösungen Seite 313)

- Stellen Sie sich vor, Sie haben eine Mischung aus den Stoffen A und B, welche sich über den gesamten Zusammensetzungsbereich ideal verhält.

  — Zeichnen Sie eine Skizze der Partialdrücke und des Gesamtdruckes als Funktion der Zusammensetzung.

  — Welche Einheit hat die Henrykonstante?

  — Was können Sie – für diese vollkommen ideale Mischung – über den Zusammenhang zwischen den Gesetzen von Henry und Raoult sagen?

- Haben die beiden chemischen Potentiale des reinen Lösungsmittels (μ^*) und der Lösung ($\mu^{\text{Lösung}}$) irgendwo einen Schnittpunkt?

- Sie erhalten folgendes log(p),H-Diagramm:

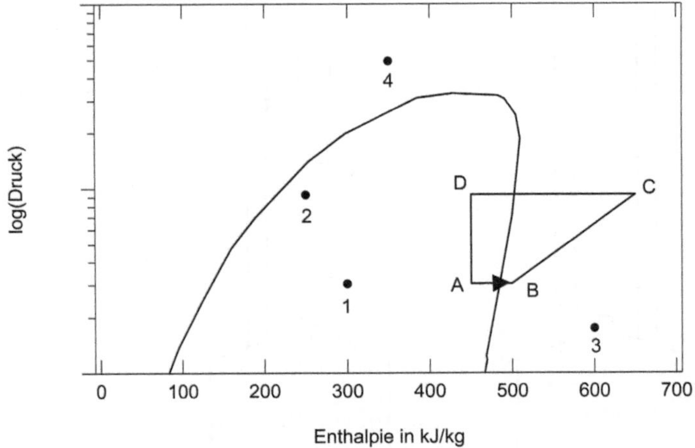

– Schätzen Sie die ungefähre Zusammensetzung aus flüssiger und gasphörmiger Phase an den vier Punkten 1, 2, 3 und 4 ab.

– Schätzen Sie die Leistungszahl für den angezeigten Prozess ab.

Übung 14 Knifflige Thermodynamik:
(Lösungen Seite 315)
Sie wohnen im selben Hochhaus wie eine Kommilitonin – Sie bewohnen den untersten Stock, sie wohnt 100 m darüber. Sie basteln sich ein Rohrpostsystem wie unten dargestellt. Dazu benutzen Sie einen Druckkochtopf (das ist ein Topf, welcher ein Ventil besitzt – ist es geschlossen, kann kein Druck entweichen, wenn es geöffnet ist, strömt der Überdruck hindurch) und ein Rohr. In dem Rohr ist eine reibungsfrei bewegbare Kapsel mit der Masse m. Sie erhitzen das Wasser im Topf, dadurch verwandeln Sie es in Gas, welches sehr langsam (quasistatisch) ausströmt. Der Druck im Rohr steigt und bewegt die Kapsel langsam nach oben. Sie fahren damit fort, das Gas weiterhin solange zu erwärmen, bis der Druck hoch genug ist, um die Kapsel auf 100 m anzuheben.

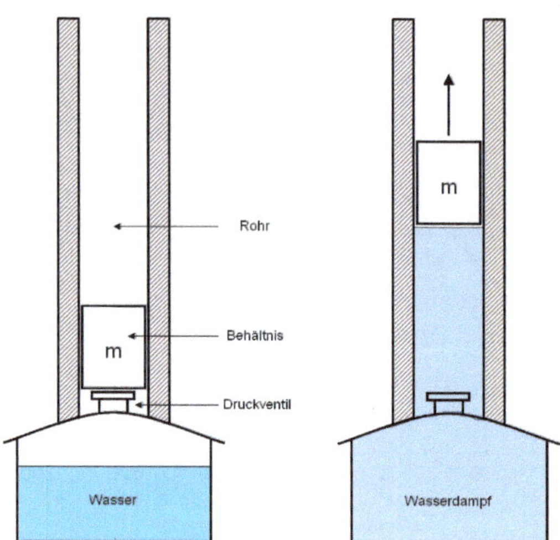

- Wieviel Wärme (in Joule) müssen Sie dem System zuführen, damit sich die Kapsel um genau 100 m anhebt?

- Sie benutzen zum Heizen einen Tauchsieder mit einer Leistung von 1000 W. Wie lange brauchen Sie für den gesamten Prozess?

- Berechnen Sie, wieviel potentielle Energie Sie der Kapsel zugefügt haben. Denken Sie, dies war eine effiziente Methode, das Ziel zu erreichen?

Wichtige Größen und Annahmen für die Berechnung:

- Volumen des Topfes: $0,005\,\mathrm{m}^3$

- Menge an Wasser im Topf: 4 kg

- Temperatur des Wassers: 8 °C

- Radius des Rohres: $0,2\,\mathrm{m}$

- Masse der Kapsel: 1 kg

- Nehmen Sie an, dass C von Wasser konstant $4,18\,\mathrm{kJ/(kg{\cdot}K)}$ ist

- Nehmen Sie an, dass das C_p von Wasserdampf konstant $2,08\,\mathrm{kJ/(kg{\cdot}K)}$ ist

- Verdampfungsenthalpie von Wasser: $40,66\,\mathrm{kJ/mol}$

- Nehmen Sie an, dass anfangs keine Luft im Topf ist

- Nehmen Sie an, dass das Wasser bei $100\,°\mathrm{C}$ siedet

- Behandeln Sie den Wasserdampf als ideales Gas

- Das Rohr sei gut isoliert, keine Wärme geht darüber verloren

- Der Umgebungsdruck beträgt $101330\,\mathrm{Pa}$

Übung 15 Konduktion:
(Lösungen Seite 318)

Falls Sie Probleme beim Lösen dieser Aufgaben haben, ist die Empfehlung, sich den Appendix dazu noch einmal genau anzuschauen.

- Nehmen Sie ein Skalarfeld an, welches über folgende Gleichung definiert ist:

$$f(x,y) = \sin(0,25 \cdot (x-y)) - \cos(0,25 \cdot (y-x)).$$

- Skizzieren Sie f. (Die Verwendung eines Computers wird empfohlen)
- Bilden Sie ∇f.
- Bilden Sie $\nabla^2 f$.
- Skizzieren Sie ∇f. (Die Verwendung eines Computers wird empfohlen)
- Skizzieren Sie $\nabla^2 f$. (Die Verwendung eines Computers wird empfohlen)
- Stellen Sie sich vor, f wäre ein Temperaturprofil. Wie interpretieren Sie ∇f und $\nabla^2 f$? Was bedeutet es für den Wärmefluss und die Änderung der Temperatur?

Übung 16 Wärmeleitung:
(Lösungen Seite 322)

- Sie haben einen $1\,\mathrm{m}$ langen Stab, er bestehe aus Silber ($\lambda = 420\,\frac{\mathrm{W}}{\mathrm{K\,m}}$), sein Radius sei $5\,\mathrm{cm}$. Sie koppeln das eine Ende an ein unendlich ausgedehntes Temperaturbad (in guter Näherung z.B. der Ozean) bei $6\,°\mathrm{C}$. Sie wollen das andere Ende so heizen, dass es konstant $100\,°\mathrm{C}$ hat. Mit welcher Leistung müssen Sie heizen?

- Sie benutzen nun den genau gleichen Aufbau (vor allem die gleiche Heizleistung), ersetzen den Stab aber durch einen, der nur einen Radius von $2\,\mathrm{cm}$ hat. Sie warten, bis sich ein stationärer Zustand eingestellt hat und messen jetzt die Temperatur am warmen Ende. Wie hoch ist sie? Bevor Sie rechnen, schätzen Sie.

Übung 17 Konvektion:
(Lösungen Seite 323)

- Sie wollen die Flugeigenschaften eines Flugzeuges mit denen eines Modells im Windkanal vergleichen. Die charakteristische Länge ihres Fliegers ist 6 m, der Versuch wird bei 25 °C durchgeführt (Luftdichte: $1,184\,\text{kg/m}^3$, dynamische Viskosität: $18,48 \cdot 10^{-6}\,\text{Pa·s}$). Die Geschwindigkeit, die als Vergleich herangezogen werden soll, ist 60 m/s.

  - Berechnen Sie die Reynoldszahl.

  - Sie bauen ein Modell im Maßstab 1:3. Wie hoch müsste Ihre Windgeschwindigkeit sein, wenn die anderen Parameter gleich bleiben?

  - Sie haben die Möglichkeit, Ihren gesamten Windkanal auf -25 °C zu kühlen (Luftdichte: $1,422\,\text{kg/m}^3$, dynamische Viskosität: $15,96 \cdot 10^{-6}\,\text{Pa·s}$). Wie hoch ist die jetzt noch notwendige Windgeschwindigkeit?

- Schätzen Sie ab: Wie verändert sich die nach der Formel

$$\frac{\Delta Q}{\Delta t} = \alpha \cdot A \cdot \Delta T$$

berechnete Wärme, die pro Zeit durch eine Fläche hindurchtritt, als Funktion folgender Größen (unter Annahme eines mittleren Wärmeübergangskoeffizienten und erzwungener Konvektion): thermische Leitfähigkeit, charakteristische Länge, Dichte des Fluids, Geschwindigkeit des Fluids, Viskosität des Fluids, Wärmekapazität des Fluids. Diskutieren Sie Ihre Ergebnisse und versuchen Sie dabei, die qualitative Richtung der Einflüsse zu begründen.

Übung 18 Numerische Cocktaildynamik:
(Lösungen Seite 325)

- Sie haben bei einer Thermodynamik-Party ein (alkoholfreies) Getränk angemixt – es fasst 100 ml. Leider ist ein sehr heißer Tag, daher hat das Getränk ungenießbare 35 °C. Für die Rechnung wollen wir so tun, als bestünde es komplett aus Wasser. Sie wollen das Getränk kühlen, dafür haben Sie viele Eiswürfel zur Verfügung. Ein Eiswürfel misst 3 mal 2 mal 2 cm und hat -6 °C. Sie werfen einen schnellen Blick ins CRC-

Handbook und finden folgende Zahlen (Sie ignorieren dabei eventuelle Abhängigkeiten von der Temperatur):

- Dichte von Eis: $\rho_{Eis} \approx 0.9167\,g/cm^3$

- Dichte von Wasser: $\rho_{Wasser} \approx 0.999\,g/cm^3$

- Schmelzenthalpie von Eis: $\Delta H_{Schmelz,\ Eis} \approx 335\,000\,\frac{J}{kg}$

- Spezifische Wärmekapazität von Eis: $c_{Eis} \approx 2080\,\frac{J}{kg\,K}$

- Spezifische Wärmekapazität von Wasser: $c_{Wasser} \approx 4184\,\frac{J}{kg\,K}$

Sie wollen die anderen Gäste beeindrucken und wollen deshalb vorhersagen, wieviele Eiswürfel Sie brauchen, um das Getränk auf circa 5 °C zu kühlen. Dabei vergessen Sie natürlich nicht, dass die Masse an Wasser ja durch das Schmelzen des Eises ständig zunimmt. Außerdem führen Sie alles in einem adiabatischen Gefäß durch, damit keine Wärme in die Umgebung entweichen kann.

- Beeindrucken Sie die anderen Gäste mit der richtigen Vorhersage.

Übung 19 Gleichgewichtskonstante:
(Lösungen Seite 327)

- Erinnern Sie sich an die drei Versuche mit H_2, I_2 und HI in Kapitel 8.2.6. Stellen Sie sich einen vierten Versuch vor. Die Anfangskonzentrationen wären $[H_2] = 0,00375\,mol/l$, $[I_2] = 0,00375\,mol/l$ und $[HI] = 0,00375\,mol/l$.

  - Wird die Reaktion unter diesen Startbedingungen in die Hin- oder in die Rückrichtung ablaufen?

  - Wie groß ist $\Delta G°$ für diese Reaktion bei 698 K?

  - Berechnen Sie die Konzentrationen aller Reaktanden im Gleichgewicht.

Übung 20 Van-'t-Hoff:
(Lösungen Seite 329)

- Die Reaktion

$$Ag_2CO_3 \rightleftharpoons Ag_2O + CO_2$$

hat bei 350 K eine Gleichgewichtskonstante von $K = 3,98 \cdot 10^{-4}$. $\Delta H°$ für diese Reaktion beträgt 80 kJ/mol.

- Wie ist die Gleichgewichtskonstante bei 500 K?

- Sie führen die Reaktion gleichzeitig einmal bei 350 und einmal bei 500 K durch und starten jeweils nur mit Ag_2CO_3. Sie wählen die Konzentrationen so, dass nach Gleichgewichtseinstellung in beiden Systemen die gleiche Menge an Ag_2CO_3 vorhanden ist. Wie verhalten sich die beiden Mengen an Ag_2O?

Übung 21 Standardreaktionsenthalpien:
(Lösungen Seite 330)

- Es ist nicht möglich, die Verbrennungsenthalpie von Kohlenstoff zu Kohlenmonoxid ($C + \frac{1}{2}O_2 \rightleftarrows CO$) zu messen, weil dabei stets auch Kohlendioxid entsteht. Allerdings ist es sehr wohl möglich, die Enthalpie der Oxidation von Kohlenmonoxid zu Kohlendioxid ($CO + \frac{1}{2}O_2 \rightleftarrows CO_2$, -283 kJ/mol) experimentell zu bestimmen. $\Delta H_B^\circ(CO_2) = -394$ kJ/mol. Wie groß ist die (unmessbare) Verbrennungsenthalpie von Kohlenstoff zu Kohlenmonoxid?

Übung 22 Trocknungsprozesse:
(Lösungen Seite 331)

- Schätzen Sie ungefähr ab:
  - Sie möchten 1700 kg einer Substanz von 35 % Feuchte auf 7 % Feuchte trocknen. Durch eine technische Limitierung können Sie maximal 25 Tonnen Trockenluft einsetzen und die Luft nur vorheizen, aber im Prozess nicht mehr nachheizen. Der Prozess geht von natürlicher Luft aus: Temperatur: 293 K; relative Luftfeuchte: 0,6. Auf welche Temperatur müssen Sie die Luft mindestens vorheizen, damit die Trocknung möglich ist?
  - Wie viel Wärme benötigen Sie, um diesen Prozess durchzuführen?
  - Sie brauchen für diese Rechnung verschiedene Angaben, die Ihnen hier nicht zur Verfügung stehen, etwa ein Mollier-Diagramm und eventuell Werte. Versuchen Sie, diese Werte selbst zu gewinnen (CRC-Handbook, Internet, ...)

Übung 23 Chloralkalielektrolyse:
(Lösungen Seite 333)

- Die Chloralkalielektrolyse ist ein sehr bedeutender technischer Prozess zur Herstellung von Natronlauge, Chlor- und Wasserstoffgas. Das Edukt ist eine Mischung aus Wasser und Natriumchlorid (die sogenannte Sole). Die Reaktion wird elektrochemisch geführt.

  - Stellen Sie die Reaktionsgleichung auf, die die Chloralkalielektrolyse beschreibt.

  - Berechnen Sie $\Delta G°$ für diese Reaktion.

  - Sie werden feststellen, dass die Reaktion nicht abläuft. Unter Vernachlässigung aller realen Phänomene wie Überspannung etc., welche Spannung muss mindestens angelegt werden, damit die Reaktion ablaufen kann?

  - Schätzen Sie ab, welche Leistung Sie brauchen, wenn Sie (weiter unter Vernachlässigung realer Phänomene) mit diesem Verfahren 10 kg Cl_2-Gas innerhalb von 24 h herstellen wollen.

Übung 24 Elektrochemie:
(Lösungen Seite 334)

- In der Vergangenheit waren verschiedene Typen von Knopfzellen in Gebrauch, zum Beispiel Silberoxid-Zink-Batterien und Quecksilberoxid-Zink-Batterien. Die Quecksilberoxid-Zink-Batterien wurden wegen des entstehenden Quecksilbers aus ökologischen Gründen aufgegeben. Bei den Silberoxid-Zink-Batterien reagiert Silber(I) mit elementarem Zink, wobei elementares Silber und Zink(II) entsteht, welches zu Zink-Hydroxid weiter reagiert. Die Gesamtreaktion ist damit

$$Ag_2O + Zn + H_2O \rightarrow 2Ag + Zn(OH)_2.$$

Bei den Quecksilberoxid-Zink-Batterien lautet die Gesamtreaktion

$$HgO + Zn + H_2O \rightarrow Hg + Zn(OH)_2.$$

  - Welche Spannungen liefern beide Knopfzellen?

  - Sie wollen wissen, wieviel Wärme pro Reaktionsumsatz frei wird, wenn Sie beide Zellen betreiben. Sie erinnern sich dazu, dass Ag(I)-Ionen in einem basischen Medium als brauner Ag_2O-Niederschlag ausfallen und dass diese Reaktion schwach exotherm mit einem $\Delta H_R°$ von $-69\,\text{kJ/mol}$ ist. Außerdem schlagen Sie folgende Werte nach: $\Delta H_B°(OH^-) = -230\,\text{kJ/mol}$ und $\Delta H_B°(Ag^+) = +106\,\text{kJ/mol}$. Berechnen Sie die Standard-Reaktionsenthalpie für beide Reaktionen.

– Die Standard-Reaktionsentropie (ΔS_R°) ist bei der Silberoxid-Zink-Batterie um den Faktor 2,64 größer als bei der Quecksilberoxid-Zink-Batterie. Wie groß ist die Standard-Bildungsentropie von Ag_2O?

Anmerkung:

– Am einfachsten erreichen Sie Konsistenz, wenn Sie alle Gleichungen mit dem kleinsten ganzzahligen Satz an stöchiometrischen Faktoren formulieren. (Sie können die Reaktion $2A+B \rightarrow C$ zwar auch zum Beispiel als $4A+2B \rightarrow 2C$ formulieren, müssen dann aber die resultierenden thermodynamischen Reaktionsgrößen alle durch zwei dividieren.)

– Notwendige Stoffdaten finden Sie im Appendix ab Seite 424.

Übung 25 Verschiedene Kinetiken:
(Lösungen Seite 338)

- Wir haben die Kinetik für eine unimolekulare Reaktion explizit gelöst. Berechnen Sie [A] für die folgenden Reaktionen 0., 2. und 3. Ordnung unter der Annahme, dass die Konzentration aller Edukte am Anfang gleich sind:

$$A \xrightarrow{k_0} P$$

$$A + B \xrightarrow{k_2} P$$

$$A + B + C \xrightarrow{k_3} P$$

- Versuchen Sie, einen allgemeinen Ausdruck für eine Reaktion n. Ordnung zu generieren. Auch wenn Reaktionen mit Ordnungen höher als drei nicht bekannt sind, spricht nichts dagegen, dass es sie im Prinzip geben kann. Auch gibt es ja zahlreiche Reaktionen mit nichtganzzahligen Ordnungen. (Zu beweisen, dass auch Reaktionen nullter und erster Ordnung diesem Gesetz folgen, ist ein mathematisch etwas umständliches, aber gleichzeitig sehr spannendes und lohnenswertes Unterfangen, vor allem für die erste Ordnung.)

- Überprüfen Sie, ob die Funktionen, die Sie abgeleitet haben, mit dem numerisch ermittelten Verhalten aus dem Buch kompatibel sind. (Die Verwendung eines Computers wird empfohlen.)

Übung 26 Reaktionsgeschwindigkeiten:
(Lösungen Seite 345)

- Typische Aktivierungsenergien liegen im Bereich von einigen hundert kJ/mol. Nehmen wir einmal an, eine Reaktion hätte eine Aktivierungsenergie von genau 100 kJ/mol. (Die Reaktion

$$2N_2O_5 \rightarrow 4NO_2 + O_2$$

hat etwa ein E_A von $103,4\,\text{kJ/mol}$.) Außerdem wollen wir der Einfachheit halber annehmen, dass A nicht von der Temperatur abhängt. Wie stark ändert sich dann die Reaktionsgeschwindigkeit, wenn wir die Temperatur von in etwa Raumtemperatur (ca. 300 K) auf 400 K anheben?

- Leiten Sie einen allgemeinen Ausdruck für das Verhältnis zweier Geschwindigkeitskonstanten bei verschiedenen Temperaturen T_1 und T_2 her.

- Es gibt die sogenannte RGT- oder van-'t-Hoffsche Regel, nach welcher sich die Geschwindigkeit ungefähr um den Faktor 2 bis 4 ändert, falls die Temperatur um $10\,°\text{C}$ erhöht wird. Dieses Gesetz wurde empirisch gefunden. Nun, da Sie die Hintergründe der Temperaturabhängigkeit der Geschwindigkeitskonstanten kennen, stellen Sie mittels der eben ermittelten Gleichung und unter Zuhilfenahme eines Mathematikprogrammes oder Excel fest, in welchem Bereich von E_A- und T-Werten das Gesetz gilt und stellen Sie den Gültigkeitsbereich in einem Diagramm dar.

Übung 27 Kinetische Reaktionsführung:
(Lösungen Seite 348)

- Lesen Sie hier am besten erst die komplette Angabe (alle Punkte) durch.

- Sie betreiben industriell eine Reaktion nach dem Schema

$$A \xrightarrow{k_1} B \xrightarrow{k_2} C.$$

B ist das gewünschte Produkt der Reaktion, C ein wertloses und unerwünschtes Produkt. Berechnen Sie den Zeitpunkt t_{optimal}, an welchem Sie die Reaktion abbrechen müssen, um die Ausbeute an B zu optimieren, als Funktion von k_1 und k_2. Es wird angenommen, dass die Startkonzentrationen an B und C anfangs Null sind und die Elementarreaktionen alle erster Ordnung sind. Lösen Sie das Problem weiters unter der Annahme, dass $k_1 \neq k_2$.

- Beweisen Sie, dass der von Ihnen gefundene Zeitpunkt ein Maximum ist (kniffelig, bedenken Sie, dass Sie nicht unbedingt wirklich eine Zahl berechnen müssen, Sie müssen nur feststellen, ob die zweite Ableitung und der entsprechenden Stelle positiv oder negativ ist).

- Lösen Sie das Problem für den Fall, dass $k_1 = k_2$. Typischerweise divergiert der vorher berechnete Ausdruck an dieser Stelle und Sie müssen einen neuen ableiten. Beweisen Sie auch hier, dass Sie ein Maximum gefunden haben. Letzteres müssen Sie nur zeigen, wenn Sie die Formel durch einen ganz neuen Ansatz erzeugt haben – sollten Sie eine extrem elegante Möglichkeit gefunden haben, aus der schon gefundenen Formel die gesuchte zu erzeugen, entfällt dieser Schritt.

- Sie arbeiten als Analytikerin oder Analytiker gemeinsam mit einer Fachgruppe zur Erforschung von seltenen Isotopen. Sie wollen das synthetische Stickstoffisotop ^{16}N analysieren. Dazu wird ein Kohlenstofftarget mit einem hochenergetischen Tritiumpuls beschossen, wobei sich ^{16}C bildet. Dieses zerfällt mit einer Halbwertszeit von $0{,}747\,\mathrm{s}$ zu ^{16}N, welches aber wiederum mit einer Halbwertszeit von $7{,}131\,\mathrm{s}$ zu dem stabilen Isotop ^{16}O zerfällt. Beides sind β^--Zerfälle, hierbei wird ein Neutron in ein Proton umgewandelt und sendet ein Elektron und Elektron-Antineutrino aus:

$$\mathrm{n}^0 \to \mathrm{p}^+ + \mathrm{e}^- + \bar{\nu}_e$$

  Da die Messungen sehr aufwändig und teuer sind, soll der optimale Zeitpunkt berechnet werden, an welchem die Messungen statt finden sollen, um möglichst die Eigenschaften vom gewünschten Isotop zu bestimmen, das ist natürlich jener mit der größten Konzentration an ^{16}N. Berechnen Sie diesen Zeitpunkt. Ähnlich werden auch die Eigenschaften von extrem schweren synthetischen Elementen bestimmt, die ebenfalls sehr kurzlebig sind, zum Beispiel von Element 117.

- Damit Sie auch sehen, dass diese Berechnung tatsächlich funktioniert, hier die Abbildung einer voll kinetischen Simulation (mittels Matlab). Jene Zeit, welche mittels der Formel, die das Ergebnis dieser Rechnung ist, generiert wurde, ist strichliert eingezeichnet und passt perfekt auf das Maximum der Konzentration von ^{16}N. Die Berechnung funktioniert also.

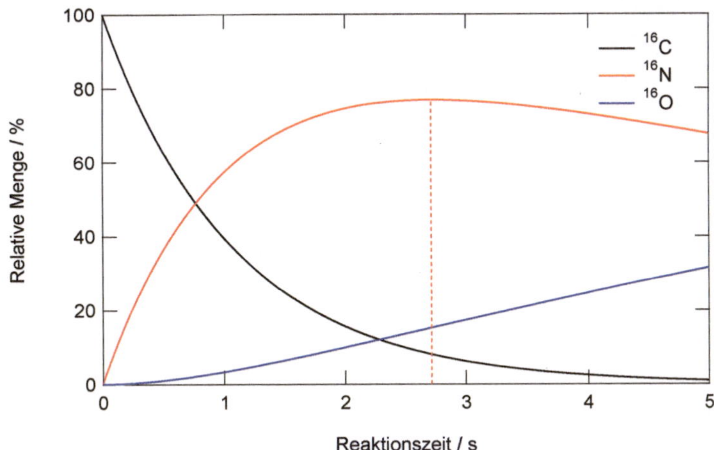

- Folgender Ansatz kann benutzt werden (nicht weiterlesen, wenn Sie selbst knobeln wollen!):

  – Generieren Sie einen Ausdruck für [B](t):
    Dazu haben wir die Lösung für eine Gleichung vom Typ

  $$\frac{dy}{dx} + Py = Q$$

  kennen gelernt:

  $$y = \frac{\int e^{\int P dx} Q dx + k}{e^{\int P dx}}.$$

  Die Integrationskonstante k fällt in unserer Rechnung weg, weil die Startkonzentration von B Null ist.

  – Leiten Sie diesen Ausdruck nach der Zeit ab und setzen Sie ihn Null

  – Lösen Sie die Gleichung nach t auf

  – Sie dürfen hier natürlich nicht das Konzept quasistationärer Zustände benutzen, dieses setzt ja immer $\frac{d[B]}{dt} = 0$.

12. Lösungen der Übungsaufgaben

Lösungen der Aufgaben von Seite 273

- Stellen Sie sich eine neue thermodynamische Größe vor – die molare Entropie S_m. Sie ist definiert als die Entropie des Systems geteilt durch die Stoffmenge. Ist diese neue Größe extensiv oder intensiv?

Intensiv, hängt nicht mehr von der Stoffmenge ab. Beweis: S_m für beliebiges System:

$$S_m = \frac{S}{n}$$

S_m für doppelt so großes System:

$$S_m(\text{doppelt}) = \frac{2 \cdot S}{2 \cdot n} = \frac{S}{n} = S_m$$

- Kann sich die innere Energie eines Systems ändern, wenn V, S und n konstant gehalten werden?

Nein. Wenn drei der sechs Größen p, V, n, μ, S und T festgelegt sind, ist das System festgelegt.

- Kann sich die innere Energie eines Systems ändern, wenn p, T und μ konstant gehalten werden?

Nein. Wenn drei der sechs Größen p, V, n, μ, S und T festgelegt sind, ist das System festgelegt.

- Formulieren Sie dG für eine einfache chemische Reaktion ($A \rightleftarrows B$) bei konstantem Druck und konstanter Temperatur (durchaus übliche Bedingungen bei Reaktionen).

$$dG = \mu_A dn_A + \mu_B dn_B$$

Beantworten Sie davon ausgehend folgende Fragen:

- Formulieren Sie so um, dass das dG nur mehr von *einer* natürlichen Variable (n_A) abhängt (Hinweis: n_A und n_B sind nicht unabhängig)

$$dG = \mu_A dn_A - \mu_B dn_A = (\mu_A - \mu_B)dn_A,$$

weil $dn_A = -dn_B$ (Ein A wird verbraucht, um ein B zu bilden und vice versa)

© Springer Fachmedien Wiesbaden GmbH, ein Teil von Springer Nature 2018
W. Stadlmayr, *Thermodynamik – nicht nur für Nerds*,
https://doi.org/10.1007/978-3-658-23291-7_12

– Führen Sie die Konvention $\mu_A - \mu_B = \Delta\mu$ in Ihre Gleichung ein. Was geschieht, wenn $\Delta\mu$ größer als 0 ist? Was, falls es kleiner ist? Was sagen Sie voraus, falls $\Delta\mu = 0$? (Bedenken Sie, dass es das Bestreben eines Systems ist, ins Gleichgewicht zu gelangen und dass dieses erreicht ist, falls $dG = 0$)

Falls $\Delta\mu > 0 \rightarrow$ A wandelt sich in B um

Falls $\Delta\mu < 0 \rightarrow$ B wandelt sich in A um

Falls $\Delta\mu = 0 \rightarrow$ Keine Umwandlung

– Man sagt, eine „*Reaktion ist im Gleichgewicht*", falls $dG = 0$. Gibt es für eine Reaktion im Gleichgewicht noch Teilchenumwandlung (auf makroskopischer Ebene)? Stellen Sie eine Vermutung darüber an, ob es auf mikroskopischer Ebene noch Teilchenumwandlung gibt und diskutieren Sie Ihre Antwort.

Es gibt keine makroskopische Umwandlung mehr – mikroskopisch ist Reaktion und Rückreaktion gleich schnell und gleich wahrscheinlich.

- Typischerweise sinkt die Entropie eines Systems, wenn man bei konstanter Temperatur den Druck erhöht ($\left(\frac{dS}{dp}\right)_T < 0$). Können Sie einen Grund dafür angeben? (Benutzen Sie die Maxwell-Relationen)

$dV/dT = $ Wärmeausdehnung und typischerweise positiv (Stoffe werden größer, wenn sie erwärmt werden), daher muss $-(dS/dp)$ auch positiv und (dS/dp) negativ sein. Alternativ: Höherer Druck bedeutet weniger Freiheitsgrade, Teilchen werden stärker auf Plätze gezwungen $\rightarrow$ Richtung Kristallisation $\rightarrow$ Erniedrigung von S.

– Wasser (H_2O) zeigt zwischen 0 und 4°C eine *Dichteanomalie* – das bedeutet, seine Dichte wird beim Erwärmen größer, i.e. es zieht sich beim Erwärmen zusammen. Stellen Sie eine Vermutung darüber an, was dies für die Struktur von Wasser bei diesen Temperaturen bedeutet und wie diese Strukturen vom Druck abhängen.

Es muss bedeuten, dass Wasser bei höherem Druck ungeordneter wird, was tatsächlich der Fall ist. Wasser liegt typischerweise in geordneten Clustern vor, welche bei genügend großem Druck ge- und später zerstört werden $\rightarrow$ die Entropie nimmt daher zu

– Sie wissen durch ein Experiment, dass sich der Druck in einem Gas erhöht, wenn Sie es bei konstantem Volumen erhitzen. Wie denken Sie, wird sich die Entropie des Gases ändern, wenn Sie es bei konstanter Temperatur auf ein größeres Volumen ausdehnen?

Die Entropie erhöht sich.

– Nehmen Sie an, Sie wissen, dass sich bei freiwillig ablaufenden Prozessen die Entropie im Universum erhöht oder gleich bleibt. Nehmen Sie weiters an, dass Sie ein ideales Gas (Gasteilchen spüren keine Wechselwirkungen) in einem vollkommen (wärme)dichten Behälter haben (i.e. es kann keine Entropie aus der Umgebung aufnehmen oder an sie abgeben). Ohne in den Behälter hineinzuschauen – ist es aufgrund Ihrer Erkenntnisse aus der vorigen Frage wahrscheinlich, dass sich das gesamte Gas in einer Ecke des Behälters sammelt? Wenn nein, warum nicht?

Nein, Natur strebt freiwillig immer Vergrößerung der Entropie an $\rightarrow$ $(dS/dV) > 0$, wenn das eingenommene Volumen sich erhöht, kann die Entropie immer vergrößert werden, Gas füllt daher immer den vollen Bereich aus.

Lösungen der Aufgaben von Seite 274

- Es geht in dieser Übung um die Volumensarbeit. Es gilt hier, dass

$$\Delta W_{\text{Vol}} = \int_{V_A}^{V_E} -p \cdot dV.$$

(Achtung, hier sind die beiden Größen einander entgegengerichtet – wenn das Volumen verkleinert wird (Stempel nach unten), so wächst der Druck in die Gegenrichtung; daher muss das Vorzeichen ein $-$ sein: $\Delta W_{\text{Vol}} = \int_{V_A}^{V_E} -p \cdot dV$). Unter gewissen experimentellen Bedingungen (reversible, isotherme Prozessführung) gilt, dass $p \cdot V = $ konstant. Nehmen Sie an, dass solch ein Prozess vorliegt.

  – Lösen Sie das Integral auf, sodass die Arbeit nur mehr von Anfangs- und Endvolumen abhängt (und eventuell einer Konstanten), aber nicht mehr vom Druck

$$\Delta W = -\text{Konstante} \cdot \ln \frac{V_E}{V_A}$$

  – Fertigen Sie eine Skizze in Analogie zum Hub- und Beschleunigungsfall in diesem Kapitel an

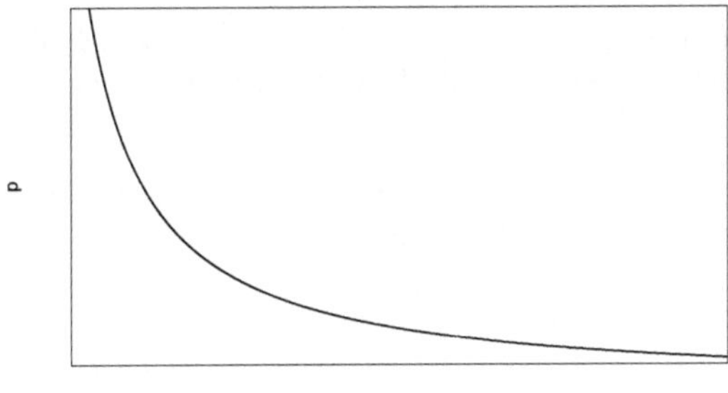

  – Sie haben zwei Stempel, welche mit idealen Gasen gefüllt sind. Sie komprimieren einen von $10\,\text{m}^3$ auf $1\,\text{m}^3$, den anderen von $1\,\text{m}^3$ auf $0,1\,\text{m}^3$. Wir verhalten sich die beiden dazu notwendigen Arbeiten?

Sie sind gleich.

- Um eine gewisse Wärmemenge ΔQ zu übertragen, brauchen Sie bei einer Leistung von $10\,\text{W}$ genau $100\,\text{s}$. Welche Leistung benötigen Sie, um dieselbe Wärmemenge in $10\,\text{s}$ umzusetzen?

100 W

Lösungen der Aufgaben von Seite 275

- Phasen:

    – Sie haben einen Kolben vor sich, der zur Hälfte mit Wasser gefüllt ist. Darüber befindet sich Luft. Wie viele Phasen liegen in dem Kolben vor?

Zwei.

    – Sie geben einen Eiswürfel in den Kolben. Wie viele Phasen liegen nun vor? Nach einer gewissen Zeit ist der Eiswürfel geschmolzen. Wie viele Phasen liegen nun vor?

Erst drei, dann wieder zwei.

    – Sie füllen zwei Bechergläser – eines mit Wasser, eines mit Öl. Die Bechergläser sind randvoll (i.e. es ist keine Luftphase dabei). Nun geben Sie in beide Gläser je eine Brise Kochsalz. Sie rühren um und warten kurz. Wie viele Phasen sind in den Gläsern?

In dem Glas mit Wasser ist eine, in dem mit Öl sind zwei, da sich Kochsalz nicht in Öl löst.

- Gleichgewichte:

    – Sie sehen einen Ottomotor, der mit etwa 300 Umdrehungen pro Minute arbeitet. Befindet sich der Motor im thermodynamischen Gleichgewicht? Falls Nein, welche Gleichgewichte sind verletzt?

Nein. Mechanisches Gleichgewicht verletzt: Motor bewegt sich schnell. Thermisches Gleichgewicht verletzt: verschiedene Komponenten haben verschiedene Temperaturen. Chemisches Gleichgewicht verletzt: es findet eine Verbrennung (=Reaktion) statt.

    – Sie schalten den Motor ab und lassen ihn auskühlen. Befindet er sich jetzt im thermodynamischen Gleichgewicht? Falls Nein, welche Gleichgewichte sind verletzt?

Ja.

    – Sie finden eine geladene Batterie. Befindet sie sich im thermodynamischen Gleichgewicht? Falls Nein, welche Gleichgewichte sind verletzt?

Nein, chemisches Gleichgewicht verletzt: es gibt notwendigerweise Konzentrationsunterschiede an geladenen Spezies in beiden Halbzellen der Batterie.

    – Sie entladen die Batterie vollständig. Befindet sie sich jetzt im thermodynamischen Gleichgewicht? Falls Nein, welche Gleichgewichte sind verletzt?

Ja.

    – Befinden *Sie selbst* sich im thermodynamischen Gleichgewicht? Falls Nein, welche Gleichgewichte sind verletzt?

Nein, Leben ist immer sehr weit vom Gleichgewicht entfernt. Mechanisches Gleichgewicht ist verletzt, auch wenn man ruht: Herzschlag, Peristaltik, usw. Thermisches Gleichgewicht leicht verletzt: andere Temperatur als Umgebung, andere Temperatur in Gliedmaßen und Torso. Chemisches Gleichgewicht ist massiv verletzt: ständig wird irgendwas umgewandelt (Metabolismus=Stoff*wechsel*).

- Die spezifische Entropie eines Stoffes ist geringer als seine Entropiedichte. Was wissen Sie damit über den Stoff?

Seine Dichte ist größer als 1. $s = \frac{S}{m}$, $\rho_S = \frac{S}{V}$. Beide Gleichungen nach S auflösen und gleichsetzen liefert: $s \cdot m = S$; $\rho_S \cdot V = S$.

$$s \cdot m = \rho_S \cdot V$$

Umstellen liefert:
$$\frac{\rho_S}{s} = \frac{m}{V}.$$

Da s kleiner ist als ρ_S, ist der linke Term der Gleichung größer als 1, da es eine Gleichung ist, muss auch der rechte Ausdruck größer 1 sein. $\frac{m}{V}$ ist aber genau die Dichte eines Stoffes ($\frac{\text{kg}}{\text{m}^3}$).

- Kann die Zeit t eines Systems eine Zustandsfunktion sein?

Nein.

- Zustände und Prozesse:
  Stellen Sie sich eine beliebige Wärmekraftmaschine vor, die einen beliebigen Kreisprozess durchführt (bei einem Kreisprozess wird die Maschine den selben Zustand zyklisch wieder erreichen). Sie bauen diese Maschine und berechnen alle Kenngrößen. Außerdem gelingt es Ihnen, die Größen *absolut* zu berechnen (wir wollen hier nicht fragen, wie). Sie kennen am Ausgangspunkt Ihres Kreisprozesses also die innere Energie U, die in der Maschine gespeicherte Entropie S, ebenso die in einem Zyklus umgesetzte Wärme Q und Arbeit W. Eine Kommilitonin besucht Sie und schlägt einige Änderungen an der Maschine vor, welche Sie auch ausführen. Der Ausgangspunkt des Kreisprozesses bleibt dabei unverändert, alle anderen Punkte nicht notwendigerweise.

  – Können Sie – ohne Berechnung – die Größen S, U, Q und W am Ausgangspunkt bestimmen?

  U und S schon (Zustandsgrößen), Q und W nicht (Prozessgrößen).

  – Ihre Kommilitonin erzählt Ihnen von einer neuen Größe, dem *Wirkungsgrad*. Er ist der Quotient aus ins System eingetragener Wärme durch die geleistete Arbeit. Ist der Wirkungsgrad von Ihrer ursprünglichen Maschine notwendigerweise ident mit dem der überarbeiteten?

  Nein.

Lösungen der Aufgaben von Seite 276

- Kann die Leistungszahl größer als 1 sein? Wenn Ja, warum, wenn Nein, warum?

Ja, wenn $\eta_{\text{WKM}} = \frac{|W|}{Q_{\text{Rein}}} < 1$, dann muss z.B. $\epsilon_{\text{KA}} = \frac{|Q_{\text{Rein}}|}{|W|}$ größer als 1 sein.

- Sie führen einer Wärmekraftmaschine 500 kJ an Wärme zu. Die Maschine liefert daraufhin für eine Stunde eine Leistung von 100 W. Wie groß ist der Wirkungsgrad dieser Maschine?

Eine Leistung von 100 W für eine Stunde entspricht

$$100\,\text{W} \cdot 3600\,\text{s} = 360000\,\text{J} = 360\,\text{kJ}.$$

Daher gilt

$$\eta = \frac{|W|}{|Q_{\text{Rein}}|} = \frac{360\,\text{kJ}}{500\,\text{kJ}} \approx 0,72$$

- Sie betreiben eine Wärmepumpe, die Leistungszahl ist 2,3. Wenn alle Schritte ideal und verlustfrei ablaufen, wie große wäre die Leistungszahl für die selbe Maschine, wenn Sie sie als Kälteanalage betreiben?

Es gilt

$$\epsilon_{\text{WP}} = \frac{|Q_{\text{Raus}}|}{|W|} = 2,3$$

und

$$\epsilon_{\text{KA}} = \frac{|Q_{\text{Rein}}|}{|W|}.$$

Durch die Energieerhaltung wissen wir, dass

$$Q_{\text{Raus}} = Q_{\text{Rein}} + W,$$

i.e. gewissermaßen der erste Hauptsatz. Alle Wärme, die wir raus kriegen (Q_{Raus}), muss entweder als Wärme (Q_{Rein}) oder als Arbeit (W) eingeführt worden sein, sonst können wir den Kreisprozess nicht schließen. Diese Information setzen wir ein:

$$\epsilon_{\text{WP}} = \frac{|Q_{\text{Raus}}|}{|W|} = \frac{|Q_{\text{Rein}} + W|}{|W|} = \left|\frac{Q_{\text{Rein}}}{W} + \frac{W}{W}\right| = \epsilon_{\text{KA}} + 1$$

Daher wäre die Leistungszahl als Kälteanalage $2,3 - 1$ und damit $1,3$.

Lösungen der Aufgaben von Seite 276

- Sie geben ein Gefäß mit starrem Volumen einem Kollegen zur Verwahrung und verbieten ihm streng, das Gefäß je zu öffnen. Der Druck im Gefäß ist 120000 Pa, die Temperatur beträgt 30 °C. Er gibt Ihnen das Gefäß einige Tage später zurück, der Innendruck beträgt 100000 Pa. Darauf angesprochen meint Ihr Kollege, dies liege an den wesentlich kälteren Temperaturen (es hat an jenem Tag nur 10 °C). Hat Ihr Kollege das Gefäß geöffnet?

Ja, er hat es geöffnet. Es muss gelten, dass $\frac{p}{T} = $ konstant. $\frac{120000}{(273+30)} = 396$, aber $\frac{100000}{(273+10)} = 353$.

- Sie haben zwei Gefäße mit beweglichem Stempel, welche je $0,1\,\mathrm{mol}$ eines idealen, einatomigen Gases enthalten. Druck und Volumen von beiden sind gleich: $p = 100000\,\mathrm{Pa}$, $V = 0,0025\,\mathrm{m}^3$. Sie komprimieren das erste Gefäß isotherm und das zweite adiabatisch auf einen Druck von $200000\,\mathrm{Pa}$.

 – Bevor Sie rechnen – welches Volumen ist größer?

Das, welches der adiabatischen Kompression unterworfen war, da

$$\Delta V_{\mathrm{Isotherm}} > \Delta V_{\mathrm{Adiabatisch}}.$$

 – Berechnen Sie beide Volumina.

Isotherm:
$$p_1 V_1 = p_2 V_2,$$

daher gilt
$$V_2 = \frac{p_1 V_1}{p_2} = \frac{100000\,\mathrm{Pa} \cdot 0,0025\,\mathrm{m}^3}{200000\,\mathrm{Pa}} = 0,00125\,\mathrm{m}^3.$$

Adiabatisch:
$$p_1 V_1^{\kappa} = p_2 V_2^{\kappa},$$

daher gilt

$$V_2^{5/3} = \frac{p_1 V_1^{5/3}}{p_2} = \frac{100000\,\mathrm{Pa} \cdot 0,0025^{5/3}\,\mathrm{m}^3}{200000\,\mathrm{Pa}} = 0,000023025\,\mathrm{m}^3.$$

Auflösen bringt uns zu

$$V_2 = 0,000023025^{3/5}\,\mathrm{m}^3 = 0,00165\,\mathrm{m}^3.$$

 – Zeigen Sie, wie sich allgemein das Volumen bei adiabatischer Kompression zu isothermer Kompression verhält, wenn der Ausgangspunkt und der Enddruck gleich sind.

Es gelten die beiden Formeln[I]:
$$p_1 V_1 = p_2 V_{2,\mathrm{Iso}}$$

und

$$p_1 V_1^{\kappa} = p_2 V_{2,\mathrm{Adia}}^{\kappa}.$$

[I] Weil ja V_1, p_1 und p_2 für beide Kompressionen gleich sind.

Wir stellen jeweils V_1 frei:

$$V_1 = \frac{p_2 V_{2,\text{Iso}}}{p_1} = V_{2,\text{Iso}} \cdot \frac{p_2}{p_1}$$

und

$$V_1 = \sqrt[\kappa]{\frac{p_2 V_{2,\text{Adia}}^{\kappa}}{p_1}} = V_{2,\text{Adia}} \cdot \sqrt[\kappa]{\frac{p_2}{p_1}}.$$

Nun setzen wir beide Ausdrücke gleich und stellen um und kommen damit zu

$$V_{2,\text{Adia}} = V_{2,\text{Iso}} \cdot \frac{\frac{p_2}{p_1}}{\sqrt[\kappa]{\frac{p_2}{p_1}}} = V_{2,\text{Iso}} \cdot \left(\frac{p_2}{p_1}\right)^{1-\frac{1}{\kappa}}$$

Lösungen der Aufgaben von Seite 277

- Sie führen zwei Prozesse durch (1 und 2), bei denen Sie ein ideales Gas jeweils auf ein bestimmtes Volumen isotherm expandieren. Einmal ist das Volumen doppelt, einmal achtmal so groß, wie das Anfangsvolumen. Wie verhalten sich die Änderungen der freien Energie zueinander, also was ist $\frac{\Delta A_1}{\Delta A_2}$?

$$dA = -pdV - SdT + \mu dn$$

Bei konstanter Temperatur und konstanter Stoffmenge gilt:

$$(dA)_{T,n} = -pdV$$

Wir integrieren die Gleichung auf (Subskripte werden der besseren Übersicht halber weggelassen):

$$\int_{A_A}^{A_E} dA = \int_{V_A}^{V_E} -pdV$$

Wir wissen aus der idealen Gasgleichung, dass $p = \frac{nRT}{V}$, das setzen wir ein

$$\Delta A = \int_{V_A}^{V_E} -\frac{nRT}{V}dV = -nRT \int_{V_A}^{V_E} \frac{1}{V}dV = -nRT \ln\frac{V_E}{V_A}$$

Wir vergleichen die beiden ΔAs:

$$\frac{\Delta A_1}{\Delta A_2} = \frac{-nRT\ln\frac{V_{1,E}}{V_{1,A}}}{-nRT\ln\frac{V_{2,E}}{V_{2,A}}} = \frac{\ln\frac{2V_{1,A}}{V_{1,A}}}{\ln\frac{8V_{1,B}}{V_{1,B}}} = \frac{\ln 2}{\ln 8} = \frac{1}{3}$$

Die Änderung der freien Energie ist im zweiten Fall drei mal so groß.

Lösungen der Aufgaben von Seite 277

- Ein weiteres wichtiges Diagramm ist das T,S-Diagramm. Hier wird die umgesetzte Entropie auf der x-, die Temperatur auf der y-Achse aufgetragen. Skizzieren Sie ein T,S-Diagramm für Prozess aus Kapitel 3.2.

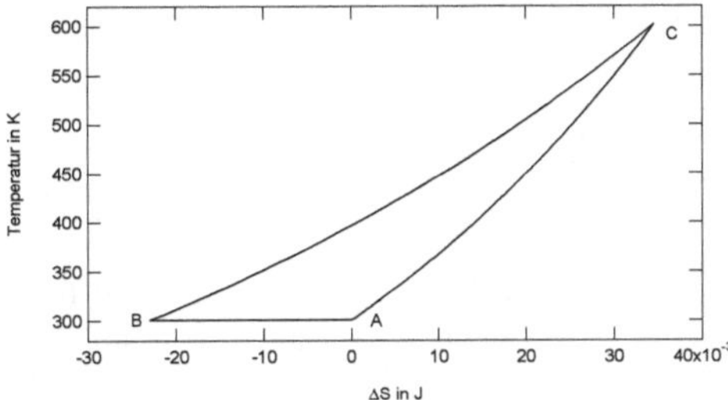

Stellen Sie sich eine Maschine vor, die wie die eben bearbeitete funktioniert, bei welcher aber der erste Schritt (Kompression) nicht isotherm, sondern adiabatisch erfolgt.

- Bevor Sie zu rechnen beginnen – welche Veränderungen erwarten Sie aufgrund Ihres thermodynamischen Wissens?

Der erste Schritt wird adiabatisch statt isotherm geführt, was bedeutet, dass sich die Temperatur des Gases erhöht. Die eingebrachte Energie, die für die Temperaturerwärmung benutzt wird, steht nicht für die Änderung des Volumens zur Verfügung (Volumen wird weniger stark komprimiert), daher erwartet man, dass der Punkt B bei einer höheren Temperatur und einem höheren Volumen liegt.

- Beschreiben Sie eine mögliche Art, diesen Prozess durchzuführen

Die Schritte B $\rightarrow$ C und C $\rightarrow$ A laufen gleich wie bisher. Der Schritt A $\rightarrow$ B muss durchgeführt werden, während sich das gesamte System in einem Bombenkalorimeter (i.e. in einer Thermoskanne) befindet.

- Berechnen Sie ΔU, ΔQ, ΔW und ΔS für alle Einzelschritte und den Gesamtprozess (benutzen Sie $C_V = \frac{3}{2}R$ und $C_p = \frac{5}{2}R$ für ideale, einatomige Gase))

Punkt	p	V	T	n
A	10000	$0,001$	300	$0,004$
B	20000	$0,00066$	397	$0,004$
C	20000	$0,001$	600	$0,004$

Schritt	ΔU	ΔW	ΔQ	ΔS
A $\to$ B	$+4,792$	$+4,792$	$0,000$	$0,000$
B $\to$ C	$+10,21$	$-6,81$	$+17,01$	$+0,0345$
C $\to$ A	$-15,00$	$0,000$	$-15,00$	$-0,0345$
Summe	0	$-2,012$	$+2,012$	0

- Zeichnen Sie ein p,V- und ein p,T-Diagramm

Siehe unten ...

    - Ist dieser Prozess reversibel?

Schritt	$\Delta Q_{\text{Umgebung}}$ J	$T_{\text{Wärmebad}}$ K	$\Delta S_{\text{Umgebung}}$ J/K
A $\to$ B	$0,000$	—	$+0,000$
B $\to$ C	$-17,01$	600	$-0,0284$
C $\to$ A	$+15,00$	300	$+0,0500$
Summe	$-2,012$	—	$+0,0216$

Nein, da die Entropie in der Umgebung um $0,0216\,\text{J/K}$ zunimmt.

Lösungen der Aufgaben von Seite 278

- Wir werden im nächsten Kapitel feststellen, dass die molare Gibbs-Energie das selbe ist, wie das chemische Potential. Wenn Sie diese Annahme vorerst zur Kenntnis nehmen, um wieviel ändert sich das chemische Potential eines idealen Gases, wenn Sie es bei $60\,°\text{C}$ isotherm von $3\,\text{bar}$ auf $30\,\text{bar}$ komprimieren?

$$dG = +V\,dp - S\,dT + \mu\,dn$$

Da $G_m = \mu$, können wir schreiben:

$$d\mu = +V_m\,dp - S_m\,dT.$$

Der μdn-Term fällt weg, weil wir uns immer auf ein Mol beziehen. Da der Prozess isotherm geschieht, folgt:

$$d\mu = V_m\,dp,$$

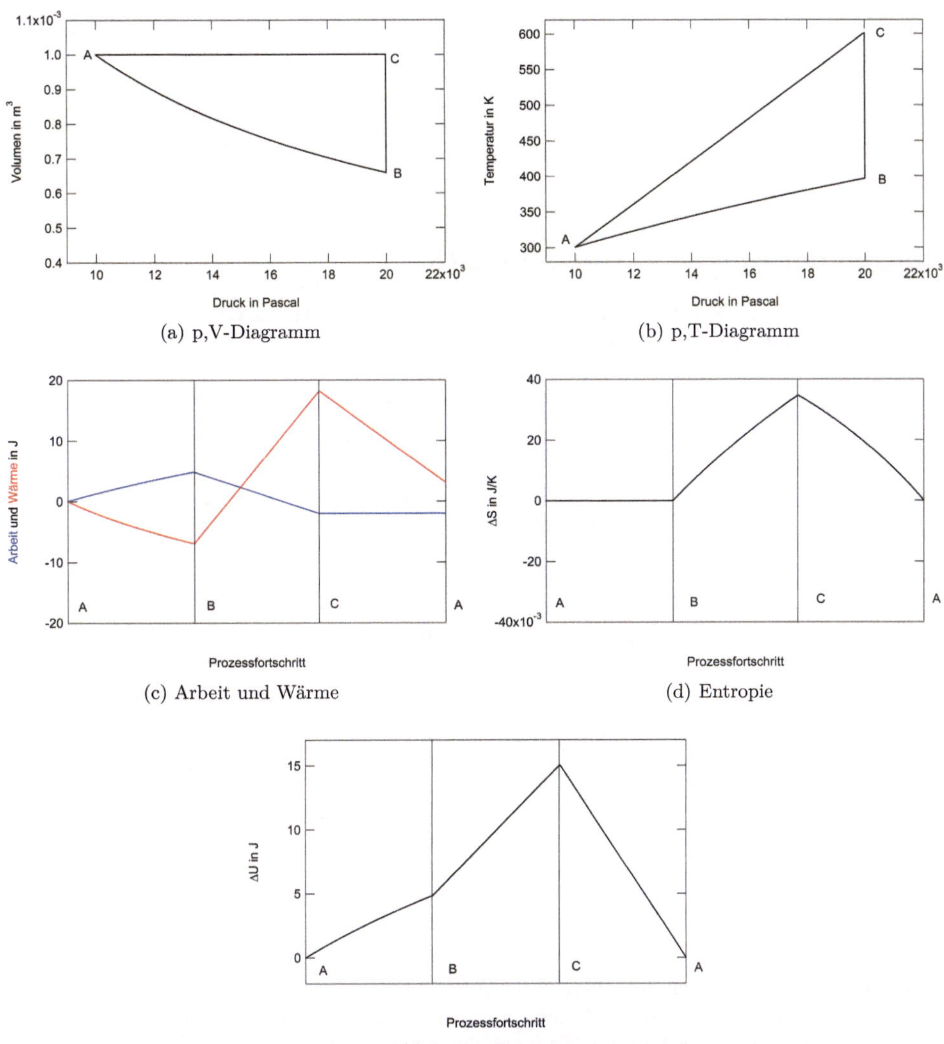

(a) p,V-Diagramm

(b) p,T-Diagramm

(c) Arbeit und Wärme

(d) Entropie

(e) Innere Energie

integrieren liefert

$$\Delta\mu = \int_{p_A}^{p_E} V_m dp.$$

Für ein ideales Gas können wir lösen

$$\Delta\mu = RT \cdot \ln\frac{p_E}{p_A}.$$

Einsetzen liefert $\Delta\mu \approx 6,4\,\mathrm{kJ/mol}$.

Lösungen der Aufgaben von Seite 278

- Zeigen Sie durch Einheitenanalyse, dass in der Van-der-Waals-Gleichung a die Einheit $\frac{\mathrm{bar\cdot m^6}}{\mathrm{mol^2}}$ und b die Einheit $\frac{\mathrm{m^3}}{\mathrm{mol}}$ haben können.

$$p = \frac{RT}{V_m - b} - \frac{a}{V_m^2}$$

$$\mathrm{bar} = \frac{\frac{\mathrm{J}}{\mathrm{mol\cdot K}}\cdot \mathrm{K}}{\frac{\mathrm{m^3}}{\mathrm{mol}} - \frac{\mathrm{m^3}}{\mathrm{mol}}} - \frac{\frac{\mathrm{bar\cdot m^6}}{\mathrm{mol^2}}}{\frac{\mathrm{m^6}}{\mathrm{mol^2}}}$$

$$\mathrm{bar} = \frac{\mathrm{J}}{\mathrm{m^3}} - \mathrm{bar}$$

Via

$$\frac{\mathrm{J}}{\mathrm{m^3}} = \frac{\frac{\mathrm{kg\cdot m^2}}{\mathrm{s^2}}}{\mathrm{m^3}} = \frac{\mathrm{kg}}{\mathrm{s^2}\cdot \mathrm{m}} = \mathrm{bar}$$

kommen wir zu:

$$\mathrm{bar} = \mathrm{bar} - \mathrm{bar} = \mathrm{bar},$$

was richtig ist.

- Zwei Gasflaschen stehen bei 298 K unter 200 bar Druck. Eine beinhaltet Helium, eine Sauerstoff. Nehmen Sie an, dass He sich wie ein ideales Gas verhält, während sich O_2 näherungsweise nach der Van-der-Waals-Gleichung verhalten soll. Der Kompressionsfaktor unter diesen Bedingungen ist $Z = 0,903$.

  − Berechnen Sie die molaren Volumina von He und O_2.

$$V_{m,\mathrm{He}} = \frac{RT}{p} = \frac{8.314 \cdot 298}{2\cdot 10^7} \approx 0,124\,\frac{\mathrm{dm^3}}{\mathrm{mol}}$$

$$V_{m,O_2} = V_{m,\text{He}} \cdot Z = 0,124 \cdot 0,903 \approx 0,112 \, \frac{\text{dm}^3}{\text{mol}}$$

– Berechnen Sie den Ausdruck für b in der Van-der-Waals-Gleichung, wenn $a = 1,378 \, \frac{\text{bar} \cdot \text{dm}^6}{\text{mol}^2}$.

Wir formen erst um:

$$p = \frac{RT}{V_m - b} - \frac{a}{V_m^2}$$

$$p + \frac{a}{V_m^2} = \frac{RT}{V_m - b}$$

$$\frac{p + \frac{a}{V_m^2}}{RT} = \frac{1}{V_m - b}$$

$$\frac{RT}{p + \frac{a}{V_m^2}} = V_m - b$$

$$b = V_m - \frac{RT}{p + \frac{a}{V_m^2}}$$

Dann setzen wir (in SI-Einheiten!) ein:

$$b = 1,12 \cdot 10^{-4} - \frac{8,314 \cdot 298}{2 \cdot 10^7 + \frac{0,1378}{(1,12 \cdot 10^{-4})^2}} = 3,20 \cdot 10^{-5} \, \frac{\text{m}^3}{\text{mol}}$$

– Da b ja das Volumen ist, welches die Teilchen belegen, kann daraus auch das Volumen eines Teilchens berechnet werden. Unter der Annahme, dass die Sauerstoffmoleküle harte Kugeln sind, gilt: $b = N_A \cdot V_K$, wobei N_A die Avogadro-Konstante $(6,022 \cdot 10^{23})$ ist und V_K das Volumen einer Kugel. Exakter bestimmte Van-der-Waals die Formel zu $b = 4 \cdot N_A \cdot V_K$, aber wir wollen die einfachere und eingängiere Formulierung behalten. Der Faktor vier kommt aus der Ableitung Van-der-Waals, dass die Kugeln ungefähr das vierfache an Volumen einnehmen, wenn sie in Bewegung sind. Berechnen Sie den Radius, den eine solche hypothetische O_2-Kugel einnimmt. Vergleichen Sie ihn mit dem in der Literatur bekannten van-der-Waals Radius von O_2: $1,52 \, \text{Å}$.

Für Kugeln gilt $V = \frac{4}{3}\pi r^3$, daher können wir $b = N_A \cdot \frac{4}{3}\pi r^3$ schreiben. Auflösen liefert uns

$$r = \sqrt[3]{\frac{3b}{4 N_A \pi}}.$$

Einsetzen liefert einen Wert von $2,33\,\text{Å}$. Da O_2 ja ein diatomares Molekül ist, kann die Größe eines Sauerstoffatomes mit der Hälfte des Wertes genähert werden, also mit $1.17\,\text{Å}$. Das ist eine sehr gute Abschätzung von atomaren Größen, wenn man bedenkt, dass wir nur makroskopische Größen benutzt haben, um die Rechnung anzustellen. Der Abstand ist auch mit anderen atomaren Größen vergleichbar, so ist beispielsweise der kovalente Radius eines O-Atoms $0.66\,\text{Å}$, der Bindungsabstand in O_2 beträgt $1.21\,\text{Å}$. Bei Verwendung der van-der-waals'schen Verbesserung um den Faktor vier ändert sich das Ergebnis geringfügig.

Lösungen der Aufgaben von Seite 279

- Sie haben zwei Metallblöcke. Einer ist aus Silber, wiegt $1\,\text{kg}$ und hat $600\,\text{K}$, der andere ist aus Aluminium, wiegt $3\,\text{kg}$ und hat $300\,\text{K}$. Welche Temperatur stellt sich ein, wenn Sie beide in Kontakt bringen und abwarten? Nehmen Sie dazu an, dass keine Wärme in die Umgebung entweichen kann (i.e. das Experiment findet in einem Bombenkalorimeter statt). $c_{\text{Ag}} = 235\,\frac{\text{J}}{\text{kg K}}$, $c_{\text{Al}} = 896\,\frac{\text{J}}{\text{kg K}}$. *Hinweis*: Erstellen Sie dazu eine Gleichung, die erst allgemein die übertragene Wärme als Funktion der anderen Größen ausdrückt, bevor Sie die speziellen Größen einsetzen.

Wir benutzen unser aller grundlegendstes Wissen, um einen Ansatz zu finden. Wir wissen, dass am Ende beide Blöcke die gleiche Temperatur haben werden:

$$T_{\text{Al}} = T_{\text{Ag}}$$

Wir beziehen uns nun zusätzlich auf die Anfangstemperaturen:

$$T_{\text{Start,Al}} + \Delta T_{\text{Al}} = T_{\text{Start,Ag}} + \Delta T_{\text{Ag}}$$

Nun müssen wir nur noch wissen, wie wir die ΔTs ausdrücken können – wir erledigen dies über die spezifische Wärmekapazität:

$$\Delta Q = mc\Delta T$$

Daher gilt:

$$\Delta T = \frac{\Delta Q}{m \cdot c},$$

wobei c die spezifische Wärmekapazität und m die Masse ist. Wir setzen ein:

$$T_{\text{Start,Al}} + \frac{\Delta Q_{\text{Al}}}{m_{\text{Al}} \cdot c_{\text{Al}}} = T_{\text{Start,Ag}} + \frac{\Delta Q_{\text{Ag}}}{m_{\text{Ag}} \cdot c_{\text{Ag}}}$$

Nun wissen wir noch eine Sache aus der Angabe, nämlich, dass keine Wärme in die Umgebung entweichen kann. Daher gilt auch

$$\Delta Q_{\mathrm{Ag}} = -\Delta Q_{\mathrm{Al}}$$

Dies setzen wir wieder ein:

$$T_{\mathrm{Start,Al}} + \frac{\Delta Q_{\mathrm{Al}}}{m_{\mathrm{Al}} \cdot c_{\mathrm{Al}}} = T_{\mathrm{Start,Ag}} - \frac{\Delta Q_{\mathrm{Al}}}{m_{\mathrm{Ag}} \cdot c_{\mathrm{Ag}}}$$

Wir formen zu

$$T_{\mathrm{Start,Al}} - T_{\mathrm{Start,Ag}} = -\frac{\Delta Q_{\mathrm{Al}}}{m_{\mathrm{Al}} \cdot c_{\mathrm{Al}}} - \frac{\Delta Q_{\mathrm{Al}}}{m_{\mathrm{Ag}} \cdot c_{\mathrm{Ag}}}$$

um, heben $-\Delta Q_{\mathrm{Al}}$ heraus

$$T_{\mathrm{Start,Al}} - T_{\mathrm{Start,Ag}} = -\Delta Q_{\mathrm{Al}} \left(\frac{1}{m_{\mathrm{Al}} \cdot c_{\mathrm{Al}}} + \frac{1}{m_{\mathrm{Ag}} \cdot c_{\mathrm{Ag}}} \right)$$

und lösen danach auf:

$$\frac{T_{\mathrm{Start,Ag}} - T_{\mathrm{Start,Al}}}{\left(\frac{1}{m_{\mathrm{Al}} \cdot c_{\mathrm{Al}}} + \frac{1}{m_{\mathrm{Ag}} \cdot c_{\mathrm{Ag}}} \right)} = \Delta Q_{\mathrm{Al}}$$

Damit haben wir eine allgemeine Formel generiert. Setzen wir unsere Zahlen ein:

$$\frac{(600 - 300)\,\mathrm{K}}{\left(\frac{1}{3 \cdot 896} + \frac{1}{1 \cdot 235} \right) \frac{\mathrm{kg\,J}}{\mathrm{kg\,K}}} = 64832\,\mathrm{J}$$

Damit haben wir die übertragenen Wärmemengen:

$$\Delta Q_{\mathrm{Al}} = +64832\,\mathrm{J}$$

$$\Delta Q_{\mathrm{Ag}} = -64832\,\mathrm{J}$$

Diese wandeln wir wieder in Temperaturunterschiede um:

$$\Delta T_{\mathrm{Al}} = \frac{\Delta Q_{\mathrm{Al}}}{m_{\mathrm{Al}} \cdot c_{\mathrm{Al}}} = \frac{64832}{3 \cdot 896}\,\frac{\mathrm{J}}{\mathrm{kg}\,\frac{\mathrm{J}}{\mathrm{kg\,K}}} = 24.1\,\mathrm{K}$$

$$\Delta T_{\text{Ag}} = \frac{\Delta Q_{\text{Ag}}}{m_{\text{Ag}} \cdot c_{\text{Ag}}} = \frac{-64832}{1 \cdot 235} \frac{\text{J}}{\text{kg} \frac{\text{J}}{\text{kg K}}} = -275.9 \, \text{K}$$

Schließlich berechnen wir die Temperatur der beiden Blöcke:

$$T_{\text{Al}} = T_{\text{Start,Al}} + \Delta T_{\text{Al}} = (300 + 24.1) \, \text{K} = 324.1 \, \text{K}$$

$$T_{\text{Ag}} = T_{\text{Start,Ag}} + \Delta T_{\text{Ag}} = (600 - 275.9) \, \text{K} = 324.1 \, \text{K}$$

Die Temperatur, welche sich einstellt, ist 324.1 K.

- Für die letzte Aufgabe mussten Sie eine Gleichung für $\Delta Q(T_{\text{Al}}, T_{\text{Ag}}, m_{\text{Al}}, m_{\text{Ag}}, c_{\text{Al}}, c_{\text{Ag}})$ selber erstellen. Es steht zu vermuten, dass dabei ein Fehler passiert sein könnte. Versuchen Sie, auf möglichst viele Arten, die Plausibilität der Gleichung zu testen – auf formal-mathematische, aber auch naturwissenschaftlich-physikalische Gesichtspunkte hin.

Es geht um die Formel

$$\frac{T_{\text{Start,Ag}} - T_{\text{Start,Al}}}{\left(\frac{1}{m_{\text{Al}} \cdot c_{\text{Al}}} + \frac{1}{m_{\text{Ag}} \cdot c_{\text{Ag}}} \right)} = \Delta Q_{\text{Al}},$$

beziehungsweise, allgemeiner um die Formel

$$\Delta Q_1 = \frac{T_{2,\text{Start}} - T_{1,\text{Start}}}{\left(\frac{1}{m_1 c_1} + \frac{1}{m_2 c_2} \right)}$$

Ein erster formaler Test wäre die Einheitenanalyse, das ist schon in der oberen Antwort passiert. Sie liefert das richtige Ergebnis, nämlich, dass ΔQ die Einheit Joule hat. Damit ist natürlich noch nicht die Richtigkeit der Formel bewiesen.

Als nächstes untersuchen wir einen Fall, bei welchem wir das Ergebnis kennen. Stellen wir uns vor, einer der Blöcke wäre ein unendliches Wärmereservoir, also $m_2 = \infty$. Wir erwarten, dass das Ergebnis dann ist, dass der endliche Block vollkommen die Temperatur des Reservoirs annimmt. Wir setzen also ein:

$$\Delta Q_1 = \frac{T_{2,\text{Start}} - T_{1,\text{Start}}}{\left(\frac{1}{m_1 c_1} + \frac{1}{\infty c_2} \right)}$$

Wird der Ausdruck durch ∞ geteilt, resultiert hier 0, daher:

$$\Delta Q_1 = \frac{T_{2,\text{Start}} - T_{1,\text{Start}}}{\left(\frac{1}{m_1 c_1} \right)} = \Delta T_{(1,2)} m_1 c_1,$$

wobei $\Delta T_{(1,2)}$ der Temperaturunterschied zwischen beiden Körpern ist. Um die Temperaturänderung des Körpers 1, ΔT_1, auszurechnen, benutzen wir wieder die Formel

$$\Delta T_1 = \frac{\Delta Q_1}{m_1 c_1}$$

und setzen das eben berechnete ΔQ_1 ein:

$$\Delta T_1 = \frac{\Delta T_{(1,2)} m_1 c_1}{m_1 c_1} = \Delta T_{(1,2)}$$

Damit haben wir genau unser Ergebnis: Die Endtemperatur des Körpers 1 unterscheidet sich genau um den Temperaturunterschied zwischen Körper 1 und 2 von seiner Anfangstemperatur, oder, in mathematischer Ausdrucksweise:

$$\Delta T_1 = \Delta T_{(1,2)}$$

Körper 1 nimmt also die Temperatur von Körper 2 (dem Wärmereservoir) an. Wir können natürlich über $\Delta Q_1 = -\Delta Q_2$ auch berechnen, wie sich die Temperatur des Körpers 2 ändert:

$$\Delta T_2 = \frac{-\Delta T_{(1,2)} m_1 c_1}{m_2 c_1} = \frac{-\Delta T_{(1,2)} m_1 c_1}{\infty c_1} = 0$$

Wie erwartet bleibt die Temperatur des zweiten Körpers unverändert.

Der letzte Test (der hier besprochen werden soll) ist der, dass wir den Fall betrachten, dass beide Blöcke aus dem gleichen Material und gleich schwer sind. Dann erwarten wir, dass sich die Temperatur genau in der Mitte einpendeln wird, also $T_1 = T_2 = \frac{T_{1,\text{Start}} + T_{2,\text{Start}}}{2}$. Probieren wir das aus:

$$\Delta Q_1 = \frac{T_{2,\text{Start}} - T_{1,\text{Start}}}{\left(\frac{1}{m_1 c_1} + \frac{1}{m_2 c_2}\right)} = \frac{T_{2,\text{Start}} - T_{1,\text{Start}}}{\left(\frac{1}{m_1 c_1} + \frac{1}{m_1 c_1}\right)} = \frac{\Delta T_{(1,2)}}{\left(\frac{2}{m_1 c_1}\right)} = \frac{m_1 c_1 \Delta T_{(1,2)}}{2}$$

Die Temperatur von Körper 1 ändert sich also um

$$\Delta T_1 = \frac{\Delta Q_1}{m_1 c_1} = \frac{\left(\frac{m_1 c_1 \Delta T_{(1,2)}}{2}\right)}{m_1 c_1} = \frac{1}{2} \Delta T_{(1,2)}$$

Die Temperatur von Körper 1 ändert sich also genau um die Hälfte der Temperaturdifferenz zwischen Körper 1 und 2 – das entspricht genau der Aussage, dass die Temperatur sich in der Mitte finden wird! Dies auch für Körper 2 zu zeigen ist nur mehr eine mathematische Fleißaufgabe.

Damit haben wir unsere Formel einigen Konsistenztests unterworfen und finden sie bestätigt. Natürlich gibt es zahlreiche weitere und andere Möglichkeiten, die Formel zu erproben. Außerdem ist es auch denkbar, dass Sie die Formel für ΔQ gleich in die Formel für ΔT eingesponnen und die allgemeineren Formeln

$$\Delta T_1 = \Delta T_{(1,2)} \cdot \frac{m_2 c_2}{m_1 c_1 + m_2 c_2}$$

und

$$\Delta T_2 = \Delta T_{(2,1)} \cdot \frac{m_1 c_1}{m_1 c_1 + m_2 c_2}$$

entwickelt, wobei $\Delta T_{(1,2)} = T_{2,\text{Start}} - T_{1,\text{Start}}$ und $\Delta T_{(2,1)} = T_{1,\text{Start}} - T_{2,\text{Start}}$.

Lösungen der Aufgaben von Seite 278

- Ein Argonatom ist circa $2,3\,\text{Å}$ ($2,3 \cdot 10^{-10}\,\text{m}$) groß. Der Van-der-Waals-Koeffizient $a = 0,1373\,\frac{\text{Pa m}^6}{\text{mol}^2}$. Kann Argon bei Raumtemperatur mittels isenthalper Entspannung verflüssigt werden?

Als erstes berechnen wir uns die Größe von b. Wir kennen den Radius, den ein Atom ungefähr hat, damit können wir das Volumen eines Atomes abschätzen:

$$V = \frac{4}{3}\pi r^3 = 5,097 \cdot 10^{-29}\,\text{m}^3$$

Das Binnenvolumen b bezieht sich auf ein Mol, das von uns berechnete Volumen auf ein Teilchen. Die Umrechnung erfolgt über N_A:

$$b = V \cdot N_A = 5,097 \cdot 10^{-29}\,\text{m}^3 \cdot 6,022 \cdot 10^{23}\,\text{mol}^{-1} = 3,069 \cdot 10^{-5}\,\frac{\text{m}^3}{\text{mol}}.$$

Mittels a und b errechnen wir T_I:

$$T_I = \frac{2a}{Rb} = \frac{2 \cdot 0,1373\,\frac{\text{Pa m}^6}{\text{mol}^2}}{8,314\,\frac{\text{J}}{\text{mol K}} \cdot 3,069 \cdot 10^{-5}\,\frac{\text{m}^3}{\text{mol}}} = 1076\,\text{K}.$$

Bei Raumtemperatur ist Ar weit unterhalb seiner Inversionstemperatur von über 1000 K und daher so verflüssigbar.

- Ein starres Bauteil wurde mit CO_2 getestet. Bei 600 K stellte sich ein molares Volumen von $5,8 \cdot 10^{-5} \frac{m^3}{mol}$ und ein Druck, der gerade noch als sicher gilt, ein. Kann die gleiche Menge He bei der gleichen Temperatur eingesetzt werden?

Stoff	$p_{krit.}$ Pa	$V_{m,krit.}$ m^3/mol	$T_{krit.}$ K
CO_2	$7,4 \cdot 10^6$	$9,4 \cdot 10^{-5}$	$304,2$
He	$2,3 \cdot 10^5$	$5,8 \cdot 10^{-5}$	$5,2$

Als erstes berechnen wir den sich einstellenden Druck, dazu benutzen wir die reduzierte Van-der-Waals-Gleichung. Wir reduzieren Temperatur und molares Volumen von CO_2: $T_{r,CO_2} = 1,972$ und $V_{m,r,CO_2} = 0,617$. Damit berechnen wir den reduzierten Druck:

$$p_{r,CO_2} = \frac{8T_{r,CO_2}}{3V_{m,r,CO_2} - 1} - \frac{3}{V_{m,r,CO_2}^2} = 10,66$$

Damit kennen wir den sich einstellenden Druck: $p_{CO_2} = p_{r,CO_2} \cdot p_{krit,CO_2} = 7,88 \cdot 10^7$ Pa. Wir wissen, dass die absolute Temperatur und das absolute molare Volumen für He gleich bleiben müssen, damit berechnen wir die reduzierten Größen: $T_{r,He} = 115,4$ und $V_{m,r,He} = 1,000$. Damit berechnen wir wieder den reduzierten Druck:

$$p_{r,He} = \frac{8T_{r,He}}{3V_{m,r,He} - 1} - \frac{3}{V_{m,r,He}^2} = 458,5$$

Schließlich berechnen wir den absoluten Druck, welcher sich mit He einstellt: $p_{He} = p_{r,He} \cdot p_{krit,He} = 1,055 \cdot 10^8$ Pa. Wir sehen also, dass He nicht unter diesen Bedingungen eingesetzt werden darf.

- Je nach dem, ob in der letzten Aufgabe die Grenze über- oder unterschritten wurde: Berechnen Sie, wieviel mal mehr Helium Sie benutzen können, bevor Sie die Grenze erreichen, beziehungsweise auf welchen Faktor Sie die Heliummenge begrenzen müssen, um den Wert zu unterschreiten.

Wir müssen dazu folgende Gleichung lösen, bei welcher $V_{m,r,He}$ die zu variierende Größe ist und p_{Sicher} der als sicher geltende Druck in in Vielfachen von p_{rHe}:

$$p_{Sicher} = \frac{8T_{r,He}}{3V_{m,r,He} - 1} - \frac{3}{V_{m,r,He}^2}$$

$$342,6 = \frac{923,2}{3V_{m,r,He} - 1} - \frac{3}{V_{m,r,He}^2}$$

Lösen dieser Gleichung liefert $V_{m,r,\text{He}} = 1,276$. Das bedeutet, dass das molare Volumen sich um das 1,276-fache vergrössern muss, dass entspricht einer Abnahme der Stoffmenge. Auch diese berechnen wir leicht, denn es gilt, dass $V = n \cdot V_m$. Es gibt zwei Zustände, aber V bleibt immer gleich, daher:

$$V_1 = n_1 \cdot V_{m,1} = n_2 \cdot V_{m,2} = V_2$$

$$\frac{n_1}{n_2} = \frac{V_{m,2}}{V_{m,1}} = 1,276$$

$$\frac{n_2}{n_1} = 0,7837$$

Es darf nur die etwa 0.78-fache Heliummenge verwendet werden.

Lösungen der Aufgaben von Seite 279

- Sie füllen reines Wasser mit Raumtemperatur in ein Dewar-Gefäß. Sie verschließen das Gefäß und warten eine Stunde. Dann entnehmen Sie das komplette Wasser und messen seine Temperatur. Sie beträgt 80 °C.

Unmöglich, da es den ersten Haupsatz verletzt. Der Dewar ist ein abgeschlossenes System, die Innere Energie (und damit die Temperatur) muss gleich bleiben.

- Sie füllen reines Wasser mit Raumtemperatur in ein Dewar-Gefäß. Sie verschließen das Gefäß und warten eine Stunde. Dann entnehmen Sie das Wasser und teilen es auf zwei gleiche Bechergläser auf. Sie messen beide Temperaturen, eine ist knapp über 0 °C, die andere bei circa 40 °C.

Unmöglich, ginge zwar vom ersten Hauptsatz her, verletzt aber den zweiten. Es geschieht nicht, dass ein kalter Körper sich abkühlt und sich dafür ein warmer weiter erwärmt (das würde hier ja geschehen, wenn man die beiden Wasserhälften als „*Körper*" auffasst). Außerdem verletzt es den nullten Hauptsatz, weil das gesamte Wasser im Gleichgewicht steht, also die selbe Temperatur haben muss.

- Sie füllen reines Wasser mit Raumtemperatur in ein Dewar-Gefäß. Dann geben Sie eine größere Menge eines Salzes zu (das Salz hat ebenfalls Raumtemperatur). Sie warten, bis sich das Salz vollständig gelöst hat. Danach ist die Temperatur des Wassers
  – erhöht
  – erniedrigt
  – gleich

Alle drei Fälle sind möglich. Ob die Reaktion (das Lösen von Salz in Wasser ist eine chemische Reaktion) abläuft, wird durch das Vorzeichen von ΔG bestimmt. Die Gleichung

$$\Delta G = \Delta H - T\Delta S$$

ist daher in der Chemie, wie schon erwähnt, sehr wichtig. Allerdings sagt ΔG nichts darüber aus, ob das System Wärme abgibt oder aufnimmt! Wie wir schon festgestellt haben, ist es nur für die chemische Umwandlung zuständig. Ob und in welche Richtung Wärme ausgetauscht wird, hängt von ΔH ab. Man spricht von *exothermen* Reaktionen, falls ΔH negativ ist, dann wird während der Reaktion Wärme an die Umgebung abgegeben. Bei einer *endothermen* Reaktion (ΔH positiv) wird aber Wärme aus der Umgebung aufgenommen. Ob eine Lösereaktion eines Salzes exo- oder endotherm ist, lässt sich nicht allgemein sagen, da es von verschiedenen Größen wie Gitterenergie des Salzes und Solvatationsenergie des Salzes im Wasser abhängt. Auch gibt es keinen zwingenden Grund, dass ΔH nicht Null (oder zumindest vom Betrag her sehr klein) sein könnte. Daher sind alle Fälle möglich.

- Eine Kommilitonin behauptet, eine Maschine kreiert zu haben, die unabhängig von der Ausgangstemperatur eine Kühlrate von $10\,\mathrm{K/s}$ erreicht.

Unmöglich, da es dem dritten Hauptsatz widerspricht. Da $0\,\mathrm{K}$ die tiefste Temperatur ist, kann keine Maschine bei tiefen Temperaturen solche Kühlraten aufrecht erhalten. Es wird bei abnehmender Temperatur immer schwieriger, einem Stoff weiter Wärme zu entziehen, daher sind in der Grundlagenforschung viele sehr aufwändige Methoden zur Kühlung im Einsatz (z.B. Laser-Doppler-Kühlung oder Raman-Side-Band-Cooling).

- Ein Kommilitone behauptet, aufgrund der Gleichungen in diesem Buch und durch empirische Untersuchungen von Mäusen herausgefunden zu haben, dass Mäuse in der Lage sind, die Gesamtentropie im Universum abnehmen zu lassen.

Er muss schon deshalb lügen, weil die in diesem Buch präsentierten Formeln alle nur und ausschließlich für den Fall des thermodynamischen Gleichgewichtes (oder zumindest der quasistatischen Näherung) gelten. Da Mäuse sich weder im thermischen, noch mechanischen, noch chemischen und schon dreimal nicht im thermodynamischen Gleichgewicht befinden, sind alle angestellten Rechnungen des Kommilitonen sinnlos.

Lösungen der Aufgaben von Seite 280

- Stellen Sie sich vor, Sie haben eine Mischung aus den Stoffen A und B, welche sich über den gesamten Zusammensetzungsbereich ideal verhält.
  - Zeichnen Sie eine Skizze der Partialdrücke und des Gesamtdruckes als Funktion der Zusammensetzung.

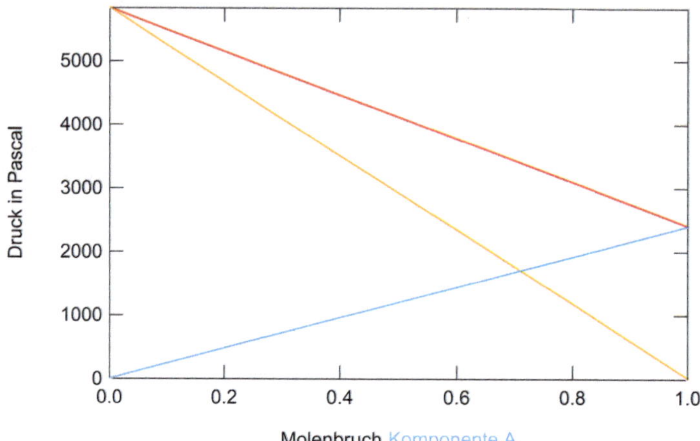

Blau ist der Partialdruck der Komponente A, orange der von Komponente B. Der Gesamtdruck ist in Rot dargestellt. Da sich beide Komponenten stets ideal verhalten, sind alle Kurven gerade Linien.

  – Welche Einheit hat die Henrykonstante?

Sie muss (für unsere Formulierung des Gesetzes) die Einheit eines Druckes haben, da der Molenbruch x einheitenlos ist und auf der linken Seite der Gleichung ein Druck steht.

  – Was können Sie – für diese vollkommen ideale Mischung – über den Zusammenhang zwischen den Gesetzen von Henry und Raoult sagen?

Sie gehen beide ineinander über, i.e. die Henry-Konstante hat stets genau den Wert p_i^*.

 - Haben die beiden chemischen Potentiale des reinen Lösungsmittels (μ^*) und der Lösung ($\mu^{\text{Lösung}}$) irgendwo einen Schnittpunkt?

Theoretisch schneiden sich die beiden μ's bei $T = 0\,\text{K}$. Diese Temperatur ist nie erreichbar, aber es gibt noch einen anderen Grund, warum dieser Fakt praktisch unbedeutend ist: bei niedrigen Temperaturen ist immer irgendwann die feste Phase stabiler und die chemischen Potentiale von Lösung oder reiner Flüssigkeit sind sowieso unbedeutend.

- Sie erhalten folgendes log(p),H-Diagramm:

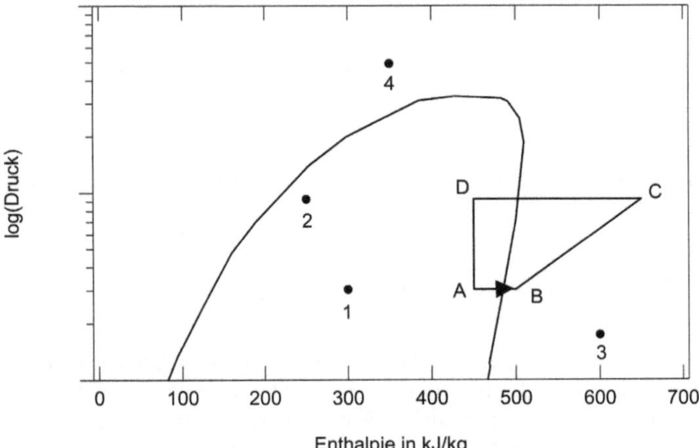

- Schätzen Sie die ungefähre Zusammensetzung aus flüssiger und gasphörmiger Phase an den vier Punkten 1, 2, 3 und 4 ab.

Bei 1 circa 53% flüssig, bei 2 circa 86% flüssig. Bei 3 ist alles gasförmig und bei 4 ist die Frage sinnlos, da wir dort bereits über dem kritischen Punkt sind und Flüssigkeit und Gas nicht mehr unterscheiden können.

- Schätzen Sie die Leistungszahl für den angezeigten Prozess ab.

$$\epsilon = \frac{H_B - H_A}{H_C - H_B} \approx \frac{500 - 450}{600 - 500} = 0,33.$$

Lösungen der Aufgaben von Seite 281

Wir müssen im Wesentlichen die Wärme von drei einzelnen Prozessen berechnen:

1. Die Wärme, die nötig ist, um das Wasser von 8 °C auf die Siedetemperatur von 100 °C zu bringen

2. Die Wärme, die nötig ist, um das flüssige Wasser zu verdampfen

3. Die Wärme, die nötig ist, um das Gas ausreichend zu erhitzen

Als erstes überlegen wir uns, wie viele Mol Wasser vorliegen. Da die molare Masse von Wasser in etwa 18 g/mol beträgt, haben wir in unserem Topf etwas 222 mol H_2O. Die ersten beiden Wärmen sind unabhängig von unserer erzielten Endhöhe, daher beginnen wir damit, sie zu berechnen. Die Wärme, welche notwendig ist, um das Wasser auf 100 °C zu erwärmen ist leicht berechenbar: wir wissen, dass

$$n \cdot C = \frac{Q}{\Delta T}.$$

Vorsicht, $C(\text{Wasser})$ ist in kJ/(kg·K) angegeben, daher müssen wir auch m in kg statt n in mol einsetzen:

$$\Delta Q = m \cdot C \cdot \Delta T = 4\,\text{kg} \cdot 4182\,\text{J/(kg·K)} \cdot 92\,\text{K} = 1538976\,\text{J} \approx 1539\,\text{kJ}.$$

Nun berechnen wir die Wärme, die notwendig ist, um das Wasser vom flüssigen in den gasförmigen Aggregatszustand zu bringen. Das ist leicht, weil wir die Verdampfungsenthalpie für ein Mol ja kennen: $40,657\,\text{kJ}$. Daher ist diese Wärme

$$222\,\text{mol} \cdot 40657\,\text{J/mol} = 9025854\,\text{J} \approx 9026\,\text{kJ}.$$

Dies ist *nur* die Wärme, die notwendig ist, um das Wasser zu verdampfen. Allerdings müssen mir noch mehr *Wärme* zuführen, da wir ja gleichzeitig mit dem Verdampfen Volumensarbeit leisten. All dies passiert bei konstantem Druck, daher gilt die isobare Formel $\Delta W = -p\Delta V$. Damit wir ΔW berechnen können, brauchen wir erst ΔV, was wir im nächsten Schritt berechnen werden.[I]

Mit diesen beiden Schritten haben wir das ganze Wasser verdampft. Welches Volumen nimmt es nun ein? Wir kennen n ($222\,\text{mol}$), wir kennen T ($100\,°C$ direkt nach dem Verdampfen), wir kennen R. Und auch p kennen wir, allerdings müssen wir es erst noch berechnen. Der Druck setzt sich zusammen aus dem Umgebungsdruck und dem Druck, welchen die Masse m ausübt. Der Druck ist definiert als die Kraft pro Fläche und die Kraft ist einfach zu berechnen:

$$F = m \cdot g = 1\,\text{kg} \cdot 9,81\,\text{m/s}^2 = 9,81\,\text{(kg·m)/s}^2.$$

Die Fläche ist
$$A = r^2 \cdot \pi = (0,2\,\text{m})^2 \cdot 3,1415 = 0,126\,\text{m}^2.$$

Der zusätzliche Druck, den die Masse m ausübt ist also

$$p_m = \frac{9,81\,\text{(kg·m)/s}^2}{0,126\,\text{m}^2} \approx 78\,\text{kg/(m·s}^2)=78\,\text{Pa}.$$

Der gesamte Druck, der zu jedem Zeitpunkt im System herrscht (der Prozess geschieht ja quasistatisch, also herrscht immer Gleichgewicht) ist also

$$p_{\text{Ges}} = p_{\text{Atm}} + p_m = 101330\,\text{Pa} + 78\,\text{Pa} = 101408\,\text{Pa}.$$

[I] Betrachten Sie, dass das System zwar *Arbeit leistet* (ΔW), wir aber alle Energie in Form von Wärme zuführen.)

Damit können wir das Volumen berechnen, welches das Gas direkt nach der Verdampfung einnimmt:

$$V = \frac{nRT}{p} = \frac{222\,\text{mol} \cdot 373\,\text{K} \cdot 8,314\,\text{J/(mol·K)}}{101408\,\text{Pa}} = 6,7889\,\text{m}^3.$$

Direkt nach dem Verdampfen nimmt der Wasserdampf also ein Volumen von ca. $6,79\,\text{m}^3$ ein. Das ist mit der sehr groben Faustregel vereinbar, dass sich das Volumen in etwa vertausendfacht, wenn man eine Flüssigkeit verdampft (im flüssigen Zustand hatten wir ja $0,004\,\text{kg} \approx 0,004\,\text{m}^3$). Damit haben wir ΔV, welches wir ja für die Berechnung von ΔW brauchen:

$$\Delta V = V_E - V_A = 6,7889\,\text{m}^3 - 0,005\,\text{m}^3 = 6,7839\,\text{m}^3.$$

Die zusätzliche Arbeit ΔW, die wir in Form von Wärme zuführen müssen, beläuft sich also zu

$$\Delta W = -p\Delta V = -101408\,\text{Pa} \cdot 6,7839\,\text{m}^3 = -687942\,\text{J} \approx -688\,\text{kJ}.$$

Dies ist die Arbeit, welche das System leistet, wir müssen diese Arbeit natürlich ins System eintragen, daher wechselt dabei das Vorzeichen.
Wir können nun ausrechnen, welche Höhe unsere Kapsel erreicht hat, da die Höhe über die Fläche mit dem Volumen verknüpft ist:

$$h = \frac{V}{A} = \frac{6,79\,\text{m}^3}{0,126\,\text{m}^2} \approx 54\,\text{m}.$$

Die Kapsel ist noch nicht oben angekommen. Wir sehen auch sofort, dass wir das Volumen auf circa $12,6\,\text{m}^3$ steigern müssen, damit sie 100 m Höhe erreicht. Wir fahren also mit einer isobaren Expansion fort – wir erwärmen das Gas langsam, dabei steht es immer im Gleichgewicht mit dem externen Druck. Es gilt bei isobarer Erwärmung:

$$\frac{V}{T} = \text{konstant}$$

beziehungsweise

$$\frac{V_A}{V_E} = \frac{T_A}{T_E}.$$

Daher können wir berechnen, auf welche Temperatur wir das Gas erhitzen müssen:

$$\frac{6,79\,\text{m}^3}{12,6\,\text{m}^3} = \frac{373\,\text{K}}{T_E}.$$

T_E berechnet sich so zu ca. 692 K. Wir müssen das Gas also auf diese Temperatur erhitzen, damit wir unsere Kapsel ganz nach oben bringen können. Wir berechnen das dazu nötige ΔQ mittels dem C_p von Wasserdampf:

$$\Delta Q = m \cdot C_p \cdot \Delta T = 4\,\text{kg} \cdot 2080\,\text{J/(kg·K)} \cdot (692 - 373)\,\text{K} = 2654080\,\text{J} \approx 2654\,\text{kJ}.$$

Damit haben wir alle notwendigen Größen, um die gesamte einzusetzende Wärme zu berechnen:

$$Q_{\text{Gesamt}} = 1539\,\text{kJ} + 9026\,\text{kJ} + 688\,\text{kJ} + 2654\,\text{kJ} = 13907\,\text{kJ} \approx 14\,\text{MJ}.$$

Um unsere Kapsel auf 100 m hochzubringen, müssen wir also eine Wärmemenge von insgesamt ca. 14 MJ zuführen.

Die benötigte Zeit berechnen wir mittels:

$$\Delta t = \frac{\Delta Q}{P} = \frac{13900000\,\text{J}}{1000\,\text{J/s}} = 13900\,\text{s} \approx 3,9\,\text{h}.$$

Um den Vorgang auf diese Art und Weise auszuführen, bräuchten Sie fast vier Stunden.

Die Zunahme der potentiellen Energie der Kapsel berechnen wir mit:

$$\Delta\text{Pot. Ener.} = m \cdot g \cdot \Delta h = 981\,\text{J}.$$

Der Prozess ist sehr uneffizient.

Lösungen der Aufgaben von Seite 283

- Nehmen Sie ein Skalarfeld an, welches über folgende Gleichung definiert ist:

$$f(x, y) = \sin(0,25 \cdot (x - y)) - \cos(0,25 \cdot (y - x)).$$

– Skizzieren Sie f. (Die Verwendung eines Computers wird empfohlen)

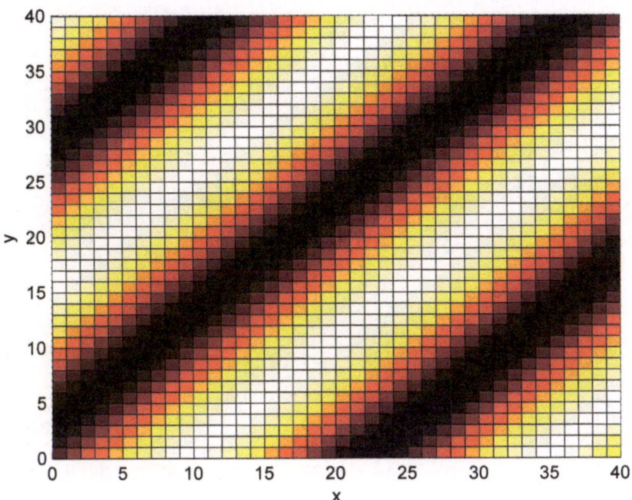

– Bilden Sie ∇f.

$$\nabla f = \left(\frac{\partial f}{\partial x}, \frac{\partial f}{\partial y}\right)$$

mit

$$\frac{\partial f}{\partial x} = \ \ 0,25 \cdot \cos(0,25 \cdot (x-y)) - 0,25 \cdot \sin(0,25 \cdot (y-x))$$

und

$$\frac{\partial f}{\partial y} = -0,25 \cdot \cos(0,25 \cdot (x-y)) + 0,25 \cdot \sin(0,25 \cdot (y-x))$$

– Skizzieren Sie ∇f. (Die Verwendung eines Computers wird empfohlen)

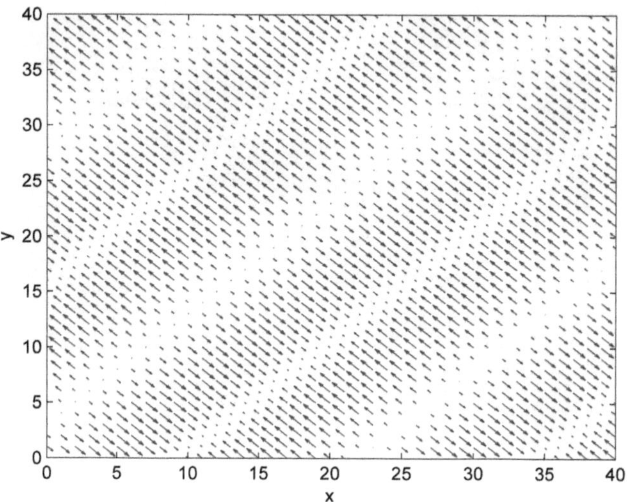

– Bilden Sie $\nabla^2 f$.

$$\nabla^2 f = \frac{\partial^2 f}{\partial x^2} + \frac{\partial^2 f}{\partial y^2}$$

mit

$$\frac{\partial^2 f}{\partial x^2} = -0,0625 \cdot \sin(0,25 \cdot (x-y)) + 0,0625 \cdot \cos(0,25 \cdot (y-x))$$

und

$$\frac{\partial^2 f}{\partial x^2} = -0,0625 \cdot \sin(0,25 \cdot (x-y)) + 0,0625 \cdot \cos(0,25 \cdot (y-x))$$

Da in diesem speziellen Fall

$$\frac{\partial^2 f}{\partial x^2} = \frac{\partial^2 f}{\partial y^2},$$

gilt weiter:

$$\nabla^2 f = 2\frac{\partial^2 f}{\partial x^2} = -0,125 \cdot \sin(0,25 \cdot (x-y)) + 0,125 \cdot \cos(0,25 \cdot (y-x))$$

– Skizzieren Sie $\nabla^2 f$. (Die Verwendung eines Computers wird empfohlen)

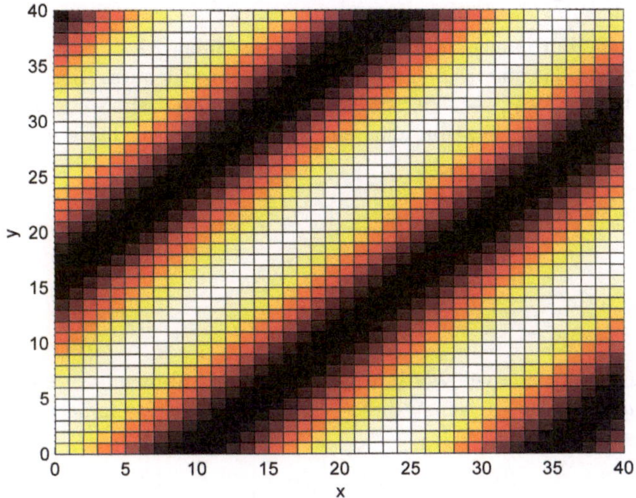

— Stellen Sie sich vor, f wäre ein Temperaturprofil. Wie interpretieren Sie ∇f und $\nabla^2 f$? Was bedeutet es für den Wärmefluß und die Änderung der Temperatur?

Wenn f ein Temperaturfeld wäre, könnte man aus ∇f ablesen, wohin die Wärme fließt. Dazu müsste man die Länge der Pfeile mit λ, der Wärmeleitfähigkeit, multiplizieren, um die Wärmestromdichte $\mathbf{j}$ zu erhalten. Da die Multiplikation allerdings nur die absolute Länge der Pfeile ändert, nicht aber die Länge der Pfeile zueinander, ändert dies an der Aussage des Bildes qualitativ nichts. Viel wichtiger ist, dass die Richtung der Pfeile umgekehrt werden muss. Dann würden die Pfeile genau in die Richtung zeigen, in die die Wärme in diesem System fließt. Nach der Umkehrung zeigen die Pfeile immer von Gebieten hoher Temperatur (helle Farbe) zu Gebieten tieferer Temperatur (dunkle Farbe), was bedeutet, dass die Wärme vom warmen Bereich in den kalten fließt. $\nabla^2 f$ würde uns etwas darüber aussagen, in welchen Bereichen sich die Temperatur schnell ändert ($\frac{dT}{dt}$). Ist der ∇^2-Graph sehr hell, wird die Temperatur an dieser Stelle sehr schnell zunehmen, ist er sehr dunkel, nimmt die Temperatur an der betreffenden Stelle sehr schnell ab. Vergleicht man die beiden Bilder, sieht man, dass die Temperatur in sehr heißen Bereichen schnell abnimmt und dafür an sehr kalten Stellen sehr schnell zunimmt, was ebenfalls mit unserer physikalischen Erwartung an so ein System zusammen passt. (Man sieht auch, dass $\nabla^2 f$ bis auf die Vorfaktoren von $0,125$ genau gleich f ist, wenn man die Vorzeichen umdreht. $\nabla^2 f$ muss also in diesem Fall immer dann ein Minimum haben, wenn f ein Maximum hat, und umgekehrt.)

Lösungen der Aufgaben von Seite 283

- Sie haben einen 1 m langen Stab, er bestehe aus Silber ($\lambda = 420 \frac{W}{K\,m}$), sein Radius sei 5 cm. Sie koppeln das eine Ende an ein unendlich ausgedehntes Temperaturbad (in guter Näherung z.B. der Ozean) bei 6 °C. Sie wollen das andere Ende so heizen, dass es konstant 100 °C hat. Mit welcher Leistung müssen Sie heizen? (Vernachlässigen Sie die Wärmeabstrahlung.)

Dazu benutzen wir die Fourier-Gleichung:

$$\frac{\Delta Q}{\Delta t} = -\lambda \cdot A \cdot \frac{\Delta T}{\Delta x}.$$

Mit ihr können wir berechnen, wie viel Wärme pro Zeit das Stabende verlässt, damit die Temperatur gleich bleibt, müssen wir genau diese Wärme mittels Heizung nachliefern. Also:

$$\frac{\Delta Q}{\Delta t} = -420 \, \frac{W}{K\,m} \cdot (0.05\,\mathrm{m})^2 \cdot \pi \cdot \frac{94\,\mathrm{K}}{1\,\mathrm{m}}$$

$$\frac{\Delta Q}{\Delta t} = -310 \, \frac{W\,m^2\,K}{K\,m^2} = -310\,\mathrm{W}$$

Pro Sekunde verlassen also etwa 310 J das warme Ende des Stabes, das entspricht 310 W (W = $\frac{J}{s}$). Daher müssen wir genau mit dieser Leistung gegenheizen, um den Temperaturgradienten aufrecht zu erhalten.

- Sie benutzen nun den genau gleichen Aufbau (vor allem die gleiche Heizleistung), ersetzen den Stab aber durch einen, der nur einen Radius von 2 cm hat. Sie warten, bis sich ein stationärer Zustand eingestellt hat und messen jetzt die Temperatur am warmen Ende. Wie hoch ist sie? Bevor Sie rechnen, schätzen Sie.

Wir wissen, dass durch den dünneren Stab weniger Wärme abfließen kann. Da wir aber gleich viel Wärme wie im vorigen Fall pro Zeit in das System einbringen, muss es wärmer werden. Stationär wird das Ganze wieder, wenn pro Zeit gleich viel Wärme abfließt, wie wir einbringen (also bei 310 J/s). Wir formen unsere Formel also um:

$$\Delta T = -\frac{-310\,\mathrm{W} \cdot 1\,\mathrm{m}}{420\,\frac{W}{K\,m} \cdot (0.02\,\mathrm{m})^2 \cdot \pi} = 587 \, \frac{W\,m}{\frac{W}{m\,K}\,m^2} = 587\,\mathrm{K}$$

Das heißere Ende des Stabes ist nun um 587 K wärmer, als das kalte. Da das kalte Ende 6 °C hat, hat das warme 593 °C. Es ist fast sechshundert Grad heiß!

Lösungen der Aufgaben von Seite 284

- Sie wollen die Flugeigenschaften eines Flugzeuges mit denen eines Modells im Windkanal vergleichen. Die charakteristische Länge Ihres Fliegers ist 6 m, der Versuch wird bei 25 °C durchgeführt (Luftdichte: $1,184\,\text{kg/m}^3$, dynamische Viskosität: $18,48 \cdot 10^{-6}\,\text{Pa·s}$). Die Geschwindigkeit, die als Vergleich herangezogen werden soll, ist 60 m/s.

  – Berechnen Sie die Reynoldszahl.

$$\text{Re} = \frac{\rho v d}{\eta} = \frac{1,184\,\text{kg/m}^3 \cdot 60\,\text{m/s} \cdot 6\,\text{m}}{18,48 \cdot 10^{-6}\,\text{Pa s}} = 2,3065 \cdot 10^7.$$

  – Sie bauen ein Modell im Maßstab 1:3. Wie hoch müsste Ihre Windgeschwindigkeit sein, wenn die anderen Parameter gleich bleiben?

  Da d um den Faktor 3 kleiner wird, muss v um den Faktor 3 zunehmen – also 180 m/s betragen (was sehr viel ist).

  – Sie haben die Möglichkeit, Ihren gesamten Windkanal auf -25 °C zu kühlen (Luftdichte: $1,422\,\text{kg/m}^3$, dynamische Viskosität: $15,96 \cdot 10^{-6}\,\text{Pa·s}$). Wie hoch ist die jetzt noch notwendige Windgeschwindigkeit?

$$v = \frac{\text{Re} \cdot \eta}{\rho \cdot d} = \frac{2,3065 \cdot 10^7 \cdot 15,96 \cdot 10^{-6}\,\text{Pa s}}{1,422\,\text{kg/m}^3 \cdot 2\,\text{m}} \approx 130\,\text{m/s}.$$

- Schätzen Sie ab: Wie verändert sich die berechnete Wärme, die pro Zeit durch eine Fläche hindurchtritt, als Funktion folgender Größen (unter Annahme eines mittleren Wärmeübergangskoeffizienten und erzwungener Konvektion): thermische Leitfähigkeit, charakteristische Länge, Dichte des Fluids, Geschwindigkeit des Fluids, Viskosität des Fluids, Wärmekapazität des Fluids. Diskutieren Sie Ihre Ergebnisse und versuchen Sie dabei, die qualitative Richtung der Einflüsse zu begründen.

Als erstes stellen wir fest, dass die übertragene Wärme mit α skaliert: $\frac{\Delta Q}{\Delta t} \sim \alpha$. Unter Annahme eines mittleren Wärmeübertragungskoeffizienten wissen wir:

$$\alpha_m = \frac{\lambda}{d} \cdot \text{Nu}.$$

Weiters wissen wir, dass für den Fall erzwungener Konvektion

$$\text{Nu} = \text{Konstante} \cdot \text{Re}^m \cdot \text{Pr}^n$$

und außerdem

$$\mathrm{Re} = \frac{\rho \cdot d \cdot v}{\eta}$$

und

$$\mathrm{Pr} = \frac{\eta \cdot c_p}{\lambda}.$$

Wir setzen alles ein:

$$\alpha_m = \frac{\lambda}{d} \cdot \text{Konstante} \cdot \left(\frac{\rho \cdot d \cdot v}{\eta}\right)^m \cdot \left(\frac{\eta \cdot c_p}{\lambda}\right)^n.$$

Umsortieren liefert:

$$\alpha_m = \text{Konstante} \cdot \frac{\lambda}{\lambda^n} \cdot \frac{d^m}{d} \cdot \rho^m \cdot v^m \cdot \frac{\eta^n}{\eta^m} \cdot c_p^n.$$

Alternativ könnte man das auch als

$$\alpha_m = \text{Konstante} \cdot \lambda^{1-n} \cdot d^{m-1} \cdot \rho^m \cdot v^m \cdot \eta^{n-m} \cdot c_p^n$$

anschreiben. Betrachten wir also die Abhängigkeiten: Die übertragene Wärme pro Zeit steigt mit der Dichte des Fluides, der Geschwindigkeit des Fluides und der Wärmekapazität des Fluides, allerdings nicht linear, sondern in Abhängigkeit der genauen Werte für m und n. Da wir aber erwähnt haben, dass für die meisten Systeme m zwischen $0,4$ und $0,8$ und n zwischen $0,33$ und $0,43$ liegt, wissen wir auch, dass die Anstiege *langsamer* als linear sind. Eine Verdopplung der Strömungsgeschwindigkeit hat *nicht* eine Verdoppelung der abgeführten Wärme pro Zeit zur Folge. Sind diese Verhaltensweisen nun auch qualitativ sinnvoll? Ja, denn eine höhere Strömungsgeschwindigkeit bedeutet wohl notwendigerweise, dass die Wärme schneller vom System wegtransportiert wird, es wird also ein höheres Temperaturgefälle aufrecht erhalten, was den Wärmeübertritt immer befördert. Ebenso ist es sinnvoll, dass die Wärmeabfuhr mit der Dichte des Fluides steigt. Mikroskopisch wird die Wärme ja durch Stöße der Fluid-Atome oder -Moleküle mit den Atomen oder Molekülen des Festkörpers bewerkstelligt. Ist nun die Dichte des Fluides höher, dann gibt es wesentlich mehr solcher Stöße und die Wärme kann viel effektiver übertragen werden. Daher wird ein Gas unter normalen Bedingungen niemals die selbe Kühlleistung bringen, wie eine Flüssigkeit, seine Dichte ist circa um das tausendfache geringer. Eine hohe Wärmekapazität begünstigt ebenfalls den Wärmeübertrag, weil dann das Fluid viel Wärme aufnehmen kann, ohne seine Temperatur zu ändern, damit bleibt ebenfalls der Temperaturgradient bestehen. Da n kleiner als 1 ist, steigt die Wärmeübertragung auch mit der thermischen Leitfähigkeit, was nun wirklich nicht weiter verwunderlich sein sollte. Bei der Viskosität ist die Sache nicht eindeutig, hier können sich n und m gegenseitig auf viele verschiedene Arten kompensieren. Die Abhängigkeit von d macht schließlich kaum etwas aus, weil wir d für ein bestimmtes System zwar einmal festlegen können, aber dann nicht mehr ändern dürfen. Wenn wir auf ein verkleinertes System wechseln (also d skalieren), müssen wir ja stets Sorge tragen, dass die ganzen Kennzahlen (Nu, Re, Pr) gleich bleiben, da sonst die Formeln sowieso nicht gelten. Trotzdem ist das Verhalten sinnvoll – α_m sinkt mit steigendem d. Wenn also die charakteristische Länge größer ist, dauert es länger, um eine gewisse Wärmemenge auszutauschen, dass haben wir schon für den eindimensionalen Fall festgestellt, wo die Größe der thermischen Relaxationszeit (i.e. die Dauer, um den Wärmeausgleich zu erreichen) ebenfalls steigt, wenn d größer wird.

Lösungen der Aufgaben von Seite 284

- Beeindrucken Sie die anderen Gäste mit der richtigen Vorhersage.

Dazu müssen wir uns vergegenwärtigen, dass es drei Schritte gibt, die passieren:

1. Das Eis wird von -6 auf $0\,°\mathrm{C}$ erwärmt und kühlt dabei das Getränk

2. Das Eis schmilzt und kühlt dabei das Getränk

3. Das kalte Wasser wird wärmer und das warme Wasser kälter

Beginnen wir mit dem ersten Schritt. Das Eis wird dabei von $-6\,°\mathrm{C}$ auf $0\,°\mathrm{C}$ erwärmt. Die notwendige Wärmemenge lässt sich berechnen:

$$\Delta Q_{\text{Schritt 1}} = mc\Delta T$$

Wir brauchen also als erstes die Masse m eines Eiswürfels. Das Volumen ist $V = 0,03 \cdot 0,02 \cdot 0,02 = 1,2 \cdot 10^{-5}\,\mathrm{m}^3$, die Dichte ist $\rho_{\text{Eis}} = 0,9167\,\mathrm{g/cm}^3 = 916,7\,\mathrm{kg/m}^3$. Damit haben wir die Masse

$$m_{\text{Eiswürfel}} = \rho \cdot V = 1,2 \cdot 10^{-5}\,\mathrm{m}^3 \cdot 916,7\,\frac{\mathrm{kg}}{\mathrm{m}^3} = 0,0110\,\mathrm{kg}$$

Damit berechnen wir nun die verbrauchte Wärme:

$$\Delta Q_{\text{Schritt 1}} = 0,011\,\mathrm{kg} \cdot 2080\,\frac{\mathrm{J}}{\mathrm{kg\,K}} \cdot 6\,\mathrm{K} = 137,28\,\mathrm{J}$$

Jeder Eiswürfel entzieht also dem Wasser alleine dadurch, dass er auf seine Schmelztemperatur gebracht wird, $137,28\,\mathrm{J}$.

Als nächstes muss der Eiswürfel geschmolzen werden, dazu ist die Wärme

$$\Delta Q_{\text{Schritt 2}} = 335\,000\,\frac{\mathrm{J}}{\mathrm{kg}} \cdot 0,011\,\mathrm{kg} = 3685\,\mathrm{J}$$

nötig.

Der dritte Schritt kann mittels der Formel ausgerechnet werden, die wir für eine frühere Aufgabe entwickelt haben (siehe Seite 310):

$$\Delta T_1 = \Delta T_{(1,2)} \cdot \frac{m_2 c_2}{m_1 c_1 + m_2 c_2}$$

und

$$\Delta T_2 = \Delta T_{(2,1)} \cdot \frac{m_1 c_1}{m_1 c_1 + m_2 c_2}$$

Da in unserem Fall beide Stoffe Wasser sind, gilt, dass $c_1 = c_2$ und daher vereinfacht sich die Gleichung zu:

$$\Delta T_1 = \Delta T_{(1,2)} \cdot \frac{m_2}{m_1 + m_2}$$

Damit haben wir alles, was wir brauchen und beginnen mit unserer Berechnung.

Wir werfen den ersten Eiswürfel ins Wasser, durch seine Erwärmung auf $0\,^\circ\text{C}$ kühlt sich das Wasser um

$$\Delta T = \frac{\Delta Q}{m \cdot c} = \frac{137,28\,\text{J}}{0,1\,\text{kg} \cdot 4184\,\frac{\text{J}}{\text{kg}\,\text{K}}} \approx 0,33\,\text{K}$$

Das Wasser hat jetzt also circa $34,67\,^\circ\text{C}$, der Eiswürfel $0\,^\circ\text{C}$ und beginnt zu schmelzen. Dabei sinkt die Wärme des Wassers weiter und zwar nach der gleichen Formel:

$$\Delta T = \frac{\Delta Q}{m \cdot c} = \frac{3685\,\text{J}}{0,1\,\text{kg} \cdot 4184\,\frac{\text{J}}{\text{kg}\,\text{K}}} \approx 8,81\,\text{K}$$

Nun befindet sich eine Mischung aus zwei Substanzen im Glas: Wasser bei $0\,^\circ\text{C}$ und Wasser bei $25,86\,^\circ\text{C}$. Wir berechnen die Temperaturänderung:

$$\Delta T_1 = \Delta T_{(1,2)} \cdot \frac{m_2}{m_1 + m_2} = (299,01 - 273,15)\,\text{K} \cdot \frac{0,1\,\text{kg}}{0,011\,\text{kg} + 0,1\,\text{kg}} = 23,30\,\text{K}$$

Das Wasser, welches einmal der Eiswürfel war, erwärmt sich also um $23,30\,\text{K}$, das bedeutet, dass es am Ende genau $23,30\,^\circ\text{C}$ hat. Da nun alles im thermodynamischen Gleichgewicht steht, hat das gesamte Getränk nun $23,30\,^\circ\text{C}$ und eine größere Masse von $0,111\,\text{kg}$. Wir wiederholen die Rechenschritte also und erzeugen Tabelle 12.1 – wir sehen, dass drei Eiswürfel ausreichen, um das Getränk auf $5\,^\circ\text{C}$ zu kühlen.

Tab. 12.1.: Temperaturen bei Zugabe von Eiswürfeln, jeweils vor der Zugabe (T(Vorher)), nach dem Erwärmen des Eises auf $0\,°C$ (T(n. Erw.)), nach dem Schmelzen des Eises (T(n. Schm.)) und nach der Einstellung des Gleichgewichtes (T(GGW)).

Eiswürfel #	m(Getränk) kg	T(Vorher) °C	T(n. Erw.) °C	T(n. Schm.) °C	T(GGW) °C
1	0,100	35,00	34,67	25,86	23,30
2	0,111	23,30	23,00	15,07	13,71
3	0,122	13,71	13,44	6,22	5,71

Lösungen der Aufgaben von Seite 285

- Erinnern Sie sich an die drei Versuche mit H_2, I_2 und HI im entsprechenden Kapitel. Stellen Sie sich einen vierten Versuch vor. Die Anfangskonzentrationen wären $[H_2] = 0,00375\,mol/l$, $[I_2] = 0,00375\,mol/l$ und $[HI] = 0,00375\,mol/l$.

  – Wird die Reaktion unter diesen Startbedingungen in die Hin- oder in die Rückrichtung ablaufen?

  Dazu brauchen wir nur zu berechnen, ob der Ausdruck $\frac{[HI]^2}{[H_2][I_2]}$ größer, kleiner oder gleich K_C ist. Es kann leicht eingesehen werden, dass

  $$\frac{0,00375^2}{0,00375 \cdot 0,00375} = 1$$

  gilt. Damit ist die Gleichgewichtskonstante unterschritten, die Reaktion wird in Hinrichtung ablaufen (mehr HI wird sich bilden).

  – Wie groß ist $\Delta G°$ für diese Reaktion bei $698\,K$?

  $$\Delta G° = -RT \ln K$$

  $$\Delta G° = -8,314 \cdot 698 \cdot \ln 54,5 = -23202\,J/mol \approx -23,2\,kJ/mol$$

  – Berechnen Sie die Konzentrationen aller Reaktanden im Gleichgewicht.

  Wir haben schon gesehen, dass die Reaktion ablaufen wird, also sich die Menge an HI erhöhen wird, während die Konzentrationen an H_2 und I_2 abnehmen werden. Um zwei HI zu bilden, müssen je ein H_2 und ein I_2 verbraucht werden, daher setzten wir an:

$$K_C = \frac{[\mathrm{HI} + 2x]^2}{[\mathrm{H_2} - x][\mathrm{I_2} - x]}.$$

In dieser Gleichung sind immer die *Start*-Konzentrationen gemeint. Nun müssen wir eigentlich nur noch einsetzen:

$$54,5 = \frac{(0,00375 + 2x)^2}{(0,00375 - x)(0,00375 - x)}.$$

$$54,5 = \frac{0,00375^2 + 0,015x + 4x^2}{0,00375^2 - 0,0075x + x^2}.$$

$$7,6640 \cdot 10^{-4} - 0,40875x + 54,5x^2 = 1,40625 \cdot 10^{-5} + 0,015x + 4x^2$$

$$50,5x^2 - 0,42375x + 7.523375 \cdot 10^{-4} = 0$$

Das Lösen solcher Gleichungen ist Ihnen wahrscheinlich aus der Mittelschule geläufig.[I] Wir erhalten zwei Ergebnisse:

$$x_1 = 0,00255$$

$$x_2 = 0,00584$$

Der zweite Wert liefert negative Konzentrationen von H_2 und I_2, kann also als unphysikalisch verworfen werden. Mit dem ersten Wert erhalten wir Gleichgewichtskonzentrationen von:

Gleichgewichtskonzentration $H_2 = 0,00375 - 0,00255 = 0,00120\,\mathrm{mol/l}$

Gleichgewichtskonzentration $I_2 = 0,00375 - 0,00255 = 0,00120\,\mathrm{mol/l}$

Gleichgewichtskonzentration $\mathrm{HI} = 0,00375 + 2 \cdot 0,00255 = 0,00885\,\mathrm{mol/l}$

[I]   Eine Gleichung vom Typ $ax^2 + bx + c = 0$ wird mittels

$$x_{1,2} = \frac{-b \pm \sqrt{b^2 - 4ac}}{2a}$$

gelöst.

was praktisch exakt mit den Experimentaldaten übereinstimmt.

Lösungen der Aufgaben von Seite 285

- Die Reaktion

$$Ag_2CO_3 \rightleftharpoons Ag_2O + CO_2$$

hat bei 350 K eine Gleichgewichtskonstante von $K = 3,98 \cdot 10^{-4}$. $\Delta H°$ für diese Reaktion beträgt 80 kJ/mol.

— Wie ist die Gleichgewichtskonstante bei 500 K?

Wir benutzen die Formel

$$\ln \frac{K_2}{K_1} = \frac{\Delta H°}{R} \left(\frac{1}{T_1} - \frac{1}{T_2} \right).$$

$$\ln \frac{K_2}{3,98 \cdot 10^{-4}} = \frac{80000}{8,314} \left(\frac{1}{350} - \frac{1}{500} \right)$$

$$\ln \frac{K_2}{3,98 \cdot 10^{-4}} = 8,2477$$

$$\frac{K_2}{3,98 \cdot 10^{-4}} = e^{8,2477}$$

$$K_2 = 3,98 \cdot 10^{-4} \cdot 3,8189 \cdot 10^3$$

$$K_2 = 1,5199$$

— Sie führen die Reaktion gleichzeitig einmal bei 350 und einmal bei 500 K durch und starten jeweils nur mit Ag_2CO_3. Sie wählen die Konzentrationen so, dass nach Gleichgewichtseinstellung in beiden Systemen die gleiche Menge an Ag_2CO_3 vorhanden ist. Wie verhalten sich die beiden Mengen an Ag_2O?

Dazu machen wir uns die Tatsache zunutze, dass unter diesen Startbedingungen (nur Silbercarbonat vorhanden) die Konzentrationen an CO_2 und Ag_2O zu jedem Zeitpunkt notwendigerweise gleich sein müssen, weil aus einem Ag_2CO_3 genau ein CO_2 und ein Ag_2O werden. Dann setzen wir an:

$$K_{350\,K} = \frac{[CO_2]_{350\,K}[Ag_2O]_{350\,K}}{[Ag_2CO_3]_{350\,K}} = \frac{[Ag_2O]_{350\,K}^2}{[Ag_2CO_3]_{350\,K}}$$

und

$$K_{500\,K} = \frac{[Ag_2O]_{500\,K}^2}{[Ag_2CO_3]_{500\,K}}.$$

Über unsere Bedingung, dass $[Ag_2CO_3]_{350\,K} = [Ag_2CO_3]_{500\,K}$, kommen wir zu

$$[Ag_2CO_3]_{500\,K} = \frac{[Ag_2O]_{500\,K}^2}{K_{500\,K}} = \frac{[Ag_2O]_{350\,K}^2}{K_{350\,K}} = [Ag_2CO_3]_{350\,K}$$

Umstellen liefert:

$$\frac{[Ag_2O]_{500\,K}^2}{[Ag_2O]_{350\,K}^2} = \frac{K_{500\,K}}{K_{350\,K}}$$

und schließlich

$$\frac{[Ag_2O]_{500\,K}}{[Ag_2O]_{350\,K}} = \sqrt{\frac{K_{500\,K}}{K_{350\,K}}}.$$

Einsetzen der Werte gibt:

$$\frac{[Ag_2O]_{500\,K}}{[Ag_2O]_{350\,K}} = \sqrt{\frac{1.5199}{3,98 \cdot 10^{-4}}} \approx 62.$$

Damit unter den angegebenen Bedingungen in beiden Fällen gleich viel Ag_2CO_3 vorliegt, muss bei $500\,K$ circa das Sechzigfache an Ag_2O vorliegen.

Lösungen der Aufgaben von Seite 286

- Es ist nicht möglich, die Verbrennungsenthalpie von Kohlenstoff zu Kohlenmonoxid ($C + \frac{1}{2}O_2 \rightleftarrows CO$) zu messen, weil dabei stets auch Kohlendioxid entsteht. Allerdings ist es sehr wohl möglich, die Enthalpie der Oxidation von Kohlenmonoxid zu Kohlendioxid ($CO + \frac{1}{2}O_2 \rightleftarrows CO_2$, $-283\,kJ/mol$) experimentell zu bestimmen. $\Delta H_B^\circ(CO_2) = -394\,kJ/mol$. Wie groß ist die (unmessbare) Verbrennungsenthalpie von Kohlenstoff zu Kohlenmonoxid?

Wir haben es mit drei Reaktionen zu tun:

$$C + \tfrac{1}{2}O_2 \rightleftarrows CO \qquad \Delta H^\circ_{R1} = ?$$
$$CO + \tfrac{1}{2}O_2 \rightleftarrows CO_2 \qquad \Delta H^\circ_{R2} = -283\,\text{kJ/mol}$$
$$C + O_2 \rightleftarrows CO_2 \qquad \Delta H^\circ_{R3} = ?$$

Bauen wir erst die Enthalpien aus den Bildungsenthalpien auf:

$$\Delta H^\circ_{R1} = \quad \Delta H^\circ_B(CO) - \Delta H^\circ_B(C) - \tfrac{1}{2}\Delta H^\circ_B(O_2)$$
$$\Delta H^\circ_{R2} = \quad \Delta H^\circ_B(CO_2) - \Delta H^\circ_B(CO) - \tfrac{1}{2}\Delta H^\circ_B(O_2)$$
$$\Delta H^\circ_{R3} = \quad \Delta H^\circ_B(CO_2) - \Delta H^\circ_B(C) - \Delta H^\circ_B(O_2)$$

Alle Enthalpien von Elementen sind per Konvention 0 und fallen weg:

$$\Delta H^\circ_{R1} = \quad \Delta H^\circ_B(CO)$$
$$\Delta H^\circ_{R2} = \quad \Delta H^\circ_B(CO_2) - \Delta H^\circ_B(CO)$$
$$\Delta H^\circ_{R3} = \quad \Delta H^\circ_B(CO_2)$$

Über die Reaktionsenthalpie der dritten Reaktion kennen wir also bereits $\Delta H^\circ_B(CO_2)$. Dieses können wir mit der Reaktionsenthalpie der zweiten Reaktion verbinden, um daraus $\Delta H^\circ_B(CO)$ und damit die Reaktionsenthalpie der gesuchten Reaktion zu berechnen:

$$\Delta H^\circ_B(CO) = \Delta H^\circ_{R1} = 283 - 394 = -111\,\text{kJ/mol}.$$

Die Verbrennungsenthalpie von Kohlenstoff zu Kohlenmonoxid unter Standardbedingungen beträgt $-111\,\text{kJ/mol}$.

Lösungen der Aufgaben von Seite 286

- Sie möchten 1700 kg einer Substanz von 35 % Feuchte auf 7 % Feuchte trocknen. Durch eine technische Limitierung können Sie maximal 25 Tonnen Trockenluft einsetzen und die Luft nur vorheizen, aber im Prozess nicht mehr nachheizen. Der Prozess geht von natürlicher Luft aus: Temperatur: 293 K; relative Luftfeuchte: 0, 6. Auf welche Temperatur müssen Sie die Luft mindestens vorheizen, damit die Trocknung möglich ist?

Als erstes zeichnen wir uns den Ausgangspunkt unserer Trockenluft im Mollierdiagramm an, er liegt bei einem Dampfgehalt von knapp über 8, 8 g/kg. Bei der Heizung der Trockenluft bewegen wir uns senkrecht nach oben, wir zeichnen diese Linie ein. Nun überlegen wir uns den Endpunkt, an dem wir landen müssen. Wir müssen 1700 kg Trockengut von 35 % auf 7 % Feuchte trocknen. Das sind genau 476 kg Wasser, die wir entziehen müssen ($1700 \cdot 0, 35 - 1700 \cdot 0, 07 = 476$). Dieses Wasser muss in unsere Trockenluft aufgenommen werden. Das entspricht einer Zunahme des Wassergehaltes der Trockenluft um circa 19, 0 g/kg. Wir werden also bei einem Dampfgehalt von circa 27, 8 g/kg enden. Wir zeichnen also von der x-Achse aus eine senkrechte Linie, die wir mit der Linie bei $\varphi = 1, 0$ schneiden. Dies ist nämlich der erste Punkt, an dem die Trocknung prinzipiell möglich ist. Von hier aus zeichnen wir eine Isenthalpe ein. Diese Isenthalpe schneiden wir mit der ersten Linie. Der Schnitt liegt ungefähr bei 77 °C. Natürlich ist dies eine grobe Näherung unter vielen Vernachlässigungen und die unterste Temperatur, bei der die Trocknung funktionieren kann. Tatsächlich muss die Temperatur natürlich für eine technische Trocknung höher angesetzt werden. Da die Temperatur für eine Trocknung schon jetzt sehr hoch ist, ist zu vermuten, dass dieser Prozess nicht unbedingt als Trocknung durchgeführt werden wird.

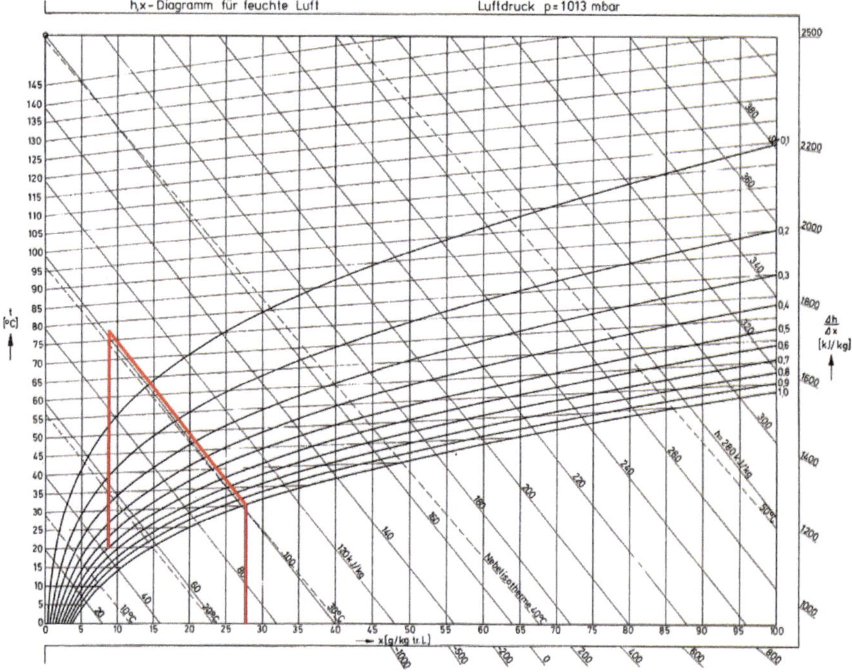
h,x-Diagramm für feuchte Luft
Luftdruck p = 1013 mbar
t [°C]
x [g/kg tr.L]
Δh / Δx [kJ/kg]
Nebelisotherme 0°C

- Wie viel Wärme benötigen Sie, um diesen Prozess durchzuführen?

Dazu benutzen wir die Formel $\Delta Q = m_D \cdot \Delta H$. m_D kennen wir bereits mit 476 kg. Die Enthalpie schätzen wir aus der Abbildung ab: wir starten bei etwas über 40 kJ/kg und enden bei etwas über 100 kJ/kg, brauchen also circa 60 kJ/kg. Daher ist die benötigte Wärme:

$$\Delta Q = 476\,\text{kg} \cdot 60\,\text{kJ/kg} \approx 29\,\text{MJ}$$

Lösungen der Aufgaben von Seite 286

- Die Chloralkalielektrolyse ist ein sehr bedeutender technischer Prozess zur Herstellung von Natronlauge, Chlor- und Wasserstoffgas. Das Edukt ist eine Mischung aus Wasser und Natriumchlorid (die sogenannte Sole). Die Reaktion wird elektrochemisch geführt.

  − Stellen Sie die Reaktionsgleichung auf, die die Chloralkalielektrolyse beschreibt.

Wichtig ist hierbei, dass Sie beachten, dass $NaCl$ und $NaOH$ praktisch vollständig dissoziiert vorliegen:

$$2Na^+ + 2Cl^- + 2H_2O \rightleftharpoons 2Na^+ + Cl_2 + 2OH^- + H_2$$

  − Berechnen Sie ΔG° für diese Reaktion.

Da Natrium seine Oxidationsstufe nicht ändert, ist es nicht weiter relevant für uns. Die beiden Teilreaktionen sind daher:

$$2Cl^- \rightarrow Cl_2 + 2e^-$$

$$2H_2O + 2e^- \rightarrow 2OH^- + H_2$$

Für beide finden wir Einträge in der Spannungsreihe, eventuell müssen wir noch das Vorzeichen ändern. Natrium nehmen wir dazu, damit die Reaktion formal stimmt:

$2Cl^- \rightarrow Cl_2 + 2e^-$	$-1,366\,\text{V}$
$2H_2O + 2e^- \rightarrow 2OH^- + H_2$	$-0,830\,\text{V}$
$2Na^+ \rightarrow 2Na^+$	$0,000\,\text{V}$
$2Na^+ + 2Cl^- + 2H_2O \rightarrow 2Na^+ + Cl_2 + 2OH^- + H_2$	$-2,196\,\text{V}$

Damit berechnen wir ΔG°:

$$\Delta G^\circ = -|z|F\Delta E^\circ = -2 \cdot 96485\,\frac{\text{C}}{\text{mol}} \cdot \left(-2,196\,\frac{\text{J}}{\text{C}}\right) = 423762\,\text{J} \approx 424\,\text{kJ}$$

Der Wert ist im Vergleich zum tatsächlichen Experiment um etwa 7 % zu tief, was auf unsere radikalen Vernachlässigungen zurückzuführen ist. Wir sehen aber, dass unsere Rechnung bereits eine sehr gute Abschätzung liefert.

– Sie werden feststellen, dass die Reaktion nicht abläuft. Unter Vernachlässigung aller realen Phänomene wie Überspannung etc., welche Spannung muss mindestens angelegt werden, damit die Reaktion ablaufen kann?

Man müsste mindestens $2,196\,\mathrm{V}$ aufbringen.

– Schätzen Sie ab, welche Leistung Sie brauchen, wenn Sie (weiter unter Vernachlässigung realer Phänomene) mit diesem Verfahren $10\,\mathrm{kg}$ Cl_2-Gas innerhalb von $24\,\mathrm{h}$ herstellen wollen.

Chlorgas hat eine molare Masse von $71\,\frac{\mathrm{g}}{\mathrm{mol}}$, daher sind $10\,\mathrm{kg}$ ungefähr $140,8\,\mathrm{mol}$. Um $140,8\,\mathrm{mol}$ Chlorgas zu erzeugen, brauchen wir doppelte so viele Elektronen (siehe Reaktionsgleichung), also $281,6\,\mathrm{mol}$ Elektronen. Da ein Mol Elektronen genau die Ladung F hat, tragen so viele Elektronen genau die Ladung $2,717\cdot10^7\,\mathrm{C}$. Um diese Ladung an einem Tag zu deponieren, muss der Strom die Größe

$$I = \frac{Q}{t} = \frac{2,717\cdot10^7\,\mathrm{C}}{86400\,\mathrm{s}} \approx 314,5\,\mathrm{A}$$

haben. Da wir nun die Spannung und die Stromstärke haben, können wir die Leistung berechnen:

$$P = I\cdot U = 314,5\,\mathrm{A}\cdot 2,196\,\mathrm{V} \approx 700\,\mathrm{W}$$

Lösungen der Aufgaben von Seite 287

- In der Vergangenheit waren verschiedene Typen von Knopfzellen in Gebrauch, zum Beispiel Silberoxid-Zink-Batterien und Quecksilberoxid-Zink-Batterien. Die Quecksilberoxid-Zink-Batterien wurden wegen des entstehenden Quecksilbers aus ökologischen Gründen aufgegeben. Bei den Silberoxid-Zink-Batterien reagiert Silber(I) mit elementarem Zink, wobei elementares Silber und Zink(II) entsteht, welches zu Zink-Hydroxid weiter reagiert. Die Gesamtreaktion ist damit

$$Ag_2O + Zn + H_2O \rightarrow 2Ag + Zn(OH)_2.$$

Bei den Quecksilberoxid-Zink-Batterien lautet die Gesamtreaktion

$$HgO + Zn + H_2O \rightarrow Hg + Zn(OH)_2.$$

– Welche Spannungen liefern beide Knopfzellen?

Für die Lösungen werden bei den Reaktionsgrößen die Subskripte (Hg) und (Ag) verwendet, um zwischen der Quecksilberoxid- und Silberoxid-Zink-Batterie zu unterscheiden.

Silberoxid-Zink-Batterie:
Die Kurzschreibweise der Zelle ist $Zn|Zn(OH)_2||Ag_2O|Ag$, weil Zink unedler als Silber ist. Die Teilreaktionen sind damit durch die Spannungsreihe leicht bezifferbar:

Stoff	Reaktion			$E°$ (in Volt)
Silber	$Ag^+ + e^-$	$\rightarrow$	Ag	$+0,800$
Zink	Zn	$\rightarrow$	$Zn^{2+} + 2e^-$	$+0,762$
$\sum$	$2Ag^+ + Zn$	$\rightarrow$	$2Ag + Zn^{2+}$	$+1,562$

Quecksilber-Zink-Batterie:
Berechenbar über thermodynamische Daten:

$$\Delta G°_{R,(Hg)} = \Delta G°_B(Hg) + \Delta G°_B(Zn(OH)_2) - \Delta G°_B(Zn) - \Delta G°_B(HgO) - \Delta G°_B(H_2O)$$

$\Delta G°_B$ aller elementaren Zustände ist Null:

$$\Delta G°_{R,(Hg)} = \Delta G°_B(Zn(OH)_2) - \Delta G°_B(HgO) - \Delta G°_B(H_2O)$$

Einsetzen der Zahlenwerte liefert:

$$\Delta G°_{R,(Hg)} = -554\,kJ/mol + 59\,kJ/mol + 237\,kJ/mol = -258\,kJ/mol$$

Umrechnen in $\Delta E°$:

$$\Delta E°_{(Hg)} = -\frac{\Delta G°_{R,(Hg)}}{z\mathrm{F}} = \frac{258000\,J/mol}{2 \cdot 96485\,C/mol} = 1,34\,J/C = 1,34\,V$$

Ergebnis: Die Silberoxid-Zink-Batterie liefert eine Spannung von $1,56\,V$ (Literaturwert: $1,55\,V$), die Quecksilberoxid-Zink-Batterie eine Spannung von $1,34\,V$ (Literaturwert: $1,35\,V$).

– Sie wollen wissen, wieviel Wärme pro Reaktionsumsatz frei wird, wenn Sie beide Zellen betreiben. Sie erinnern sich dazu, dass Ag(I)-Ionen in einem basischen Medium als brauner Ag_2O-Niederschlag ausfallen und dass diese Reaktion schwach exotherm mit einem ΔH_R° von $-69\,\text{kJ/mol}$ ist. Außerdem schlagen Sie folgende Werte nach: $\Delta H_B^\circ(\text{OH}^-) = -230\,\text{kJ/mol}$ und $\Delta H_B^\circ(\text{Ag}^+) = +106\,\text{kJ/mol}$. Berechnen Sie die Standard-Reaktionsenthalpie für beide Reaktionen.

Silberoxid-Zink-Batterie:
Als erstes brauchen wir $\Delta H_B^\circ(\text{Ag}_2\text{O})$. Dazu stellen wir die beschriebene Reaktionsgleichung der Hilfsreaktion auf:

$$2\text{Ag}^+ + 2\text{OH}^- \to \text{Ag}_2\text{O} + \text{H}_2\text{O}$$

Wir setzen für die Standard-Reaktionsenthalpie an und lösen dann nach der Bildungsenthalpie von Ag_2O:

$$\Delta H_{R,(\text{Hilf})}^\circ = \Delta H_B^\circ(\text{Ag}_2\text{O}) + \Delta H_B^\circ(\text{H}_2\text{O}) - 2\Delta H_B^\circ(\text{Ag}^+) - 2\Delta H_B^\circ(\text{OH}^-)$$

$$-\Delta H_B^\circ(\text{Ag}_2\text{O}) = +\Delta H_B^\circ(\text{H}_2\text{O}) - 2\Delta H_B^\circ(\text{Ag}^+) - 2\Delta H_B^\circ(\text{OH}^-) - \Delta H_{R,(\text{Hilf})}^\circ$$

$$\Delta H_B^\circ(\text{Ag}_2\text{O}) = -\Delta H_B^\circ(\text{H}_2\text{O}) + 2\Delta H_B^\circ(\text{Ag}^+) + 2\Delta H_B^\circ(\text{OH}^-) + \Delta H_{R,(\text{Hilf})}^\circ$$

Einsetzen der Werte liefert:

$$\Delta H_B^\circ(\text{Ag}_2\text{O}) = +286\,\text{kJ/mol} + 2\cdot 106\,\text{kJ/mol} + 2\cdot(-230)\,\text{kJ/mol} - 69\,\text{kJ/mol} = -31\,\text{kJ/mol}$$

Damit können wir die Standard-Reaktionsenthalpie der gesuchten Reaktion berechnen:

$$\text{Ag}_2\text{O} + \text{Zn} + \text{H}_2\text{O} \to 2\text{Ag} + \text{Zn(OH)}_2$$

$$\Delta H_{R,(\text{Ag})}^\circ = 2\Delta H_B^\circ(\text{Ag}) + \Delta H_B^\circ(\text{Zn(OH)}_2) - \Delta H_B^\circ(\text{Ag}_2\text{O}) - \Delta H_B^\circ(\text{Zn}) - \Delta H_B^\circ(\text{H}_2\text{O})$$

ΔH_B° aller elementaren Zustände ist Null:

$$\Delta H_{R,(\text{Ag})}^\circ = \Delta H_B^\circ(\text{Zn(OH)}_2) - \Delta H_B^\circ(\text{Ag}_2\text{O}) - \Delta H_B^\circ(\text{H}_2\text{O})$$

Einsetzen der Werte liefert:

$$\Delta H_{R,(\text{Ag})}^\circ = -642\,\text{kJ/mol} + 31\,\text{kJ/mol} + 286\,\text{kJ/mol} = -325\,\text{kJ/mol}$$

Quecksilberoxid-Zink-Batterie:

$$HgO + Zn + H_2O \rightarrow Hg + Zn(OH)_2$$

$$\Delta H^\circ_{R,(Hg)} = \Delta H^\circ_B(Hg) + \Delta H^\circ_B(Zn(OH)_2) - \Delta H^\circ_B(HgO) - \Delta H^\circ_B(Zn) - \Delta H^\circ_B(H_2O)$$

ΔH°_B aller elementaren Zustände ist Null:

$$\Delta H^\circ_{R,(Hg)} = \Delta H^\circ_B(Zn(OH)_2) - \Delta H^\circ_B(HgO) - \Delta H^\circ_B(H_2O)$$

Einsetzen der Werte liefert:

$$\Delta H^\circ_{R,(Hg)} = -642\,kJ/mol + 91\,kJ/mol + 286\,kJ/mol = -265\,kJ/mol$$

Ergebnis:
Die Silberoxid-Zink-Batterie gibt 325 kJ/mol, die Quecksilberoxid-Zink-Batterie 265 kJ/mol ab.

- Die Standard-Reaktionsentropie (ΔS°_R) ist bei der Silberoxid-Zink-Batterie um den Faktor 2,64 größer als bei der Quecksilberoxid-Zink-Batterie. Wie groß ist die Standard-Bildungsentropie von Ag_2O?

Hierzu berechnen wir erst $\Delta S^\circ_{R,(Hg)}$ für die Quecksilberoxid-Zink-Batterie:

$$HgO + Zn + H_2O \rightarrow Hg + Zn(OH)_2$$

$$\Delta S^\circ_{R,(Hg)} = S^\circ_B(Hg) + S^\circ_B(Zn(OH)_2) - S^\circ_B(HgO) - S^\circ_B(Zn) - S^\circ_B(H_2O)$$

Einsetzen der Werte liefert:

$$\Delta S^\circ_{R,(Hg)} = 76\,J/(mol\,K) + 81\,J/(mol\,K) - 70\,J/(mol\,K) - 42\,J/(mol\,K) - 70\,J/(mol\,K)$$

$$\Delta S^\circ_{R,(Hg)} = -25\,J/(mol\,K)$$

Damit kennen wir die Standard-Reaktions-Entropie der Silberoxid-Zink-Batterie, da sie ja das 2,64-fache beträgt, also $-66\,J/(mol\,K)$. Wir formen die Gleichung für die zweite Reaktion nach $\Delta S^\circ_B(Ag_2O)$ um.

$$Ag_2O + Zn + H_2O \rightarrow 2Ag + Zn(OH)_2$$

$$\Delta S^{\circ}_{R,(\mathrm{Ag})} = 2S^{\circ}_{B}(\mathrm{Ag}) + S^{\circ}_{B}(\mathrm{Zn(OH)}_2) - S^{\circ}_{B}(\mathrm{Ag_2O}) - S^{\circ}_{B}(\mathrm{Zn}) - S^{\circ}_{B}(\mathrm{H_2O})$$

$$S^{\circ}_{B}(\mathrm{Ag_2O}) = 2S^{\circ}_{B}(\mathrm{Ag}) + S^{\circ}_{B}(\mathrm{Zn(OH)}_2) - S^{\circ}_{B}(\mathrm{Zn}) - S^{\circ}_{B}(\mathrm{H_2O}) - \Delta S^{\circ}_{R,(\mathrm{Ag})}$$

Einsetzen der Werte liefert:

$$S^{\circ}_{B}(\mathrm{Ag_2O}) = 2 \cdot 43\,\mathrm{J/(mol\,K)} + 81\,\mathrm{J/(mol\,K)} - 42\,\mathrm{J/(mol\,K)} - 70\,\mathrm{J/(mol\,K)} + 66\,\mathrm{J/(mol\,K)}$$

$$S^{\circ}_{B}(\mathrm{Ag_2O}) = 121\,\mathrm{J/(mol\,K)}$$

Lösungen der Aufgaben von Seite 288

- Wir haben die Kinetik für eine unimolekulare Reaktion explizit gelöst. Berechnen Sie [A] für die folgenden Reaktionen 0., 2. und 3. Ordnung unter der Annahme, dass die Konzentration aller Edukte am Anfang gleich sind:

$$\mathrm{A} \xrightarrow{k_0} \mathrm{P}$$

$$\mathrm{A} + \mathrm{B} \xrightarrow{k_2} \mathrm{P}$$

$$\mathrm{A} + \mathrm{B} + \mathrm{C} \xrightarrow{k_3} \mathrm{P}$$

Reaktion nullter Ordnung:

$$\mathrm{A} \xrightarrow{k_0} \mathrm{P}$$

$$\frac{d[\mathrm{A}]}{dt} = -k_0$$

$$d[\mathrm{A}] = -k_0 dt$$

$$\int_{[\tilde{\mathrm{A}}]=[\mathrm{A}]_0}^{[\tilde{\mathrm{A}}]=[\mathrm{A}]} d[\tilde{\mathrm{A}}] = \int_{\tilde{t}=0}^{\tilde{t}=t} -k_0 dt$$

$$[\tilde{\mathrm{A}}]\,\Big|_{[\tilde{\mathrm{A}}]=[\mathrm{A}]_0}^{[\tilde{\mathrm{A}}]=[\mathrm{A}]} = -k_0\tilde{t}\,\Big|_{\tilde{t}=0}^{\tilde{t}=t}$$

$$[A] - [A]_0 = -k_0 t$$

$$[A] = [A]_0 - k_0 t$$

Reaktion zweiter Ordnung:

$$A + B \xrightarrow{k_2} P$$

$$\frac{d[A]}{dt} = -k_2 [A][B]$$

Da aber $[A]_0$ und $[B]_0$ gleich sind und A und B in gleichem Maße verbraucht werden, gilt immer $[A] = [B]$, daher vereinfachen wir:

$$\frac{d[A]}{dt} = -k_2 [A]^2$$

$$\frac{d[A]}{[A]^2} = -k_2 dt$$

$$\int_{[\tilde{A}]=[A]_0}^{[\tilde{A}]=[A]} \frac{1}{[\tilde{A}]^2} d[\tilde{A}] = \int_{\tilde{t}=0}^{\tilde{t}=t} -k_2 dt$$

Der nächste Schritt funktioniert, wenn wir wissen, dass $\int \frac{1}{x^2} dx = -\frac{1}{x}$.[I]

$$-\frac{1}{[\tilde{A}]} \Bigg|_{[\tilde{A}]=[A]_0}^{[\tilde{A}]=[A]} = -k_2 \tilde{t} \Bigg|_{\tilde{t}=0}^{\tilde{t}=t}$$

$$+\frac{1}{[\tilde{A}]} \Bigg|_{[\tilde{A}]=[A]_0}^{[\tilde{A}]=[A]} = +k_2 \tilde{t} \Bigg|_{\tilde{t}=0}^{\tilde{t}=t}$$

$$\frac{1}{[A]} - \frac{1}{[A]_0} = k_2 t$$

$$\frac{1}{[A]} = \frac{1}{[A]_0} + k_2 t$$

[I]
$$\int \frac{1}{x^2} dx = \int x^{-2} dx = -\frac{1}{1} x^{-1} = -x^{-1} = -\frac{1}{x}$$

$$\frac{1}{[A]} = \frac{1 + [A]_0 k_2 t}{[A]_0}$$

$$[A] = \frac{[A]_0}{1 + [A]_0 k_2 t}$$

Reaktion dritter Ordnung:

$$A + B + C \xrightarrow{k_3} P$$

$$\frac{d[A]}{dt} = -k_3 [A][B][C]$$

Aus der gleichen Logik wie bei der Reaktion zweiter Ordnung folgt:

$$\frac{d[A]}{dt} = -k_3 [A]^3$$

$$\frac{d[A]}{[A]^3} = -k_3 dt$$

$$\int_{[\tilde{A}]=[A]_0}^{[\tilde{A}]=[A]} \frac{1}{[\tilde{A}]^3} d[\tilde{A}] = \int_{\tilde{t}=0}^{\tilde{t}=t} -k_3 dt$$

Für den nächsten Schritt müssen wir wissen, dass $\int \frac{1}{x^3} dx = -\frac{1}{2x^2}$ ist.[I]

$$-\frac{1}{2[\tilde{A}]^2} \Bigg|_{[\tilde{A}]=[A]_0}^{[\tilde{A}]=[A]} = -k_3 \tilde{t} \Bigg|_{\tilde{t}=0}^{\tilde{t}=t}$$

$$+\frac{1}{2[\tilde{A}]^2} \Bigg|_{[\tilde{A}]=[A]_0}^{[\tilde{A}]=[A]} = +k_3 \tilde{t} \Bigg|_{\tilde{t}=0}^{\tilde{t}=t}$$

$$\frac{1}{2[A]^2} - \frac{1}{2[A]_0^2} = k_3 t$$

[I] Was wir wieder durch ein wenig Jonglage schnell zeigen können:

$$\int \frac{1}{x^3} dx = \int x^{-3} dx = -\frac{1}{2} x^{-2} = -\frac{1}{2x^2}$$

$$\frac{1}{2[A]^2} = \frac{1}{2[A]_0^2} + k_3 t$$

$$\frac{1}{[A]^2} = \frac{1}{[A]_0^2} + 2k_3 t$$

$$\frac{1}{[A]^2} = \frac{1 + 2k_3 t[A]_0^2}{[A]_0^2}$$

$$[A]^2 = \frac{[A]_0^2}{1 + 2k_3 t[A]_0^2}$$

$$[A] = \sqrt{\frac{[A]_0^2}{1 + 2k_3 t[A]_0^2}}$$

$$[A] = \frac{[A]_0}{\sqrt{1 + 2k_3 t[A]_0^2}}$$

- Versuchen Sie, einen allgemeinen Ausdruck für eine Reaktion n. Ordnung zu generieren. Auch wenn Reaktionen mit Ordnungen höher als drei nicht bekannt sind, spricht nichts dagegen, dass es sie im Prinzip geben könnte. Auch gibt es zahlreiche Reaktionen mit nicht-ganzzahligen Ordnungen. (Zu beweisen, dass auch Reaktionen nullter und erster Ordnung diesem Gesetz folgen, ist ein mathematisch etwas umständliches, aber gleichzeitig sehr spannendes und lohnenswertes Unterfangen, vor allem für die erste Ordnung.)

Damit haben wir alle Kinetiken gelöst. Wer sich weiter mit hypothetischen Kinetiken höherer Ordnung befasst, findet auch bald den allgemeinen Ausdruck.

Ordnung	Reaktion	integrierte Gleichung
0. Ordnung	$A \xrightarrow{k_0} P$	$[A] = [A]_0 - k_0 t$
1. Ordnung	$A \xrightarrow{k_1} P$	$[A] = [A]_0 \cdot e^{-k_1 t}$
2. Ordnung	$A + B \xrightarrow{k_2} P$	$[A] = [A]_0 \cdot \frac{1}{1 + k_2 t[A]_0}$
3. Ordnung	$A + B + C \xrightarrow{k_3} P$	$[A] = [A]_0 \cdot \frac{1}{\sqrt{1 + 2k_3 t[A]_0^2}}$
n. Ordnung (mit $z = n - 1$)	$\underbrace{A + B + \ldots}_{n\ \text{Edukte}} \xrightarrow{k_n} P$	$[A] = [A]_0 \cdot \frac{1}{\sqrt[z]{1 + zk_n t[A]_0^z}}$

Dass der allgemeine Ausdruck stimmt, ist für die nullte und erste Ordnung nicht sofort einsichtig, kann aber gezeigt werden – versuchen wir als erstes die nullte Ordnung, hier ist $z = -1$:

$$[A] = [A]_0 \cdot \frac{1}{\sqrt[-1]{1 + (-1)\,k_0 t [A]_0^{-1}}}$$

Wir arbeiten ein wenig mit der Wurzel, um die Funktion umzugestalten – wir wissen, dass

$$\sqrt[-1]{x} = x^{-\frac{1}{1}} = x^{-1} = \frac{1}{x},$$

daher

$$[A] = [A]_0 \cdot \left(1 - k_0 t [A]_0^{-1}\right)$$

Wir multiplizieren das $[A]_0$ in die Klammer hinein:

$$[A] = [A]_0 - k_0 t \frac{[A]_0}{[A]_0}$$

$$[A] = [A]_0 - k_0 t$$

Schwieriger wird es für die Reaktion erster Ordnung. Hier gilt ja, dass $z = 0$, wir haben also ein Problem, denn:

$$[A] = [A]_0 \cdot \frac{1}{\sqrt[0]{1 + 0 k_1 t [A]_0^0}}$$

Diesen Ausdruck können wir nicht sinnvoll auswerten. Was tun? Wir nähern uns dem Problem mit einem Grenzübergang:

$$[A] = \lim_{z \to 0} [A]_0 \cdot \frac{1}{\sqrt[z]{1 + z k_1 t [A]_0^z}}$$

Als erstes ziehen wir die Konstante heraus:

$$[A] = [A]_0 \lim_{z \to 0} \frac{1}{\sqrt[z]{1 + z k_1 t [A]_0^z}}$$

Zum Lösen dieses Ausdrucks braucht es trotzdem noch einiges an mathematischem Geschick, so ist es zum Beispiel sinnvoller, als $z \to 0$ gehen zu lassen, z durch $\frac{1}{u}$ zu ersetzen und $u \to \infty$ gehen zu lassen.

$$[A] = [A]_0 \lim_{u \to \infty} \frac{1}{\sqrt[\frac{1}{u}]{1 + \left(\frac{1}{u}\right) k_1 t [A]_0^{\frac{1}{u}}}}$$

$$[A] = [A]_0 \lim_{u \to \infty} \frac{1}{\left(1 + \frac{k_1 t}{u} [A]_0^{\frac{1}{u}}\right)^u}$$

Der Grenzübergang eines Quotienten ist der Quotient der Grenzübergänge, daher dürfen wir weiter vereinfachen.

$$[A] = [A]_0 \cdot \frac{\lim_{u \to \infty} 1}{\lim_{u \to \infty} \left(1 + \frac{k_1 t}{u} [A]_0^{\frac{1}{u}}\right)^u} = [A]_0 \cdot \frac{1}{\lim_{u \to \infty} \left(1 + \frac{k_1 t}{u} [A]_0^{\frac{1}{u}}\right)^u}$$

Nun müssen wir nur mehr den Ausdruck unterhalb des Bruchstriches auswerten. Uns fällt auf, dass der Ausdruck $[A]_0^{\frac{1}{u}}$ für $u \to \infty$ immer gegen 1 geht, falls $[A]_0 \neq 0$, was ein trivialer und daher uninteressanter Fall wäre, da es dann überhaupt kein Edukt gäbe. Wir können uns also darauf beschränken, den Ausdruck

$$\lim_{u \to \infty} \left(1 + \frac{k_1 t}{u}\right)^u$$

auszuwerten. Ich behaupte, dass so ein Ausdruck sogar manchmal als Definition der Exponentialfunktion benutzt wird und dass die Lösung $e^{k_1 t}$ ist.

$$\lim_{u \to \infty} \left(1 + \frac{k_1 t}{u}\right)^u = e^{k_1 t}$$

Dafür muss also gezeigt werden, dass $\lim_{n \to \infty} \left(1 + \frac{x}{n}\right)^n = e^x$ gilt. Dies wollen wir nun noch tun:

$$y = \lim_{n \to \infty} \left(1 + \frac{x}{n}\right)^n$$

Wir logarithmieren beide Seiten der Gleichung:

$$\ln y = \ln \left[\lim_{n \to \infty} \left(1 + \frac{x}{n}\right)^n\right]$$

Bei einer kontinuierlichen Funktion dürfen wir die Funktion in den Limes hineinziehen:

$$\ln y = \lim_{n \to \infty} \ln\left(1 + \frac{x}{n}\right)^n = \lim_{n \to \infty} n \ln\left(1 + \frac{x}{n}\right)$$

Was wir versuchen, ist, einen Ausdruck zu generieren, der beim Grenzübergang $\frac{0}{0}$ oder $\frac{\infty}{\infty}$ liefert, dann können wir nämlich die Regel von de L'Hospital anwenden. Daher brauchen wir einen Bruch:

$$\ln y = \lim_{n \to \infty} \frac{1}{n^{-1}} \ln\left(1 + \frac{x}{n}\right) = \lim_{n \to \infty} \frac{\ln\left(1 + \frac{x}{n}\right)}{n^{-1}}$$

Damit sehen wir, dass nun, falls wir $n \to \infty$ gehen lassen, der Ausdruck eine geforderte Form annimmt. Wir verwenden also die Regel von de L'Hospital[I]:

$$\ln y = \lim_{n \to \infty} \frac{\ln\left(1 + \frac{x}{n}\right)}{n^{-1}} = \lim_{n \to \infty} \frac{\frac{d\left(\ln\left(1 + \frac{x}{n}\right)\right)}{dn}}{\frac{d(n^{-1})}{dn}}$$

Führen wir also die Differentiation durch:

$$\ln y = \lim_{n \to \infty} \frac{\left(\frac{1}{1 + \frac{x}{n}}\right)\left(-\frac{x}{n^2}\right)}{-\frac{1}{n^2}} = \lim_{n \to \infty} \frac{-\frac{x}{n^2 + nx}}{-\frac{1}{n^2}} = \lim_{n \to \infty} \frac{n^2 x}{n^2 + nx} = \lim_{n \to \infty} \frac{x}{1 + \frac{x}{n}}$$

Jetzt führen wir den Grenzübergang durch, dabei geht der Ausdruck $\frac{x}{n} \to 0$, daher:

$$\ln y = \lim_{n \to \infty} \frac{x}{1 + \frac{x}{n}} = \frac{x}{1 + \frac{x}{\infty}} = \frac{x}{1 + 0} = x$$

Nun heben wir den Logarithmus auf und sind am Ziel:

$$y = \lim_{n \to \infty} \left(1 + \frac{x}{n}\right)^n = e^x$$

[I]   Die Regel von de L'Hospital besagt, dass für Ausdrücke die beim Grenzübergang einen Ausdruck $\frac{0}{0}$ oder $\frac{\infty}{\infty}$ liefern, der Grenzwert durch Ableiten bestimmt werden kann:

$$\text{Grenzw.} = \lim_{x \to x_0} \frac{f(x)}{g(x)} = \lim_{x \to x_0} \frac{f'(x)}{g'(x)}.$$

Wir setzen unser Ergebnis in die ursprüngliche Gleichung ein:

$$[A] = [A]_0 \cdot \frac{1}{\lim_{u \to \infty} \left(1 + \frac{k_1 t}{u}[A]_0^{\frac{1}{u}}\right)^u} = [A]_0 \cdot \frac{1}{e^{k_1 t}} = [A]_0 \cdot e^{-k_1 t}$$

Nach diesem wilden Ritt durch die Mathematik haben wir also bewiesen, dass unsere allgemeine Form gilt!

- Überprüfen Sie, ob die Funktionen, die Sie abgeleitet haben, mit dem numerisch ermittelten Verhalten aus dem Buch kompatibel sind. (Die Verwendung eines Computers wird empfohlen.)

Wenn man die Funktionen tatsächlich plottet, erhält man das komplett selbe Bild, wie präsentiert.

Eine letzte Anmerkung. Sind zwei Reaktanden gleich ($A = B$), so muss die Gleichung ein wenig adaptiert werden, weil dann, zum Beispiel für $A + A \to P$ das Gesetz $\frac{d[A]}{dt} = -2k_2[A]^2$ gilt. Daraus folgt eine umfassendere Tabelle, deren Herleitung nicht mehr nachvollzogen wird und die eher der Vollständigkeit halber angegeben wird:

Ordnung	Reaktion	integrierte Gleichung
0. Ordnung	$A \xrightarrow{k_0} P$	$[A] = [A]_0 - k_0 t$
1. Ordnung	$A \xrightarrow{k_1} P$	$[A] = [A]_0 \cdot e^{-k_1 t}$
2. Ordnung	$A + B \xrightarrow{k_2} P$	$[A] = [A]_0 \cdot \frac{1}{1+k_2 t[A]_0}$
	$2A \xrightarrow{k_2} P$	$[A] = [A]_0 \cdot \frac{1}{1+2k_2 t[A]_0}$
3. Ordnung	$A + B + C \xrightarrow{k_3} P$	$[A] = [A]_0 \cdot \frac{1}{\sqrt{1+2k_3 t[A]_0^2}}$
	$2A + B \xrightarrow{k_3} P$	$[A] = [A]_0 \cdot \frac{1}{\sqrt{1+4k_3 t[A]_0^2}}$
	$3A \xrightarrow{k_3} P$	$[A] = [A]_0 \cdot \frac{1}{\sqrt{1+6k_3 t[A]_0^2}}$
n. Ordnung (mit $z = n - 1$ und ν_A = stöch. Fakt.)	$\underbrace{\nu_A A + B + \dots}_{n \text{ Edukte}} \xrightarrow{k_n} P$	$[A] = [A]_0 \cdot \frac{1}{\sqrt[z]{1+z\nu_A k_n t[A]_0^z}}$

Lösungen der Aufgaben von Seite 289

- Typische Aktivierungsenergien liegen im Bereich von einigen hundert kJ/mol. Nehmen wir einmal an, eine Reaktion hätte eine Aktivierungsenergie von genau $100\,\text{kJ/mol}$. Außerdem wollen wir der Einfachheit halber annehmen, dass A nicht von der Temperatur abhängt.

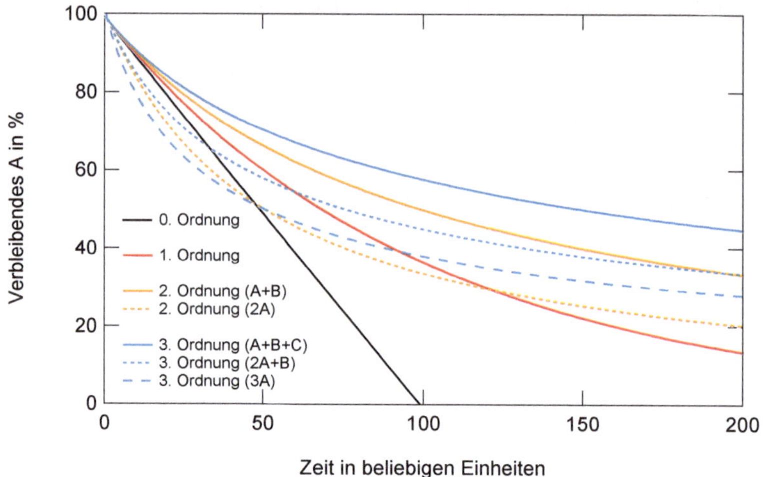

Abb. 12.1.: Vergleich verschiedener Reaktionskinetiken. Für alle wurde das gleiche k angenommen, das Ergebnis wurde analytisch ermittelt.

Wie stark ändert sich dann die Reaktionsgeschwindigkeit, wenn wir die Temperatur von in etwa Raumtemperatur (ca. 300 K) auf 400 K anheben?

Wir stellen fest:

$$k_{300} = A \cdot \mathrm{e}^{-\frac{100000}{8,314 \cdot 300}} = A \cdot 3,871 \cdot 10^{-18}.$$

$$k_{400} = A \cdot \mathrm{e}^{-\frac{100000}{8,314 \cdot 400}} = A \cdot 8,727 \cdot 10^{-14}.$$

Die Reaktionsgeschwindigkeit steigt also in etwa um den Faktor 20 000.

- Leiten Sie einen allgemeinen Ausdruck für das Verhältnis zweier Geschwindigkeitskonstanten bei verschiedenen Temperaturen T_1 und T_2 her.

$$k_1 = A \cdot \mathrm{e}^{-\frac{E_A}{RT_1}}$$

$$k_2 = A \cdot \mathrm{e}^{-\frac{E_A}{RT_2}}$$

$$\frac{k_1}{k_2} = \frac{\mathrm{e}^{-\frac{E_A}{RT_1}}}{\mathrm{e}^{-\frac{E_A}{RT_2}}} = \mathrm{e}^{-\left(\frac{E_A}{RT_1} - \frac{E_A}{RT_2}\right)} = \mathrm{e}^{-\frac{E_A}{R}\left(\frac{1}{T_1} - \frac{1}{T_2}\right)}$$

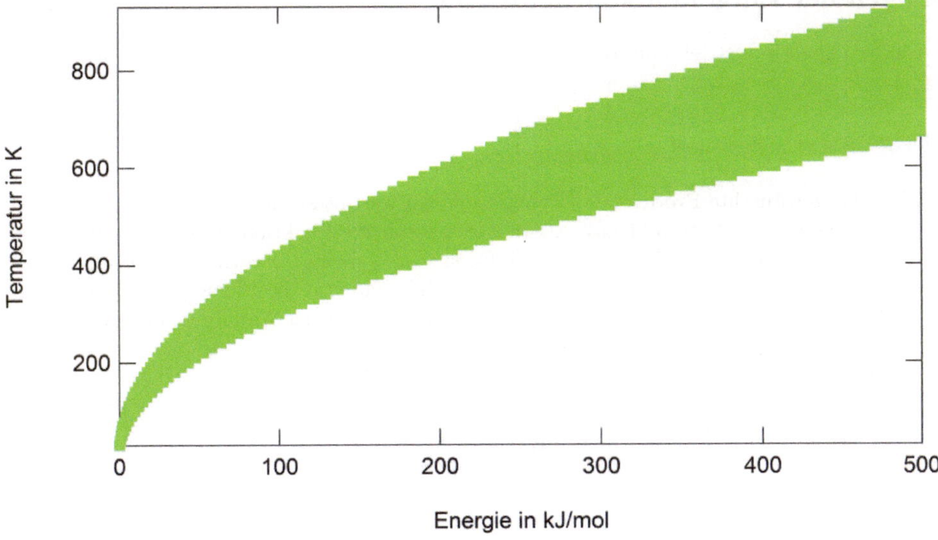

- Es gibt die sogenannte RGT- oder van-'t-Hoffsche Regel, nach welcher sich die Geschwindigkeit ungefähr um den Faktor 2 bis 4 ändert, falls die Temperatur um 10 °C erhöht wird. Dieses Gesetz wurde empirisch gefunden. Nun, da Sie die Hintergründe der Temperaturabhängigkeit der Geschwindigkeitskonstanten kennen, stellen Sie mittels der eben ermittelten Gleichung und unter Zuhilfenahme eines Mathematikprogrammes oder Excel fest, in welchem Bereich von E_A- und T-Werten das Gesetz gilt und stellen Sie den Gültigkeitsbereich in einem Diagramm dar.

Als erstes bringen wir unsere Gleichung auf eine Form, in der der Quotient aus beiden Gleichgewichtskonstanten nur mehr von zwei Größen abhängt: Der Aktivierungsenergie E_A und der Temperatur T:

$$Q = \frac{k_1}{k_2} = e^{-\frac{E_A}{R}\left(\frac{-10}{T_1^2 - 10T_1}\right)}.$$

Dies erreicht man leicht durch die Einsetzung von $T_2 = T_1 - 10$. Nun nehmen wir uns noch irgendein Programm zur Hand (Excel, Matlab, ...) und lassen diese Gleichung für viele Einsetzungen von E_A und T lösen. Uns interessieren nur die Ergebnisse, die zwischen 2 und 4 liegen. Diese tragen wir graphisch auf und erhalten damit das gewünschte Ergebnis, wie in der Abbildung dargestellt. Wir sehen, dass rund um 100 kJ/mol der Geltungsbereich ungefähr um 300 K zentriert zu sein scheint. Das bedeutet, dass bei typischen Reaktionen, die nicht allzu fern von Raumtemperatur geführt werden (circa ±100 K) die RGT-Regel erfüllt ist.

Lösungen der Aufgaben von Seite 289

- Sie betreiben industriell eine Reaktion nach dem Schema

$$A \xrightarrow{k_1} B \xrightarrow{k_2} C.$$

B ist das gewünschte Produkt der Reaktion, C ein wertloses und unerwünschtes Produkt. Berechnen Sie den Zeitpunkt t_{optimal}, an welchem Sie die Reaktion abbrechen müssen, um die Ausbeute an B zu optimieren, als Funktion von k_1 und k_2. Es wird angenommen, dass die Startkonzentrationen an B und C anfangs Null sind und die Elementarreaktionen alle erster Ordnung sind. Lösen Sie das Problem weiters unter der Annahme, dass $k_1 \neq k_2$.

Wir wissen schon, wie die Ausdrücke für [A], [B] und [C] aussehen:

$$\frac{d[A]}{dt} = -k_1[A]$$

$$\frac{d[B]}{dt} = +k_1[A] - k_2[B]$$

$$\frac{d[C]}{dt} = +k_2[B]$$

Für [A] haben wir die Lösung bereits berechnet:

$$[A] = [A]_0 e^{-k_1 t}$$

Für [B] brauchen wir erst einen Ausdruck. Wir schreiben die Gleichung etwas um:

$$\frac{d[B]}{dt} + k_2[B] = k_1[A]$$

Einsetzen für [A] liefert:

$$\frac{d[B]}{dt} + k_2[B] = k_1[A]_0 e^{-k_1 t}$$

Nun sehen wir, dass die Gleichung folgende Form hat:

$$\frac{dy}{dx} + Py = Q$$

Das Lösen einer solchen Gleichung haben wir gemeistert gelernt, dass Ergebnis ist bekannterweise

$$y = \frac{\int e^{\int P dx} Q \, dx + k}{e^{\int P dx}}$$

Wenn man die ganze Herleitung durchprobiert, stellt man fest, dass die Konstante k für unseren Fall herausfällt (weil $[B]_0 = 0$ und $[C]_0 = 0$ gilt). Einsetzen liefert daher:

$$[B] = \frac{\int e^{\int k_2 dt} k_1 [A]_0 e^{-k_1 t} dt}{e^{\int k_2 dt}}$$

Nun ziehen wir alles vor die Integrale, was nicht von t abhängt, nämlich k_1, k_2 und $[A]_0$:

$$[B] = k_1 [A]_0 \frac{\int e^{k_2 \int dt} e^{-k_1 t} dt}{e^{k_2 \int dt}}$$

Wir lösen die Integrale der Form $\int dt$ beide auf, indem wir von 0 bis t integrieren und erhalten dafür t:

$$[B] = k_1 [A]_0 \frac{\int e^{k_2 t} e^{-k_1 t} dt}{e^{k_2 t}}$$

Wir schreiben alles etwas um:

$$[B] = \frac{k_1 [A]_0}{e^{k_2 t}} \int e^{(k_2 - k_1)t} dt$$

Dann integrieren wir den Ausdruck aus[I]:

$$[B] = \frac{k_1 [A]_0}{e^{k_2 t}} \left(\frac{1}{k_2 - k_1} e^{(k_2 - k_1)\tilde{t}} \quad \Big|_{\tilde{t}=0}^{\tilde{t}=t} \right)$$

Einsetzen der Grenzen liefert

$$[B] = \frac{k_1 [A]_0}{e^{k_2 t}} \frac{1}{k_2 - k_1} \left(e^{(k_2 - k_1)t} - e^{(k_2 - k_1)0} \right) = \frac{k_1 [A]_0}{e^{k_2 t}} \frac{1}{k_2 - k_1} \left(e^{(k_2 - k_1)t} - e^0 \right)$$

[I]   Wir wissen, dass $\int e^{cx} dx = \frac{1}{c} e^{cx}$ gilt.

Da $e^0 = 1$ gilt, wird dies zu:

$$[B] = \frac{k_1[A]_0}{e^{k_2 t}} \frac{1}{k_2 - k_1} \left(e^{(k_2 - k_1)t} - 1 \right)$$

Wir stellen wieder etwas um:

$$[B] = \frac{k_1}{k_2 - k_1}[A]_0 \frac{1}{e^{k_2 t}} \left(e^{(k_2 - k_1)t} - 1 \right)$$

Wir benutzen unser Wissen über die Exponentialfunktion[I] um den Ausdruck in der Klammer ein wenig umzuformulieren:

$$[B] = \frac{k_1}{k_2 - k_1}[A]_0 \frac{1}{e^{k_2 t}} \left(\frac{e^{k_2 t}}{e^{k_1 t}} - 1 \right)$$

Dann multiplizieren wir den Ausdruck $\frac{1}{e^{k_2 t}}$ in die Klammer, das liefert:

$$[B] = \frac{k_1}{k_2 - k_1}[A]_0 \left(\frac{1}{e^{k_1 t}} - \frac{1}{e^{k_2 t}} \right)$$

Schließlich wissen wir noch, dass $\frac{1}{e^x} = e^{-x}$ ist:

$$[B] = \frac{k_1}{k_2 - k_1}[A]_0 \left(e^{-k_1 t} - e^{-k_2 t} \right)$$

Damit haben nun einen Ausdruck für [B], wir suchen genau das Maximum von [B], also den Punkt, an welchem die erste Ableitung 0 wird. Daher leiten wir den ganzen Ausdruck nach t ab:

$$\frac{d[B]}{dt} = 0 = \frac{d \left(\frac{k_1}{k_2 - k_1}[A]_0 \left(e^{-k_1 t} - e^{-k_2 t} \right) \right)}{dt}$$

[I]

$$e^{b-a} = \frac{e^b}{e^a}$$

Wir ziehen vor das Differential, was nicht von t abhängt:

$$0 = \frac{k_1}{k_2 - k_1}[A]_0 \frac{d\left(e^{-k_1 t} - e^{-k_2 t}\right)}{dt}$$

Summen können einzeln differenziert werden:

$$0 = \frac{k_1}{k_2 - k_1}[A]_0 \left(\frac{d\left(e^{-k_1 t}\right)}{dt} - \frac{\left(e^{-k_2 t}\right)}{dt}\right)$$

$$0 = \frac{k_1}{k_2 - k_1}[A]_0 \left(-k_1 e^{-k_1 t} + k_2 e^{-k_2 t}\right)$$

Hier haben wir wieder eine Fallunterscheidung – der gesamte Ausdruck wird 0, wenn einer der drei Faktoren 0 wird. Schauen wir uns die drei Ausdrücke an:

- Der Ausdruck $\frac{k_1}{k_2 - k_1}$ kann nur 0 werden, wenn $k_1 = 0$ wird (oder $k_2 = \infty$), was bedeutet, dass die Reaktion überhaupt nicht abläuft. Dieser Fall ist für uns uninteressant.

- Ebenso uninteressant ist der Fall, falls $[A]_0 = 0$, da hier überhaupt kein Produkt eingesetzt wird.

- Bleibt noch der Ausdruck $\left(-k_1 e^{-k_1 t} + k_2 e^{-k_2 t}\right)$, wir müssen untersuchen, unter welchen Bedingungen dieser Null wird:

$$0 = \left(-k_1 e^{-k_1 t} + k_2 e^{-k_2 t}\right)$$

$$k_1 e^{-k_1 t} = k_2 e^{-k_2 t}$$

$$\frac{k_2}{k_1} = \frac{e^{-k_1 t}}{e^{-k_2 t}} = e^{-k_1 t + k_2 t} = e^{(k_2 - k_1)t}$$

Logarithmieren liefert:

$$\ln \frac{k_2}{k_1} = (k_2 - k_1)\, t$$

$$\frac{\ln \frac{k_2}{k_1}}{k_2 - k_1} = t$$

oder auch, wie man für positive k_1 und k_2 leicht zeigen kann

$$\frac{\ln \frac{k_1}{k_2}}{k_1 - k_2} = t$$

Dies ist also die Zeit, bei der die Konzentration an B ([B]) maximal ist:

$$\boxed{t_{\text{optimal}} = \frac{\ln \frac{k_2}{k_1}}{k_2 - k_1}}$$

- Beweisen Sie, dass der von Ihnen gefundene Zeitpunkt ein Maximum ist (kniffelig, bedenken Sie, dass Sie nicht unbedingt wirklich eine Zahl berechnen müssen, Sie müssen nur feststellen, ob die zweite Ableitung an der entsprechenden Stelle positiv oder negativ ist).

Um das Maximum noch als solches zu verifizieren, müssen wir die Krümmung an dem Punkt untersuchen – wir bilden also die zweite Ableitung:

$$\frac{d[B]}{dt} = \frac{k_1}{k_2 - k_1}[A]_0 \left(-k_1 e^{-k_1 t} + k_2 e^{-k_2 t}\right)$$

$$\frac{d^2[B]}{dt^2} = \frac{d\left(\frac{k_1}{k_2 - k_1}[A]_0 \left(-k_1 e^{-k_1 t} + k_2 e^{-k_2 t}\right)\right)}{dt} = \frac{k_1}{k_2 - k_1}[A]_0 \left(k_1^2 e^{-k_1 t} - k_2^2 e^{-k_2 t}\right)$$

Soll der Punkt ein Maximum sein, so muss die zweite Ableitung an der Stelle t_{optimal} negativ sein. Wir setzen also für t jeweils den Ausdruck für t_{optimal} ein:

$$\frac{d^2[B]}{dt^2}(t_{\text{optimal}}) = \frac{k_1}{k_2 - k_1}[A]_0 \left(k_1^2 e^{-k_1 \left(\frac{\ln \frac{k_2}{k_1}}{k_2 - k_1}\right)} - k_2^2 e^{-k_2 \left(\frac{\ln \frac{k_2}{k_1}}{k_2 - k_1}\right)} \right)$$

Nun müssen wir untersuchen, ob dieser Ausdruck jemals negativ sein kann. Da $[A]_0$ immer positiv ist, brauchen wir es nicht mehr zu betrachten und konzentrieren uns auf

$$\frac{d^2[B]}{dt^2}(t_{\text{optimal}}) \sim \frac{k_1}{k_2 - k_1} \left(k_1^2 e^{-k_1 \left(\frac{\ln \frac{k_2}{k_1}}{k_2 - k_1}\right)} - k_2^2 e^{-k_2 \left(\frac{\ln \frac{k_2}{k_1}}{k_2 - k_1}\right)} \right)$$

Es gibt wieder eine Fallunterscheidung, die wir betrachten:

- $k_1 < k_2$

- $k_1 > k_2$

Wir wollen nun nur den Fall $k_1 < k_2$ durchrechnen, der zweite Fall geht völlig analog. Damit der Punkt ein Maximum ist, muss der Wert negativ sein, es muss also gelten, dass

$$0 > \frac{k_1}{k_2 - k_1}\left(k_1^2 e^{-k_1\left(\frac{\ln\frac{k_2}{k_1}}{k_2-k_1}\right)} - k_2^2 e^{-k_2\left(\frac{\ln\frac{k_2}{k_1}}{k_2-k_1}\right)}\right)$$

Nun bedienen wir uns eines genialen Tricks: Da ja k_2 größer als k_1 ist, jedoch auch beides Konstanten sind, können wir sie einfach mit einem Faktor verknüpfen:

$$k_2 = k_1 \cdot x,$$

wobei $x > 1$ gelten muss. Wenn wir also diese Einsetzung in unsere Gleichung machen und dann eine wahre Aussage ableiten können, dann ist das Minimum (für den Fall $k_1 < k_2$) bewiesen.

$$0 > \frac{k_1}{k_1 x - k_1}\left(k_1^2 e^{-k_1\left(\frac{\ln\frac{k_1 x}{k_1}}{k_1 x - k_1}\right)} - (k_1 x)^2 e^{-(k_1 x)\left(\frac{\ln\frac{k_1 x}{k_1}}{k_1 x - k_1}\right)}\right)$$

Wir vereinfachen ein wenig:

$$0 > k_1\left(\frac{1}{x-1}\right)\left(k_1^2 e^{-k_1\left(\frac{1}{k_1}\frac{\ln x}{x-1}\right)} - k_1^2 x^2 e^{-(k_1 x)\left(\frac{1}{k_1}\frac{\ln x}{x-1}\right)}\right)$$

Der Ausdruck vor der großen Klammer ist wieder uninteressant (da er immer positiv sein muss, weil $x > 1$), wir betrachten nur mehr die große Klammer:

$$0 > k_1^2 e^{-k_1\left(\frac{1}{k_1}\frac{\ln x}{x-1}\right)} - k_1^2 x^2 e^{-(k_1 x)\left(\frac{1}{k_1}\frac{\ln x}{x-1}\right)}$$

Die Hochzahlen lassen sich vereinfachen:

$$0 > k_1^2 e^{\left(-\frac{\ln x}{x-1}\right)} - k_1^2 x^2 e^{\left(\frac{-x\ln x}{x-1}\right)}$$

Dies schreiben wir um zu

$$k_1^2 \mathrm{e}^{\left(-\frac{\ln x}{x-1}\right)} < k_1^2 x^2 \mathrm{e}^{\left(\frac{-x \ln x}{x-1}\right)}$$

k_1^2 können wir links und rechts wegstreichen, da es eine positive Zahl ist, bleibt das Ungleichheitszeichen unverändert:

$$\mathrm{e}^{\left(-\frac{\ln x}{x-1}\right)} < x^2 \mathrm{e}^{\left(\frac{-x \ln x}{x-1}\right)}$$

Der gesamte Ausdruck $\mathrm{e}^{\left(\frac{-x \ln x}{x-1}\right)}$ ist ebenfalls immer eine positive Zahl, daher können wir auch hier teilen, ohne das Ungleichheitszeichen zu verändern:

$$\frac{\mathrm{e}^{\left(-\frac{\ln x}{x-1}\right)}}{\mathrm{e}^{\left(\frac{-x \ln x}{x-1}\right)}} < x^2$$

Wir benutzen wieder unsere Rechenregeln für Exponentialfunktionen:

$$\mathrm{e}^{\left(-\frac{\ln x}{x-1}\right)-\left(\frac{-x \ln x}{x-1}\right)} < x^2$$

Jetzt sind wir schon fast am Ziel:

$$\mathrm{e}^{\frac{(\ln x)(x-1)}{x-1}} < x^2$$

$$\mathrm{e}^{\ln x} < x^2$$

$$\boxed{x < x^2}$$

Das ist eine wahre Aussage, wenn $x > 1$ – der von uns gefundene Punkt ist wirklich ein Maximum! Für den anderen Fall (wenn $k_1 > k_2$ ist) funktioniert der Beweis völlig analog, bloß, dass dann die Annahme $x < 1$ gelten muss. Dann ist alles gleich, bis auf die Tatsache, dass der Ausdruck vor der Klammer, den wir aus unseren Betrachtungen ausgeschlossen haben, weil er immer positiv war, dann immer negativ ist ($k_1 \left(\frac{1}{x-1}\right) < 0$ für $x < 1$). Dies dreht genau des Vorzeichen um, so dass die letzte Zeile dann lautet $x > x^2$, was für $x < 1$ immer erfüllt und damit ebenfalls eine wahre Aussage ist.

- Lösen Sie das Problem für den Fall, dass $k_1 = k_2$. Typischerweise divergiert der vorher berechnete Ausdruck an dieser Stelle und Sie müssen einen neuen ableiten. Beweisen Sie auch hier, dass Sie ein Maximum gefunden haben. Letzteres müssen Sie nur zeigen, wenn Sie die Formel durch einen ganz neuen Ansatz erzeugt haben – sollten Sie eine extrem elegante Möglichkeit gefunden haben, aus der schon gefundenen Formel die gesuchte zu erzeugen, entfällt dieser Schritt.

Wir bemerkten natürlich, dass der Ausdruck $t_{\text{optimal}} = \frac{\ln \frac{k_2}{k_1}}{k_2 - k_1}$ ein unsinniges Ergebnis produziert, falls $k_1 = k_2$ gilt, da dann

$$t_{\text{optimal}}(k_1 = k_2) = \frac{\ln 1}{0} = \frac{0}{0} = \text{undefiniert}$$

herauskommt. Wir wollen aber auch für diesen Fall ein Ergebnis generieren und gehen dazu ganz gleich vor, wie vormals, nur dass $k_1 = k_2 = k$ gelten soll.

$$\frac{d[\text{B}]}{dt} = k[\text{A}] - k[\text{B}] = k[\text{A}]_0 e^{-kt} - k[\text{B}]$$

$$\frac{d[\text{B}]}{dt} + k[\text{B}] = k[\text{A}]_0 e^{-kt}$$

$$[\text{B}] = \frac{\int e^{\int k\,dt} k[\text{A}]_0 e^{-kt}\,dt}{e^{kdt}}$$

$$[\text{B}] = \frac{\int e^{kt} k[\text{A}]_0 e^{-kt}\,dt}{e^{kt}} = \frac{k[\text{A}]_0}{e^{kt}} \int e^{kt} e^{-kt}\,dt = \frac{k[\text{A}]_0}{e^{kt}} \int dt = [\text{A}]_0 \frac{kt}{e^{kt}}$$

$$\frac{d[\text{B}]}{dt} = [\text{A}]_0 \frac{d\left(\frac{kt}{e^{kt}}\right)}{dt} = [\text{A}]_0 \frac{d\left(kte^{-kt}\right)}{dt} = [\text{A}]_0 \left(ke^{-kt} + kt\left(-k\right)e^{-kt}\right)$$

$$\frac{d[\text{B}]}{dt} = [\text{A}]_0 k \left(e^{-kt} - kte^{-kt}\right) = [\text{A}]_0 ke^{-kt}\left(1 - kt\right)$$

Um das Maximum zu finden, setzen wir die erste Ableitung 0, dann betrachten wir wieder die Faktoren.

$$0 = [\text{A}]_0 ke^{-kt}\left(1 - kt\right)$$

Es gibt vier Bedingungen, unter denen dieser Ausdruck 0 werden kann:

- $[\text{A}]_0 = 0$, trivial, dann gibt es kein Edukt und damit keine Reaktion

- $k = 0$, trivial, dann gibt es ebenfalls überhaupt keine Reaktion (Reaktionsgeschwindigkeit ist Null)

- $e^{-kt} = 0$, wird nur für $t = \infty$ gegen Null gehen, daher ebenfalls trivial

- $1 - kt = 0$, dies ist die relevante Lösung, aus Umformen folgt: $t_{\text{optimal}} = \frac{1}{k}$

Nun müssen wir noch testen, ob die Lösung $t_{\text{optimal}} = \frac{1}{k}$ auch wirklich ein Maximum ist. Dazu bilden wir wieder die zweite Ableitung:

$$\frac{d^2[\text{B}]}{dt^2} = \frac{d\left([\text{A}]_0 k e^{-kt}\left(1 - kt\right)\right)}{dt}$$

$$\frac{d^2[\text{B}]}{dt^2} = [\text{A}]_0 k \left(-k e^{-kt}\left(1 - kt\right) + e^{-kt}\left(-k\right)\right) = [\text{A}]_0 k \left(-k e^{-kt}\right)\left(1 - kt + 1\right) = -[\text{A}]_0 k^2 e^{-kt}\left(2 - kt\right)$$

Der gesamte Ausdruck muss an der Stelle t_{optimal} negativ sein, damit der Punkt ein Maximum ist, wir setzen daher ein:

$$0 > -[\text{A}]_0 k^2 e^{-k(\frac{1}{k})}\left(2 - k(\frac{1}{k})\right)$$

$$0 > -[\text{A}]_0 k^2 e^{-1}\left(2 - 1\right))$$

$$0 > -[\text{A}]_0 k^2 e^{-1}$$

Das stimmt immer, da sowohl die Startkonzentration $[\text{A}]_0$, die Geschwindigkeitskonstante k, als auch $e^{-1} \approx 0,368$ positive Zahlen sind. Daher ist der von uns gefundene Punkt auch tatsächlich ein Maximum. Unser Endergebnis für die optimale Zeit lautet also:

$$t_{\text{optimal}}(k_1, k_2) = \begin{cases} \dfrac{1}{k} & \text{für } k_1 = k_2 = k \\[2ex] \dfrac{\ln \frac{k_2}{k_1}}{k_2 - k_1} & \text{für } k_1 \neq k_2 \end{cases}$$

Tatsächlich gibt es natürlich eine elegante Methode, um aus dem allgemeineren Ergebnis (für $k_1 \neq k_2$) das speziellere Ergebnis (für $k_1 = k_2$) zu generieren und damit auch unsere Ableitung zu überprüfen. Wir setzen wieder an, in dem wir k_2 durch k_1 mal einem Faktor ausdrücken:

$$k_2 = k_1 x$$

Wir setzen in die allgemeinere Gleichung ein:

$$t_{\text{optimal}} = \frac{\ln \frac{k_1 x}{k_1}}{k_1 x - k_1}$$

Wir formen um und trennen den Ausdruck ab, der nur mehr x enthält:

$$t_{\text{optimal}} = \frac{\ln x}{k_1\,(x-1)} = \frac{1}{k_1}\frac{\ln x}{x-1}$$

Damit wir unser gewünschtes Ergebnis erhalten, lassen wir einfach x gegen 1 gehen, dann werden ja k_1 und k_2 gleich:

$$t_{(\text{optimal},\,k_1\,=\,k_2)} = \frac{1}{k_1}\left(\lim_{x\to 1}\frac{\ln x}{x-1}\right)$$

Wir können das nicht direkt lösen, da der Ausdruck $\frac{0}{0}$ wird, daher benutzen wir wieder die Regel von de L'Hospital:

$$\lim_{x\to 1}\frac{\ln x}{x-1} = \lim_{x\to 1}\frac{\frac{d\ln x}{dx}}{\frac{d(x-1)}{dx}} = \lim_{x\to 1}\frac{\frac{1}{x}}{1} = \frac{\frac{1}{1}}{1} = 1$$

Damit haben wir bewiesen, dass der Übergang direkt möglich und daher auch sicher richtig ist:

$$t_{(\text{optimal},\,k_1\,=\,k_2)} = \frac{1}{k_1}\left(\lim_{x\to 1}\frac{\ln x}{x-1}\right) = \frac{1}{k_1}$$

- Sie arbeiten als Analytikerin oder Analytiker gemeinsam mit einer Fachgruppe zur Erforschung von seltenen Isotopen. Sie wollen das synthetische Stickstoffisotop ^{16}N analysieren. Dazu wird ein Kohlenstofftarget mit einem hochenergetischen Tritiumpuls beschossen, wobei sich ^{16}C bildet. Dieses zerfällt mit einer Halbwertszeit von $0,747\,$s zu ^{16}N, welches aber wiederum mit einer Halbwertszeit von $7,131\,$s zu dem stabilen Isotop ^{16}O zerfällt. Beides sind β^--Zerfälle, hierbei wird ein Neutron in ein Proton umgewandelt und sendet ein Elektron und Elektron-Antineutrino aus:

$$n^0 \to p^+ + e^- + \bar{\nu}_e$$

Da die Messungen sehr aufwändig und teuer sind, soll der optimale Zeitpunkt berechnet werden, an welchem die Messungen statt finden sollen, um möglichst die Eigenschaften vom gewünschten Isotop zu bestimmen, das ist natürlich jener mit der größten Konzentration an ^{16}N. Berechnen Sie diesen Zeitpunkt. Ähnlich werden auch die Eigenschaften von extrem schweren synthetischen Elementen bestimmt, die ebenfalls sehr kurzlebig sind, zum Beispiel von Element 117.

Die Halbwertszeiten können wir mittels $\frac{\ln 2}{k} = \tau_{1/2}$ in Geschwindigkeitskonstanten umrechnen ($0.9279\,\text{s}^{-1}$ und $0.0972\,\text{s}^{-1}$), dann entspricht die Reaktion genau dem ausgearbeiteten Schema:

$$^{16}\text{C} \xrightarrow{k_1} {}^{16}\text{N} \xrightarrow{k_2} {}^{16}\text{O},$$

daher gilt:

$$t_{\text{optimal}} = \frac{\ln \frac{k_2}{k_1}}{k_2 - k_1} = \frac{\ln \frac{0{,}0972}{0{,}9279}}{0{,}0972 - 0{,}9279} = 2{,}716\,\text{s}$$

Die höchste Konzentration an dem Isotop herrscht $2{,}716\,\text{s}$ nach dem Tritiumpuls.

Teil III.

Appendices

Symbolverzeichnis

Griechische Symbole

α	Isobarer Ausdehnungskoeffizient	1/K
α	Wärmeübergangskoeffizient	$W/(m^2K)$
$\bar{\mu}$	Elektrochemisches Potential	J/mol oder J
β	Isobarer Ausdehnungskoeffizient	1/K
ϵ	Emissionsgrad	--
ϵ	Leistungszahl	--
η	Dynamische Viskosität	Pas
η	Wirkungsgrad	--
κ	Isentropenexponent	--
κ_S	Adiabatische Kompressibilität	1/Pa
κ_T	Isotherme Kompressibilität	1/Pa
λ	Thermische Leitfähigkeit	$W/(mK)$
μ	Chemisches Potential	J/mol
μ_{JT}	Joule-Thomson-Koeffizient	K/Pa
ν	Frequenz	s^{-1}
ν	Stöchiometrischer Faktor	--
ϕ	Elektrisches Potential	V
ρ	Dichte	kg/m^3
σ	Elektrische Leitfähigkeit	S/m
σ	Stefan-Boltzmann-Konstante $(5,67 \cdot 10^{-8})$	$W/(m^2K^4)$
τ	Thermische Relaxationszeit	s
$\tau_{1/2}$	Halbwertszeit	s
φ	Relative Luftfeuchtigkeit	--

© Springer Fachmedien Wiesbaden GmbH, ein Teil von Springer Nature 2018
W. Stadlmayr, *Thermodynamik – nicht nur für Nerds*,
https://doi.org/10.1007/978-3-658-23291-7

ξ	Reaktionslaufzahl	mol

Symbole

ϵ	Dielektrizitätskonstante, Permittivität	C/(mV)
Gr	Grashofzahl	--
g	Gravitationsbeschleunigung $(9,81)$	m/s^2
h	Plancksches Wirkungsquantum $(6,626 \cdot 10^{-34})$	Js
k	Boltzmannkonstante $(1,38 \cdot 10^{-23})$	J/K
Nu	Nusseltzahl	--
N_A	Avogadrozahl $(6,022 \cdot 10^{23})$	mol^{-1}
Pr	Prandtlzahl	--
Re	Reynoldszahl	--
R	Ideale Gaskonstante $(8,314)$	J/(molK)
A	Fläche	m^2
A	Freie Energie	J/mol oder J
a	Aktivität	mol/l
C	Wärmekapazität	J/K
c	Lichtgeschwindigkeit $(299 \cdot 10^6)$	m/s
C_p	Isobare Wärmekapazität	J/K
C_V	Isochore Wärmekapazität	J/K
E	Energie	J
F	Anzahl der Freiheitsgrade	--
F	Kraft	N
G	Gibbs-Energie	J/mol oder J
H	Enthalpie	J/mol oder J
j	Wärmestromdichte	W/m^2
K	Anzahl der Komponenten	--
K	Gleichgewichtskonstante	variabel

k	Geschwindigkeitskonstante	variabel
L	Lorenzzahl $(2,44 \cdot 10^{-8})$	$\mathrm{W\Omega K^{-2}}$
l^*	Praktischer spezifischer Luftbedarf	$--$
m	Masse	kg
N	Teilchenzahl	$--$
n	Polytropenexponent	$--$
n	Quantenzahl	$--$
n	Stoffmenge	mol
P	Anzahl der Phasen	$--$
P	Leistung	W
p	Druck	Pa
Q	Wärme	J/mol oder J
q	Ladung	C
S	Entropie	J/(molK) oder J/K
s	Weg	m
T	Temperatur	K
t	Zeit	s
U	Innere Energie	J/mol oder J
V	Volumen	$\mathrm{m^3}$
W	Arbeit	J/mol oder J
w	Anzahl der Mikrozustände	$--$
X	Dampfgehalt	g/kg
x	Molenbruch	$--$
x	Ort	$--$
z	Ladungszahl eines Teilchens	$--$

© Springer Fachmedien Wiesbaden GmbH, ein Teil von Springer Nature 2018
W. Stadlmayr, *Thermodynamik – nicht nur für Nerds*,
https://doi.org/10.1007/978-3-658-23291-7

Literaturverzeichnis

[1] NICKEL, Ulrich: *Lehrbuch der Thermodynamik.* Zweite, erweiterte Auflage. PhysChem Verlag, Erlangen, 2011

[2] ENGEL, Thomas ; REID, Philip: *Physikalische Chemie.* Pearson Studium, München, 2006

[3] WEDLER, Gerd: *Lehrbuch der Physikalischen Chemie.* Vierte, völlig überarbeitete und erweiterte Auflage. Wiley VCH Verlag GmbH & Co. KGaA, , Weinheim, 1997

[4] JOB, Georg ; RÜFFLER, Regina: *Physikalische Chemie: Eine Einführung Nach Neuem Konzept mit Zahlreichen Experimenten.* Vieweg+Teubner Verlag, Springer Fachmedien Wiesbaden GmbH, Wiesbaden, 2010

[5] HUG, Heinz ; REISER, Wolfgang: *Physikalische Chemie.* Zweite, neu bearbeitete Auflage. Verlag Europa-Lehrmittel Nourney, Vollmer GmbH & Co., Haan-Gruiten, 2000

[6] ATKINS, Peter W. ; PAULA, Julio de: *Physikalische Chemie.* Vierte, vollständig überarbeitete Auflage. Wiley VCH Verlag GmbH & Co. KGaA, , Weinheim, 2006

[7] MÖLTNER, Lukas: *Vorlesungspräsentation Thermodynamik / Wärme- und Stoffübertragung; WS 2011/2012, MCI.* 2012

[8] MEMMEL, Norbert: *Skript Statistische Thermodynamik.* 2012

[9] FEYNMAN, Richard P. ; LEIGHTON, Robert B. ; SANDS, Matthew: *Feynman-Vorlesungen über Physik.* Bd. 2: Elektromagnetismus und Struktur der Materie. 5., verbesserte Auflage. Oldenbourg Verlag München Wien, 2007

[10] MESCHEDE, Dieter: *Gerthsen Physik.* 22. Auflage. Springer-Verlag Berlin Heidelberg, 2004

[11] MARGENAU, Henry ; MURPHY, George M.: *The Mathematics of Physics and Chemistry.* 2. Ausgabe. D. Van Nostrand Company, Inc, New York, 1956

[12] MYHRVOLD, Nathan ; YOUNG, Chris ; BILET, Maxime: *Modernist Cuisine: Die Revolution der Kochkunst.* Bd. 1: Geschichte & Grundlagen. TASCHEN GmbH Köln, 2011

[13] BARZIN, Jalal ; SADATNIA, Behrouz: Correlation between macrovoid formation and the ternary phase diagram for polyethersulfone membranes prepared from two nearly similar solvents. In: *Journal of Membrane Science* 325 (2008), S. 92–97

[14] ZWEIG, Stefan: *Sternstunden der Menschheit: Vierzehn historische Miniaturen.* Fischer Verlag, 1983

[15] LIDE, David R. (Hrsg.): *CRC Handbook of Chemistry and Physics.* 88. Auflage. CRC Press; Taylor & Francis Group, 2008

© Springer Fachmedien Wiesbaden GmbH, ein Teil von Springer Nature 2018
W. Stadlmayr, *Thermodynamik – nicht nur für Nerds,*
https://doi.org/10.1007/978-3-658-23291-7

[16] FLIESSBACH, Torsten: *Statistische Physik: Lehrbuch zur Theoretischen Physik IV*. 5. Auflage. Spektrum Akademischer Verlag, 2010

[17] HAKEN, Hermann ; WOLF, Hans C.: *Atom- und Quantenphysik*. 8. Auflage. Springer-Verlag Berlin Heidelberg New York, 2004

[18] FEYNMAN, Richard P. ; LEIGHTON, Robert B. ; SANDS, Matthew: *Feynman-Vorlesungen über Physik*. Bd. 3: Quantenmechanik. 5., verbesserte Auflage. Oldenbourg Verlag München Wien, 2007

[19] REICHENBACH, Hans: *Atom und Kosmos*. Erste Auflage. Deutsche Buch-Gemeinschaft GmbH Berlin, 1930

[20] WESSEL, Walter: *Kleine Quantenmechanik*. Erste Auflage. Physik-Verlag, Mosbach in Baden, 1966

[21] HEISENBERG, Werner: *Quantentheorie und Philosophie: Vorlesungen und Aufsätze*. Philip Reclam jun, GmbH & Co., Stuttgart, 2006

[22] MCEVOY, J.P.: *Quantentheorie: Ein Sachcomic*. TibiaPress Verlag GmbH Überlingen, 2011

[23] MORTIMER, Charles E.: *Chemie: Das Basiswissen der Chemie*. 7. korrigierte Auflage. Georg Thieme Verlag Stuttgart New York, 2001

[24] ZANONI, B. ; PERI, C. ; BRUNO, D.: Modelling of browning kinetics of bread crust during baking. In: *Food Science and Technology* 28 (1995), Nr. 6, S. 604–609

Ich bedanke mich herzlich bei A. Dumfort für seine sorgfältige Redaktion und seine luziden Anmerkungen und Korrekturen.

A. Wichtige Gleichungen auf einen Blick

Diese Zusammenstellung enthält noch einmal die wichtigsten Gleichungen aus diesem Werk. Sie ist als Nachschlagehilfe (bei jeder Gleichung steht die Seite, auf der sie gefunden werden kann) oder als Überblick für Sie gedacht. Sie zu studieren ersetzt aber *nicht* ein Lesen der jeweiligen Kapitel.

Mathematisches

$$d(xy) = xdy + ydx \quad S.\,11$$

$$\frac{\partial^2 f}{\partial x \partial y} = \frac{\partial^2 f}{\partial y \partial x} \qquad \text{Satz von Schwarz, S.\,18}$$

$$\binom{n}{k} = \frac{n!}{k!(n-k)!} \qquad \text{Binomialkoeffizient, S.\,109}$$

$$\nabla f = \left(\frac{\partial f}{\partial x}, \frac{\partial f}{\partial y}, \frac{\partial f}{\partial z}\right) \qquad \text{Nabla-Operator, S.\,142}$$

$$\nabla^2 f = \Delta f = \frac{\partial^2 f}{\partial x^2} + \frac{\partial^2 f}{\partial y^2} + \frac{\partial^2 f}{\partial z^2} \qquad \text{Laplace-Operator, S.\,147}$$

$$\lim_{x \to x_0} \frac{f(x)}{g(x)} = \lim_{x \to x_0} \frac{f'(x)}{g'(x)} \qquad \text{für } \frac{f(x)}{g(x)} = \frac{0}{0} \text{ oder } \frac{\infty}{\infty}; \text{ Regel von de L'Hospital, S.\,230}$$

$$\ln N! = N \cdot \ln N - N \qquad \text{Stirlingsche Näherungsformel, S.\,420}$$

© Springer Fachmedien Wiesbaden GmbH, ein Teil von Springer Nature 2018
W. Stadlmayr, *Thermodynamik – nicht nur für Nerds*,
https://doi.org/10.1007/978-3-658-23291-7

Fundamentalgleichung

$$dU = \left(\frac{\partial U}{\partial V}\right)_{S,n_1,\ldots n_k} dV + \left(\frac{\partial U}{\partial S}\right)_{V,n_1,\ldots n_k} dS + \sum_{i=1}^{k} \left(\frac{\partial U}{\partial n_i}\right)_{V,n_{j\neq i}} dn_i \quad \text{S. 10}$$

Thermodynamische Potentiale

$$dU = -\,pdV + TdS + \mu dn \qquad\qquad\qquad\qquad\qquad\qquad\qquad\qquad \text{S. 13}$$

$$dA = -\,pdV - SdT + \mu dn \qquad\qquad\qquad\qquad\qquad = d(U - TS) \quad \text{S. 13}$$

$$dH = +\,Vdp + TdS + \mu dn \qquad\qquad\qquad\qquad\qquad = d(U + pV) \quad \text{S. 13}$$

$$dG = +\,Vdp - SdT + \mu dn \quad = d(U - TS + pV) = d(A + pV) = d(H - TS) \quad \text{S. 13}$$

Maxwell Beziehungen

$$-\left(\frac{dS}{dp}\right)_T = \left(\frac{dV}{dT}\right)_p \quad \text{S. 19}$$

$$\left(\frac{dS}{dV}\right)_T = \left(\frac{dp}{dT}\right)_V \quad \text{S. 19}$$

$$\left(\frac{dV}{dS}\right)_p = \left(\frac{dT}{dp}\right)_S \quad \text{S. 19}$$

$$-\left(\frac{dp}{dS}\right)_V = \left(\frac{dT}{dV}\right)_S \quad \text{S. 19}$$

Wärmekapazität

$$n \cdot C = \frac{\Delta Q}{\Delta T} \quad \text{S. 20}$$

$$n \cdot C_V = \frac{Q}{dT} = \left(\frac{dU}{dT}\right)_V \quad \text{S. 21}$$

$$n \cdot C_p = \frac{Q}{dT} = \left(\frac{dH}{dT}\right)_p \quad \text{S. 22}$$

Arbeit und Leistung

$$W = \mathbf{F}d\mathbf{s}, \quad \text{S. 23}$$

$$\Delta W = \int_{s_1}^{s_2} Fds \quad \text{S. 23}$$

$$P = \frac{\Delta W}{\Delta t} \quad \text{S. 25}$$

$$P_{\text{Wärme}} = \frac{\Delta Q}{\Delta t} \quad \text{S. 25}$$

Wirkungsgrad

$$\eta_{\text{WKM}} = \frac{|W|}{|Q_{\text{Rein}}|} \quad \text{S. 39}$$

$$\epsilon_{\text{WP}} = \frac{|Q_{\text{Raus}}|}{|W|} \quad \text{bzw.} \quad \epsilon_{\text{KA}} = \frac{|Q_{\text{Rein}}|}{|W|} \quad \text{S. 39}$$

$$\eta_{\text{Carnot}} = 1 - \frac{T_K}{T_H} \quad \text{S. 75}$$

Unbewiesene Aussage, dass U nur von T abhängt

$$U = U(T) \quad \text{S. 47}$$

Poissonsche Gleichungen für adiabatische Prozesse

$$pV^{\kappa} = \text{konstant} \quad \text{oder} \quad p_1 V_1^{\kappa} = p_2 V_2^{\kappa} \quad \text{S. 45}$$

$$TV^{\kappa-1} = \text{konstant} \quad \text{oder} \quad \frac{T_1}{T_2} = \left(\frac{V_2}{V_1}\right)^{\kappa-1} \quad \text{S. 45}$$

$$T^{\kappa}p^{1-\kappa} = \text{konstant} \quad \text{oder} \quad \frac{T_1}{T_2} = \left(\frac{p_1}{p_2}\right)^{\frac{\kappa-1}{\kappa}} \quad \text{S. 45}$$

Zustandsgleichungen eines Gases

$$\text{Ideal:} \quad pV = nRT \quad \text{S. 46}$$

$$\text{Van-der-Waals:} \quad p = \frac{RT}{V_m - b} - \frac{a}{V_m^2} \quad \text{S. 79}$$

$$\text{Virial-Ansatz:} \quad pV = nA + nBp + nCp^2 + nDp^3 + nEp^4 + \ldots \quad \text{S. 83}$$

$$\text{Redlich-Kwong:} \quad p = \frac{RT}{V_m - b_{RK}} - \frac{a_{RK}}{\sqrt{T}V_m\left(V_m + b_{RK}\right)} \quad \text{S. 94}$$

$$\text{Soave-Redlich-Kwong:} \quad p = \frac{RT}{V_m - b_{SRK}} - \frac{a_{SRK}\alpha_{SRK}}{V_m\left(V_m + b_{SRK}\right)} \quad \text{S. 95}$$

$$\text{Peng-Robinson:} \quad p = \frac{RT}{V_m - b_{PR}} - \frac{a_{PR}\alpha_{PR}}{V_m^2 + 2V_m b_{PR} - b_{PR}^2} \quad \text{S. 96}$$

Größen bei Benutzung eines idealen Gases (S. 60)

Prozess	ΔU	ΔW	ΔQ	ΔS
allgemein	$\Delta U = \Delta Q + \Delta W$	$\Delta W = -\int p\,dV$	$\Delta Q = nC\Delta T$	$\Delta S = \int \frac{Q_{\mathrm{Rev}}}{T}\,dT$
isotherm	$\Delta U = 0$	$\Delta W = -nRT\ln\frac{V_E}{V_A}$	$\Delta Q = nRT\ln\frac{V_E}{V_A}$	$\Delta S = nR\ln\frac{V_E}{V_A}$
isobar	$\Delta U = nC_V\Delta T$	$\Delta W = -p\Delta V$	$\Delta Q = nC_p\Delta T$	$\Delta S = nC_p\ln\frac{T_E}{T_A}$
isochor	$\Delta U = nC_V\Delta T$	$\Delta W = 0$	$\Delta Q = nC_V\Delta T$	$\Delta S = nC_V\ln\frac{T_E}{T_A}$
adiabatisch	$\Delta U = nC_V\Delta T$	$\Delta W = nC_V\Delta T$	$\Delta Q = 0$	$\Delta S = 0$

Reduzierte Größen (S.89)

$$p_r = \frac{p}{p_{\mathrm{krit.}}} \qquad V_r = \frac{V}{V_{\mathrm{krit.}}} \qquad T_r = \frac{T}{T_{\mathrm{krit.}}}$$

Phasengleichgewichte

Dalton: $\quad p_{\mathrm{Gesamt}} = \sum_{i=1}^{n} p_i \quad$ S. 121

Raoult: $\quad p_i = x_i \cdot p_i^* \quad$ S. 124

Henry: $\quad p_i = x_i \cdot k_H^i \quad$ S. 131

Clausius-Clapeyron: $\quad \left(\dfrac{dp}{dT}\right)_{\mathrm{Koex}} = \dfrac{\Delta H}{T\Delta V} \quad$ S. 133

Gibbssche Phasenregel: $\quad F = K - P + 2 \quad$ S. 133

$$\mu_i^{\mathrm{Lösung}} = \mu_i^* + RT\ln x_i \quad \text{S. 126}$$

Kennzahlen

$$\mathrm{Nu} = \text{Konstante} \cdot \mathrm{Gr}^m \cdot \mathrm{Pr}^n \qquad \text{Nusselt-Zahl für freie Konvektion, S. 157}$$

$$\mathrm{Nu} = \text{Konstante} \cdot \mathrm{Re}^m \cdot \mathrm{Pr}^n \qquad \text{Nusselt-Zahl für erzwungene Konvektion, S. 155}$$

$$\mathrm{Re} = \frac{\rho \cdot d \cdot v}{\eta} \qquad \text{Reynolds-Zahl, S. 156}$$

$$\mathrm{Pr} = \frac{\eta \cdot c_p}{\lambda} \qquad \text{Prandtl-Zahl, S. 157}$$

$$\mathrm{Gr} = \frac{\rho^2 \cdot g \cdot \alpha_V \cdot d^3 \cdot (T_{\mathrm{OF}} - T_\infty)}{\eta^2} \qquad \text{Grashof-Zahl, S. 157}$$

Wärmeleitung

$$\mathbf{j} = -\lambda \nabla T \qquad \text{Wärmeleitungsgleichung, S. 142}$$

$$\frac{dT}{dt} = \frac{\lambda}{\rho c} \nabla^2 T \qquad \text{Allgemeine Wärmeleitungsgleichung, S. 148}$$

$$\frac{\lambda}{\sigma} = LT \qquad \text{Wiedemann-Franz-Gesetz, S. 145}$$

$$\tau = \frac{d^2 \rho c}{\lambda} \qquad \text{Thermische Relaxationszeit, S. 150}$$

$$E = n \cdot h \cdot \nu \qquad \text{Planck'sche Quantenhypothese, S. 161}$$

Vergleich Konduktion, Konvektion, Strahlung

$$\frac{\Delta Q}{\Delta t} = -\lambda \cdot A \cdot \frac{\Delta T}{\Delta x} \qquad \text{Konduktion (Fouriersches Gesetz), S. 143}$$

$$\frac{\Delta Q}{\Delta t} = \alpha \cdot A \cdot \Delta T \qquad \text{Konvektion, S. 154}$$

$$\frac{\Delta Q}{\Delta t} = \epsilon \cdot \sigma \cdot A \cdot (T_H^4 - T_K^4) \qquad \text{Strahlung, S. 164}$$

Chemisch-thermodynamische Grundlagen

$$\Delta P = \frac{dP}{d\xi} \qquad \text{falls } P \text{ ein thermodyn. Pot. ist; S. 170}$$

$$\mu_i = \mu_i^{\circ} + RT \ln a_i \qquad \text{S. 171}$$

$$\Delta G = \Delta H - T\Delta S \qquad \text{S. 168}$$

$$\Delta G = \Delta G^{\circ} + RT \ln \left(\prod_i a_i^{\nu_i} \right) = \Delta G^{\circ} + RT \ln K \qquad \text{S. 172}$$

$$\Delta G^{\circ} = -RT \ln \left(\prod_i a_i^{\nu_i} \right) = -RT \ln K \qquad \text{im GGW.; S. 173}$$

Reaktionsgrößen

$$\Delta G_{\text{Reaktion}} = \sum \Delta G_{\text{B,Produkte}} - \sum \Delta G_{\text{B,Edukte}} = \sum_i \nu_i \Delta G_{\text{B,i}} \qquad \text{S.}\,199$$

$$\Delta H_{\text{Reaktion}} = \sum \Delta H_{\text{B,Produkte}} - \sum \Delta H_{\text{B,Edukte}} = \sum_i \nu_i \Delta H_{\text{B,i}} \qquad \text{S.}\,195$$

$$\Delta S_{\text{Reaktion}} = \sum S_{\text{Produkte}} - \sum S_{\text{Edukte}} = \sum_i \nu_i S_{\text{i}} \qquad \text{S.}\,199$$

Die Gleichgewichtskonstante

$$K = e^{-\frac{\Delta G^\circ}{RT}} \quad \text{bzw.} \quad K = \prod_i a_i^{\nu_i} \quad \text{bzw.} \quad K_c = \frac{[\text{Produkte}]}{[\text{Edukte}]} \qquad \text{S.}\,173$$

$$\left(\frac{d\ln K}{dT}\right)_p = \frac{\Delta H^\circ}{RT^2} \qquad \text{Van-'t Hoffsche Reaktionsisobare; S.}\,178$$

$$\left(\frac{d\ln K}{dp}\right)_T = -\frac{\Delta V^\circ}{RT} \qquad \text{Druckabhängigkeit von } K;\ \text{S.}\,183$$

$$\ln \frac{K_2}{K_1} = \frac{\Delta H^\circ}{R}\left(\frac{1}{T_1} - \frac{1}{T_2}\right) \qquad \text{S.}\,180$$

Gleichgewichtskonstantenartige Größen

$$K_S = \frac{[\text{A}^-][\text{H}_3\text{O}^+]}{[\text{HA}]}$$ Säurekonstante; S. 188

$$K_B = \frac{[\text{BH}^+][\text{HO}]^-}{[\text{B}]}$$ Basenkonstante; S. 188

$$K_{\text{Komp.}} = \frac{[[\text{ML}_n]^{m+}]}{[[\text{M}(\text{H}_2\text{O})_n]^{m+}]\,[L]^n}$$ Komplexbildungskonstante; S. 191

$$L = [\text{A}^+][\text{B}^-]$$ Löslichkeitsprodukte; S. 190

Trocknung

$$\Delta Q \sim m_D \cdot \Delta H \qquad \text{S. 203}$$

Elektrostatik

$$F = \frac{q_1 \cdot q_2}{4 \cdot \pi \cdot \varepsilon_r \cdot \varepsilon_0 \cdot r^2}$$ Coulombkraft; S. 206

$$\Delta W_{\text{elek.}} = \frac{q_1 \cdot q_2}{4 \cdot \pi \cdot \varepsilon_r \cdot \varepsilon_0 \cdot r}$$ Elektrische Arbeit; S. 207

Elektrochemie

$$\bar{\mu}_i = \mu_i + z_i \mathrm{F} \phi_i \qquad \text{Elektrochemisches Potential; S. 209}$$

$$\Delta G_{\text{Reaktion}} = \sum_i \nu_i \bar{\mu}_i = 0 \qquad \text{Elektrochemisches GGW.; S. 210}$$

$$E_i = \phi^i_{\text{fest}} - \phi^{\text{NHE}} \qquad \text{Reduktionspotential; S. 219}$$

$$\Delta E = E_{\text{Rechts}} - E_{\text{Links}} \qquad \text{EMK; S. 219}$$

$$E = E^\circ + \frac{RT}{|z|\mathrm{F}} \ln \frac{\text{Ox.}^{\nu_{\text{Ox.}}}}{\text{Red.}^{\nu_{\text{Red.}}}} \qquad \text{Nernst-Gleichung; S. 219}$$

$$\Delta E = \Delta E^\circ - \frac{RT}{|z|\mathrm{F}} \ln \prod_i a_i^{\nu_i} \qquad \text{allgemeine Nernst-Gleichung; S. 219}$$

$$\Delta G^\circ = -|z|\mathrm{F}\Delta E^\circ \qquad \text{S. 220}$$

Temperatur- und Druckabhängigkeit der EMK

$$\left(\frac{d\Delta E^\circ}{dT}\right)_p = \frac{\Delta S^\circ}{|z|\mathrm{F}} \qquad \text{S. 225}$$

$$\left(\frac{d\Delta E^\circ}{dp}\right)_T = -\frac{\Delta V^\circ}{|z|\mathrm{F}} \qquad \text{S. 227}$$

Kinetik & Katalyse

$$k = A \cdot e^{-\frac{E_A}{RT}}$$ Arrhenius-Gleichung; S. 235

$$[A] = [A]_0 \cdot e^{-kt}$$ Gesch.-Ges. für unimol. Reak.; S. 240

$$\tau_{1/2} = \frac{\ln 2}{k}$$ Halbwertszeit; S. 240

Lindemann-Hinshelwood-Mechanismus

$$\frac{d[B]}{dt} = k[A]$$ bei hohen Drücken; S. 250

$$\frac{d[B]}{dt} = k_1[A]^2$$ bei tiefen Drücken; S. 250

B. Weitere Appendices

B.1. Das griechische Alphabet

Begriffe haben in den Naturwissenschaften und der Technik oft einen genau umrissenen Sinn und daher ist auch eine präzise Sprache von Wichtigkeit. Dazu gehört es auch, die zentralen Symbole wie $\sum$, $\int$, etc. zu kennen, aber idealerweise auch das griechische Alphabet. Daraus lassen sich oft auch kluge Schlüsse ziehen, zum Beispiel dass Σ für eine Summe steht (weil Σ dem großen S für **S**umme entspricht), Π aber für ein Produkt (Π entspricht dem großen P für **P**rodukt).

Zeichen	Großbuchstabe	Kleinbuchstabe	kommt in TD vor[I]
Alpha	A	α	✓
Beta	B	β	∃
Gamma	Γ	γ	∃
Delta	Δ	δ	✓
Epsilon	E	ϵ oder ε	✓
Zeta	Z	ζ	
Eta	H	η	✓
Theta	Θ	θ oder ϑ	∃
Iota	I	ι	
Kappa	K	κ	✓
Lambda	Λ	λ	✓
Mü	M	μ	✓
Nü	N	ν	✓
Xi	Ξ	ξ	✓
Omikron	O	o	
Pi	Π	π	✓
Rho	P	ρ	✓
Sigma	Σ	σ	✓
Tau	T	τ	✓
Ypsilon	Y	u	
Fi	Φ	ϕ oder φ	✓
Chi	X	χ	✓
Psi	Ψ	ψ	
Omega	Ω	ω	✓

[I] ✓: kommt in dieser vorliegenden Formulierung vor
∃: kommt in anderen Formulierungen (aber im gleichen Inhalt) vor

© Springer Fachmedien Wiesbaden GmbH, ein Teil von Springer Nature 2018
W. Stadlmayr, *Thermodynamik – nicht nur für Nerds*,
https://doi.org/10.1007/978-3-658-23291-7

B.2. Das Rätsel der Temperatur

Wir wollen uns nun ein wenig mit einer der zentralen Größen der Thermodynamik, der Temperatur befassen und diese etwas näher kennen lernen. Hierzu bemühen wir die statistische Mechanik. Als klassische Thermodynamikerinnen und Thermodynamiker haben wir eigentlich keine klare Vorstellung davon, was denn Temperatur überhaupt *ist* – damit werden wir nun aufräumen, in dem wir nicht nur zeigen, dass die Temperatur mit der Geschwindigkeit der Teilchen korreliert, sondern, quasi nebenbei, die Verteilung der Geschwindigkeiten ableiten, die in einem idealen Gas herrscht. Lange Zeit war nicht genau klar, ob die Temperatur, als makroskopische Größe, eine mikroskopische Entsprechung hat und wie diese aussehen sollte. Das ändern wir jetzt.

Dazu zerlegen wir unsere Ableitung in mehrere Schritte: Als erstes führen wir den Begriff der mittleren Geschwindigkeit ein und zeigen dann, dass diese mit der Temperatur zusammenhängt. Dann versuchen wir in einem zweiten Schritt vorherzusagen, welche Geschwindigkeiten von Teilchen bei einer gegebenen Temperatur auftauchen. Wir brauchen dazu die Idee des idealen Gases samt idealer Gasgleichung, sowie die Definition des Druckes als Kraft durch Fläche und außerdem das Wissen, dass der Druck von den Stößen der Teilchen gegen die Wand stammt. Einer der zentralsten Gedanken ist hier immer, dass die Geschwindigkeit, welche ja im Allgemeinen in drei Dimensionen vorliegt, in ihre Dimensionen *separierbar* ist. Das bedeutet, die Geschwindigkeit in x-Richtung hängt nicht von der Geschwindigkeit in y- oder z-Richtung ab.[I]

Der ganze Vorgang, sprich die ganze Ableitung, ist von einer gewissen Länge und Komplexität – lassen Sie sich aber davon gerade nicht verschrecken. Gehen Sie die einzelnen Schritte langsam durch, überlegen Sie, warum sie durchgeführt werden und achten Sie auf Ihre mathematische Präzision, dann sind Sie hier in der Lage, einen mathematisch-physikalischen Schatz von einer so besonderen Fundamentalheit zu heben, wie es nur ein paar Mal pro Jahrhundert gelingt. Die Maxwell-Boltzmann-Verteilung zu verstehen, bedeutet ureigentlich die Temperatur erst *wirklich* zu verstehen.

B.2.1. Die quadratisch gemittelte Geschwindigkeit

Stellen wir uns als erstes ein ideales Gas vor (die Eigenschaften eines idealen Gases sind in Abschnitt 2 dargelegt). Da die Stöße zwischen den Gasteilchen ganz zufällig erfolgen, sollten verschiedene Teilchen verschiedene Richtungen und Geschwindigkeiten haben. Da aber die Raumrichtungen alle gleich sind und ein Teilchen nicht etwa lieber in x-, als in y-Richtung fliegt, sollten wir erwarten, dass die Gasteilchen sich zwar zufällig bewegen, aber – für den Fall vieler Teilchen – jede Richtung gleich häufig gewählt wird. Für jedes Teilchen, welches also schnell nach vorne fliegt, fliegt auch eines schnell nach hinten, für jedes Teilchen, dass langsam nach rechts

---

[I]   Dieses äußerst grundlegende Prinzip der sogenannten *Isotropie des Raumes* (von Griechisch ἴσος, *isos*, gleich, und τρόπος, *tropos*, Drehung) kann mittels der Noether-Theoreme in das Gesetz der Drehimpulserhaltung umgeformt werden und gilt als sehr gut bestätigt.

fliegt, fliegt eines langsam nach links und so weiter. Bilden wir also die mittlere Geschwindigkeit $\bar{v}$ (diese ist vektoriell), so ist diese Null, weil sich alle Geschwindigkeiten im Mittel aufheben:

$$\vec{\bar{v}} = \frac{\vec{v_1} + \vec{v_2} + \vec{v_3} + \vec{v_4} + \ldots + \vec{v_N}}{N} = \begin{pmatrix} 0 \\ 0 \\ 0 \end{pmatrix}.$$

Das ist ja auch richtig, da das Gas netto keine Geschwindigkeit hat (sonst würde das Gas als Gesamtes ja in eine Richtung driften). Offenbar haben aber die einzelnen Gasteilchen durchaus eine von Null verschiedene Geschwindigkeit – und wir suchen nun eine Größe, welche dies ausdrückt. Im Englischen gibt es hier den schönen Unterschied zwischen *speed* und *velocity*: während *speed* eine skalare Größe ist und nur die Geschwindigkeit in etwa m/s angibt, ist *velocity* eine vektorielle Größe und hat daher eine Richtung. Im Deutschen haben wir diese Unterscheidung leider nicht und müssen daher immer genau nachdenken, ob wir eine vektorielle oder skalare Größe meinen, wenn wir Geschwindigkeit sagen. Wie wir gesehen haben, ist die vektorielle Natur der Grund dafür, dass sich alle Geschwindigkeiten auf 0 addieren. Wir führen daher eine neue Art Größe ein, die *quadratisch gemittelte Geschwindigkeit*. Das bedeutet, dass wir die Wurzel aus der Summe der Quadrate nehmen, etwa, wenn wir die Geschwindigkeit in der x-Richtung haben wollen:

$$\sqrt{\langle v_x^2 \rangle} = \sqrt{\frac{v_{x,1}^2 + v_{x,2}^2 + v_{x,3}^2 + v_{x,4}^2 + \ldots + v_N^2}{N}},$$

wobei N die Anzahl der Teilchen ist. Wir sehen, dass das im Allgemeinen ein durchaus anderes Ergebnis liefert, als die normale Mittelwertbildung[I]:

$$\bar{v}_x = \frac{v_{x,1} + v_{x,2} + v_{x,3} + v_{x,4} + \ldots + v_N}{N}.$$

Mit den spitzen Klammern bezeichnen wir solche Größen, wir wollen Sie auch mit *Erwartungswert* bezeichnen. Denn diese Größe ist natürlich nur ein statistisches Maß für die Geschwindigkeit der Teilchen, jedes einzelne kann durchaus davon verschiedene Geschwindigkeiten aufweisen. Das die Geschwindigkeit durch eine quadratische Mittelung geschehen ist, zeigen wir durch den hochgestellten Zweier bei $\langle v_x^2 \rangle$ an. Den Vorgang, welchen wir eben ausgeführt haben, nennt man auch rms (für *root-mean-square*, das Ziehen der Wurzel aus dem Mittelwert der Quadrate). Damit können wir eine skalare Geschwindigkeit angeben, die nicht Null wird und von der Geschwindigkeit in die einzelnen Raumrichtungen abhängt. Aus den Regeln der Vektorrechnung folgt, dass die insgesamte quadratisch gemittelte Geschwindigkeit die Wurzel aus den Quadraten der

---

[I] Etwa kann die quadratisch gemittelte Geschwindigkeit nur Null werden, wenn alle Geschwindigkeiten Null sind.

Geschwindigkeiten (der quadratisch gemittelten Geschwindigkeiten) in den einzelnen Raumrichtungen ist (diese Wurzel hat also nicht die gleiche Quelle, wie im vorigen Fall):

$$\sqrt{\langle v^2 \rangle} = \sqrt{\langle v_x^2 \rangle + \langle v_y^2 \rangle + \langle v_z^2 \rangle}.$$

Nun haben wir ja gesagt, dass die drei Raumrichtungen alle gleichwertig sind, die Erwartungswerte der Geschwindigkeit in x-, y- und z-Richtung also gleich groß sein müssten:

$$\langle v_x^2 \rangle = \langle v_y^2 \rangle = \langle v_z^2 \rangle.$$

Damit kommen wir schnell zu

$$\sqrt{\langle v^2 \rangle} = \sqrt{3 \langle v_x^2 \rangle},$$

beziehungsweise zu

$$\boxed{\langle v_x^2 \rangle = \frac{1}{3} \langle v^2 \rangle,}$$

was wir später wieder brauchen werden.

B.2.2. Die Temperatur als Teilchengeschwindigkeit

Nun wollen wir endlich den Konnex zur Temperatur schlagen. Dazu stellen wir uns vor, ein Teilchen bewegt sich mit der Geschwindigkeit v_x entlang der x-Richtung und stößt gegen eine Wand. Dabei wird das Teilchen reflektiert und hat nun die Geschwindigkeit $-v_x$. Der Impuls eines Teilchens ist ja über

$$p_{\mathrm{mech}} = mv$$

definiert. Zur besseren Unterscheidung von Impuls und Druck, welche sich beide in den Naturwissenschaften den Buchstaben p teilen, bezeichnen wir hier den mechanischen Impuls mit p_{mech}. Die Änderungen des Impulses ist also der Impuls des Teilchens nach dem Stoß minus den Impuls des Teilchens vor dem Stoß:

$$\Delta p_{\mathrm{mech}} = -mv_x - mv_x = -2mv_x.$$

Da wir nur an der Änderung des Impulses und nicht an der Richtung derselben interessiert sind[I], können wir auch sagen, dass

$$\Delta p_{\text{mech}} = 2mv_x.$$

Dies ist also die Änderung des Impulses pro Stoß. Als nächstes wollen wir uns fragen, wie viele Stöße passieren. Betrachten wir das Volumen vor der Wand, so sind darin Teilchen, die sich Richtung Wand bewegen (statistisch die Hälfte). Legen wir eine gewisse Zeit Δt fest, so können wir uns überlegen, welche Teilchen in dieser Zeit die Wand erreichen, weil wir sowohl die Geschwindigkeit, als auch die Zeit kennen und so die Strecke s ausrechnen können, die ein Teilchen in der Zeit fliegen kann:

$$s = v_x \Delta t.$$

Von den Teilchen, welche sich in diesem Abstand befinden, werden alle die Wand erreichen, welche in Richtung Wand fliegen, das sind im Mittel genau die Hälfte, wir führen also noch den Faktor 1/2 ein. Schließlich geht auch die Fläche der Wand (A) ein, wenn diese groß ist, treffen viele Teilchen auf sie. Das Volumen V enthält also alle Teilchen, die die Wand innerhalb der Zeit Δt treffen:

$$V = \frac{Av_x \Delta t}{2}.$$

Wie viele Teilchen sind nun in diesem Volumen? Es sind dies

$$N/V = \frac{n \cdot N_L}{V}$$

Teilchen. Damit können wir die Anzahl der Stöße berechnen, welche in der Zeit Δt passieren:

$$\text{Anzahl der Stöße während } \Delta t = \frac{n \cdot N_L \cdot A \cdot v_x \cdot \Delta t}{2V}.$$

Vorher haben wir die Impulsänderung während eines solchen Stoßes berechnet, nun haben wir die Anzahl der Stöße, damit können wir die gesamte Impulsänderung berechnen, denn

$$\text{Änderung des Impulses bei einem Stoß} \cdot \text{Anzahl der Stöße} = \text{Gesamtimpulsänderung},$$

oder

$$\text{Gesamtimpulsänderung} = \Delta p_{\text{mech, gesamt}} = \frac{n \cdot N_L \cdot A \cdot v_x \cdot \Delta t}{2V} \cdot 2m \cdot v_x.$$

[I]   So hätten wir natürlich unser Teilchen anfangs auch in mit $-v_x$ starten lassen können.

Wir fassen alles ein wenig zusammen, weil wir zum Beispiel wissen, das $m \cdot N_L = M$:

$$\Delta p_{\text{mech, gesamt}} = \frac{M \cdot n \cdot A \cdot v_x^2 \cdot \Delta t}{V}.$$

Nun bestimmen wir die Änderungsrate der Gesamtimpulsänderung, indem wir die Gesamtimpulsänderung durch den Zeitschritt Δt teilen:

$$\frac{\Delta p_{\text{mech, gesamt}}}{\Delta t} = \frac{M \cdot n \cdot A \cdot v_x^2}{V}.$$

Die Änderung des Impulses durch die Zeit liefert aber genau die Kraft[I]. Wir halten also bei

$$F = \frac{M \cdot n \cdot A \cdot v_x^2}{V}.$$

Nun kennen wir im Moment die Verteilung der Geschwindigkeiten ja noch nicht, was wir aber tun können, ist mit der quadratisch gemittelten Geschwindigkeit $\langle v_x^2 \rangle$ weiter zu rechnen. Im statistischen Mittel von vielen Stößen sollte die Kraft ja von dieser abhängen, daher:

$$F = \frac{M \cdot n \cdot A \cdot \langle v_x^2 \rangle}{V}.$$

Nun haben wir bisher nur die x-Richtung betrachtet, wissen aber, dass

$$\langle v_x^2 \rangle = \frac{1}{3} \langle v^2 \rangle$$

[I]   Flapsig über

$$p_{\text{mech}} = m \cdot v \text{ und } F = m \cdot a.$$

Umformen liefert

$$m = \frac{p_{\text{mech}}}{v} \text{ und } m = \frac{F}{A}$$

$$\frac{p_{\text{mech}}}{v} = \frac{F}{A}$$

$$F = \frac{a \cdot p_{\text{mech}}}{v}$$

Bei gewissen Bewegungen gilt, dass $a = \frac{v}{t}$ (exakt: $a = \frac{dv}{dt}$), daher

$$F = \frac{\frac{v}{t} p_{\text{mech}}}{v}$$

und damit

$$F = \frac{p_{\text{mech}}}{t}.$$

und setzen das ein:

$$F = \frac{M \cdot n \cdot A \cdot \langle v^2 \rangle}{3V}$$

Jetzt können wir endlich die Brücke zur Thermodynamik schlagen, indem wir die Gleichung durch A teilen. Kraft durch Fläche liefert ja bekanntlich den Druck:

$$p = \frac{M \cdot n \cdot \langle v^2 \rangle}{3V}.$$

Wir bringen noch V auf die andere Seite und erhalten

$$pV = \frac{1}{3}M \cdot n \cdot \langle v^2 \rangle.$$

Die linke Seite ist uns bekannt – das sieht stark nach der idealen Gasgleichung aus:

$$pV = nRT.$$

Wir setzen also beide Gleichungen gleich und erhalten:

$$\frac{1}{3}M \cdot n \cdot \langle v^2 \rangle = nRT.$$

Wir formen um:

$$\frac{1}{3}M \cdot \langle v^2 \rangle = RT$$

$$\langle v^2 \rangle = \frac{3RT}{M}$$

und schließlich

$$\boxed{\langle v \rangle = \sqrt{\frac{3RT}{M}}.}$$

Damit haben wir den ersten Teil unserer Antwort erhalten – die durchschnittliche Geschwindigkeit unserer Gasteilchen hängt vom Molekulargewicht und der Temperatur ab. Damit ist aber auch klar, dass die Temperatur und die quadratisch gemittelte Teilchengeschwindigkeit zusammenhängen – tatsächlich kann eine Veränderung der Temperatur (falls wir das gleiche Gas betrachten) *nur* durch eine Veränderung der quadratisch gemittelten Teilchengeschwindigkeit herbeigeführt werden, und umgekehrt.

Bewaffnet mit diesem neuen Rüstzeug wollen wir einmal versuchen, die quadratisch gemittelte Teilchengeschwindigkeit von etwa N_2 (Hauptbestandteil von Luft) bei Raumtemperatur zu berechnen. Wir setzen also die relevanten Zahlen ein:

$$\langle v \rangle = \sqrt{\frac{3 \cdot 8.314\,\mathrm{J/(mol\,K)} \cdot 298\,\mathrm{K}}{0.028\,\mathrm{kg/mol}}} = 515\,\mathrm{m/s} = 1854\,\mathrm{km/h}.$$

Wir bemerken, dass die quadratisch gemittelte Geschwindigkeit der Gasteilchen in der Größenordnung der Schallgeschwindigkeit, beziehungsweise etwas darüber liegt (Schallgeschwindigkeit für Stickstoff bei 298 K ungefähr 333 m/s oder 1200 km/h). Es wäre ja auch seltsam, wenn sich Schall in dem Medium wesentlich schneller ausbreiten könnte, als die Teilchen überhaupt schnell sind. Außerdem gibt es noch anders definierte Geschwindigkeiten, die in der Verteilung auftauchen, welche wir gleich herleiten werden. Besonders interessant darunter ist die wahrscheinlichste (oder häufigste) Geschwindigkeit – sie sagt etwas darüber aus, welche Geschwindigkeit von den meisten Teilchen eingenommen wird. Diese wird typischerweise $\hat{v}$ (gesprochen: v-Dach) bezeichnet und ist definiert über (das werden wir auch gleich herleiten):

$$\hat{v} = \sqrt{\frac{2RT}{M}}.$$

Auch hier können wir unsere Zahlen einsetzen:

$$\langle v \rangle = \sqrt{\frac{2 \cdot 8.314\,\mathrm{J/(mol\,K)} \cdot 298\,\mathrm{K}}{0.028\,\mathrm{kg/mol}}} = 421\,\mathrm{m/s} = 1516\,\mathrm{km/h}.$$

Bei Raumtemperatur haben also in Stickstoff die meisten Teilchen eine Geschwindigkeit von etwa 1500 km/h.

Bevor wir zum zweiten Teil unserer Ableitung aufbrechen, sollten wir kurz innehalten und uns überlegen, was wir jetzt alles erreicht haben. Wir haben gezeigt, dass das makroskopische Phänomen der Temperatur vollständig durch ein klassisch-mechanisches mikroskopisches Pendant zu beschreiben ist, durch die Geschwindigkeit der Teilchen. Für uns mag das heutzutage unspektakulär klingen, in Wirklichkeit ist das aber eine fundamentale Erkenntnis – und eine der Glanzstunden der kinetischen Gastheorie. Aus dem Bestreben, möglichst viele makroskopische Erscheinungen auf mikroskopische Eigenschaften der Materie zurückzuführen, wurde später die *statistische Thermodynamik* geboren, die als dritte große Fundamentaltheorie neben Quantenmechanik und Relativitätstheorie Platz genommen hat und das heutige wissenschaftliche Weltbild mitregiert.

B.2.3. Die Maxwell-Boltzmann-Geschwindigkeitsverteilung

Bisher haben wir also die quadratisch gemittelte Geschwindigkeit und die wahrscheinlichste Geschwindigkeit kennen gelernt, nun wollen wir versuchen, uns zu überlegen, welche Geschwindigkeiten überhaupt wie häufig vorkommen. Was wir also wollen, ist eine Funktion, die uns angibt, mit welcher Wahrscheinlichkeit ein Teilchen des Gases eine gewisse Geschwindigkeit hat. Hier stoßen wir wieder auf das Problem der Begrenztheit unserer Alphabete, da auch die Wahrscheinlichkeit mit dem Buchstaben p (für probability) abgekürzt wird. Wir müssen also aufpassen, denn ab jetzt steht p für eine Wahrscheinlichkeit. Wir suchen also die Wahrscheinlichkeit $p(v_x, v_y, v_z)$, dass ein Teilchen genau die Geschwindigkeitskomponenten v_x, v_y und v_z hat. Wir wissen aber bereits, dass die Geschwindigkeiten in den einzelnen Richtungen sich nicht gegenseitig beeinflussen. Die Wahrscheinlichkeiten von Ereignissen, die sich nicht gegenseitig beeinflussen, werden aber multipliziert[I], daher gilt:

$$p(v_x, v_y, v_z) = p(v_x) \cdot p(v_y) \cdot p(v_z).$$

Dabei ist $p(v_x)$ die Wahrscheinlichkeit, dass ein Teilchen die Geschwindigkeit v_x in x-Richtung hat, $p(v_y)$ die Wahrscheinlichkeit, dass ein Teilchen die Geschwindigkeit v_y in y-Richtung hat und $p(v_z)$ die Wahrscheinlichkeit, dass ein Teilchen die Geschwindigkeit v_z in z-Richtung hat. Wir haben vorher schon festgestellt, dass wir nicht wollen, dass sich Bewegungen in x- und $-x$-Richtung kompensieren, daher nehmen wir rechts wieder die Quadrate der Geschwindigkeiten:

$$p(v_x, v_y, v_z) = p(v_x^2) \cdot p(v_y^2) \cdot p(v_z^2).$$

Hier dürfen wir natürlich nicht die quadratisch gemittelten Geschwindigkeiten benutzen, da wir ja die Wahrscheinlichkeit *aller* Geschwindigkeiten als Lösung erhalten wollen. Schließlich können wir auch einbringen, dass die Richtungen vertauschbar sind – es sollte also gleich wahrscheinlich sein, dass ein Teilchen schnell in x- und langsam in y-Richtung fliegt und dass ein Teilchen langsam in x- und schnell in y-Richtung fliegt. Das bedeutet, die Reihenfolge von v_x, v_y und v_z unbedeutend ist und nur die Summe der Quadrate zählt, also:

$$p(v_x^2 + v_y^2 + v_z^2) = p(v_x^2) \cdot p(v_y^2) \cdot p(v_z^2).$$

Es gibt nur eine Funktion, die diese Eigenschaft hat, nämlich die Exponentialfunktion:

$$e^{a+b+c} = e^a \cdot e^b \cdot e^c.$$

[I] Werfen Sie etwa einen Würfel, ist die Wahrscheinlichkeit, dass zwei Einser hintereinander fallen $\frac{1}{6} \cdot \frac{1}{6} = \frac{1}{36}$, weil sich beide Würfe nicht gegenseitig beeinflussen.

Da wiederum die Wahrscheinlichkeit in x-, y- und z-Richtung gleich sein muss, dürfen wir annehmen, dass:

$$p(v_x) = p(v_y) = p(v_z) = K_1 \cdot \mathrm{e}^{\pm K_2 v_x^2}.$$

K_1 und K_2 sind Konstanten, welche wir noch nicht kennen und erst bestimmen müssen. Der $\pm$-Anteil von K_2 kommt daher, dass wir das Vorzeichen von K_2 noch nicht wissen und wird sich später aufklären. Das Vorzeichen von K_1 muss positiv sein (wenn K_1 positiv ist, was der Fall sein wird), da das Ganze eine Wahrscheinlichkeit liefert und diese immer positiv sein muss. Nun wissen wir aber sicher, dass

$$\int_{-\infty}^{\infty} p(v_x)dv_x = 1.$$

Warum können wir das mit Sicherheit sagen? Der Ausdruck $\int_{-\infty}^{\infty} p(v_x)dv_x$ ist ja die Wahrscheinlichkeit, dass das Teilchen eine Geschwindigkeit in x-Richtung zwischen $-\infty$ und ∞ hat – das Teilchen hat aber mit Sicherheit eine solche Geschwindigkeit, das heißt, diese Wahrscheinlichkeit ist 1. Wir setzen also in diese Gleichung ein:

$$1 = \int_{-\infty}^{\infty} p(v_x)dv_x = \int_{-\infty}^{\infty} K_1 \cdot \mathrm{e}^{\pm K_2 v_x^2}dv_x.$$

Wie immer holen wir erst alle Konstanten vor das Integral:

$$1 = K_1 \int_{-\infty}^{\infty} \mathrm{e}^{\pm K_2 v_x^2}dv_x.$$

Das Integral liefert nun zwei verschiedene Lösungen:

$$1 = K_1 \int_{-\infty}^{\infty} \mathrm{e}^{+K_2 v_x^2}dv_x = K_1 \cdot \sqrt{-\frac{\pi}{K_2}} \quad \text{und} \quad 1 = K_1 \int_{-\infty}^{\infty} \mathrm{e}^{-K_2 v_x^2}dv_x = K_1 \cdot \sqrt{\frac{\pi}{K_2}}.$$

Die Lösung dieser Integrale ist ein recht komplizierte Angelegenheit, welche jetzt unseren Denkfluß nicht hemmen soll, daher nehmen wir diese Lösungen vorerst so hin. In Abschnitt B.2.5 auf Seite 400 ist gezeigt, wie die Integrale tatsächlich gelöst werden können. Vorerst machen wir mit unseren Lösungen weiter, durch Umformen erhalten wir

$$K_1 = \sqrt{\pm\frac{K_2}{\pi}}.$$

Bleibt uns also die Aufgabe, K_2 zu bestimmen. Hierzu bemerken wir, dass wir, wenn wir unsere Gleichung auf der rechten Seite mit v_x^2 erweitern, die quadrierte quadratisch gemittelte Geschwindigkeit erhalten müssen:

$$\left\langle v_x^2 \right\rangle = \int_{-\infty}^{\infty} v_x^2 \cdot p(v_x) dv_x.$$

Warum muss das so sein? Weil der rechte Teil der Gleichung ja die quadratische Geschwindigkeit der Teilchen (v_x^2) mal die Wahrscheinlichkeit Ihres Vorkommens ist. Das ist aber so, als würden wir alle Geschwindigkeiten aller vorkommenden Teilchen quadratisch addieren – genau das taten wir bei der Definition der quadratisch gemittelten Geschwindigkeit. Nun kennen wir ja bereits Ergebnisse (wir kennen K_1, wissen, dass $p(v)$ eine Exponentialfunktion sein muss) und setzen diese ein:

$$\left\langle v_x^2 \right\rangle = \sqrt{\pm \frac{K_2}{\pi}} \int_{-\infty}^{\infty} v_x^2 \cdot \mathrm{e}^{-K_2 \cdot v_x^2} dv_x.$$

Das auftretende Integral ist vollständig analog zum vorherigen zu lösen und kann mit dem Wissen aus Abschnitt B.2.5 bestimmt werden, es ist:

$$\int_{-\infty}^{\infty} v_x^2 \cdot \mathrm{e}^{-k_2 \cdot v_x^2} dv_x = \frac{\sqrt{\pi}}{2 K_2^{\frac{3}{2}}}.$$

Dies setzen wir in die Gleichung für $\left\langle v_x^2 \right\rangle$ ein:

$$\left\langle v_x^2 \right\rangle = \sqrt{\pm \frac{K_2}{\pi}} \cdot \frac{\sqrt{\pi}}{2 K_2^{\frac{3}{2}}} = \frac{1}{2 K_2}.$$

Wir dürfen hier die negative Lösung fallen lassen, weil die Wurzel aus einer negativen Zahl komplex wäre (unter der Prämisse, das K_2 positiv ist, was, wie wir gleich sehen werden, der Fall ist), das Gleiche wird auch in wenigen Augenblicken bei K_1 passieren. Damit können wir durch Umformen K_2 bestimmen:

$$K_2 = \frac{1}{2 \left\langle v_x^2 \right\rangle}.$$

Nun schlägt die Stunde für unsere Erkenntnisse aus den Abschnitten B.2.1 und B.2.2: Dort stellten wir ja fest, dass

$$\left\langle v_x^2 \right\rangle = \frac{1}{3} \left\langle v^2 \right\rangle$$

und

$$\langle v \rangle = \sqrt{\frac{3RT}{M}}.$$

Beides setzen wir nun in K_2 ein:

$$K_2 = \frac{1}{2\langle v_x^2 \rangle} = \frac{1}{\frac{2}{3}\langle v^2 \rangle} = \frac{1}{\frac{2}{3}\frac{3RT}{M}} = \frac{M}{2RT}.$$

Damit haben wir aber auch K_1 bestimmt, denn

$$K_1 = \sqrt{\pm\frac{K_2}{\pi}} = \sqrt{\pm\frac{\frac{M}{2RT}}{\pi}} = \sqrt{\pm\frac{M}{2RT\pi}}.$$

Da alle Größen unter der Wurzel positive Zahlen sind, kann die negative Lösung getrost verworfen werden, da die Wurzel aus einer negativen Zahl ein komplexes Ergebnis liefern würde, was physikalisch keinen Sinn macht[I] – am Ende kommt ja eine Wahrscheinlichkeit heraus, welche immer reell sein muss. Jetzt haben wir alles beisammen, denn

$$K_1 = \sqrt{\frac{M}{2RT\pi}} \text{ und } K_2 = \frac{M}{2RT}.$$

Damit können wir $p(v_x)$ (und natürlich auch die entsprechenden Ausdrücke für die y- und z-Richtung) vollständig anschreiben:

$$p(v_x) = p(v_y) = p(v_z) = K_1 \cdot e^{\pm K_2 v_x^2} = \sqrt{\frac{M}{2RT\pi}} \cdot e^{-\frac{v_x^2 M}{2RT}}.$$

Nun wollen wir aber nicht *drei* Verteilungen für die Wahrscheinlichkeit von v_x, v_y und v_z, sondern *eine* für die Wahrscheinlichkeit, dass eine zusammengesetzte Geschwindigkeit v auftritt. Wir wollen also wissen, wie groß ist die Wahrscheinlichkeit, dass ein Teilchen eine x-Geschwindigkeit innerhalb von $v_x + dv_x$ und gleichzeitig eine y-Geschwindigkeit innerhalb von $v_y + dv_y$ und eine z-Geschwindigkeit innerhalb von $v_z + dv_z$ hat, wobei die Schritte dv_x, dv_y und dv_z natürlich alle infinitesimal sind. Diesen kurzen Umstieg auf die Infinitesimalrechnung machen wir, weil

---

[I] Es ist oft so, dass durch Beschränkungen der Wertebereiche auf mögliche Werte in den Naturwissenschaften mathematisch valide Lösungen als unphysikalisch verworfen werden können – denken Sie nur an Konzentrationsberechnungen, wo beim Lösen einer quadratischen Gleichung mathematisch auch negative Konzentrationen auftauchen können.

wir gleich sehen werden, dass wir unser Problem so am Ende leichter lösen können. Wir haben schon ganz am Anfang festgestellt, dass das auf ein Produkt hinausläuft:

$$p(v)dv_x dv_y dv_z = p(v_x) \cdot p(v_y) \cdot p(v_z)dv_x dv_y dv_z.$$

Das lösen wir nun einfach durch Einsetzen von $p(v_x)$ für alle drei, was wir ja eben mühsam abgeleitet haben:

$$p(v)dv_x dv_y dv_z = \left(\sqrt{\frac{M}{2RT\pi}} \cdot e^{-\frac{v_x^2 M}{2RT}} \right)^3 dv_x dv_y dv_z.$$

Da der Term drei mal auftaucht, ist er hoch drei zu nehmen. Das können wir aber noch weiter vereinfachen, denn:

$$\left(e^{-\frac{v_x^2 M}{2RT}} \right)^3 = e^{-\frac{3v_x^2 M}{2RT}} = e^{-\frac{v^2 M}{2RT}},$$

weil ja v_x^2 im Mittel $\frac{1}{3}v^2$ ist. Nun stehen wir bei

$$p(v)dv_x dv_y dv_z = \sqrt{\left(\frac{M}{2RT\pi} \right)^3} \cdot e^{-\frac{v^2 M}{2RT}} dv_x dv_y dv_z.$$

Jetzt müssen wir nur noch eine letzte mathematische Zauberei ausführen, dann sind wir am Ziel: Im Moment befassen wir uns mit drei Geschwindigkeiten v_x, v_y und v_z und fragen uns, wie wahrscheinlich ein Teilchen diese hat (beziehungsweise, wie wahrscheinlich zum Beispiel seine x-Geschwindigkeit zwischen v_x und $v_x + dv_x$ liegt, wobei $dv_x \to 0$). Diese drei Geschwindigkeiten sind aber alle verknüpft, denn

$$\sqrt{\langle v^2 \rangle} = \sqrt{\langle v_x^2 \rangle + \langle v_y^2 \rangle + \langle v_z^2 \rangle}.$$

Bildlich gesprochen, es ist uns egal, in welche Richtung das Teilchen fliegt, uns interessiert nur seine gesamte Geschwindigkeit. Was haben nun alle diese Geschwindigkeiten gemeinsam? Quadrieren wir die Formel erst einmal:

$$\langle v^2 \rangle = \langle v_x^2 \rangle + \langle v_y^2 \rangle + \langle v_z^2 \rangle.$$

Wir bemerken, dass das, was hier dargestellt ist, der Formel für eine Kugel gleicht ($r^2 = x^2 + y^2 + z^2$). Würde man also ein dreidimensionales Koordinatensystem zeichnen und auf den drei Achsen die Geschwindigkeiten v_x, v_y und v_z unter der Bedingung auftragen, dass sie gemeinsam v ergeben, dann wäre die resultierende Form eine Kugeloberfläche. Nun haben wir ja immer (infinitesimale) Bereiche, zwischen denen die Geschwindigkeit liegt, sprich wir haben es mit einer *Kugelschale* zu tun (das ist wie eine Kugeloberfläche mit endlicher Dicke, wobei in unserem Fall die Dicke gegen 0 geht). Das Volumen einer Kugelschale mit dem Radius v und der Dicke dv ist bekannterweise

$$4\pi v^2 dv.$$

Das heißt, es gilt in unserem Fall, dass

$$dv_x dv_y dv_z = 4\pi v^2 dv.$$

Das setzen wir wiederum ein:

$$p(v)dv = \sqrt{\left(\frac{M}{2RT\pi}\right)^3} \cdot e^{-\frac{v^2 M}{2RT}} \cdot \left(4\pi v^2 dv\right) = 4\pi\sqrt{\left(\frac{M}{2RT\pi}\right)^3} \cdot v^2 \cdot e^{-\frac{v^2 M}{2RT}} dv.$$

Nun teilen wir links und rechts durch dv (die infinitesimalen Teile hatten wir nur eingeführt, damit wir dann leicht auf die Kugelschale wechseln konnten) und erhalten nach langer Arbeit die Geschwindigkeitsverteilung in einem idealen Gas, welche auch Maxwell-Boltzmann-Verteilung[I] genannt wird:

$$\boxed{p(v) = 4\pi\sqrt{\left(\frac{M}{2RT\pi}\right)^3} \cdot v^2 \cdot e^{-v^2 \frac{M}{2RT}}.}$$

B.2.4. Eigenschaften der Maxwell-Boltzmann-Verteilung

Wir haben eben einige Mühen auf uns genommen, um die Maxwell-Boltzmann-Verteilung abzuleiten. Nun wollen wir die Früchte unserer Arbeit ernten und schauen, was wir aus ihr lernen können. Berechnen wir als erstes einmal ihre Form. Bleiben wir bei Stickstoff und Raumtemperatur, so sieht die Verteilung aus, wie in Abbildung B.1 gezeigt. Wir sehen hier gleich einige Dinge: Als erstes stimmte unsere Berechnung von vorhin offensichtlich, als wir behaupteten, die wahrscheinlichste Geschwindigkeit wäre 421 m/s, denn genau dort hat unsere Verteilung ein Maximum. Aus der Tatsache, dass die quadratisch gemittelte Geschwindigkeit immer höher ist, als die häufigste, hätten wir schon vermuten können – und nun können wir es direkt sehen –, dass die Verteilung nicht symmetrisch ist, sondern *rechtslastig*. Es gibt also *mehr* Teilchen, die eine höhere Geschwindigkeit aufweisen, als die häufigste Geschwindigkeit. Was wir auch sehen, ist, dass die Verteilung äußerst breit ist – es haben zwar die meisten Teilchen eine Geschwindigkeit von circa 400 m/s, aber auch Geschwindigkeiten von 800 m/s kommen durchaus häufig vor. Dies kann zum Beispiel das Phänomen der Verdunstung erklären – eine Flüssigkeit kann teilweise auch in die Gasphase übergehen, obwohl sie unterhalb der Siedetemperatur ist (etwa wenn Sie

---

[I] Benannt nach James Clerk Maxwell und Ludwig Eduard Boltzmann – beide sind Teil des „Triumphirates", welches die *statistische Mechanik* als Disziplin entwickelt hat. Der Dritte im Bunde war Josiah Willard Gibbs, über den Sie sich auf Seite ?? informieren können.

Ihre Wäsche zum Trocknen aufhängen). Dies geht, weil ein Anteil der Teilchen eine weitaus höhere Geschwindigkeit hat, als der Durchschnitt und damit die Flüssigkeitsphase verlassen kann.

Versuchen wir nun, verschiedene Temperaturen durchzuprobieren, erhalten wir das Ergebnis aus

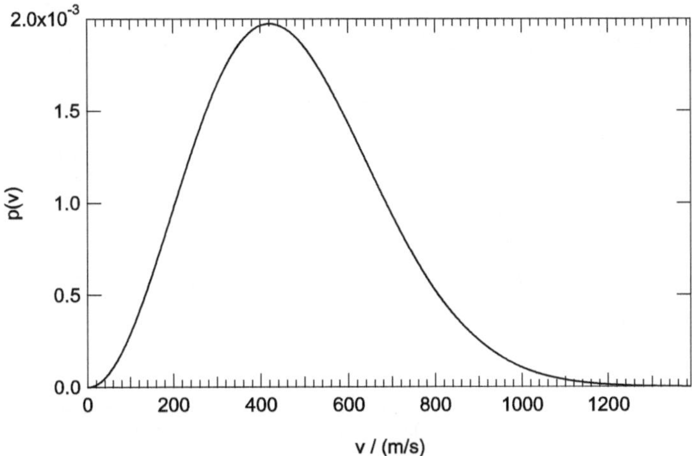

Abb. B.1.: Maxwell-Boltzmann-Verteilung für N_2 bei $298\,\mathrm{K}$.

Abbildung B.2. Wir bemerken, je höher die Temperatur, desto breiter wird die Verteilung und desto höher wird (natürlich) die durchschnittliche Geschwindigkeit der Teilchen. Daher vermuten wir, dass die Schallgeschwindigkeit in Gasen mit steigender Temperatur steigt, was auch im Allgemeinen der Fall ist. Auch können wir die Temperatur konstant halten und die Art des Gases ändern, das Resultat ist in Abbildung B.3 zu sehen. Leichte Teilchen bewegen sich bei gleicher Temperatur offenbar wesentlich schneller. Wir folgern also, dass die Schallgeschwindigkeit in Gasen mit niederem Molekulargewicht höher ist. Prüfen wir diesen Zusammenhang quantitativ: Wir berechnen die häufigste Geschwindigkeit für H_2, N_2 und Kr und vergleichen sie mit den jeweiligen Schallgeschwindigkeiten.

$$\hat{v}_{H_2} = 1574\,\mathrm{m/s}, \ \hat{v}_{N_2} = 421\,\mathrm{m/s}, \ \hat{v}_{Kr} = 243\,\mathrm{m/s}.$$

Die jeweiligen Schallgeschwindigkeiten sind:

$$v_{\mathrm{Schall},H_2} = 1280\,\mathrm{m/s}, \ v_{\mathrm{Schall},N_2} = 333\,\mathrm{m/s}, \ v_{\mathrm{Schall},Kr} = 221\,\mathrm{m/s}.$$

Bilden wir den Quotienten aus beiden ($Q = \frac{\hat{v}}{v_{\mathrm{Schall}}}$), sehen wir, dass er für alle Gase relativ nahe beieinanderliegt:

$$Q_{H_2} = 1.23, \ Q_{N_2} = 1.26, \ Q_{Kr} = 1.10.$$

Ganz offensichtlich gibt es hier einen starken Zusammenhang – auch wenn wir diesem nicht genauer nachspüren wollen, hat uns unser Projekt, die Temperatur besser zu verstehen, sehr weit gebracht.

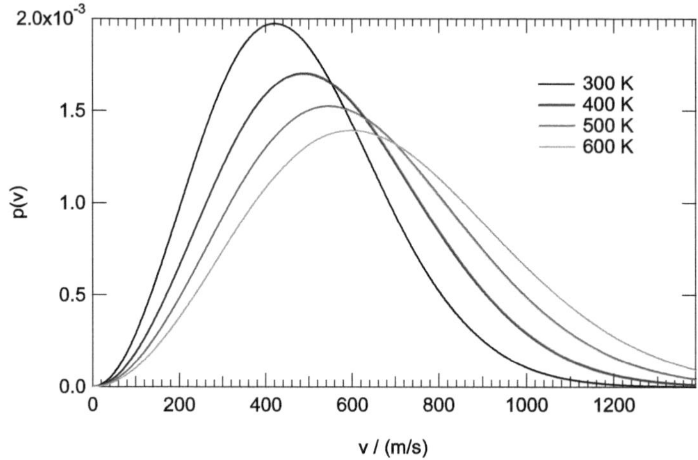

Abb. B.2.: Maxwell-Boltzmann-Verteilung für N_2 bei verschiedenen Temperaturen.

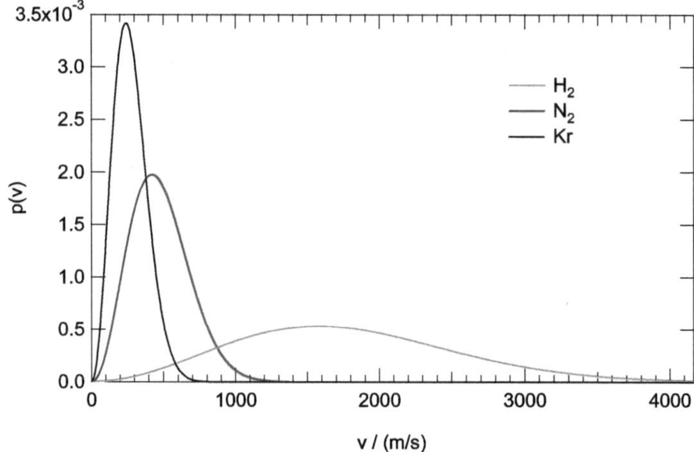

Abb. B.3.: Maxwell-Boltzmann-Verteilung für verschiedene Gase bei Raumtemperatur.

Als letztes wollen wir noch, damit wir aber auch gar alles selbst berechnet haben, die vorherige Aussage, dass $\hat{v} = \sqrt{\frac{2RT}{M}}$ ist, selbst ableiten. Dieser Punkt stellt ja das Maximum der Funktion $p(v)$ dar, also können wir ihn einfach durch Differenzieren und Nullsetzen bestimmen:

$$\frac{dp(v)}{dv} = \frac{d\left(4\pi\sqrt{\left(\frac{M}{2RT\pi}\right)^3} \cdot v^2 \cdot e^{-v^2\frac{M}{2RT}}\right)}{dv} = 0.$$

Als erstes holen wir – wie immer – die Konstanten aus dem Differential heraus:

$$0 = 4\pi\sqrt{\left(\frac{M}{2RT\pi}\right)^3} \cdot \frac{d\left(v^2 \cdot e^{-v^2\frac{M}{2RT}}\right)}{dv}.$$

Wir sehen, dass dieses Produkt nur Null werden kann, wenn der zweite Faktor Null wird und können daher den ersten ignorieren:

$$0 = \frac{d\left(v^2 \cdot e^{-v^2\frac{M}{2RT}}\right)}{dv}.$$

Wir benutzen die Produktregel und schreiben ab jetzt $\hat{v}$, weil ja durch das Nullsetzen die wahrscheinlichste Geschwindigkeit herauskommt:

$$0 = 2\hat{v} \cdot e^{-\hat{v}^2\frac{M}{2RT}} + \hat{v}^2 \cdot e^{-\hat{v}^2\frac{M}{2RT}} \cdot \left(-\frac{2\hat{v}M}{2RT}\right).$$

Wir formen wieder um:

$$0 = \left(e^{-\hat{v}^2\frac{M}{2RT}}\right) \cdot \left(2\hat{v} + \hat{v}^2 \cdot \left(-\frac{\hat{v}M}{RT}\right)\right).$$

Der erste Faktor kann wieder für endliche Werte nie Null ergeben, daher müssen wir wieder nur den zweiten auswerten:

$$0 = 2\hat{v} + \hat{v}^2 \cdot \left(-\frac{\hat{v}M}{RT}\right).$$

$$-2\hat{v} = \hat{v}^2 \cdot \left(-\frac{\hat{v}M}{RT}\right)$$

$$-\frac{2}{\hat{v}} = -\frac{2\hat{v}M}{RT}$$

$$\frac{2}{\hat{v}} = \frac{2\hat{v}M}{RT}$$

$$\frac{2RT}{M} = \hat{v}^2$$

$$\hat{v} = \sqrt{\frac{2RT}{M}}$$

Das deckt sich mit dem von uns vorher angenommenen Ergebnis.

B.2.5. Eine mathematische Safari – Die Lösung der notwendigen Integrale

Die Lösung dieser Integrale ist in hohem Maße nicht-trivial und geht auf Pierre-Simon Marquis de Laplace zurück. Sie soll hier nicht unterschlagen werden, ist aber zum weiteren Verständnis der Ableitung nicht notwendig und daher in diesem Kapitel quasi ausgegliedert. Wir wollen das folgende Integral lösen:

$$f(x) = \int_{-\infty}^{\infty} e^{-kx^2} dx.$$

Als erstes nutzen wir die Tatsache, dass diese Funktion symmetrisch bezüglich der y-Achse ist – statt sie also von $-\infty$ bis ∞ zu integrieren, können wir sie auch von 0 bis ∞ integrieren und das Ergebnis mal zwei nehmen:

$$f(x) = 2 \int_{0}^{\infty} e^{-kx^2} dx.$$

Als nächstes quadrieren wir beide Seiten der Gleichung:

$$(f(x))^2 = 4 \cdot \left(\int_{0}^{\infty} e^{-kx^2} dx \right) \cdot \left(\int_{0}^{\infty} e^{-kx^2} dx \right).$$

Nun tun wir etwas ganz Seltsames – wir nennen die Variable im zweiten Integral y. Das dürfen wir, weil die beiden Terme sich nicht beeinflussen und es egal ist, ob die Variable in beiden gleich bezeichnet ist:

$$(f(x,y))^2 = 4 \cdot \left(\int_{0}^{\infty} e^{-kx^2} dx \right) \cdot \left(\int_{0}^{\infty} e^{-ky^2} dy \right).$$

Wir dürfen das über die Rechenregeln für Exponentialfunktionen ($e^a \cdot e^b = e^{a+b}$) zu einem Doppelintegral zusammenfassen:

$$(f(x,y))^2 = 4 \cdot \left(\int_{0}^{\infty} \int_{0}^{\infty} e^{-kx^2 - ky^2} dx dy \right) = 4 \cdot \left(\int_{0}^{\infty} \int_{0}^{\infty} e^{-k(x^2 + y^2)} dx dy \right).$$

Außerdem dürfen wir die Reihenfolge der Integrationen wählen, wie wir wollen, weil wir Sie ja aus einem Produkt ableiteten und $a \cdot b = b \cdot a$ ist:

$$(f(x,y))^2 = 4 \cdot \left(\int_0^\infty \int_0^\infty e^{-k(x^2+y^2)} dy\, dx \right).$$

Wir lösen das Ganze durch Einführen folgender Substitutionen:

$$y = xs \text{ und } dy = x\, ds.$$

Damit erhalten wir

$$(f(x,s))^2 = 4 \cdot \left(\int_0^\infty \int_0^\infty e^{-k(x^2+x^2 s^2)} x\, ds\, dx \right).$$

Wir vertauschen wieder die Reihenfolge der Integrationen, das dürfen wir noch immer:

$$(f(x,s))^2 = 4 \cdot \left(\int_0^\infty \int_0^\infty e^{-k(x^2+x^2 s^2)} x\, dx\, ds \right).$$

Nun heben wir x^2 im Exponenten heraus:

$$(f(x,s))^2 = 4 \cdot \left(\int_0^\infty \int_0^\infty e^{-kx^2(1+s^2)} x\, dx\, ds \right).$$

Nun lösen wir das innere Integral, befassen uns also vorerst nur mehr mit:

$$\int e^{-kx^2(1+s^2)} x\, dx.$$

Dieses Integral kann mit ein wenig Herumprobieren (hier ist Ihre mathematische Kreativität gefragt) gebildet werden: Eine Exponentialfunktion würde beim Ableiten sich selbst plus die innere Ableitung liefern, aus $e^{-kx^2(1+s^2)}$ würde also beim *Differenzieren* $e^{-kx^2(1+s^2)} \cdot (-2k) \cdot x \cdot (1+s^2)$ werden. Die innere Ableitung muss wieder weg, daher muss unser Integral auf jeden Fall so etwas wie den *Kehrwert*[I] enthalten. Unser Integral ist daher

$$\int e^{-kx^2(1+s^2)} x\, dx = -\frac{e^{-kx^2 \cdot (1+s^2)}}{2k \cdot (1+s^2)},$$

[I]   Und eventuell innere Ableitungen.

wovon Sie sich durch Ableiten überzeugen können. Die eigentlich auftretende Integrationskonstante $(+C)$ lassen wir hier weg, weil wir das Integral sowieso gleich in konkreten Grenzen auswerten. Nun fügen wir dieses Integral wieder in unsere gesamte Formel ein, wo wir es in den gegebenen Grenzen auswerten müssen:

$$(f(x,s))^2 = 4 \cdot \left(\int_0^\infty -\frac{e^{-kx^2 \cdot (1+s^2)}}{2k \cdot (1+s^2)} \Big|_0^\infty ds \right).$$

Die obere Grenze liefert einen Ausdruck vom Typus $e^{-\infty}$, was 0 ergibt, die untere liefert e^0, was 1 gibt. Daher landen wir bei

$$(f(s))^2 = 4 \cdot \left(\int_0^\infty \frac{1}{2k \cdot (1+s^2)} ds \right).$$

k ist eine Konstante und kann damit vor das Integral gezogen werden, ebenso wie $1/2$:

$$(f(s))^2 = 4 \cdot \frac{1}{2} \cdot \frac{1}{k} \cdot \left(\int_0^\infty \frac{1}{(1+s^2)} ds \right) = \frac{2}{k} \cdot \left(\int_0^\infty \frac{1}{(1+s^2)} ds \right).$$

Dies entspricht einem Standardintegral (dessen Herleitung wir hier wirklich nicht mehr nachvollziehen wollen), denn

$$\int \frac{1}{1+x^2} dx = \tan^{-1} x.$$

Wir werten wieder in den Grenzen aus:

$$(f(s))^2 = \frac{2}{k} \cdot \tan^{-1} s \Big|_0^\infty.$$

Der Arkustangens von ∞ ist $\pi/2$, der von 0 ist 0, daher erhalten wir:

$$(f(s))^2 = \frac{2}{k} \frac{\pi}{2} = \frac{\pi}{k}.$$

Schlussendlich ziehen wir die Wurzel und haben endlich unser Ergebnis:

$$f(s) = f(x) = \sqrt{\frac{\pi}{k}}.$$

B.3. Eine hilfreiche Analogie – Potentielle Energie und thermodynamische Potentiale

Es ist anfangs oft ein wenig verwirrend, was genau ein *thermodynamisches Potential* eigentlich sein soll. Hier kann unter Umständen eine Analogie helfen – die Analogie zur potentiellen Energie. Dazu stellen wir uns einen Aufbau vor, wie er in Abbildung B.4 dargestellt ist. Wir haben eine frei drehbare Waage mit zwei Plattformen, A und B. Den Winkel, unter dem unser System momentan steht, wollen wir α nennen. Wir treffen die Übereinkunft, dass $\alpha = 0°$ falls die Waage waagrecht steht und die Plattform A links ist und $\alpha = 90°$ falls die Plattform A ganz oben ist. Außerdem definieren wir die Höhen der beiden Plattformen, h_A und h_B, so, dass sie Null sind, wenn die beiden Plattformen gleich hoch sind. Falls eine Plattform höher als die andere ist, so ist ihre Höhe positiv. Durch diese Festlegung gilt immer $h_A = -h_B$. Wir wollen uns nun überlegen, wie sich diese Waage verhält, wenn wir verschiedene Gewichte auf ihre Plattformen legen. Die Gewichte, welche wir benutzen, geben wir vor, es sind somit *äußere Zwangsbedingungen*. Die Waage kann nur einen Parameter ändern, dies ist der Winkel α, unter welchem sie gerade steht. Der Winkel α ist also die *natürliche Variable* (Variable=Veränderliche).

Obwohl in diesem Beispiel das Verhalten der Waage völlig trivial und klar ist, werden wir es

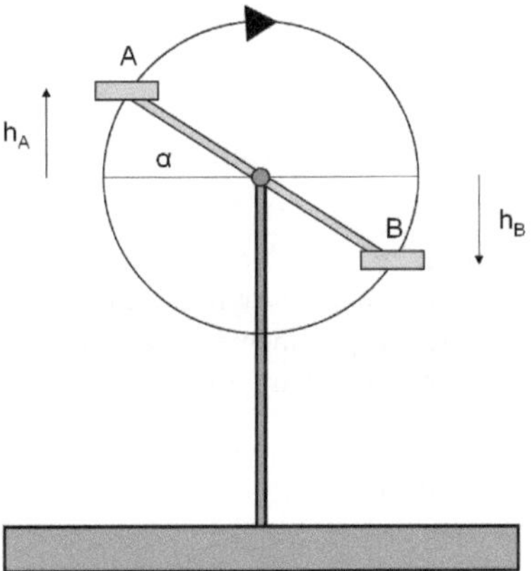

Abb. B.4.: Schematische Darstellung unserer Waage

doch mit aller Genauigkeit untersuchen, damit wir dann die Analogie deutlich sehen.

Wir stellen ein	das System reagiert durch Änderung von
(Zwangsbedingung)	(nat. Variable)
m_A, m_B	α

Gibt es nun eine Größe, welche vorhersagt, *wie* sich das System verändern wird? Ich behaupte, wir können zu diesem Zweck ein *Potential* definieren. Lassen wir es den Namen $PP^{(\mathrm{I})}$ tragen und so definiert sein:

$$PP = m_A \cdot g \cdot h_A + m_B \cdot g \cdot h_B.$$

Sie erkennen sofort, dass ich etwas wie die beiden potentiellen Energien der einzelnen Massen addiert habe (g ist die Gravitationsbeschleunigung).$^{(\mathrm{II})}$ Dieses Potential ist natürlich eine Funktion von α, weil sowohl h_A, als auch h_B eine Funktion von α sind: so ist zum Beispiel h_A in folgender Art und Weise von α abhängig:

$$h_A = h_{\max} \cdot \sin \alpha,$$

wobei $h_{\max}$ die maximal erreichbare Höhe (i.e. der Radius der Waage) ist. So können wir also, da $h_A = -h_B$ gilt, schreiben:

$$PP = m_A \cdot g \cdot (h_{\max} \cdot \sin \alpha) - m_B \cdot g \cdot (h_{\max} \cdot \sin \alpha).$$

Dies schreiben wir um zu:

$$PP = (g \cdot h_{\max}) \cdot (m_A - m_B) \cdot \sin \alpha.$$

Wir stellen fest, dass der erste Term $(g \cdot h_{\max})$ eine Konstante ist, falls wir immer die gleiche Waage benutzen und nicht den Planeten wechseln. Damit hängt unser Potential PP von drei Größen ab: einer Konstanten, auf die wir keinen Einfluss haben, von den Massen, welche wir vorgeben und vom Winkel α der sich einstellen wird:

$$PP = \text{Konstante} \cdot (m_A - m_B) \cdot \sin \alpha.$$

Und jetzt kommt der Clou – ich behaupte nun, der Winkel α stellt sich *genau so* ein, dass die Größe PP minimal wird. Testen wir die Wahrheit meiner Behauptung aus. Wir berechnen PP für alle möglichen Fälle als Funktion von α. Als Erstes beginnen wir mit dem Fall, dass das Gewicht A leichter ist, als das Gewicht B – i.e. $m_A < m_B$. Wir können für die Berechnung beliebige Zahlen einsetzen, die diese Bedingungen erfüllen (zum Beispiel $m_A = 1$, $m_B = 2$), da wir nicht an den exakten Zahlen, sondern nur an der Form von PP interessiert sind. Nun berechnen wir unter diesen Zwangsbedingungen PP als Funktion von α – das Ergebnis ist Abbildung B.5(b). Das Potential PP erreicht ein Minimum für $\alpha = 90°$. α ist genau dann $90°$, wenn das Gewicht A ganz oben und das Gewicht B ganz unten ist – das ist aber genau die

---

$^{(\mathrm{I})}$ Für „*provisorisches Potential*"

$^{(\mathrm{II})}$ Beachten Sie, dass durch meine Festlegung auch negative Werte möglich sind, z.B. wenn h negativ wird. Die absoluten Werte sind aber ohne Belang.

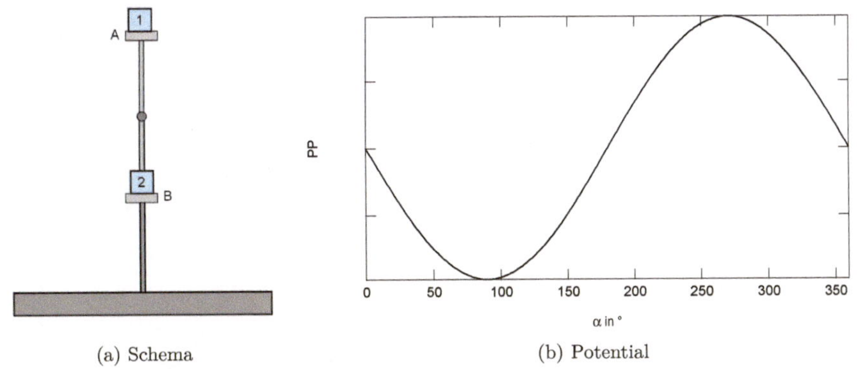

(a) Schema   (b) Potential

Abb. B.5.: Erster möglicher Fall: $m_A < m_B$.

Einstellung der Waage, welche wir erwarten, wenn das Gewicht B schwerer ist! Versuchen wir weiter – schauen wir uns einen Fall an, in dem das Gegenteil gilt, also $m_A > m_B$. Das Ergebnis ist in Abbildung B.6(b) zu sehen. Wieder stimmt das Ergebnis mit unserer Einschätzung überein – das Potential erreicht ein Minimum, falls $\alpha = 270°$, was genau der Fall ist, wenn das Gewicht A ganz unten ist. Wieder ist es wahr, dass das Minimum des Potentiales den stabilen Zustand, das *Gleichgewicht*, anzeigt. Auch für den letzten Fall $m_A = m_B$ zeigt das Potential das richtige Verhalten. In Abbildung B.7(b) sehen wir, dass das Potential keine Minima hat – es gibt, falls beide Gewichte gleich schwer sind, keine bevorzugte Einstellung der Waage – sie befindet sich in einem *indifferenten* Gleichgewicht. Offenbar stimmt es, dass PP diejenige Größe ist, welche minimiert wird, wenn wir m_1 und m_2 vorgeben und α sich einstellt. Damit können wir unsere Tabelle erweitern:

Wir stellen ein	das System reagiert durch Änderung von	und minimiert dabei
(Zwangsbedingung)	(nat. Variable)	(Potential)
m_A, m_B	α	PP

Wir sehen außerdem, dass wir den tatsächlichen Wert von PP gar nicht zu kennen brauchen – es reicht, wenn wir seine Ableitung $dPP/d\alpha$ kennen. Es ist das Wesen einer Ableitung, dass sie an Extrempunkten (Maxima und Minima) Null wird. Daher wissen wir, dass ein Minimum von PP nur dort vorliegen kann, wo $dPP/d\alpha = 0$ gilt (damit *muss* es noch kein Minimum sein, es könnte auch ein Maximum sein, wir wollen diese Fälle aber ignorieren, da es bei den für uns relevanten Systemen nicht passieren kann). Wenn $dPP/d\alpha$ Null wird, sagen wir, ein System ist im *Gleichgewicht*, da es dann keine Bestrebung mehr hat, sich zu verändern. Jetzt legen wir unser Wissen auf die thermodynamischen Potentiale um – wir stellen uns vor, dass wir ein System vorliegen haben, wo wir durch Zwangsbedingungen T, p und μ festgelegt haben. Dann sind auch, das wissen wir bereits, S, V und n festgelegt und müssen sich auf gewisse Werte einstellen.

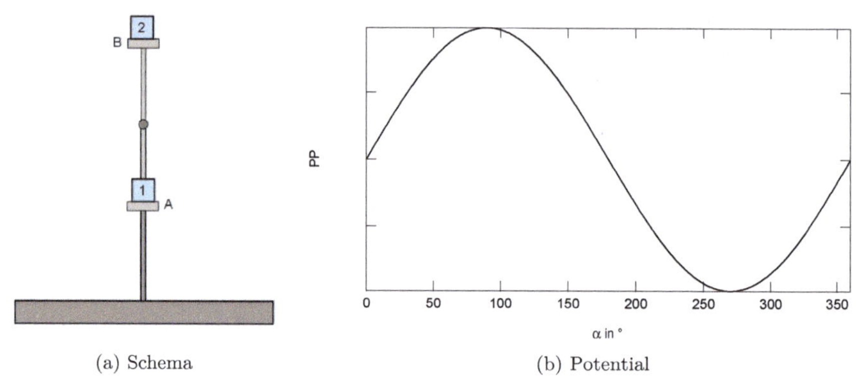

(a) Schema   (b) Potential

Abb. B.6.: Zweiter möglicher Fall: $m_A > m_B$.

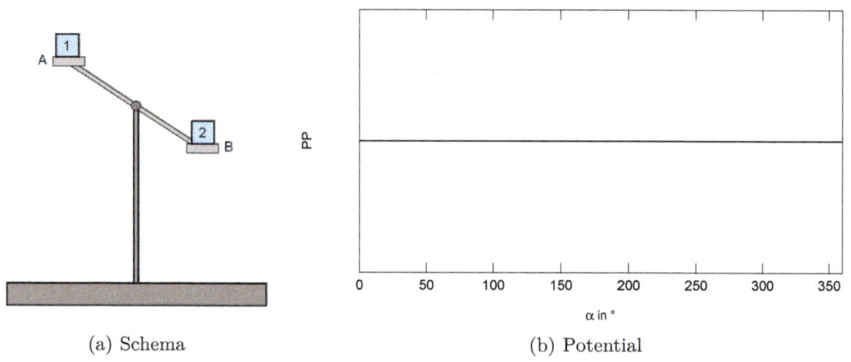

(a) Schema   (b) Potential

Abb. B.7.: Dritter möglicher Fall: $m_A = m_B$.

Wir stellen ein	das System reagiert durch Änderung von
(Zwangsbedingung)	(nat. Variable)
T, p, μ	S, V, n

Können wir nun voraussagen, *welche* Werte S, V und N annehmen werden? Wir können es, in dem wir ein *Potential* nutzen – in diesem Fall ist das zugehörige Potential U. Bei unserem Beispiel werden sich die Entropie S, das Volumen V und die Stoffmenge n genau so einstellen, dass die Größe U, die innere Energie, ein Minimum wird.

Wir stellen ein	das System reagiert durch Änderung von	und minimiert dabei
(Zwangsbedingung)	(nat. Variable)	(Potential)
T, p, μ	S, V, n	U

U muss demnach von S, V und n natürlich abhängen, was eine unserer allerersten Erkenntnisse war (auf Seite 10). Allerdings haben wir auch behauptet, dass es sehr schwierig ist, U selbst zu bestimmen. Leichter ist es, seine Änderung (sein *totales Differential*) dU zu erfahren. Durch unsere Vertrautheit mit der Idee des Potentials wissen wir nun: Es reicht völlig aus, dU zu kennen, um vorherzusagen, wie sich S, V und n einstellen werden! Wenn U minimal wird, dann wird $dU = 0$. Wenn $dU = 0$, dann sagen wir, ein System ist im *Gleichgewicht*. Damit haben wir eine mächtige Methode entwickelt – wir können überprüfen, ob eine Kombination von Zustandsvariablen eines Systems einen Gleichgewichtszustand darstellt und daher stabil in der Natur vorkommen kann – einfach indem wir nachprüfen, ob dU für diese Wahl von Werten Null wird.[I] Ich hoffe, Ihnen damit die Idee des thermodynamischen Potentials ein wenig näher erklärt zu haben.

[I] Das Problem, dass ja auch für ein *Maximum* von U dU Null wird, ist hier, anders als bei der potentiellen Energie, unproblematisch. Unser Beispiel war ja durch die zyklische Natur der Waage beschränkt, i.e. die potentielle Energie eines jeden Gewichts war durch seine maximale Hubhöhe limitiert. Das ist für U *nicht* der Fall, die innere Energie eines Systems kann *immer* noch erhöht werden, daher kann U kein Maximum haben.

B.4. Ein Polynom trifft immer

Man kann zeigen, dass ein Polynom genügend hoher Ordnung[I] in der Lage ist, die meisten Kurven[II] beliebig genau anzunähern. Exakter reicht ein Polynom $(n-1)$-ter Ordnung dafür aus, um n Punkte exakt zu treffen. Nehmen Sie Abbildung B.8(a). Dort sehen Sie einige zufällig erzeugte Datenpunkte, es könnten beispielsweise Messergebnisse sein. Wir benutzen in diesem Beispiel nur fünf solcher Punkte, jedoch könnten es beliebig viele sein. Wir fangen an, in dem wir versuchen, die Punkte durch ein Polynom nullter Ordnung zu beschreiben:

$$y(x) = A.$$

A, B, C und so weiter sind jeweils Konstanten, die wir[III] so wählen, dass unsere Kurve ideal verläuft. Wir sehen in Abbildung B.8(b), dass wir so nur eine sehr suboptimale Lösung erhalten. Daher erhöhen wir die Ordnung unseres Polynoms:

$$y(x) = A + Bx.$$

Das Ergebnis sehen wir in Abbildung B.8(c). Wir erkennen, dass ein Polynom erster Ordnung eine gewöhnliche Geradengleichung liefert. Trotzdem sind wir noch nicht zufrieden – wir steigern uns auf ein Polynom zweiter Ordnung:

$$y(x) = A + Bx + Cx^2.$$

Bei kluger Wahl von A, B und C erhalten wir das Ergebnis in Abbildung B.8(d). Nun treffen wir schon recht gut in die Nähe unserer Datenpunkte – aber noch nicht gut genug für uns.

$$y(x) = A + Bx + Cx^2 + Dx^3$$

bringt uns noch näher ran, aber immer noch kein kompletter Treffer (Abbildung B.8(e)). Erst ein Polynom vierten Grades

$$y(x) = A + Bx + Cx^2 + Dx^3 + Ex^4$$

trifft alle Datenpunkte perfekt (Abbildung B.8(f)).

[I]   Die Ordnung eines Polynoms ist die höchste Potenz, in der die natürliche Variable (oft mit x bezeichnet) vorkommt.

[II]   Die in der Thermodynamik benutzten Funktionen praktisch alle.

[III]   Beziehungsweise ein Computer *für* uns.

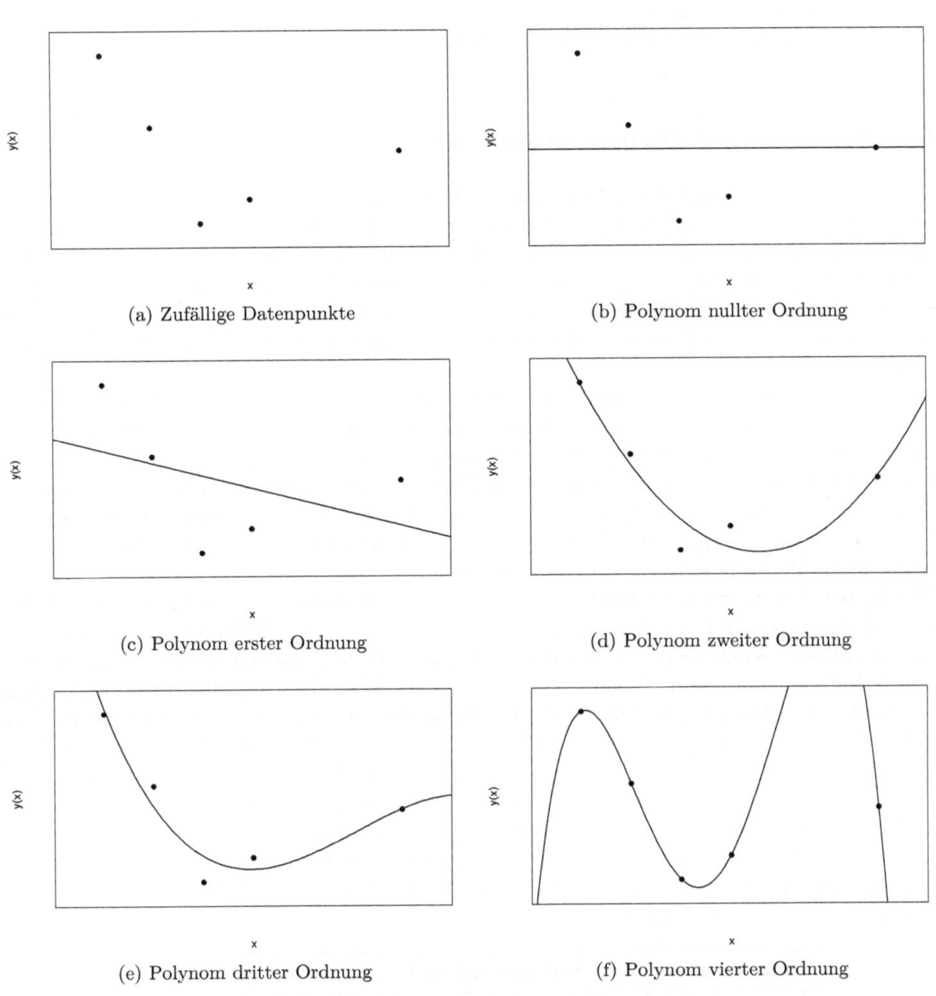

(a) Zufällige Datenpunkte

(b) Polynom nullter Ordnung

(c) Polynom erster Ordnung

(d) Polynom zweiter Ordnung

(e) Polynom dritter Ordnung

(f) Polynom vierter Ordnung

Abb. B.8.: Polynome verschiedener Ordnung

Wichtig ist, sich hier klar zu machen, dass dieses Verfahren *kein* physikalisches, sondern ein mathematisches ist. Die resultierende Kurve in Abbildung B.8(f) ist nicht physikalisch sinnvoll, sondern sie ist einfach eine Kurve, die alle unsere Datenpunkte trifft. Man kann die Annäherung an die „*echte*" Funktion (also, die, die in der Natur wirklich vorliegt) erhöhen, in dem man mehrere Datenpunkte hinzunimmt – aber es ist nie ausgeschlossen, dass diese Verfahrensweise zu physikalisch sinnlosen Resultaten führt, weshalb man bei ihrer Anwendung immer vorsichtig sein sollte.

B.5. Gradient- und Divergenzoperator

In diesem Kapitel sollen noch einmal kurz die eventuell neuen Ideen, die hinter den Kapiteln über Wärmeleitung stehen (vor allem Gradient- und Divergenzoperatoren), erläutert werden. Dazu ist eine Theorie des *Feldes* notwendig. Sie wird hier so kurz als möglich angegeben, falls jemand an einer exakteren Ausführung des hier Gesagten interessiert ist, sei er oder sie an eines der vielen erhältlichen Mathematikbücher verwiesen, besonders jedoch an das alte, aber sehr gute Buch *The Mathematics of Physics and Chemistry* von Margenau und Murphy (Quelle [11]).

Wir wollen mit dem Konzept des Feldes beginnen. Ein *Feld* ist ein Bereich im Raum, wo jedem Raumpunkt ein gewisser Wert zugeordnet werden kann. Wir wollen uns im Speziellen mit zwei Arten von Feldern befassen: *Skalarfeldern* und *Vektorfeldern*.

Skalarfelder: Bei einem Skalarfeld kann jedem Punkt im Raum ein Wert (ein Skalar, eine Zahl) zugewiesen werden. Ein typisches Beispiel wäre in unserem Fall die Temperatur in einem Körper. An jedem Punkt des Körpers hat die Temperatur einen bestimmten Wert und die Menge aller dieser Werte an ihren jeweiligen Punkten ist ein Feld.

Vektorfelder: Bei einem Vektorfeld wird jedem Punkt im Raum ein Vektor zugeordnet. Wir haben beispielsweise die Konvektion kennen gelernt. So wäre etwa die Windgeschwindigkeit in der Atmospähre ein Vektorfeld – an jedem Punkt gibt es die Windgeschwindigkeit (die durch die Länge des Vektors zum Ausdruck gebracht wird) und die Windrichtung (die durch die Richtung des Vektors zum Ausdruck gebracht wird). Ein Beispiel ist in Abbildung B.9(b) gegeben. Man sieht dort deutlich, dass an jedem Punkt im Raum Länge und Richtung der Vektoren anders sind. Es gibt nun drei zentrale Operatoren (Rechenvorschriften), die auf Felder wirken können: Den Gradienten-, den Divergenz- und den Rotationsoperator. Wir benötigen nur die ersten beiden, der Vollständigkeit halber (die drei Operationen sind die drei kovarianten Diffentialoperatoren, die auf Felder wirken können) sei der Rotationsoperator aber auch erwähnt. Die Operatoren können nur auf spezielle Arten von Feldern angewendet werden und liefern als Ergebnis ihrer Anwendung selber wieder Felder:

Operator		anwendbar auf	Anwendung liefert
Gradient	(grad)	Skalarfelder	Vektorfeld
Divergenz	(div)	Vektorfelder	Skalarfeld
Rotation	(rot)	Vektorfelder	Vektorfeld

Der Gradient

Als erstes wollen wir uns mit dem Gradienten befassen. Wir haben ihn im Haupttext schon einigermaßen klar beschrieben und wollen uns trotzdem noch einmal ein Beispiel ansehen und en détail durcharbeiten, um zu zeigen, dass diese eventuell ungewohnte Herangehensweise keine Hexerei darstellt. Betrachten Sie Abbildung B.9(a). Es ist ein Skalarfeld – an jedem Punkt hat es irgendeinen Wert. Als Funktion habe ich

$$f(x, y) = \sin(0,3x) + \cos(0,3y)$$

gewählt, einfach weil mir das als erstes einfiel und ein mindestens ebenso gutes Beispiel liefert, wie jede andere Festlegung auch. Helle Stellen entsprechen einem hohen Wert, dunkle einem tiefen – das Bild könnte beispielsweise wieder die Temperatur von etwas sein. Wir wissen nun bereits, was passiert, wenn wir den Gradienten-Operator anwenden – er liefert an jedem Punkt einen Vektor, der in die Richtung des steilsten Anstiegs zeigt. Die Länge des Vektors ist dabei der Steilheit des Anstieges proportional. Wir wissen auch, wie der Gradient gebildet wird:

$$\mathrm{grad} f = \nabla f = (\frac{\partial f}{\partial x}, \frac{\partial f}{\partial y}, \frac{\partial f}{\partial z})$$

Sie sehen, dass das Ergebnis ein Vektor ist. Allgemein ist dieser natürlich dreidimensional, unser Feld ist aber nur zweidimensional, daher vereinfacht sich der Gradient zu:

$$\mathrm{grad} f = \nabla f = (\frac{\partial f}{\partial x}, \frac{\partial f}{\partial y}) \quad \text{in zwei Dimensionen.}$$

Damit haben wir aber schon alles in der Hand: Berechnen wir, wie dieser neue Vektor aussieht. Wir lösen erst die erste Komponente: $\frac{\partial f}{\partial x}$. Sie wissen bereits, dass man bei einer solchen Differentiation so tut, als wäre y konstant. Dann fällt der gesamte hinter Teil ($\cos(0,3y)$) weg. Der Rest ist einfach zu differenzieren und liefert genau $0,3 \cdot \cos(0,3x)$, da der Sinus abgeleitet den Cosinus gibt und dann noch nachdifferenziert werden muss. Mindestens ebenso einfach ist der zweite Vektoreintrag $\frac{\partial f}{\partial y}$, hier fällt der komplette Term mit x weg und der Cosinus abgeleitet gibt den negativen Sinus. Damit sind wir schon fertig:

$$\nabla f = (0,3 \cdot \cos(0,3x), \, -0,3 \cdot \sin(0,3y)).$$

Das war es schon. Wenn wir nun eine Abbildung des Gradienten zeichnen wollen, müssen wir nichts anderes tun, als für jeden Punkt (x, y) in diese Formel einzusetzen und den resultierenden Vektor an die Stelle (x, y) zu zeichnen. Mit einem Mathematikprogramm ist dies leicht möglich und ich habe es in Abbildung B.9(b) auch getan. Betrachten Sie noch einmal in Ruhe die sinnvolle Korrelation zwischen Abbildung B.9(a) und Abbildung B.9(b). Schauen Sie beispielsweise auf die Koordinaten $(10, 10)$. Der Punkt liegt genau zwischen hohen Werten (links, heller) und tiefen Werten (rechts, tiefer) für f. Da wir wissen, dass der Gradient in Richtung des steilsten Anstiegs zeigen wird, erwarten wir im Gradientenbild an dieser Stelle einen Pfeil nach links. Und so ist es auch – wenn Sie um die Koordinaten $(10, 10)$ herum suchen, entdecken Sie einen relativ

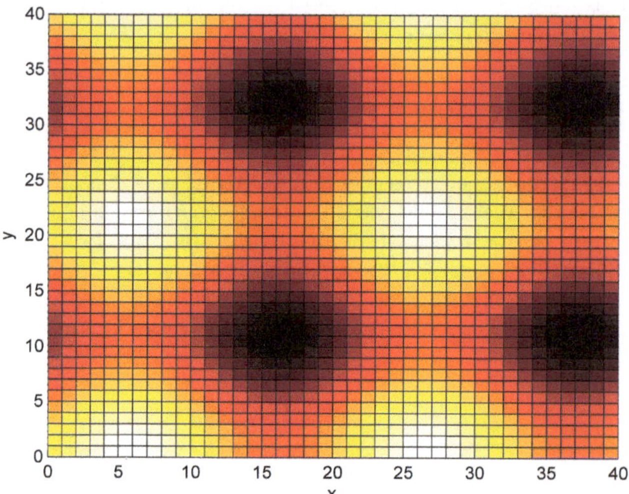

(a) Ein Skalarfeld der Form $f = \sin(0,3x) + \cos(0,3y)$

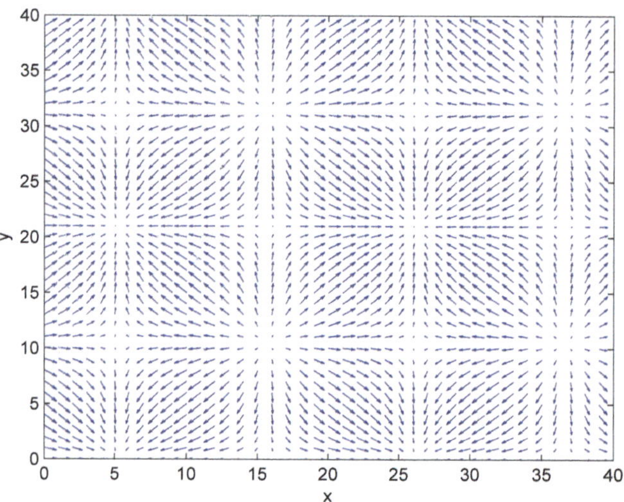

(b) Das zugehörige Vektorfeld, welches durch Anwendung des Gradient-Operators gebildet wurde.

Abb. B.9.: Das Skalarfeld f und das Vektorfeld $\operatorname{grad} f$

langen Pfeil nach links. Er zeigt nach links, weil dort die Werte von f höher werden und er ist relativ lange, weil der Anstieg sehr steil ist. Vergleichen Sie dies mit den Koordinaten $(5, 21)$, wo etwa ein Maximum in f vorliegt (sehr hell). Wenn Sie auf der Spitze des Berges stehen, gibt es überhaupt keine Richtung mehr, in die ein weiterer Anstieg möglich ist, wir erwarten daher im Gradienten einen Pfeil der Länge Null (beziehungsweise einen sehr kurzen Pfeil, falls er nicht exakt auf der Spitze, sondern knapp daneben liegt). Sie können dieses Maximum auch von einem Minimum unterscheiden (zum Beispiel bei ungefähr $(16, 10)$). Im Minimum erwarten wir ebenfalls eine verschwindende Pfeillänge (es ist ebenfalls „flach"), allerdings sehen wir, dass hier alle umliegenden Pfeile vom Minimum wegweisen, während bei einem Maximum alle Pfeile auf es hingerichtet sind. Auch das ist logisch, wenn Sie im Minimum sind, geht es in jede Richtung bergauf, daher weisen alle Pfeile vom Minimum weg.

Eine letzte Bemerkung zum thermischen Transport: Sie erinnern sich, dass der Wärmestrom immer dem Gradienten entgegen gerichtet ist. Sie sollten nun einsehen, dass dies sinnvoll ist. Wenn Sie Abbildung B.9(a) als thermisches Profil auffassen und in Abbildung B.9(b) die Richtung aller Pfeile invertieren, sollten Sie sehen, dass Sie genau die Richtungen erhalten, entlang derer sich die Wärme bewegen wird.

Die Divergenz

Die Divergenz ist in ihrer Art gewissermaßen genau anders herum, als der Gradient. Der Divergenz-Operator kann nur auf ein Vektorfeld wirken und produziert dann ein Skalarfeld. Da wir typischerweise mit Skalarfeldern starten (eben beispielsweise einem Temperaturfeld) können wir keine Divergenz von diesen bilden. Wir müssen diese Felder erst in Vektorfelder umwandeln, um dann die Divergenz zu bilden. Um ein Skalarfeld in ein Vektorfeld umzuwandeln haben wir aber gerade die Methode der Wahl kennen gelernt: Wir bilden den Gradienten. Daher müssen wir, wenn wir von einem Skalarfeld ausgehen, erst den Gradienten und dann die Divergenz bilden:

$$\mathrm{div}(\mathrm{grad}f) = \nabla^2 f = \Delta f = \frac{\partial^2 f}{\partial x^2} + \frac{\partial^2 f}{\partial y^2} + \frac{\partial^2 f}{\partial z^2}.$$

Wir sehen, dass das Ergebnis eine Zahl (ein Skalar) ist. Die anschauliche Deutung der Divergenz ist, dass sie angibt, wie viel aus einem Punkt des Feldes „heraus-" oder „hineinströmt". Wenn wir bei der Analogie zum Temperaturfeld bleiben wollen, erwarten wir, dass aus Bereichen hoher Temperatur (hell in Abbildung B.9(a)) viel Temperatur „entweicht" oder „herausfließt", daher erwarten wir hier einen negativen Wert für die Divergenz. In Temperatursenken (dunkle Farbe in Abbildung B.9(a)) erwarten wir eine positive Divergenz, weil viel Temperatur „hineinfließt". Die Divergenz entspricht also der Änderung der im Feld beschriebenen Größe.

Versuchen wir die Divergenz für unser Beispiel zu berechnen. Da unser Beispiel nur zweidimensional ist, vereinfacht sich das Problem zu

$$\nabla^2 f = \Delta f = \frac{\partial^2 f}{\partial x^2} + \frac{\partial^2 f}{\partial y^2} \quad \text{in zwei Dimensionen.}$$

Dazu müssen wir f jeweils zweimal nach x und zweimal nach y ableiten, während wir die jeweils andere Variable als konstant annehmen. Es sollte einsichtig sein, dass das Ergebnis

$$\nabla^2 f = -0,09 \cdot \sin(0,3x) - 0,09 \cdot \cos(0,3y)$$

ist. Zeichnen wir dies wiederum mit einem Mathematikprogramm, so sehen wir genau das erwartete Verhalten. Bereiche, die im ursprünglichen Bild hell (heiß) waren (Abbildung B.10(a)) sind jetzt dunkel (es fließt viel Wärme aus ihnen hinaus, ihre Temperatur sinkt) – siehe Abbildung B.10(b). Damit sollte ausreichend gezeigt worden sein, wie die beiden Operatoren funktionieren und wie mächtig dieser Formalismus ist. In tatsächlichen Anwendungen wird das Problem natürlich selten analytisch gelöst, so wie wir es nun getan haben, sondern man greift meist zu numerischen Verfahren. Deren didaktischer Nutzen ist aber geringer.

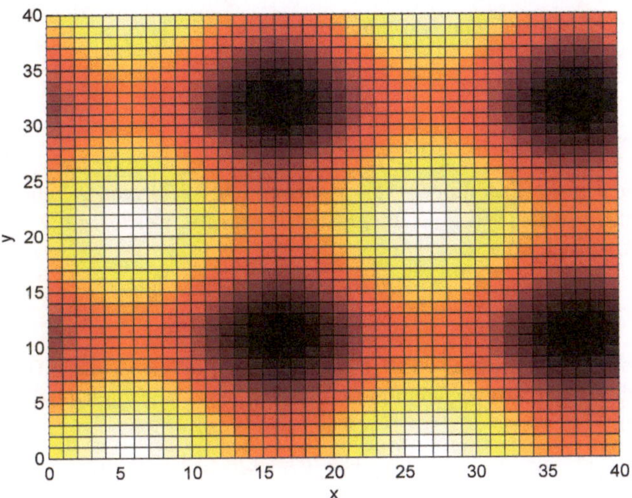

(a) Ein Skalarfeld der Form $f = \sin(0,3x) + \cos(0,3y)$

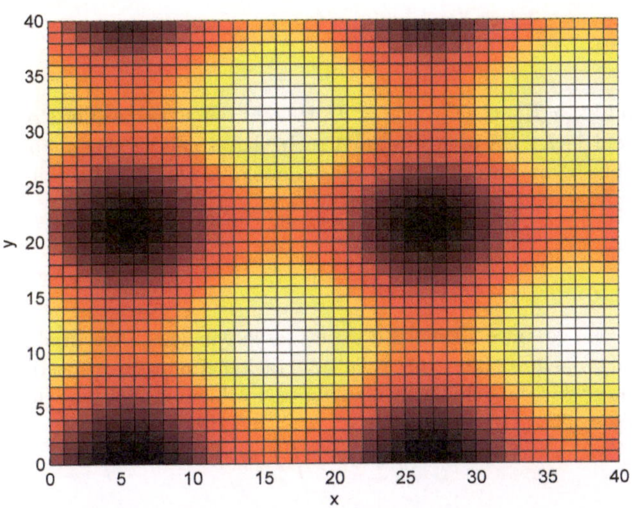

(b) Das zugehörige Skalarfeld, welches durch Anwendung des ∇^2-Operators gebildet wurde.

Abb. B.10.: Das Skalarfeld f und das Skalarfeld $\nabla^2 f$

B.6. Das Lösen von speziellen Differentialgleichungen

Stellen Sie sich vor, Sie hätten eine Gleichung der Form

$$\frac{dy}{dx} + Py = Q,$$

wobei P und Q nur mehr Funktionen von x, aber nicht mehr von y sein dürfen. Um diese Gleichung zu lösen, brauchen wir eine Integrationskonstante, welche wir I nennen wollen. Wir haben nur einen Anspruch an I:

$$IPy = \frac{dI}{dx}y.$$

Wir werden uns erst später fragen, wie I aussehen muss, damit es diese Bedingungen erfüllt. Vorerst nehmen wir einfach an, wir könnten so ein I finden. Dann multiplizieren wir einfach die ganze Gleichung mit I:

$$I\frac{dy}{dx} + IPy = IQ.$$

Der zweite Ausdruck wird dank unserer Forderung an I vereinfacht und es ergibt sich:

$$I\frac{dy}{dx} + \frac{dI}{dx}y = IQ.$$

Betrachten Sie den linken Teil der Gleichung. Dort steht das Ergebnis der Produktregel ($(uv)' = u'v + v'u$): Dort steht ja I nicht abgeleitet mal y abgeleitet nach x plus I abgeleitet nach x mal y unabgeleitet. Daher können wir die linke Seite mittels Produktregel vereinfachen:

$$\frac{d(Iy)}{dx} = IQ.$$

Nun integrieren wir die gesamte Gleichung. Damit lösen wir das Differential auf der linken Seite auf – hier ist darauf zu achten, dass durch die Integration eine noch zu bestimmende Konstante C_1 erzeugt wird (diese wird in echten physikalischen Problemen meistens durch die Start- oder Randbedingungen festgelegt).

$$Iy + C_1 = \int IQdx$$

Schließlich lösen wir die Gleichung nach y auf:

$$y = \frac{\int IQdx - C_1}{I}$$

Damit haben wir unsere Gleichung nach y aufgelöst. Als letztes müssen wir uns nur noch fragen, wie I aussehen muss. Wir benutzen unsere Anforderung an I:

$$IPy = \frac{dI}{dx}y.$$

Wir entfernen links und rechts y und erhalten

$$IP = \frac{dI}{dx},$$

was wir zu

$$P = \frac{\frac{dI}{dx}}{I}$$

umschreiben. Sie wissen vielleicht, dass dies genau

$$P = \frac{\frac{dI}{dx}}{I} = \frac{d\ln I}{dx}$$

ergibt.[I] Um die Ableitung aufzulösen, integrieren wir wieder, dabei entsteht erneut eine Integrationskonstante (C_2):

$$\int P dx = \ln I + C_2$$

$$\ln I = \int P dx - C_2$$

$$I = e^{\int P dx - C_2}$$

Exponentialfunktionen können ja zerlegt werden ($e^{a+b} = e^a \cdot e^b$), dies nutzen wir:

$$I = e^{-C_2} \cdot e^{\int P dx}$$

[I] Falls Sie es nicht wissen, sehen Sie es schnell, wenn Sie den Ausdruck $(\ln y + c)$ nach x ableiten:

$$\frac{d(\ln y + c)}{dx} = \frac{1}{y} \cdot \frac{dy}{dx} = \frac{\frac{dy}{dx}}{y}.$$

Der erste Ausdruck stammt von der Ableitung des Logarithmus, welche $\frac{1}{y}$ ergibt, der zweite Ausdruck stammt von der Kettenregel (wenn man eine Funktion differenziert muss man ihr *„Inneres"* noch nachdifferenzieren).

Der Ausdruck e^{-C_2} ist eine Konstante, wir nennen Sie k_2:

$$I = k_2 \cdot e^{\int P dx}$$

Nun können wir noch ein bisschen vereinfachen, indem wir den Ausdruck für I in die Gleichung für y einsetzen.

$$y = \frac{\int I Q dx - C_1}{I} = \frac{\int k_2 \cdot e^{\int P dx} Q dx - C_1}{k_2 \cdot e^{\int P dx}}.$$

k_2 hängt nicht von x ab, kann also vor das Integral gezogen werden:

$$y = \frac{k_2 \int e^{\int P dx} Q dx - C_1}{k_2 \cdot e^{\int P dx}}.$$

Nun teilen wir durch k_2:

$$y = \frac{\int e^{\int P dx} Q dx - \frac{C_1}{k_2}}{e^{\int P dx}}.$$

$-\frac{C_1}{k_2}$ ist selbst wieder eine Konstante, nennen wir sie k. Damit erhalten wir unseren endgültigen Ausdruck für y:

$$y = \frac{\int e^{\int P dx} Q dx + k}{e^{\int P dx}}.$$

Damit sind Sie in der Lage, alle Differentialgleichungen dieser Natur nach y aufzulösen.

B.7. Ableitung von Gleichung 8.9 ohne Logarithmus

Als erstes spalten wir K durch ΔG° in zwei Teile:

$$K = e^{-\frac{\Delta G^\circ}{RT}} = e^{-\frac{\Delta H^\circ - T \Delta S^\circ}{RT}} = e^{\left(-\frac{\Delta H^\circ}{RT} - \frac{\Delta S^\circ}{R}\right)} = e^{-\frac{\Delta H^\circ}{RT}} \cdot e^{-\frac{\Delta S^\circ}{R}}$$

Bevor wir ableiten, sortieren wir wieder um, da ein Teil nicht von T abhängt:

$$\frac{dK}{dT} = d\left(e^{-\frac{\Delta H^\circ}{RT}} \cdot e^{-\frac{\Delta S^\circ}{R}}\right)\frac{1}{dT} = e^{-\frac{\Delta S^\circ}{R}} \cdot d\left(e^{-\frac{\Delta H^\circ}{RT}}\right) \cdot \frac{1}{dT}$$

Wir führen die Ableitung durch, die Exponentialfunktion reproduziert sich selbst und liefert zusätzlich die innere Ableitung. Dann steht links ein Produkt von Exponentialfunktionen, welches genau wieder $e^{-\frac{\Delta G^\circ}{RT}}$ und damit K entspricht:

$$\frac{dK}{dT} = e^{-\frac{\Delta S^\circ}{R}} \left(e^{-\frac{\Delta H^\circ}{RT}} \cdot \frac{\Delta H^\circ}{RT^2} \right) = e^{-\frac{\Delta G^\circ}{RT}} \cdot \frac{\Delta H^\circ}{RT^2} = K\frac{\Delta H^\circ}{RT^2}$$

Unser Ergebnis: $\frac{dK}{dT}$ hängt von K ab:

$$\frac{dK}{dT} = K\frac{\Delta H^\circ}{RT^2}$$

Um zu integrieren, trennen wir wie so oft als erstes die Variablen:

$$\frac{1}{K}dK = \frac{\Delta H^\circ}{RT^2}dT$$

Wir integrieren und ziehen vorher wieder vor das Integral, was nicht von T abhängt:

$$\int_{\tilde{K}=K_1}^{K_2} \frac{1}{\tilde{K}}d\tilde{K} = \frac{\Delta H^\circ}{R} \int_{\tilde{T}=T_1}^{T_2} \frac{1}{\tilde{T}^2}d\tilde{T}$$

Nach getaner Integration setzen wir die Grenzen ein:

$$\ln \tilde{K} \quad \Big|_{\tilde{K}=K_1}^{K_2} = \frac{\Delta H^\circ}{R} \left(-\frac{1}{x} \right) \quad \Big|_{\tilde{T}=T_1}^{T_2}$$

Wir berechnen die obere Grenze minus die untere:

$$\ln K_2 - \ln K_1 = \frac{\Delta H^\circ}{R} \left(-\frac{1}{T_2} + \frac{1}{T_1} \right)$$

Unser Endergebnis ist die gleiche Gleichung wie 8.9, also das richtige Ergebnis:

$$\ln \frac{K_2}{K_1} = \frac{\Delta H^\circ}{R} \left(\frac{1}{T_1} - \frac{1}{T_2} \right) .$$

B.8. Ableitung von Gleichung 10.1 auf Seite 258

Wir wollen ja wissen, wie die Entropie skaliert, wenn wir x_A durchstimmen. Wie die Entropie prinzipiell skaliert, wissen wir schon (siehe Seite 7):

$$S = k \ln w$$

Wir interessieren uns nur für den Anteil der Entropie, der von der Mischung stammt, wir wollen ihn S_{Misch} nennen, dazu brauchen wir die Anzahl Mikrozustände, die durch die Mischung hinzukommt. Wir wissen bereits, dass er sich mittels des Binomialkoeffizienten $\binom{n}{k}$ ausdrücken lässt (siehe Seite 109). Wir setzen also an:

$$w = \binom{N}{x_A \cdot N} = \frac{N!}{(x_A \cdot N)!(N - x_A \cdot N)!} = \frac{N!}{(x_A \cdot N)!((1 - x_A) \cdot N)!}$$

Wir sehen, dass der Ausdruck für große N (z.B. in der Nähe von einem Mol) sehr groß wird. Allerdings brauchen wir für unsere Formel für S ja stets nur den Logarithmus von w, daher wollen wir diesen berechnen:

$$\ln w = \ln \frac{N!}{(x_A \cdot N)!((1 - x_A) \cdot N)!}$$

Wir benutzen wieder die Rechenregeln für Logarithmen und formen um:

$$\ln w = \ln N! - \ln \left[(x_A \cdot N)!((1 - x_A) \cdot N)! \right]$$

$$\ln w = \ln N! - \left[\ln (x_A \cdot N)! + \ln ((1 - x_A) \cdot N)! \right]$$

$$\ln w = \ln N! - \ln (x_A \cdot N)! - \ln ((1 - x_A) \cdot N)!$$

Hier nutzen wir die Stirlingsche Näherungsformel, welche besagt, dass

$$\boxed{\ln N! = N \cdot \ln N - N} \tag{B.1}$$

$$\ln w = N \cdot \ln N - N - x_A \cdot N \cdot \ln (x_A \cdot N) + x_A \cdot N - (1 - x_A) \cdot N \cdot \ln ((1 - x_A) \cdot N) + (1 - x_A) \cdot N$$

Wir heben N aus allen Ausdrücken heraus:

$$\ln w = N \cdot [\ln N - 1 - x_A \cdot \ln(x_A \cdot N) + x_A - (1 - x_A) \cdot \ln((1 - x_A) \cdot N) + (1 - x_A)]$$

Die Summanden -1, $+x_A$ und $+(1 - x_A)$ addieren sich genau auf Null:

$$\ln w = N \cdot [\ln N - x_A \cdot \ln(x_A \cdot N) - (1 - x_A) \cdot \ln((1 - x_A) \cdot N)]$$

Nun setzen wir in die Gleichung für die Entropie ein:

$$S_{\text{Misch}} = k \ln w = k \cdot N \cdot [\ln N - x_A \cdot \ln(x_A \cdot N) - (1 - x_A) \cdot \ln((1 - x_A) \cdot N)]$$

Weiters gilt aber, dass $k \cdot N = \frac{R}{N_A} N = n \cdot R$, daher

$$S_{\text{Misch}} = n \cdot R \cdot [\ln N - x_A \cdot \ln(x_A \cdot N) - (1 - x_A) \cdot \ln((1 - x_A) \cdot N)]$$

An dieser Stelle erinnern wir uns, dass $(1 - x_A) = x_B$:

$$S_{\text{Misch}} = n \cdot R \cdot [\ln N - x_A \cdot \ln(x_A \cdot N) - x_B \cdot \ln(x_B \cdot N)]$$

Dieser Ausdruck lässt sich sogar noch weiter vereinfachen, dazu zerlegen wir die inneren Logarithmen noch ein wenig:

$$S_{\text{Misch}} = n \cdot R \cdot [\ln N - x_A \cdot (\ln x_A + \ln N) - x_B \cdot (\ln x_B + \ln N)]$$

$$S_{\text{Misch}} = n \cdot R \cdot [\ln N - x_A \cdot \ln x_A - x_A \cdot \ln N - x_B \cdot \ln x_B - x_B \cdot \ln N]$$

Nun ist weiter aber $\ln N - x_A \ln N - x_B \ln N = 0$, weil $x_A + x_B = 1$, daher

$$S_{\text{Misch}} = n \cdot R \cdot [-x_A \ln x_A - x_B \ln x_B]$$

Und schon haben wir die Mischungsentropie berechnet:

$$S_{\text{Misch}} = nR \left(-x_A \ln x_A - x_B \ln x_B \right)$$

Nun wollen wir ja insgesamt nicht die Entropie, sondern die freie Mischungsenergie A_{Misch} berechnen. Wir wissen aber aus unseren thermodynamischen Grundlagen (Seite 12), dass

$$A = U - TS$$

und damit natürlich

$$A_{\text{Misch}} = U_{\text{Misch}} - TS_{\text{Misch}}$$

Wir setzen also unseren Ausdruck für S_{Misch} ein:

$$A_{\text{Misch}} = U_{\text{Misch}} - nRT \left(-x_A \ln x_A - x_B \ln x_B \right)$$

$$A_{\text{Misch}} = U_{\text{Misch}} + nRT \left(x_A \ln x_A + x_B \ln x_B \right)$$

Nun brauchen wir nur noch einen Ausdruck für die innere Misch-Energie, U_{Misch}. Klassisch thermodynamisch ist dieser nicht zu gewinnen, weil wir dafür mikroskopische Überlegungen anstellen müssen. Trotzdem wollen wir uns diese Überschreitung erlauben. Wir können berechtigt annehmen, dass der einzige energetische Unterschied durch die Stärke der Bindung zustande kommen soll, wir rechnen also den energetischen Unterschied aus, wenn wir einen Übergang folgender Art durchführen:

$$A_2 + B_2 \rightleftarrows 2AB$$

Die Reaktionsgleichung ist dabei formal zu sehen, da natürlich in einem Metall nicht einzelne A_2-Moleküle vorliegen. Die Energie, die dabei umgesetzt wird, ergibt sich relativ zwanglos zu

$$\omega_{AB} = \frac{1}{2} E_{AA} + \frac{1}{2} E_{BB} - E_{AB}.$$

Die E's sind jeweils die Bindungsenergien der Bindungen, diese sind (etwas uneinheitlich) meist positiv definiert. Eine große Zahl bedeutet also, dass eine Bindung sehr stark ist. ω_{AB} hat nun die Einheit einer Energie und beschreibt, wie viel Energie umgesetzt wird, wenn eine Bindung zwischen A und B erzeugt wird und die entsprechenden A-A- und B-B-Bindungen gebrochen werden. Das Ganze gilt natürlich pro Bindung. Wir wollen die Größe aber pro Atom, daher multiplizieren wir das Ganze mit Z, der Anzahl an Bindungen, die ein Atom hat (zum Beispiel sechs Bindungen) und mit N_A, um die Größe für ein Mol zu erhalten. Diese Größe nennen wir Ω_{AB}, sie entspricht genau der Änderung der Energie, wenn wir Mischen, ist also daher schon ganz nahe an U_{Misch}. Wir brauchen eine Größe, die die Anzahl an A-B-Bindungen widerspiegelt, die Wahrscheinlichkeit, dass ein A neben einem B liegt skaliert für diesen Fall genau mit $x_A \cdot x_B$. Damit ergibt sich

$$U_{\text{Misch}} = \Omega_{AB} x_A x_B = N_A Z \omega_{AB} x_A x_B.$$

Hier treffen wir die härtesten Näherungen: Wir gehen davon aus, dass jedes Teilchen die gleiche statistische Umgebung sieht und dass jedes Atom gleich viele Nachbarn vor und nach der Mischung hat. Das ist definitiv in vielen Fällen falsch, kann aber später leicht verbessert werden. Hier würde es nur unsere Theorie komplizierter machen, daher sparen wir uns diese Verfeinerung. Nun setzen wir das in die Gleichung für die freie Mischenergie ein, dabei müssen wir die Größe natürlich noch mit der Anzahl Mol multiplizieren, denn Ω_{AB} gilt ja genau für ein Mol:

$$A_{\mathrm{Misch}} = n\Omega_{AB}x_A x_B + nRT\left(x_A \ln x_A + x_B \ln x_B\right)$$

Nachdem wir den Ω_{AB}-Ausdruck in die Klammer multipliziert haben, erhalten wir genau Gleichung 10.1:

$$A_{\mathrm{Misch}} = nRT\left(\frac{\Omega_{AB}}{RT}x_A x_B + x_A \ln x_A + x_B \ln x_B\right).$$

B.9. Die elektrochemische Spannungsreihe und einige thermodynamische Daten

Auf den nächsten Seiten finden Sie einige experimentelle Daten die Sie zum Lösen von manchen Aufgaben brauchen. Umfangreichere Tabellen sind frei verfügbar und können von Ihnen bei Bedarf konsultiert werden.

Tab. B.2.: Ein Teil der elektrochemischen Spannungsreihe

Stoff	Reaktion			E° (in Volt)	
Gold	Au^+	$+e^-$	$\rightarrow Au$	$+1,692$	
	Au^{3+}	$+3e^-$	$\rightarrow Au$	$+1,498$	
Chlor	Cl_2	$+2e^-$	$\rightarrow 2Cl^-$	$+1,360$	
Platin	Pt^{2+}	$+2e^-$	$\rightarrow Pt$	$+1,118$	
Palladium	Pd^{2+}	$+2e^-$	$\rightarrow Pd$	$+0,951$	
Silber	Ag^+	$+e^-$	$\rightarrow Ag$	$+0,800$	
	Ag^{2+}	$+2e^-$	$\rightarrow Ag$	$+1,980$	
Kupfer	Cu^+	$+e^-$	$\rightarrow Cu$	$+0,521$	
	Cu^{2+}	$+2e^-$	$\rightarrow Cu$	$+0,337$	
Wasserstoff	$2H^+$	$+2e^-$	$\rightarrow H_2$	0	(per Def.)
Blei	Pb^{2+}	$+2e^-$	$\rightarrow Pb$	$-0,126$	
Zinn	Sn^{2+}	$+2e^-$	$\rightarrow Sn$	$-0,138$	
Nickel	Ni^{2+}	$+2e^-$	$\rightarrow Ni$	$-0,257$	
Eisen	Fe^{2+}	$+2e^-$	$\rightarrow Fe$	$-0,447$	
	Fe^{3+}	$+3e^-$	$\rightarrow Fe$	$-0,030$	
Zink	Zn^{2+}	$+2e^-$	$\rightarrow Zn$	$-0,762$	
Wasser	$2H_2O$	$+2e^-$	$\rightarrow H_2 + 2OH^-$	$-0,830$	
Chrom	Cr^{2+}	$+2e^-$	$\rightarrow Cr$	$-0,913$	
	Cr^{3+}	$+3e^-$	$\rightarrow Cr$	$-0,407$	
Mangan	Mn^{2+}	$+2e^-$	$\rightarrow Mn$	$-1,185$	
Aluminium	Al^{3+}	$+3e^-$	$\rightarrow Al$	$-1,662$	
Natrium	Na^+	$+e^-$	$\rightarrow Na$	$-2,710$	
Kalium	K^+	$+e^-$	$\rightarrow K$	$-2,931$	
Lithium	Li^+	$+e^-$	$\rightarrow Li$	$-3,040$	

Tab. B.3.: Einige thermodynamische Daten bei 298 K

Stoff	Aggregatsz.	ΔH_B° (in kJ/mol)	S_B° (in J/(mol K))	ΔG_B° (in kJ/mol)
Ag	s	0	43	0
CO	g	-111	198	-138
CO_2	g	-393	214	-269
CO_2	aq	-413	119	——
Cu^{2+}	aq	65	-98	66
H	g	218	115	203
H_2O	g	-242	189	-229
H_2O	l	-286	70	-237
HCl	g	-92	187	——
H_2SO_4	aq	-909	21	-745
Hg	l	0	76	0
HgO	aq	-91	70	-59
I_2O_5	aq	-158	——	-159
K^+	aq	-252	101	-283
Li^+	aq	-278	12	-293
Na^+	aq	-240	58	-262
NaCl	aq	-407	116	-393
NaOH	aq	-426	64	-380
O	g	250	162	161
Pb	s	0	65	0
PbO_2	s	-277	69	-217
Zn	s	0	42	0
$ZnCl_2$	s	-415	112	-369
$Zn(OH)_2$	s	-642	81	-554

Index

© Springer Fachmedien Wiesbaden GmbH, ein Teil von Springer Nature 2018
W. Stadlmayr, *Thermodynamik – nicht nur für Nerds*,
https://doi.org/10.1007/978-3-658-23291-7